ANNUAIRE

POUR L'AN 1869,

PUBLIÉ

PAR LE BUREAU DES LONGITUDES

Avec des Notices scientifiques

PRIX : 1 FR. 25 C.

PARIS,

GAUTHIER-VILLARS, IMPRIMEUR-LIBRAIRE

DU BUREAU DES LONGITUDES, DE L'ÉCOLE POLYTECHNIQUE,

SUCCESSEUR DE MALLET-BACHELIER,

Quai des Augustins, 55.

PARIS. — IMPRIMERIE DE GAUTHIER-VILLARS,
rue de Seine-Saint-Germain, 10, près l'Institut.

AVERTISSEMENT.

Le Calendrier de l'*Annuaire*, que le Bureau des Longitudes est chargé de rédiger chaque année, par l'article IX de son Règlement, a été formé en extrayant de la *Connaissance des Temps* les choses d'une utilité générale. On y a joint divers articles et des Tables où l'on peut puiser des données et des renseignements très-usuels.

Les levers, les couchers et les passages au Méridien, du Soleil, de la Lune et des Planètes, et tous les phénomènes astronomiques, sont exprimés en *temps moyen* de Paris pour le jour civil qui commence à minuit moyen et qui se compose de deux périodes successives de chacune 12 heures moyennes. On les distingue en heures du matin de minuit à midi, et en heures du soir de midi à minuit.

La durée apparente du jour est la différence entre les heures moyennes du lever et du coucher du Soleil. La différence entre les durées du jour pour le premier et le dernier jour d'un mois donne l'accroissement ou la diminution du jour dans ce mois.

La déclinaison du Soleil est donnée pour midi moyen; elle convient aussi pour midi vrai parce qu'elle est exprimée seulement en degrés et minutes, et qu'elle ne peut guère varier que de 10 à 15 secondes entre midi moyen et midi vrai.

Le temps moyen à midi vrai est l'heure qu'une pendule bien réglée sur le temps moyen doit marquer lorsque le centre du Soleil vrai est au méridien de Paris, lorsqu'il est midi au cadran solaire.

A midi vrai, l'heure vraie est toujours 12 heures; mais l'heure moyenne ou le temps moyen à midi vrai peut être au-dessus et au-dessous de 12 heures d'environ un quart d'heure. L'heure moyenne à midi vrai tient à une minute ou deux près le milieu entre les heures moyennes du lever et du coucher du Soleil. La demi-durée du jour le matin et le soir est donnée par la différence entre le temps moyen à midi vrai et les heures du lever et du coucher du Soleil.

Le temps moyen à midi vrai indique aussi à moins d'une demi-seconde l'heure que doit marquer à midi vrai dans une ville de France une horloge réglée sur le temps moyen. En effet, le temps moyen à midi vrai, qui varie au plus de 30 secondes d'un jour à l'autre, ou en vingt-quatre heures, ne change pas d'une demi-seconde dans le passage de Paris à Brest, qui est la ville de France la plus éloignée du méridien de Paris.

La Lune a un grand mouvement propre d'occident en orient qui retarde sans cesse son retour au méridien. Le temps qui s'écoule entre deux passages consécutifs de la Lune au méridien est moyennement de $24^h 50^m 30^s$. Le passage retarde donc d'un

jour au suivant d'environ 5o minutes. C'est par suite
de ce retard que l'on ne trouve pas de passage de la
Lune au méridien pour certains jours. Prenons un
exemple. La Lune passe au méridien à $11^h 5o^m$ du
soir le 25 août 1869, page 17, et le passage suivant,
en retard de 54 minutes, arrive le 26 à $12^h 44^m$ du
soir, et, par conséquent, le 27 août à $o^h 44^m$ du matin. Le petit trait horizontal indique qu'il n'y a pas
de passage le 26. D'autres traits horizontaux indiquent les jours pour lesquels il n'y a pas de lever ou
de coucher de la Lune.

Les indices de réfraction de divers corps mono-
réfringents avaient été communiqués par de Senarmont en 1856. Depuis, M. Des Cloizeaux a ajouté les
indices de réfraction pour un grand nombre de cristaux à un axe et à deux axes. M. Damour a revu et
encore étendu le tableau des densités des corps solides du règne minéral, des pierres précieuses employées dans la joaillerie et de divers matériaux
employés dans les constructions.

Louis MATHIEU.

SIGNES ET ABRÉVIATIONS.

PHASES DE LA LUNE.

N. L. Nouvelle Lune. | P. L. Pleine Lune.
P. Q. Premier Quartier. | D. Q. Dernier Quartier.

ABRÉVIATIONS.

h.. heure. | o.. degré.
m. minute) de temps | '... minute) d'arc.
s.. seconde) | "... seconde)

SIGNES DU ZODIAQUE.

			deg.				deg.
0	♈	le Bélier......	0	6	♎	la Balance...	180
1	♉	le Taureau...	30	7	♏	le Scorpion..	210
2	♊	les Gémeaux..	60	8	♐	le Sagittaire.	240
3	♋	le Cancer.....	90	9	♑	le Capricorne	270
4	♌	le Lion.......	120	10	♒	le Verseau...	300
5	♍	la Vierge.....	150	11	♓	les Poissons.	330

⊙ le Soleil. | ☾ la Lune.

PLANÈTES.

☿ Mercure. | ♂ Mars. | ♅ Uranus.
♀ Vénus. | ♃ Jupiter. | ♆ Neptune.
♁ la Terre. | ♄ Saturne. |

PLANÈTES TÉLESCOPIQUES ENTRE MARS ET JUPITER.

① Cérès. | ④ Vesta. | ⑦ Iris.
② Pallas. | ⑤ Astrée. | ⑧ Flore.
③ Junon. | ⑥ Hébé. | ⑨ Métis.

(10) Hygie.	(34) Circé.	(58) Concordia.
(11) Parthénope.	(35) Leucothée.	(59) Olympia.
(12) Victoria.	(36) Atalante.	(60) Danaé.
(13) Égérie.	(37) Fides.	(61) Echo.
(14) Irène.	(38) Léda.	(62) Erato.
(15) Eunomia.	(39) Lætitia.	(63) Ausonia.
(16) Psyché.	(40) Harmonia.	(64) Angelina.
(17) Thétis.	(41) Daphné.	(65) Maximiliana
(18) Melpomène.	(42) Isis.	(66) Maja.
(19) Fortuna.	(43) Ariane.	(67) Asia.
(20) Massalia.	(44) Nysa.	(68) Leto.
(21) Lutétia	(45) Eugénia.	(69) Hesperia.
(22) Calliope.	(46) Hestia.	(70) Panopea.
(23) Thalie.	(47) Aglaïa.	(71) Niobé.
(24) Thémis.	(48) Doris.	(72) Feronia.
(25) Phocéa.	(49) Palès.	(73) Clytia.
(26) Proserpine.	(50) Virginia.	(74) Galathea.
(27) Euterpe.	(51) Némausa.	(75) Eurydice.
(28) Bellone.	(52) Europa.	(76) Freia.
(29) Amphitrite.	(53) Calypso.	(77) Frigga.
(30) Uranie.	(54) Alexandra.	(78) Diana.
(31) Euphrosine.	(55) Pandore.	(79) Eurynome.
(32) Pomone.	(56) Melete.	(80) Sapho.
(33) Polymnie.	(57) Mnémosyne.	(81) Terpsichore.

(82) Alcmène.	(91) Égine.	(100) Hécate.
(83) Béatrix.	(92) Undine.	(101) Hélène.
(84) Clio.	(93)	(102)
(85) Io.	(94)	(103)
(86) Sémélé.	(95) Aréthuse.	(104)
(87) Sylvia.	(96) Aigle.	(105)
(88) Thisbé.	(97) Clotho.	
(89) Julia.	(98) Ianthe.	
(90) Antiope.	(99)	

ARTICLES PRINCIPAUX

DU

CALENDRIER POUR L'AN 1869.

Année 6582 de la période julienne.

2645 des Olympiades, ou la 1re année de la 662e Olympiade, commence en juillet 1869, en fixant l'ère des Olympiades 775 ½ ans avant J.-C., ou vers le 1er juillet de l'an 3938 de la période julienne.

2622 de la fondation de Rome, selon Varron.

2616 depuis l'ère de Nabonassar, fixée au mercredi 26 février de l'an 3967 de la période julienne, ou 747 ans avant J.-C. selon les chronologistes, et 746 suivant les astronomes.

1869 du calendrier grégorien, établi en 1582, depuis 286 ans; elle commence le 1er janvier. L'année 1869 du calendrier julien commence 12 jours plus tard, le 13 janvier.

1285 des Turcs ou de l'hégire commence le 24 avril 1868, et l'année 1286 commence le 13 avril 1869, selon l'usage de Constantinople, d'après l'*Art de vérifier les dates.*

Comput ecclésiastique.

Nombre d'Or en 1869.　　8
Epacte............. XVII
Cycle solaire....... 2
Indiction romaine... 12
Lettre dominicale... C

Quatre-Temps.

Février, 17, 19 et 20.
Mai, 19, 21 et 22.
Septembre, 15, 17 et 18.
Décembre, 15, 17 et 18.

Fêtes mobiles.

Septuagésime, 24 janvier.
Cendres, 10 février.
Pâques, 28 mars.
Rogations, 3, 4 et 5 mai.

Ascension, 6 mai.
Pentecôte, 16 mai.
Trinité, 23 mai.
Fête-Dieu, 27 mai.
1er dim. de l'Av., 28 nov.

Jours du mois.	JANVIER 1869.	Soleil.			TEMPS moyen à midi vrai.	Âge de la Lune.
		LEVER.	COU-CHER.	DÉCLIN. australe à midi moyen.		
		h m	h m	d m	h m s	
1	V. CIRCONCISION...	7.56	4.12	22.59	0. 3.58	19
2	S. S Basile, évêq..	7.56	4.13	22.54	0. 4.26	20
3	D. Ste Geneviève ...	7.56	4.14	22.48	0. 4.54	21
4	L. S. Rigobert...	7.56	4.15	22.42	0. 5.21	22
5	M. S. Siméon......	7.55	4.16	22.35	0. 5.48	23
6	M. Les Rois.......	7.55	4.17	22.28	0. 6.14	24
7	J. Ste Mélanie......	7.55	4.19	22.20	0. 6.40	25
8	V. S. Lucien......	7.55	4.20	22.12	0. 7. 6	26
9	S. S. Pierre, évêq..	7.54	4.21	22. 4	0. 7.31	27
10	D. S. Paul, ermite.	7.54	4.22	21.55	0. 7.55	28
11	L. S. Théodose ...	7.53	4.24	21.45	0. 8.19	29
12	M. S. Arcade, mart.	7.52	4.25	21.36	0. 8.43	30
13	M. Bapt. de J..-C...	7.52	4.27	21.25	0. 9. 5	1
14	J. S. Hilaire, évêq.	7.51	4.28	21.15	0. 9.27	2
15	V. S. Maur, abbé...	7.51	4.29	21. 4	0. 9.48	3
16	S. S. Guillaume....	7.50	4.31	20.52	0.10. 9	4
17	D. S. Antoine, abbé.	7.49	4.32	20.41	0.10.29	5
18	L. Ch. de S. Pierre.	7.48	4.34	20.28	0.10.48	6
19	M. S. Sulpice, év. .	7.47	4.35	20.16	0.11. 7	7
20	M. S. Sébastien....	7.46	4.37	20. 3	0.11.24	8
21	J. Ste Agnès, vierge.	7.45	4.38	19.50	0.11.41	9
22	V. S. Vincent......	7.44	4.40	19.36	0.11.57	10
23	S. S. Ildefonse.....	7.43	4.41	19.22	0.12.12	11
24	D. Septuagésime....	7.42	4.43	19. 7	0.12.27	12
25	L. Conv. S. Paul...	7.41	4.45	18.53	0.12.41	13
26	M. Ste Paule, veuve.	7.40	4.46	18.38	0.12.54	14
27	M. S. Julien, évêq...	7.39	4.48	18.22	0.13. 6	15
28	J. S. Charlemagne.	7.38	4.49	18. 6	0.13.17	16
29	V. S. Franç. de S...	7.36	4.51	17.50	0.13.27	17
30	S. Ste Bathilde....	7.35	4.52	17.34	0.13.37	18
31	D. Ste Marcelle.....	7.34	4.54	17.17	0.13.46	19

Les jours croissent, pendant ce mois, de 1h 4m.

Lune.

Jours du mois	Passage au méridien	Lever	Coucher
	h m	h m	h m
1	2.27 Matin	8.6 Soir	9.53 Matin
2	3.25	9.23	10.30
3	4.19	10.39	11.1
4	5.11	11.54	11.30
5	6.1	———	11.58
6	6.51	1.7 Matin	0.26 Soir
7	7.40	2.18	0.55
8	8.30	3.27	1.27
9	9.21	4.34	2.3
10	10.12	5.37	2.44
11	11.3	6.34	3.31
12	11.53	7.24	4.23
13	0.42 Soir	8.7	5.20
14	1.29	8.44	6.20
15	2.15	9.15	7.21
16	2.59	9.43	8.22
17	3.42	10.8	9.23
18	4.24	10.31	10.25
19	5.6	10.54	11.27
20	5.49	11.18	———
21	6.34	11.43	0.31 Matin
22	7.22	0.11 Soir	1.36
23	8.13	0.45	2.43
24	9.8	1.25	3.51
25	10.7	2.14	4.58
26	11.7	3.14	6.1
27	——	4.24	6.57
28	0.9 Matin	5.40	7.45
29	1.9	6.59	8.26
30	2.7	8.18	9.0
31	3.2	9.37	9.31

Planètes.

Jours	Lever	Coucher	Passage au méridien
☿ **MERCURE.**			
	h m	h m	h m
1	8.3 Matin	3.57 Soir	0.0 Soir
11	8.23	4.40	0.32
21	8.28	5.36	1.2
♀ **VÉNUS.**			
1	5.29 Matin	2.11 Soir	9.50 Matin
11	5.51	2.16	10.3
21	6.9	2.27	10.18
♂ **MARS.**			
1	8.39 Soir	10.53 Matin	3.48 Matin
11	7.57	10.16	3.9
21	7.7	9.36	2.24
♃ **JUPITER.**			
1	11.36 Matin	11.48 Soir	5.39 Soir
11	10.53	11.16	5.4
21	10.16	10.45	4.30
♄ **SATURNE.**			
1	5.37 Matin	2.20 Soir	9.58 Matin
11	5.2	1.44	9.23
21	4.28	1.9	8.48
♅ **URANUS.**			
1	4.21 Soir	8.26 Matin	0.25 Matin
11	3.39	7.45	11.41 Soir
21	2.59	7.3	10.59 Soir

D. Q. le 5, à 6h 32m mat.
N. L. le 12, à 7h 2m soir.
P. Q. le 21, à 0h 36m mat.
P. L. le 28, à 1h 40m mat.

Jours du mois.	FÉVRIER 1869.	Soleil.		DÉCLIN. australe à midi moyen.	TEMPS moyen à midi vrai.	Âge de la Lune.
		LEVER.	COU-CHER.			
		h m	h m	d m	h m s	
1	L. S. Ignace........	7.32	4.56	17. 0	0.13.53	20
2	M. PURIFICATION.....	7.31	4.58	16.43	0.14. 1	21
3	M.S. Blaise........	7.30	4.59	16.25	0.14. 7	22
4	J. S. Gilbert........	7.28	5. 1	16. 7	0.14.13	23
5	V. Ste Agathe.......	7.27	5. 3	15.49	0.14.17	24
6	S. S. Vaast, évêq...	7.25	5. 4	15.31	0.14.21	25
7	D. S. Romuald......	7.24	5. 6	15.12	0.14.25	26
8	L. S. Jean de M....	7.22	5. 8	14.53	0.14.27	27
9	M. Ste Apolline.....	7.20	5. 9	14.34	0.14.29	28
10	M. Cendres........	7.19	5.10	14.14	0.14.29	29
11	J. S. Séverin.......	7.17	5.12	13.54	0.14.30	30
12	V. Ste Fulalie......	7.16	5.14	13.34	0.14.29	1
13	S. S. Grégoire......	7.14	5.16	13.14	0.14.27	2
14	D. S. Valentin......	7.12	5.18	12.54	0.14.25	3
15	L. S. Faustin......	7.10	5.19	12.33	0.14.22	4
16	M. S. Flavien......	7. 9	5.21	12.13	0.14.19	5
17	M. S. Théodule.....	7. 7	5.22	11.52	0.14.14	6
18	J. S. Siméon......	7. 5	5.24	11.30	0.14. 9	7
19	V. S. Gabin........	7. 3	5.26	11. 9	0.14. 3	8
20	S. S. Eleuthère.....	7. 1	5.27	10.48	0.13.57	9
21	D. S. Pepin........	6.59	5.29	10.26	0.13.50	10
22	L. Ste Isabelle......	6.58	5.31	10. 4	0.13.42	11
23	M. S. Méraut.......	6.56	5.32	9.42	0.13.33	12
24	M. S. Mathias......	6.54	5.33	9.20	0.13.24	13
25	J. S. Nicéphore....	6.52	5.35	8.58	0.13.14	14
26	V. S. Nestor.......	6.50	5.37	8.35	0.13. 4	15
27	S. S. Léandre......	6.48	5.39	8.13	0.12.53	16
28	D. Ste Honorine....	6.46	5.40	7.50	0.12.42	17

Les jours croissent, pendant ce mois, de 1h 30m.

Lune.

Jours du mois.	Passage au méridien	Lever.	Coucher.
	h m	h m	h m
1	3.55 Matin	10.54 Soir	10.0 Matin
2	4.47	—	10.29
3	5.37	0.8 Matin	10.58
4	6.28	1.19	11.29
5	7.18	2.27	0.4
6	8.9	3.31	0.43 Soir
7	8.59	4.29	1.28
8	9.49	5.21	2.18
9	10.38	6.6	3.13
10	11.26	6.44	4.11
11	0.12 Soir	7.17	5.12
12	0.56	7.46	6.13
13	1.39	8.12	7.14
14	2.22	8.36	8.16
15	3.4	8.59	9.19
16	3.46	9.22	10.21
17	4.30	9.46	11.24
18	5.15	10.12	—
19	6.3	10.42	0.29 Mat.
20	6.55	11.18	1.35
21	7.50	0.2 Soir	2.40
22	8.48	0.55	3.43
23	9.47	1.58	4.41
24	10.48	3.9	5.32
25	11.47	4.27	6.16
26	—	5.48	6.54
27	0.45 Mat.	7.10	7.28
28	1.41	8.30	7.59

Planètes.

Jours.	Lever.	Coucher.	Passage au méridien
☿ **MERCURE.**			
	h m	h m	h m
1	8.13 Matin	6.35 Soir	1.24 Soir
11	7.32	6.38	1.5
21	6.28	5.17	11.53 Mat.
♀ **VÉNUS.**			
1	6.20 Matin	2.47 Soir	10.34 Matin
11	6.23	3.11	10.47
21	6.20	3.38	10.59
♂ **MARS.**			
1	6.5 Soir	8.48 Matin	1.29 Mat.
11	5.4	8.2	0.35
21	4.2	7.14	11.35 S.
♃ **JUPITER.**			
1	9.36 Matin	10.12 Soir	3.54 Soir
11	9.0	9.43	3.21
21	8.24	9.15	2.50
♄ **SATURNE.**			
1	3.49 Matin	0.29 S.Mat.	8.9 Matin
11	3.13	11.52 Mat.	7.33
21	2.37	11.15	6.56
⛢ **URANUS.**			
1	2.13 Soir	6.19 Matin	10.14 Soir
11	1.32	5.39	9.33
21	0.51	4.58	8.53

D. Q. le 3, à 5h 5m soir.   P. Q. le 19, à 5h 15m soir.

N. L. le 11, à 2h 3m soir.   P. L. le 26, à 0h 14m soir.

Jours du mois.	MARS 1869.	Soleil.		DÉCLIN. australe à midi moyen.	TEMPS moyen à midi vrai.	Âge de la Lune.
		LEVER.	COU-CHER.			
		h m	h m	d m	h m s	
1	L. S. Aubin........	6.44	5.42	7.27	0.12.30	18
2	M. S. Simplice.....	6.42	5.43	7. 4	0.12.18	19
3	M. Ste Cunégonde...	6.40	5.45	6.41	0.12. 5	20
4	J. S. Casimir......	6.38	5.47	6.18	0.11.52	21
5	V. S. Théophile....	6.36	5.48	5.55	0.11.38	22
6	S. Ste Colette	6.34	5.50	5.32	0.11.24	23
7	D. S. Thomas d'Aq.	6.32	5.51	5. 9	0.11. 9	24
8	L. S. Jean de Dieu..	6.30	5.53	4.45	0.10.54	25
9	M. Ste Françoise....	6.28	5 54	4.22	0.10.39	26
10	M. S. Droctovée.....	6.26	5.56	3.58	0.10.24	27
11	J. S. Euloge	6.24	5.57	3.35	0.10. 8	28
12	V. S. Grégoire......	6.22	5.59	3.11	0. 9.51	29
13	S. Ste Euphrasie....	6.20	6. 1	2.48	0. 9.35	1
14	D. S. Lubin, évêq..	6.18	6. 2	2.24	0. 9.18	2
15	L. S. Zacharie......	6.15	6. 3	2. 0	0. 9. 1	3
16	M. S. Cyriaque.....	6.13	6. 5	1.37	0. 8.44	4
17	M. Ste Gertrude....	6.11	6. 7	1.13	0. 8.26	5
18	J. S. Alexandre....	6. 9	6. 8	0.49	0. 8. 9	6
19	V. S. Joseph.......	6. 7	6.10	0.25	0. 7.51	7
20	S. S. Joachim......	6. 5	6.11	0. 2A	0. 7.33	8
21	D. S. Benoît, patr..	6. 3	6.13	0.22B	0. 7.15	9
22	L. S. Émile........	6. 1	6.14	0.46	0. 6.56	10
23	M. S. Victorien.....	5.59	6.16	1. 9	0. 6.38	11
24	M. S. Simon, mart..	5.56	6.17	1.33	0. 6.20	12
25	J. Ste Berthe......	5.54	6.19	1.57	0. 6. 1	13
26	V. S. Ludger.......	5 52	6.20	2.20	0. 5.43	14
27	S. S. Jean, ermite..	5.50	6.22	2.44	0. 5.24	15
28	D. PAQUES.........	5.48	6.23	3. 7	0. 5. 5	16
29	L. S. Marc, évêque..	5.46	6.25	3.30	0. 4.47	17
30	M. S. Rieul........	5.44	6.26	3.54	0. 4.28	18
31	M. Ste Balbine......	5.42	6.28	4.17	0. 4.10	19

Les jours croissent, pendant ce mois, de 1h 48m.

Lune.

Jours du mois	PASSAGE au méridien	LEVER	COUCHER
	h m	h m	h m
1	2.35 Matin	9.48 Soir	8.28 Matin
2	3.28	11.3	8.57
3	4.20		9.28
4	5.12	0.15 Mat.	10.2
5	6.4	1.22 Mat.	10.41
6	6.56	2.23	11.25
7	7.46	3.18	0.14 Soir
8	8.35	4.5	1.8
9	9.23	4.45	2.5
10	10.10	5.20	3.5
11	10.54	5.50	4.6
12	11.38	6.16	5.7
13	0.20 Soir	6.40	6.9
14	1.2	7.3	7.11
15	1.45	7.26	8.14
16	2.28	7.49	9.17
17	3.13	8.15	10.21
18	3.59	8.44	11.25
19	4.49	9.17	—
20	5.41	9.57	0.29 Matin
21	6.36	10.44	1.31 Matin
22	7.33	11.39	2.29
23	8.30	0.44 Soir	3.22
24	9.28	1.57 Soir	4.7
25	10.26	3.16	4.46
26	11.22	4.37	5.21
27	—	5.58	5.53
28	0.17 Matin	7.19	6.23
29	1.12	8.38	6.53
30	2.6	9.54	7.24
31	3.0	11.6	7.58

Planètes.

Jours	LEVER	COUCHER	PASSAGE au méridien
MERCURE.			
	h m	h m	h m
1	5.31 Matin	4.9 Soir	11.0 Matin
11	5.29	3.32	10.30
21	5.18	3.37	10.27
VÉNUS.			
1	6.13 Matin	4.1 Soir	11.7 Matin
11	6.2	4.30	11.16
21	5.47	4.59	11.23
MARS.			
1	3.6 Soir	6.35 Matin	10.53 Soir
11	2.23	5.48	10.3
21	1.38	5.3	9.18
JUPITER.			
1	7.56 Matin	8.53 Soir	2.24 Soir
11	7.21	8.26	1.53
21	6.46	7.59	1.22
SATURNE.			
1	2.7 Matin	10.45 Matin	6.26 Matin
11	1.29	10.7	5.48
21	0.51	9.29	5.10
URANUS.			
1	0.19 Soir	4.26 Matin	8.20 Soir
11	11.39 Mat.	3.46	7.40
21	10.59	3.7	7.1

D. Q. le 5, à 5h 52m mat.
N. L. le 13, à 8h 56m mat.
P. Q. le 21, à 6h 3m mat.
P. L. le 27, à 9h 42m soir.

Jours du mois.	AVRIL 1869.	Soleil.		DÉCLIN. boréale à midi moyen.	TEMPS moyen à midi vrai.	Âge de la Lune.
		LEVER.	COU-CHER.			
		h m	h m	d m	h m s	
1	J. S. Hugues.	5.39	6.29	4.40	0. 3.52	20
2	V. S. François de P.	5.38	6.31	5. 3	0. 3.34	21
3	S. S. Richard.	5.36	6.32	5.26	0. 3.16	22
4	D. S. Ambroise.	5.33	6.34	5.49	0. 2.58	23
5	L. S. Gérard.	5.31	6.35	6.12	0. 2.40	24
6	M. S. Prudence.	5.29	6.37	6.34	0. 2.23	25
7	M. S. Romuald.	5.27	6.38	6.57	0. 2. 6	26
8	J. S. Édèse.	5.25	6.39	7.19	0. 1.49	27
9	V. Ste Marie Eg.	5.23	6.41	7.42	0. 1.32	28
10	S. S. Macaire	5.21	6.42	8. 4	0. 1.16	29
11	D. S. Léon, pape. . .	5.19	6.44	8.26	0. 1. 0	30
12	L. S. Jules	5.17	6.45	8.48	0. 0.44	1
13	M. S. Marcellin.	5.15	6.47	9.10	0. 0.28	2
14	M. S. Tiburce	5.13	6.48	9.31	0. 0.13	3
15	J. S. Maxime	5 11	6.50	9.53	11.59.58	4
16	V. S. Paterne.	5. 9	6.51	10.14	11.59.44	5
17	S. S. Anicet, pape.	5. 7	6.53	10.35	11.59.29	6
18	D. S. Parfait, prêt. .	5. 5	6.54	10.56	11.59.16	7
19	L. S. Timon	5. 3	6.56	11.17	11.59. 2	8
20	M. S. Théodore.	5. 1	6.57	11.38	11.58.49	9
21	M. S. Anselme.	5. 0	6.59	11.58	11.58.36	10
22	J. Ste Opportune. . .	4.58	7. 0	12.18	11.58.24	11
23	V. S. Georges, m. . .	4.56	7. 2	12.38	11.58.12	12
24	S. S. Léger. . . . . . ;	4.54	7. 3	12.58	11.58. 1	13
25	D. S. Marc, évang. .	4.52	7. 5	13.18	11.57.50	14
26	L. S. Clet, pape. . . .	4.50	7. 6	13.37	11.57.40	15
27	M. S. Polycarpe	4.49	7. 7	13.56	11.57.30	16
28	M. S. Vital, mart. . .	4.47	7. 9	14.15	11.57.21	17
29	J. S. Robert, abbé.	4.45	7.10	14.34	11.57.12	18
30	V. S. Eutrope.	4.43	7.12	14.52	11.57. 4	19

Les jours croissent, pendant ce mois, de 1h 39m.

Lune.

Jours du mois	PASSAGE au méridien (h m)	LEVER (h m)	COUCHER (h m)
1	3.54 Matin	—	8.36 Matin
2	4.17	0.13 Matin	9.19
3	5.40	1.12	10.7
4	6.31	2.3	11.0
5	7.20	2.46	11.57
6	8.7	3.23	0.56 Soir
7	8.52	3.54	1.57
8	9.36	4.21	2.59
9	10.19	4.45	4.1
10	11.1	5.8	5.3
11	11.43	5.31	6.6
12	0.26 Soir	5.54	7.10
13	1.11	6.19	8.14
14	1.57	6.46	9.19
15	2.46	7.17	10.23
16	3.37	7.54	11.26
17	4.31	8.39	—
18	5.26	9.32	0.25 Matin
19	6.22	10.33	1.18
20	7.18	11.41	2.4
21	8.14	0.35 Soir	2.44
22	9.8	2.12	3.19
23	10.2	3.31	3.51
24	10.56	4.50	4.21
25	11.50	6.9	4.50
26	—	7.27	5.20
27	0.44 Matin	8.43	5.52
28	1.39	9.55	6.28
29	2.34	11.0	7.9
30	3.28	11.57	7.56

Planètes.

Jours	LEVER (h m)	COUCHER (h m)	PASSAGE au méridien (h m)
☿	**MERCURE.**		
1	5.8 Matin	4.11 Soir	10.40 Matin
11	4.58	4.59	10.59
21	4.49	6.4	11.27
♀	**VÉNUS.**		
1	5.29 Matin	5.31 Soir	11.30 Matin
11	5.12	5.59	11.36
21	4.56	6.29	11.42
♂	**MARS.**		
1	0.57 Soir	4.16 Matin	8.35 Soir
11	0.27	3.37	8.0
21	0.1	3.0	7.29
♃	**JUPITER.**		
1	6.8 Matin	7.30 Soir	0.49 Soir
11	5.33	7.4	0.19
21	4.58	6.38	11.48 M.
♄	**SATURNE.**		
1	0.7 Soir	8.46 Matin	4.26 Matin
11	11.24 Soir	8.6	3.46
21	10.42 Soir	7.25	3.6
♅	**URANUS.**		
1	10.16 Matin	2.24 Matin	6.18 Soir
11	9.38	1.45	5.39
21	8.59	1.6	5.1

D. Q. le 3, à 8h 57m soir.   P. Q. le 19, à 3h 15m soir.
N. L. le 12, à 1h 57m mat.   P. L. le 26, à 6h 31m mat.

Jours du mois.	MAI 1869.	Soleil.				TEMPS moyen à midi vrai.	Âge de la Lune.
		LEVER.	COU-CHER	DÉCLIN. boréale à midi moyen			
		h m	h m	d m		h m s	
1	S. S. Jacq., S. Phil.	4.42	7.13	15.10		11.56.56	20
2	D. S. Athanase.....	4.40	7.15	15.28		11.56.49	21
3	L. Inv. Ste Croix...	4.38	7.16	15.46		11.56.42	22
4	M. Ste Monique....	4.37	7.18	16. 3		11.56.36	23
5	M. C. de S. Augustin	4.35	7.19	16.20		11.56.30	24
6	J. ASCENSION.....	4.33	7 20	16.37		11.56.26	25
7	V. S. Stanislas	4.32	7.22	16.54		11.56.21	26
8	S. S Désiré, évêq..	4.30	7.23	17.10		11.56.17	27
9	D. S. Hermas	4.29	7.25	17.26		11.56.14	28
10	L. S. Gordien......	4.27	7.26	17.42		11.56.12	29
11	M. S. Mamert......	4.26	7.27	17.58		11.56.10	30
12	M. S. Epiphane.....	4.24	7.29	18.13		11.56. 8	1
13	J. S. Servais.......	4.23	7.30	18.28		11.56. 8	2
14	V. S. Boniface	4.22	7.31	18.42		11.56. 7	3
15	S. S. Isidore.......	4.20	7.33	18.56		11.56. 8	4
16	D. PENTECOTE....	4.19	7.34	19.10		11.56. 8	5
17	L. S. Pascal......	4.18	7.35	19.24		11.56.10	6
18	M. S. Eric, roi.....	4.16	7.37	19.37		11.56.11	7
19	M. S. Yves........	4.15	7.38	19.50		11 56.14	8
20	J. S. Bernardin....	4.14	7.39	20. 3		11.56.17	9
21	V. S. Sospis.......	4.13	7.40	20.15		11.56.21	10
22	S. Ste Hélène......	4.12	7.42	20.27		11.56.25	11
23	D. Trinité.........	4.11	7.43	20.38		11.56.29	12
24	L. S. Donatien.....	4.10	7.44	20.50		11.56.34	13
25	M. S. Urbin........	4. 9	7.45	21. 0		11.56.40	14
26	M. S. Quadrat......	4. 8	7.46	21 11		11.56.46	15
27	J. FÊTE-DIEU.......	4. 7	7.47	21.21		11.56.52	16
28	V. S. Germain, év.	4. 6	7.48	21.31		11.56.59	17
29	S. S. Maxime......	4. 5	7.49	21.40		11.57. 7	18
30	D. S. Félix...	4. 4	7.51	21.49		11.57.15	19
31	L. Ste Pétronille....	4. 4	7.52	21.58		11.57.23	20

Les jours croissent, pendant ce mois, de 1h 17m.

Lune.

Jours du mois.	PASSAGE au méridien	LEVER.	COUCHER.
	h m	h m	h m
1	4.22 Matin	—	8.48 Matin
2	5.13	0.14 Matin	9.44
3	6.2	1.23	10.43
4	6.48	1.56	11.45
5	7.33	2.25	0.48 Soir
6	8.16	2.50	1.50 Soir
7	8.58	3.13	2.51
8	9.40	3.36	3.54
9	10.23	3.59	4.58
10	11.7	4.23	6.3
11	11.53	4.49	7.9
12	0.12 Soir	5.18	8.15
13	1.33	5.54	9.20
14	2.27	6.37	10.21
15	3.22	7.27	11.17
16	4.18	8.25	—
17	5.14	9.31	0.5 Matin
18	6.8	10.42	0.17
19	7.2	11.56	1.23
20	7.54	1.13 Soir	1.54
21	8.46	2.30 Soir	2.22
22	9.38	3.47	2.50
23	10.31	5.4	3.18
24	11.25	6.20	3.48
25	—	7.34	4.21
26	0.20 Matin	8.43	4.59
27	1.15	9.44	5.43
28	2.9	10.36	6.34
29	3.2	11.20	7.30
30	3.53	11.57	8.30
31	4.42	—	9.31

Planètes.

Jours.	LEVER.	COUCHER.	PASSAGE au méridien
☿ **MERCURE.**			
	h m	h m	h m
1	4.46 Matin	7.26 Soir	0.6 Soir
11	4.53 Matin	8.50 Soir	0.51 Soir
21	5.9	9.43	1.26
♀ **VÉNUS.**			
1	4.12 Matin	6.58 Soir	11.50 Mat.
11	4.50 Matin	7.28 Soir	11.59 Mat.
21	4.23	7.57	0.10 Soir
♂ **MARS.**			
1	11.40 Matin	2.25 Matin	7.1 Soir
11	11.22 Matin	1.52 Matin	6.35 Soir
21	11.6	1.19	6.11
♃ **JUPITER.**			
1	4.24 Matin	6.12 Soir	11.18 Matin
11	3.50 Matin	5.45 Soir	10.48 Matin
21	3.16	5.19	10.17
♄ **SATURNE.**			
1	10.0 Soir	6.44 Matin	2.25 Matin
11	9.18 Soir	6.3 Matin	1.43 Matin
21	8.36	5.21	1.1
♅ **URANUS.**			
1	8.22 Matin	0.28 Soir	4.23 Soir
11	7.44 Matin	11.48 Soir	3.45 Soir
21	7.8	11.9	3.8

D. Q. le 3, à 1h 50m soir.
N. L. le 11, à 4h 17m soir.
P. Q. le 18, à 9h 39m soir.
P. L. le 25, à 3h 32m soir.

Jours du mois.	JUIN 1869.	Soleil.			TEMPS moyen à midi vrai.	Âge de la Lune.
		LEVER.	COU-CHER.	DÉCLIN. boréale à midi moyen.		
		h m	h m	d m	h m s	
1	M. S. Pamphile......	4. 3	7.53	22. 6	11.57.32	21
2	M. S. Pothin........	4. 2	7 54	22.14	11.57.41	22
3	J. Ste Clotilde.....	4. 2	7.54	22.21	11.57.51	23
4	V. S. Optat........	4. 1	7.55	22.28	11.58. 1	24
5	S. S. Génès........	4. 1	7.56	22.35	11.58.11	25
6	D. S. Claude, évêq.	4. 0	7.57	22.41	11.58.22	26
7	L. S. Lié..........	4. 0	7.58	22.47	11.58.33	27
8	M. S. Médard......	3.59	7.59	22.53	11.58.44	28
9	M. Ste Marianne....	3.59	7.59	22.58	11.58.56	29
10	J. S. Landri.......	3.59	8. 0	23. 3	11.59. 8	1
11	V. S. Barnabé......	3.58	8. 1	23. 7	11.59.20	2
12	S. S. Olympe......	3.58	8. 1	23 11	11.59.32	3
13	D. S. Antoine de P.	3.58	8. 2	23.14	11.59.45	4
14	L. S. Rufin........	3.58	8 2	23.17	11.59.57	5
15	M. S. Modeste......	3.58	8. 3	23 20	0. 0.10	6
16	M. S. Fargeau......	3.58	8. 3	23.22	0. 0.23	7
17	J. S. Avit.........	3.58	8. 4	23.24	0. 0.36	8
18	V. Ste Marine, vier..	3.58	8. 4	23.26	0. 0.48	9
19	S. S. Gerv., S. Prot.	3.58	8. 4	23.27	0. 1. 1	10
20	D. S. Sylvère......	3.58	8. 5	23.27	0 1.14	11
21	L. S. Leufroi.......	3.58	8. 5	23.27	0 1.27	12
22	M. S. Alban........	3.58	8. 5	23.27	0. 1.40	13
23	M. S. Jacques......	3.59	8. 5	23.26	0. 1.53	14
24	J. Nat. S. Jean-Bap.	3.59	8. 5	23.25	0. 2. 6	15
25	V. S. Prósper......	3.59	8. 5	23.24	0. 2.18	16
26	S. S. Babolein.....	3.59	8. 5	23.22	0. 2.31	17
27	D. S. Crescent.....	4. 0	8. 5	23.20	0. 2.43	18
28	L. S. Irénée.......	4. 1	8. 5	23.17	0. 2.55	19
29	M. S. Pierre, S. Paul.	4. 1	8. 5	23.14	0. 3. 8	20
30	M. Com. de S. Paul.	4. 2	8. 5	23.10	0. 3.19	21

Les jours croissent de 17m du 1er au 21, et décroissent de 4m du 21 au 30.

Lune.

Jours du mois.	PASSAGE au méridien	LEVER.	COUCHER.
	h m	h m	h m
1	5.27 Matin	0.28 Matin	10.33 Mat.
2	6.11 Matin	0.54	11.35 Mat.
3	6.54	1.18	0.38 Soir
4	7.36	1.41	1.41 Soir
5	8.18	2.3	2.44
6	9.1	2.26	3.48
7	9.46	2.50	4.54
8	10.34	3.18	6.1
9	11.25	3.52	7.8
10	0.19 Soir	4.32	8.13
11	1.15 Soir	5.20	9.12
12	2.12	6.16	10.4
13	3.9	7.21	10.49
14	4.5	8.32	11.27
15	4.59	9.46	11.59
16	5.52	11.2	——
17	6.43	0.18 Soir	0.28 Matin
18	7.34	1.34	0.55
19	8.25	2.49	1.22
20	9.16	4.4	1.50
21	10.9	5.17	2.21
22	11.3	6.27	2.56
23	11.58	7.31	3.37
24	——	8.27	4.24
25	0.52 Matin	9.15	5.17
26	1.44 Matin	9.55	6.15
27	2.34	10.28	7.16
28	3.21	10.56	8.19
29	4.6	11.21	9.22
30	4.49	11.45	10.24

Planètes.

Jours.	LEVER.	COUCHER.	PASSAGE au méridien
☿ MERCURE.			
	h m	h m	h m
1	5.25 Matin	9.49 Soir	1.37 Soir
11	5.19	9.12	1.16 Soir
21	4.42	8.5	0.23
♀ VÉNUS.			
1	4.23 Matin	8.25 Soir	0.24 Soir
11	4.31	8.45	0.38 Soir
21	4.46	8.59	0.53
♂ MARS.			
1	10.52 Matin	0.44 Mat.	5.47 Soir
11	10.40	0.13	5.25 Soir
21	10.30	11.40 Soir	5.5
♃ JUPITER.			
1	2.38 Matin	4.49 Soir	9.43 Matin
11	2.3	4.21	9.12 Matin
21	1.29	3.53	8.41
♄ SATURNE.			
1	7.49 Soir	4.35 Matin	0.14 Mat.
11	7.6	3.53	11.27 Soir
21	6.23	3.11	10.45 Soir
♅ URANUS.			
1	6.26 Matin	10.27 Soir	2.27 Soir
11	5.50	9.50	1.50 Soir
21	5.13	9.12	1.13

D. Q. le 2, à 7h 31m mat.
N. L. le 10, à 4h 1m mat.
P. Q. le 17, à 2h 25m mat.
P. L. le 24, à 1h 48m mat.

Jours du mois.	JUILLET 1869.	Soleil.		DÉCLIN. boréale à midi moyen.	TEMPS moyen à midi vrai.	Age de la Lune.
		LEVER	COU-CHER.			
		h m	h m	d m	h m s	
1	J. S. Léonore......	4. 2	8. 5	23. 6	0. 3.31	22
2	V. Visit. de la Vier.	4. 3	8. 4	23. 2	0. 3.42	23
3	S. S. Anatole, év...	4. 4	8. 4	22.57	0. 3.54	24
4	D. Ste Berthe......	4. 4	8. 4	22.52	0. 4. 4	25
5	L. Ste Zoé, mart...	4. 5	8. 3	22.47	0. 4.15	26
6	M. S. Tranquillin...	4. 6	8. 3	22.41	0. 4.25	27
7	M. Ste Aubierge.....	4. 7	8. 2	22.34	0. 4.35	28
8	J. Ste Elisabeth	4. 7	8. 2	22.28	0. 4.45	29
9	V. S. Cyrille.......	4. 8	8. 1	22.21	0. 4.54	30
10	S. Ste Félicité......	4. 9	8. 0	22.13	0. 5. 3	1
11	D. Trans. S. Benoit.	4.10	8. 0	22. 5	0. 5.11	2
12	L. S. Gualbert.....	4.11	7.59	21.57	0. 5.19	3
13	M. S. Gabriel.......	4.12	7.58	21.48	0. 5.26	4
14	M. S. Bonaventure..	4.13	7.58	21.39	0. 5.33	5
15	J. S. Henri, emp...	4.14	7.57	21.30	0. 5.39	6
16	V. S. Eustathe, év..	4.15	7.56	21.20	0. 5.45	7
17	S. S. Alexis........	4.16	7.55	21.10	0. 5.50	8
18	D. S. Clair........	4.17	7.54	21. 0	0. 5.55	9
19	L. S. Vincent de P..	4.18	7.53	20.49	0. 5.59	10
20	M. Ste Marguerite...	4.19	7.52	20.38	0. 6. 3	11
21	M. S. Victor, m.....	4.21	7.51	20.26	0. 6. 6	12
22	J. Ste Marie-Mad...	4.22	7.50	20.14	0. 6. 9	13
23	V. S. Apollinaire...	4.23	7.49	20. 2	0. 6.10	14
24	S. Ste Christine	4.24	7.47	19.50	0. 6.12	15
25	D. S. Jacques le m..	4.25	7.46	19.37	0. 6.13	16
26	L. T. de S. Marcel..	4.27	7.45	19.24	0. 6.13	17
27	M. S. Pantaléon	4.28	7.44	19.10	0. 6.12	18
28	M. Ste Anne........	4.29	7.42	18.56	0. 6.11	19
29	J. Ste Marthe	4.31	7.41	18.42	0. 6.10	20
30	V. Sylvain.........	4.32	7.40	18.28	0. 6. 8	21
31	S. S. Germain.	4.33	7.38	18.13	0. 6. 5	22

Les jours décroissent, pendant ce mois, de 58m.

Lune.

Jours du mois.	PASSAGE au méridien	LEVER.	COUCHER
	h m	h m	h m
1	5.31 Matin.	—	11.26 M.
2	6.13	0.7 Matin.	0.29 Soir.
3	7.39	0.29	1.33
4	8.25	0.52	2.38
5	9.14	1.18	3.44
6	10.6	1.48	4.50
7	11.2	2.25	5.56
8	—	3.9	6.59
9	0.0 Soir.	4.2	7.56
10	0.58	5.5	8.45
11	1.57	6.16	9.26
12	2.53	7.32	10.1
13	3.48	8.49	10.32
14	4.40	10.6	11.0
15	5.31	11.23	11.27
16	6.22	0.39 Soir.	11.55
17	7.13	1.54	—
18	8.5	3.7	0.25 Matin.
19	8.57	4.16	0.57
20	9.50	5.21	1.34
21	10.44	6.19	2.18
22	11.36	7.10	3.8
23	—	7.53	4.4
24	0.26 Mat.	8.29	5.4
25	1.15	8.59	6.6
26	2.1	9.25	7.9
27	2.45	9.49	8.12
28	3.27	10.12	9.14
29	4.9	10.34	10.16
30	4.51	10.56	11.19
31	5.33	11.20	0.22 S.

Planètes.

Jours.	LEVER.	COUCHER.	PASSAGE au méridien

☿ MERCURE.

Jours.	LEVER.	COUCHER.	PASSAGE au méridien
	h m	h m	h m
1	3.17 Matin.	6.52 Soir.	11.22 Matin.
11	3.2	6.15	10.44
21	2.50	6.35	10.42

♀ VÉNUS.

Jours.	LEVER.	COUCHER.	PASSAGE au méridien
1	5.8 Matin.	9.4 Soir.	1.6 Soir.
11	5.35	9.2	1.18
21	6.4	8.53	1.29

♂ MARS.

Jours.	LEVER.	COUCHER.	PASSAGE au méridien
1	10.21 Matin.	11.10 Soir.	4.45 Soir.
11	10.13	10.40	4.27
21	10.6	10.11	4.8

♃ JUPITER.

Jours.	LEVER.	COUCHER.	PASSAGE au méridien
1	0.54 Mat.	3.21 Soir.	8.9 Matin.
11	0.19	2.54	7.37
21	11.40 S.	2.23	7.4

♄ SATURNE.

Jours.	LEVER.	COUCHER.	PASSAGE au méridien
1	5.41 Soir.	2.29 Matin.	10.3 Soir.
11	4.59	1.48	9.21
21	4.17	1.7	8.40

♅ URANUS.

Jours.	LEVER.	COUCHER.	PASSAGE au méridien
1	4.37 Matin.	8.36 Soir.	0.36 Soir.
11	3.58	8.0	0.0
21	3.21	7.21	11.23 M.

D. Q. le 2, à 0h 55m mat.
N. L. le 9, à 1h 47m soir.
P. Q. le 16, à 6h 57m mat.

P. L. le 23, à 2h 4m soir.
D. Q. le 31, à 5h 16m soir.

Jours du mois.	AOUT 1869.	Soleil.		DÉCLIN. boréale à midi moyen	TEMPS moyen à midi vrai.	Âge de la Lune.
		LEVER.	COU-CHER.			
		h m	h m	d m	h m s	
1	D. Ste Sophie......	4.35	7.37	17.58	0. 6. 1	23
2	L. S. Etienne, p....	4.36	7.35	17.43	0 5.58	24
3	M. S. Geoffroy......	4.37	7.34	17 27	0. 5.53	25
4	M. S. Dominique...	4.39	7.32	17.11	0. 5.48	26
5	J. S. Yon.........	4.40	7.31	16.55	0. 5.42	27
6	V. Transl. de N.-S..	4.41	7.29	16.39	0. 5.36	28
7	S. S. Gaétan.......	4.43	7.27	16.22	0. 5.29	29
8	D. S..Justin, m....	4.44	7.26	16. 5	0. 5.22	1
9	L. S. Romain......	4.45	7.24	15.48	0. 5.14	2
10	M. S. Laurent......	4.47	7.22	15.30	0. 5. 5	3
11	M. Sus. Ste Cour....	4.48	7.21	15.12	0. 4.56	4
12	J. Ste Claire, v....	4.50	7.19	14.54	0. 4.46	5
13	V. S. Hippolyte....	4.51	7.17	14.36	0. 4.36	6
14	S. S. Eusèbe.......	4.52	7.16	14.18	0. 4.25	7
15	D. ASSOMPTION...	4.54	7.14	13.59	0. 4.14	8
16	L. S. Roch, conf...	4.55	7.12	13.40	0. 4. 2	9
17	M. S. Mammès.....	4.57	7 10	13.21	0. 3.49	10
18	M. Ste Hélène, imp.	4.58	7. 8	13. 1	0. 3.36	11
19	J. S. Louis, évèq...	4.59	7. 7	12.42	0. 3.22	12
20	V. S. Bernard, ab..	5. 1	7. 5	12.22	0. 3. 8	13
21	S. S. Privat........	5. 2	7. 3	12. 2	0. 2.54	14
22	D. S. Symphorien..	5. 4	7. 1	11.42	0. 2.39	15
23	L. S. Sidoine, év..	5. 5	6.59	11.22	0. 2.23	16
24	M. S. Barthélemy...	5. 6	6.57	11. 1	0. 2. 7	17
25	M. S. Louis, roi....	5. 8	6.55	10.41	0. 1.51	18
26	J. S. Zéphirin, p...	5. 9	6.53	10.20	0. 1.35	19
27	V. S. Césaire.......	5.11	6.51	9.59	0. 1.18	20
28	S. S. Augustin.....	5.12	6.49	9.38	0. 1. 0	21
29	D. S. Médéric, ab..	5.14	6.47	9.16	0. 0.42	22
30	L. S. Fiacre........	5.15	6.45	8.55	0. 0.24	23
31	M. S. Ovide.......	5.16	6.43	8.33	0. 0. 6	24

Les jours décroissent, pendant ce mois, de 1h 35m.

Lune.

Jours du mois	PASSAGE au méridien	LEVER	COUCHER
	h m	h m	h m
1	6.17 Matin	11.48 S	1.26 Soir
2	7.4	—	2.32
3	7.54	0.20 Matin	3.38
4	8.47	0.59 Matin	4.42
5	9.45	1.47	5.41
6	10.42	2.45	6.34
7	11.41	3.53	7.19
8	0.40 Soir	5.8	7.58
9	1.37 Soir	6.27	8.32
10	2.32	7.47	9.2
11	3.25	9.7	9.30
12	4.18	10.26	9.58
13	5.10	11.43	10.27
14	6.2	0.57 Soir	10.59
15	6.54	2.7 Soir	11.35
16	7.47	3.13	—
17	8.39	4.13	0.16 Matin
18	9.31	5.7	1.3 Matin
19	10.22	5.52	1.57
20	11.10	6.29	2.56
21	11.57	7.1	3.57
22	—	7.29	5.0
23	0.42 Matin	7.53	6.3
24	1.24 Matin	8.15	7.5
25	2.6	8.37	8.6
26	2.48	8.59	9.8
27	3.30	9.22	10.11
28	4.13	9.47	11.15
29	4.57	10.17	0.19 Soir
30	5.45	10.53	1.23 Soir
31	6.35	11.36	2.26

Planètes.

Jours	LEVER	COUCHER	PASSAGE au méridien

☿ **MERCURE.**

	h m	h m	h m
I	3.28 Matin	7.10 Soir	11.19 M
II	4.38 Matin	7.31 Soir	0.4 Soir
21	5.49	7.30	0.40 Soir

♀ **VÉNUS.**

	h m	h m	h m
I	6.36 Matin	8.38 Soir	1.37 Soir
II	7.6 Matin	8.22 Soir	1.44 Soir
21	7.34	8.3	1.49

♂ **MARS.**

I	9.59 Matin	9.39 Soir	3.49 Soir
II	9.54 Matin	9.10 Soir	3.32 Soir
21	9.50	8.42	3.16

♃ **JUPITER.**

I	11.1 Soir	1.48 Soir	6.26 Matin
II	10.24 Soir	1.14 Soir	5.51 Matin
21	9.47	0.39	5.15

♄ **SATURNE.**

I	3.33 Soir	0.22 M	7.55 Soir
II	2.53 Soir	11.39 Soir	7.15 Soir
21	2.14	10.59	6.36

♅ **URANUS.**

I	2.41 Matin	6.40 Soir	10.42 Matin
II	2.5 Matin	6.3 Soir	10.5 Matin
21	1.28	5.26	9.28

N. L. le 7, à 10h 17m soir.   P. L. le 22, à 4h 33m mat.

P. Q. le 14, à 0h 50m soir.   D. Q. le 30, à 8h 7m mat.

Jours du mois.	SEPTEMBRE 1869.	Soleil.			TEMPS moyen à midi vrai.	Age de la Lune.
		LEVER.	COU-CHER.	DÉCLIN. boréale à midi moyen.		
		h m	h m	d m	h m s	
1	M. S. Lazare	5.18	6.41	8.11	11.59 47	25
2	J. S. Antonin......	5.19	6.39	7.49	11.59.28	26
3	V. S. Ambroise.....	5.21	6.37	7.27	11.59. 9	27
4	S. Ste Rosalie......	5.22	6 35	7. 5	11.58.50	28
5	D. S. Bertin, abbé .	5.23	6.33	6.43	11.58.30	29
6	L. S. Eleuthère, pa.	5.25	6.31	6.21	11.58.10	1
7	M. S. Cloud, pr....	5.26	6.29	5.58	11.57.50	2
8	M. Nat. de la Vierg.	5.28	6.26	5.36	11.57.30	3
9	J. S. Omer, évêq...	5.29	6.24	5.13	11.57. 9	4
10	V. S. Nicolas.......	5.31	6.22	4.50	11.56.49	5
11	S. S. Hyacinthe....	5.32	6.20	4.27	11.56.28	6
12	D. S. Raphaël.	5.33	6.18	4. 4	11.56. 7	7
13	L. S. Maurille......	5.35	6.16	3.41	11.55.46	8
14	M. Exalt. Ste Croix..	5.36	6.14	3.18	11.55.25	9
15	M. S. Nicomède.....	5.38	6 12	2.55	11.55. 4	10
16	J. Ste Euphémie....	5.39	6. 9	2.32	11.54.43	11
17	V. S. Lambert......	5.41	6. 7	2. 9	11.54.22	12
18	S. S. Jean-Chrys ...	5.42	6. 5	1.46	11.54 0	13
19	D. S. Janvier.....	5.43	6. 3	1.22	11.53.39	14
20	L. S. Eustache.....	5.45	6. 1	0.59	11.53.18	15
21	M. S. Mathieu, ap..	5.46	5.59	0.36	11.52.57	16
22	M. S. Maurice......	5.48	5.57	0.12	11.52.36	17
23	J. Ste Thècle.......	5.49	5.55	0.11	11.52.15	18
24	V. S. Andoche.....	5.51	5.52	0.35	11.51.54	19
25	S. S Firmin, év ...	5.52	5.50	0.58	11.51.34	20
26	D. Ste Justine......	5.53	5.48	1.21	11.51.13	21
27	L. S. Cosme, S. D..	5.55	5.46	1.45	11.50.53	22
28	M. S. Venceslas.....	5.56	5.44	2. 8	11.50.33	23
29	M. S. Michel, arc...	5.58	5.42	2.32	11.50.14	24
30	J. S. Jérôme, prêt.	5.59	5.40	2.55	11.49.54	25

Les jours décroissent, pendant ce mois, de 1h 42m.

Jours du mois	Lune			Jours	Planètes		
	PASSAGE au méridien	LEVER.	COUCHER.		LEVER.	COUCHER.	PASSAGE au méridien
	h m	h m	h m				
1	7. 29 Matin.	—	3. 26 Soir.		☿	**MERCURE.**	
2	8. 25	0. 28 Matin.	4. 21			h m	h m	h m
3	9. 23	1. 30	5. 10	1	6. 53 Matin.	7. 16 Soir.	1. 4 Soir.
4	10. 22	2. 41	5. 52	11	7. 39	6. 57	1. 18
5	11. 20	3. 58	6. 28	21	8. 14	6. 34	1. 24
6	0. 17 Soir.	5. 19	7. 0		♀	**VÉNUS.**	
7	1. 12	6. 41	7. 29				
8	2. 7	8. 3	7. 58	1	8. 5 Matin.	7. 42 Soir.	1. 54 Soir.
9	3. 1	9. 23	8. 28	11	8. 33	7. 23	1. 58
10	3. 54	10. 41	8. 59	21	9. 2	7. 6	2. 4
11	4. 48	11. 55	9. 34		♂	**MARS.**	
12	5. 42	1. 5 Soir.	10. 14				
13	6. 36	2. 8	11. 0	1	9. 47 Matin.	8. 12 Soir.	3. 0 Soir.
14	7. 28	3. 4	11. 52	11	9. 44	7. 46	2. 45
15	8. 19	3. 52	—	21	9. 43	7. 22	2. 32
16	9. 8	4. 32	0. 49 Matin.		♃	**JUPITER.**	
17	9. 55	5. 5	1. 49				
18	10. 40	5. 33	2. 51	1	9. 5 Soir.	11. 58 Matin.	4. 34 Matin.
19	11. 23	5. 57	3. 54	11	8. 26	11. 19	3. 55
20	—	6. 20	4. 56	21	7. 46	10. 39	3. 15
21	0. 5 Matin.	6. 42	5. 58		♄	**SATURNE.**	
22	0. 47	7. 4	7. 1				
23	1. 28	7. 27	8. 4	1	1. 32 Soir.	10. 16 Soir.	5. 54 Soir.
24	2. 11	7. 51	9. 7	11	0. 55	9. 38	5. 16
25	2. 55	8. 18	10. 10	21	0. 17	9. 1	4. 39
26	3. 40	8. 50	11. 13		♅	**URANUS.**	
27	4. 29	9. 29	0. 15 Soir.				
28	5. 20	10. 17	1. 15	1	0. 52 Mat.	4. 44 Soir.	8. 48 Matin.
29	6. 13	11. 13	2. 11	11	0. 12	4. 6	8. 10
30	7. 9	—	3. 0	21	11. 33 Soir.	3. 28	7. 32

N. L. le 6, à 6h 16m mat.   P. L. le 20, à 8h 50m soir.
P. Q. le 12, à 9h 33m soir.   D. Q. le 28, à 9h 19m soir.

Jours du mois.	OCTOBRE 1869.	Soleil.		DÉCLIN. australe à midi moyen.	TEMPS moyen à midi vrai.	Age de la Lune.
		LEVER.	COU-CHER.			
		h m	h m	d m	h m s	
1	V. S. Remi, év.....	6. 1	5.38	3 18	11.49.35	26
2	S. SS. Anges gard..	6. 2	5.36	3.41	11.49.16	27
3	D. S. Denis l'aréop.	6. 4	5.33	4. 5	11.48.58	28
4	L. S. Franç. d'Ass..	6. 5	5.31	4.28	11.48.40	29
5	M. S. Placide	6. 7	5.29	4.51	11.48.22	30
6	M. S. Bruno, inst...	6. 8	5.27	5.14	11.48. 4	1
7	J. Ste Julie.........	6.10	5.25	5.37	11.47.47	2
8	V. S. Daniel	6.11	5.23	6. 0	11.47.31	3
9	S. S. Denis, év.....	6.13	5.21	6.23	11.47.15	4
10	D. S. Paulin, év....	6.14	5.19	6.46	11.46.59	5
11	L. S. Nicaise.......	6.16	5.17	7. 9	11.46.44	6
12	M. S. Wilfrid......	6.17	5.15	7 31	11.46.29	7
13	M. S. Géraud, c....	6.19	5.13	7.54	11.46.14	8
14	J. S. Caliste, pape.	6.20	5.11	8.16	11.46. 1	9
15	V. Ste Thérèse......	6.22	5. 9	8.38	11.45.47	10
16	S. S. Gal, év.......	6.23	5. 7	9. 0	11.45.35	11
17	D. S. Florent......	6.25	5. 5	9.22	11.45.22	12
18	L. S. Luc, évang...	6.26	5. 3	9.44	11.45.11	13
19	M. S. Savinien.	6.28	5. 1	10. 6	11.45. 0	14
20	M. S. Caprais	6.30	4.59	10.28	11.44.50	15
21	J. Ste Ursule	6.31	4.58	10.49	11.44.40	16
22	V. S. Mellon, év....	6.33	4.56	11.10	11.44.31	17
23	S. S. Hilarion......	6.34	4.54	11.31	11.44 23	18
24	D. S. Magloire	6.36	4.52	11.52	11.44.15	19
25	L. SS. Crépin et Cré.	6.37	4.50	12.13	11.44. 8	20
26	M. S. Évariste......	6.39	4.48	12.34	11.44. 2	21
27	M. S. Frumence	6.41	4.47	12.54	11.43.57	22
28	J. S. Simon........	6.42	4.45	13.14	11.43.52	23
29	V. S. Narcisse......	6.44	4.43	13.34	11.43.48	24
30	S. S. Lucain	6.45	4.41	13.54	11.43.45	25
31	D. S. Quentin......	6.47	4.40	14.13	11.43.43	26

Les jours décroissent, pendant ce mois, de 1h 44m.

Lune.

Jours du mois	Passage au méridien	Lever	Coucher
	h m	h m	h m
1	8. 5 Matin	0. 17 Matin	3. 43 Soir
2	9. 2	1. 30	4. 21
3	9. 59	2. 49	4. 55
4	10. 54	4. 10	5. 25
5	11. 50	5. 32	5. 54
6	0. 45 Soir	6. 54	6. 23
7	1. 40	8. 15	6. 54
8	2. 36	9. 35	7. 28
9	3. 32	10. 51	8. 8
10	4. 28	0. 0 Soir	8. 54
11	5. 22	0. 59 Soir	9. 45
12	6. 15	1. 50	10. 41
13	7. 5	2. 33	11. 41
14	7. 53	3. 8	—
15	8. 38	3. 37	0. 43 Matin
16	9. 22	4. 3	1. 46 Matin
17	10. 4	4. 26	2. 48
18	10. 45	4. 48	3. 50
19	11. 27	5. 9	4. 52
20	—	5. 31	5. 55
21	0. 9 Matin	5. 54	6. 59
22	0. 53 Matin	6. 20	8. 3
23	1. 38	6. 50	9. 7
24	2. 26	7. 27	10. 10
25	3. 16	8. 12	11. 10
26	4. 8	9. 4	0. 7 Soir
27	5. 2	10. 4	0. 58 Soir
28	5. 57	11. 11	1. 43
29	6. 51	—	2. 21
30	7. 46	0. 24 Mat.	2. 54
31	8. 40	1. 41	3. 24

Planètes.

Jours	Lever	Coucher	Passage au méridien
☿ MERCURE.			
	h m	h m	h m
1	8. 30 Matin	6. 7 Soir	1. 19 Soir
11	8. 2	5. 33	0. 47
21	6. 20	4. 48	11. 34 M.
♀ VÉNUS.			
1	9. 31 Matin	6. 50 Soir	2. 11 Soir
11	10. 0	6. 39	2. 20
21	10. 27	6. 33	2. 30
♂ MARS.			
1	9. 42 Matin	6. 58 Soir	2. 20 Soir
11	9. 42	6. 37	2. 9
21	9. 42	6. 18	2. 0
♃ JUPITER.			
1	7. 6 Soir	9. 56 Matin	2. 33 Matin
11	6. 24	9. 12	1. 50
21	5. 42	8. 27	1. 7
♄ SATURNE.			
1	11. 42 Matin	8. 23 Soir	4. 2 Soir
11	11. 7	7. 46	3. 26
21	10. 32	7. 10	2. 51
♅ URANUS.			
1	10. 55 Soir	2. 49 Soir	6. 54 Matin
11	10. 17	2. 11	6. 16
21	9. 39	1. 32	5. 37

N. L. le 5, à 2h 29m soir.
P. Q. le 12, à 10h 12m mat.

P. L. le 20, à 2h 7m soir.
D. Q. le 28, à 8h 44m mat.

Jours du mois.	NOVEMBRE 1869.	Soleil.		DÉCLIN. australe à midi moyen.	TEMPS moyen à midi vrai.	Age de la Lune.
		LEVER.	COU-CHER.			
		h m	h m	d m	h m s	
1	L. TOUSSAINT....	6.49	4.38	14.33	11.43.41	27
2	M. Trépassés.......	6.50	4.37	14.52	11.43.41	28
3	M. S. Marcel, év....	6.52	4.35	15.11	11.43.41	29
4	J. S. Charles, év...	6.53	4.33	15.29	11.43.42	1
5	V. Ste Bertille......	6.55	4.32	15.47	11.43.44	2
6	S. S. Léonard......	6.57	4.30	16.6	11.43.46	3
7	D. S. Florent.......	6.58	4.29	16.23	11.43.50	4
8	L. Stes Reliques....	7.0	4.27	16.41	11.43.55	5
9	M. S. Mathurin.....	7.1	4.26	16.58	11.43.59	6
10	M. S. Léon, pape...	7.3	4.25	17.15	11.44.5	7
11	J. S. Martin, év....	7.5	4.23	17.32	11.44.12	8
12	V. S. René........	7.6	4.22	17.48	11.44.20	9
13	S. S. Brice, év.....	7.8	4.21	18.4	11.44.28	10
14	D. S. Bertrand.....	7.9	4.19	18.20	11.44.37	11
15	L. S. Eugène.......	7.11	4.18	18.35	11.44.47	12
16	M. S. Edme, arch...	7.13	4.17	18.50	11.44.58	13
17	M. S. Agnan, év....	7.14	4.16	19.5	11.45.10	14
18	J. S. Odon........	7.16	4.15	19.19	11.45.23	15
19	V. Ste Elisabeth....	7.17	4.14	19.33	11.45.36	16
20	S. S. Edmond, r...	7.19	4.13	19.46	11.45.50	17
21	D. Présent. Vierge..	7.20	4.12	20.0	11.46.5	18
22	L. Ste Cécile.......	7.22	4.11	20.13	11.46.21	19
23	M. S. Clément......	7.23	4.10	20.26	11.46.38	20
24	M. S. Séverin.......	7.25	4.9	20.38	11.46.55	21
25	J. Ste Catherine....	7.26	4.8	20.50	11.47.14	22
26	V. Ste Victorine....	7.28	4.7	21.1	11.47.33	23
27	S. S Maxime.......	7.29	4.6	21.12	11.47.52	24
28	D. S. Sosthènes....	7.30	4.6	21.23	11.48.13	25
29	L. S. Saturnin.....	7.32	4.5	21.33	11.48.34	26
30	M. S. André, ap....	7.33	4.5	21.43	11.48.56	27

Les jours décroissent, pendant ce mois, de 1ʰ 17ᵐ.

Lune.

Jours du mois.	PASSAGE au méridien	LEVER.	COUCHER.
	h m	h m	h m
1	9.33 Matin	3.1 Matin	3.52 Soir
2	10.28	4.22	4.20
3	11.22	5.44	4.49
4	0.18 Soir	7.6	5.21
5	1.15	8.25	5.58
6	2.13	9.39	6.42
7	3.10	10.46	7.32
8	4.5	11.44	8.28
9	4.58	0.31 Soir	9.28
10	5.48	1.9	10.31
11	6.35	1.41	11.35
12	7.19	2.8	
13	8.2	2.31	0.38 Matin
14	8.43	2.53	1.40
15	9.25	3.15	2.43
16	10.7	3.36	3.46
17	10.50	3.58	4.50
18	11.35	4.23	5.54
19	—	4.52	6.59
20	0.23 Matin	5.27	8.3
21	1.12 Matin	6.9	9.6
22	2.5	6.58	10.5
23	2.58	7.56	10.58
24	3.53	9.1	11.44
25	4.47	10.12	0.22 Soir
26	5.40	11.27	0.55 Soir
27	6.33	—	1.25
28	7.25	0.13 Matin	1.53
29	8.16	2.0	2.21
30	9.9	3.18	2.48

Planètes.

Jours.	LEVER.	COUCHER.	PASSAGE au méridien

☿ MERCURE.

Jours.	LEVER.	COUCHER.	PASSAGE au méridien
	h m	h m	h m
1	5.4 Matin	4.12 Soir	10.38 Matin
11	5.23	3.55	10.39
21	6.9	3.45	10.57

♀ VÉNUS.

Jours.	LEVER.	COUCHER.	PASSAGE au méridien
1	10.52 Matin	6.34 Soir	2.43 Soir
11	11.6	6.43	2.55
21	11.12	6.58	3.5

♂ MARS.

Jours.	LEVER.	COUCHER.	PASSAGE au méridien
1	9.41 Matin	5.59 Soir	1.50 Soir
11	9.39	5.46	1.43
21	9.36	5.36	1.36

♃ JUPITER.

Jours.	LEVER.	COUCHER.	PASSAGE au méridien
1	4.55 Soir	7.36 Matin	0.18 Matin
11	4.12	6.50	11.29 Soir
21	3.30	6.3	10.44 Soir

♄ SATURNE.

Jours.	LEVER.	COUCHER.	PASSAGE au méridien
1	9.53 Matin	6.30 Soir	2.12 Soir
11	9.20	5.54	1.37
21	8.46	5.19	1.3

♅ URANUS.

Jours.	LEVER.	COUCHER.	PASSAGE au méridien
1	8.54 Soir	0.48 Soir	4.53 Matin
11	8.15	0.9	4.14
21	7.35	11.29 Matin	3.34

N. L. le 3, à 11^h 45^m soir. P. L. le 19, à 7^h 27^m mat.

P. Q. le 11, à 3^h 5^m mat. D. Q. le 26, à 6^h 24^m soir.

Jours du mois.	DÉCEMBRE 1869.	Soleil.		DÉCLIN. australe à midi moyen.	TEMPS moyen à midi vrai.	Âge de la Lune.
		LEVER.	COUCHER.			
		h m	h m	d m	h m s	
1	M. S. Éloi, évêq....	7.34	4. 4	21.52	11.49.19	28
2	J. S. Franç.-Xav...	7.36	4. 4	22. 1	11.49.42	29
3	V. S. Fulgence, év..	7.37	4. 3	22.10	11.50. 6	1
4	S. Ste Barbe.......	7.38	4. 3	22.18	11.50.30	2
5	D. S. Sabas, abbé..	7.39	4. 2	22.26	11.50.55	3
6	L. S. Nicolas, év...	7.40	4. 2	22.33	11.51.21	4
7	M. Ste Fare, vierge..	7.42	4. 2	22.40	11.51.47	5
8	M. Conception......	7.43	4. 2	22.46	11.52.13	6
9	J. Ste Gorgonie.....	7.44	4. 1	22.52	11.52.40	7
10	V. Ste Valère, v...	7.45	4. 1	22.58	11.53. 7	8
11	S. S. Fuscien......	7.46	4. 1	23. 3	11.53.35	9
12	D. S. Valery.......	7.47	4. 1	23. 7	11.54. 3	10
13	L. Ste Luce, v. m...	7.48	4. 1	23.11	11.54.32	11
14	M. S. Nicaise, arc...	7.48	4. 1	23.15	11.55. 0	12
15	M. S. Mesmin......	7.49	4. 2	23.18	11.55.29	13
16	J. Ste Adélaïde.....	7.50	4. 2	23.21	11.55.58	14
17	V. Ste Olympiade...	7.51	4. 2	23.23	11.56.28	15
18	S. S. Gatien, év....	7.51	4. 2	23.25	11.56.57	16
19	D. S. Timoléon....	7.52	4. 3	23.26	11.57.27	17
20	L. S. Philogone....	7.53	4. 3	23.27	11.57.57	18
21	M. S. Thomas, ap..	7.53	4. 4	23.27	11.58.27	19
22	M. S. Fabien......	7.54	4. 4	23.27	11.58.56	20
23	J. Ste Victoire.....	7.54	4. 5	23.27	11.59.26	21
24	V. Ste Delphine.....	7.55	4. 5	23.26	11.59.56	22
25	S. NOEL..........	7.55	4. 6	23.24	0. 0.26	23
26	D. S. Etienne, m...	7.55	4. 7	23.22	0. 0.56	24
27	L. S. Jean, év......	7.55	4. 7	23.20	0. 1.26	25
28	M. SS. Innocents...	7.56	4. 8	23.17	0. 1.55	26
29	M. Ste Eléonore.....	7.56	4. 9	23.13	0. 2.25	27
30	J. Ste Colombe.....	7.56	4.10	23. 9	0. 2.54	28
31	V. S. Sylvestre.....	7.56	4.11	23. 5	0. 3.23	29

Les jours décroissent de 19m du 1er au 21, et croissent de 4m du 21 au 31.

Lune.

Jours du mois.	PASSAGE au méridien	LEVER.	COUCHER.
	h m	h m	h m
1	10. 2 Matin	4. 37 Matin	3. 17 Soir
2	10. 58	5. 57	3. 51
3	11. 55	7. 14	4. 30
4	0. 53 Soir	8. 26	5. 16
5	1. 50	9. 30	6. 10
6	2. 45	10. 23	7. 10
7	3. 38	11. 7	8. 14
8	4. 27	11. 42	9. 19
9	5. 14	0. 11 Soir	10. 23
10	5. 58	0. 36	11. 26
11	6. 40	0. 59	—
12	7. 21	1. 20	0. 29 Matin
13	8. 3	1. 41	1. 32
14	8. 45	2. 3	2. 35
15	9. 29	2. 26	3. 39
16	10. 16	2. 53	4. 44
17	11. 5	3. 26	5. 49
18	11. 57	4. 5	6. 54
19	—	4. 52	7. 56
20	0. 52 Matin	5. 48	8. 53
21	1. 47 Matin	6. 52	9. 43
22	2. 43	8. 1	10. 25
23	3. 37	9. 15	11. 1
24	4. 30	10. 31	11. 32
25	5. 22	11. 47	11. 59
26	6. 12	—	0. 24 Soir
27	7. 3	1. 3 Matin	0. 50
28	7. 54	2. 20	1. 18
29	8. 47	3. 37	1. 49
30	9. 42	4. 53	2. 24
31	10. 38	6. 6	3. 5

Planètes.

Jours.	LEVER.	COUCHER.	PASSAGE au méridien
☿	**MERCURE.**		
	h m	h m	h m
1	6. 59 Matin	3. 42 Soir	11. 21 Mat.
11	7. 46	3. 49	11. 48
21	8. 24	4. 12	0. 18 Soir
♀	**VÉNUS.**		
1	11. 9 Matin	7. 18 Soir	3. 14 Soir
11	10. 57	7. 39	3. 18
21	10. 39	7. 59	3. 19
♂	**MARS.**		
1	9. 31 Matin	5. 29 Soir	1. 30 Soir
11	9. 23	5. 25	1. 24
21	9. 12	5. 25	1. 18
♃	**JUPITER.**		
1	2. 47 Soir	5. 18 Matin	10. 0 Soir
11	2. 6	4. 33	9. 17
21	1. 25	3. 50	8. 35
♄	**SATURNE.**		
1	8. 13 Matin	4. 44 Soir	0. 28 Soir
11	7. 39	4. 9	11. 54 Mat.
21	7. 5	3. 34	11. 20
♅	**URANUS.**		
1	6. 54 Soir	10. 49 Matin	2. 53 Matin
11	6. 13	10. 9	2. 13
21	5. 32	9. 28	1. 32

N. L. le 3, à 10^h 51^m mat.   P. L. le 18, à 11^h 59^m soir.

P. Q. le 10, à 11^h 21^m soir.   D. Q. le 26, à 2^h 43^m mat.

ÉCLIPSES
DE SOLEIL ET DE LUNE EN 1869,
Calculées par M. LAUGIER.

I. — Le 27 janvier, éclipse partielle de Lune visible à Paris.

	h	m
Entrée de la Lune dans la pénombre à.	11.28 soir.
Entrée dans l'ombre, le 28, à.	0.39 matin.
Milieu de l'éclipse à.	1.48
Sortie de l'ombre à.	2.57
Sortie de la pénombre à.	4. 8

Grandeur de l'éclipse : 0,45, le diamètre de la Lune étant 1.

II. — Le 11 février, éclipse annulaire de Soleil invisible à Paris.

	h	m
Commencement de l'éclipse générale à.	11. 4 matin.

dans le lieu dont la longitude est 82° 34′ O. et la latitude 35° 42′ S.

Commencement de l'éclipse centrale générale à. . . . . 0.23 soir.

dans le lieu dont la longitude est 109° 20′ O. et la latitude 50° 12′ S.

Éclipse centrale à midi, à. 1.38

dans le lieu dont la longitude est 20° 55′ O. et la latitude 54° 8′ S.

Fin de l'éclipse centrale générale à. . . 3.28

dans le lieu dont la longitude est 48° 4′ E. et la latitude 24° 47′ N.

Fin de l'éclipse générale à. 4.47

dans le lieu dont la longitude est 24° 14′ E. et la latitude 9° 52′ N.

Cette éclipse sera visible dans le sud de l'Afrique et de l'Amérique du Sud. Elle sera totale près du cap Horn et du cap de Bonne-Espérance.

III. — Le 23 juillet, éclipse partielle de Lune invisible à Paris.

	h m
Entrée de la Lune dans la pénombre à.	11.30 matin.
Entrée dans l'ombre à....................	0.49 soir.
Milieu de l'éclipse à....................	2.12
Sortie de l'ombre à......................	3.35
Sortie de la pénombre à..................	4.54

Grandeur de l'éclipse : 0,56, le diamètre de la Lune étant 1.

IV. — Le 7 août, éclipse totale de Soleil invisible à Paris.

	h m
Commencement de l'éclipse générale à. dans le lieu dont la longitude est 142° 0' E. et la latitude 36° 53' N.	7.47 soir.
Commencement de l'éclipse centrale générale à...................... dans le lieu dont la longitude est 115° 11' E. et la latitude 52° 42' N.	8.55
Éclipse centrale à midi à.......... dans le lieu dont la longitude est 147° 29' O. et la latitude 61° 45' N.	9.55
Fin de l'éclipse centrale générale à... dans le lieu dont la longitude est 69° 44 O. et la latitude 31° 21' N.	11.25
Fin de l'éclipse générale, le 8, à...... dans le lieu dont la longitude est 92° 31' O. et la latitude 14° 53' N.	0.33 matin.

Cette éclipse sera visible dans les régions polaires de l'hémisphère boréal : dans l'Amérique du Nord, en Asie, dans les contrées à l'est et à l'ouest du détroit de Behring.

TABLEAU
Des apogées et périgées et des demi-diamètres de la Lune pendant l'année 1869.

JOURS.		APOGÉES ET PÉRIGÉES.	DEMI-DIAMÈTRES.
Janvier	16	Lune apogée........	14.45″
	28	Lune périgée........	16.42
Février	12	Lune apogée........	14.43
	26	Lune périgée........	16.47
Mars	12	Lune apogée........	14.43
	26	Lune périgée........	16.43
Avril	8	Lune apogée........	14.45
	24	Lune périgée........	16.31
Mai	5	Lune apogée........	14.47
	21	Lune périgée........	16.18
Juin	2	Lune apogée........	14.48
	16	Lune périgée........	16.11
	30	Lune apogée........	14.48
Juillet	12	Lune périgée........	16.21
	28	Lune apogée........	14.46
Août	9	Lune périgée........	16.35
	24	Lune apogée........	14.44
Septembre	6	Lune périgée........	16.44
	20	Lune apogée........	14.44
Octobre	5	Lune périgée........	16.45
	18	Lune apogée........	14.44
Novembre	2	Lune périgée........	16.38
	14	Lune apogée........	14.46
	30	Lune périgée........	16.25
Décembre	12	Lune apogée........	14.47
	27	Lune périgée........	16.11

Commencement des quatre Saisons en **1869**, temps moyen.

PRINTEMPS.. le 20 mars à $1^h 41^m$ du soir.
ETÉ....... le 21 juin à 10 13 du matin.
AUTOMNE ... le 23 sept. à 0 37 du matin.
HIVER...... le 21 déc. à 6 32 du soir.

Entrée du Soleil dans les signes du Zodiaque en **1869**, temps moyen.

19 janvier... dans le VERSEAU ... à $11^h 16^m$ du soir.
18 février.... dans les POISSONS .. à 1 52 du soir.
20 mars..... dans le BÉLIER..... à 1 41 du soir.
20 avril...... dans le TAUREAU ... à 1 42 du mat.
21 mai ...... dans les GÉMEAUX .. à 1 44 du mat.
21 juin...... dans le CANCER..... à 10 13 du mat.
22 juillet.... dans le LION....... à 9 10 du soir.
23 août...... dans la VIERGE..... à 3 48 du mat.
23 septembre. dans la BALANCE.... à 0 37 du mat.
23 octobre... dans le SCORPION ... à 8 59 du mat.
22 novembre. dans le SAGITTAIRE.. à 5 42 du mat.
21 décembre. dans le CAPRICORNE. à 6 32 du soir.

Obliquité apparente de l'écliptique.

1er janvier 1869............ $23°27'15'',4$.
1er juillet 1869............ $23°27'16'',2$.
31 décembre 1869............ $23°27'17'',3$.

HEURE DU PASSAGE DE L'ÉTOILE POLAIRE AU MÉRIDIEN DE PARIS EN 1869, TEMPS MOYEN.

		Passage supér.				Passage supér.
		h m s				h m s
JANVIER..	0	6 29 32 S.		JUILLET.	9	6 2 26 M.
	10	5 50 4 S.			19	5 23 16 M.
	20	5 10 36 S.			29	4 44 5 M.
		Passage infér.		AOUT....	8	4 4 53 M.
	20	5 12 34 M.			18	3 25 42 M.
	30	4 33 6 M.			28	2 46 29 M.
FÉVRIER..	9	3 53 39 M.		SEPTEMB.	7	2 7 16 M.
	19	3 14 13 M.			17	1 28 2 M.
MARS....	1	2 34 47 M.			27	0 48 46 M.
	11	1 55 22 M.		OCTOBRE.	7	0 9 28 M.
	21	1 16 0 M.		9		0 1 36 M.
	31	0 36 39 M.				11 57 40 S.
AVRIL...	9	0 1 16 M.		17	11 26 13 S.
		11 57 20 S.			27	10 46 54 S.
	10	11 53 24 S.		NOVEMB..	6	10 7 32 S.
	20	11 14 7 S.			16	9 28 9 S.
	30	10 34 52 S.			26	8 48 45 S.
MAI.....	10	9 55 38 S.		DÉCEMB..	6	8 9 20 S.
	20	9 16 25 S.			16	7 29 54 S.
	30	8 37 12 S.			26	6 50 26 S.
JUIN.....	9	7 58 1 S.			31	6 30 42 S.
	19	7 18 50 S.				

Soit p l'heure du passage au méridien de Paris; elle sera $p \pm n \times 0^s,164$ dans le lieu dont la longitude est de n minutes de temps. La correction $n \times 0^s,164$ est additive ou soustractive, suivant que le lieu est à l'est ou à l'ouest de Paris; elle est fort petite pour la France. A Brest, où $n = 27^m$, elle n'est que de $4^s,4$.

Les lettres M et S indiquent matin et soir.

TABLES DE CORRECTIONS

**Pour déduire des levers et couchers du Soleil
à Paris, les levers et couchers dans toute la
France;**

Par M. MATHIEU.

———

La Table page 41 contient les corrections qu'il
faut appliquer aux heures du lever du Soleil à Paris,
pour avoir les heures du lever du Soleil dans les lieux
compris entre 43° et 51° de latitude boréale. Le signe +, placé devant une correction, indique qu'elle
doit être ajoutée au lever du Soleil à Paris; le signe — indique que la correction doit être retranchée
de l'heure du lever du Soleil à Paris.

La correction pour l'heure du *coucher* est égale
à celle du lever, mais de signe contraire, c'est-à-
dire que, si la première doit être *retranchée*, la seconde doit être *ajoutée*, et réciproquement.

La Table est calculée de dix en dix jours : pour
les époques intermédiaires, on calculera la partie
proportionnelle.

Voici deux exemples pour en montrer l'usage.

1er EXEMPLE. On demande le lever et le coucher
du Soleil le 30 janvier 1869 à Perpignan.

La latitude de Perpignan est de 42° 42′, ou en nombre rond 43°; on trouve, page 41, la correction

— 15^m pour le 30 janvier dans la colonne qui se rapporte à 43° de latitude. On prend dans le calendrier, page 10, l'heure du lever et du coucher du Soleil à Paris, le 30 janvier, et l'on a :

Lever du Soleil à Paris......... 7^h 35^m

Correction avec son signe ..... — 15

Lever du Soleil à Perpignan.... 7^h 20^m

Coucher du Soleil à Paris...... 4. 52

Correction en signe contraire .. + 15

Coucher du Soleil à Perpignan. 5^h 7^m

2e EXEMPLE. On demande les heures du lever et du coucher du Soleil le 5 mai 1869 à Lille.

La latitude de Lille est 50° 39′, ou 51° en nombre rond. C'est donc dans la colonne de 51°, page 42, qu'il faut chercher la correction.

On trouve 6^m le 1er mai et 8^m le 11 ; la différence de 2^m pour 10 jours est de 0^m,2 pour 1 jour et de 0^m,8 pour les 4 jours du 1er au 5. La correction correspondante au 5 mai est donc 6^m plus 0^m,8, ou en nombre rond 7^m, et l'on a :

Lever du Soleil à Paris......... 4^h 35^m

Correction avec son signe ..... — 7

Lever du Soleil à Lille........ 4^h 28^m

Coucher du Soleil à Paris..... . 7. 19

Correction en signe contraire .. + 7

Coucher du Soleil à Lille....... 7^h 26^m

CORRECTIONS
Pour les levers et les couchers du Soleil.

ÉPOQUES.		43°	44°	45°	46°	47°
Janvier....	1	−22m	−19m	−15m	−12m	−8m
	11	21	18	14	11	7
	21	18	16	13	10	6
	31	15	13	10	8	5
Février....	10	12	10	8	6	4
	20	9	8	6	5	3
Mars......	2	6	5	4	3	2
	12	−2	−2	−2	−1	−1
	22	+1	+1	0	0	0
Avril......	1	4	3	+2	+2	+1
	11	7	6	5	4	2
	21	11	9	7	6	4
Mai.......	1	14	12	9	7	5
	11	17	14	11	9	6
	21	20	16	13	10	7
	31	22	18	15	11	8
Juin......	10	23	20	16	12	8
	20	24	20	17	13	8
	30	23	20	16	12	8
Juillet.....	10	22	19	15	11	8
	20	21	18	14	10	7
	30	18	15	12	9	6
Août......	9	15	13	10	8	5
	19	12	10	8	6	4
	29	8	7	6	4	3
Septembre.	8	5	5	4	3	2
	18	+2	+2	+1	+1	+1
	28	−1	−1	−1	−1	0
Octobre...	8	5	4	3	3	−2
	18	8	7	6	4	3
	28	11	9	8	6	4
Novembre.	7	14	12	10	7	5
	17	17	15	12	9	6
	27	20	17	14	10	7
Décembre.	7	22	19	15	11	8
	17	23	20	16	12	8
	27	23	20	16	13	8

CORRECTIONS
Pour les levers et les couchers du Soleil.

ÉPOQUES.		48°	49°	50°	51°
Janvier....	1	− 4m	+ 1m	+ 5m	+10m
	11	3	1	5	9
	21	3	0	4	8
	31	2	0	3	6
Février....	10	2	0	3	5
	20	2	0	2	4
Mars......	2	− 1	0	+ 1	2
	12	0	0	0	+ 1
	22	0	0	0	1
Avril......	1	0	0	− 1	− 1
	11	+ 1	0	2	2
	21	2	0	3	3
Mai.......	1	2	0	3	5
	11	3	0	3	6
	21	3	0	4	8
	31	3	− 1	5	9
Juin.......	10	4	1	5	10
	20	4	1	6	11
	30	4	1	6	12
Juillet.....	10	3	1	6	11
	20	3	1	5	10
	30	3	− 1	5	9
Août......	9	2	0	4	8
	19	2	0	3	7
	29	1	0	3	5
Septembre.	8	+ 1	0	2	4
	18	1	0	− 1	2
	28	0	0	0	− 1
Octobre ...	8	0	0	0	0
	18	− 1	0	+ 1	+ 2
	28	2	0	2	3
Novembre.	7	2	0	2	5
	17	3	0	3	6
	27	3	0	4	7
Décembre..	7	4	0	4	8
	17	4	+ 1	5	9
	27	4	1	5	10

TABLES DE CORRECTIONS

Pour déduire des levers et couchers de la **Lune**
à **Paris**, les levers et couchers dans toute la
France,

Par M. MATHIEU.

Dans l'*Annuaire* et dans la *Connaissance des Temps*,
on trouve, pour Paris et pour tous les jours de l'année, les heures du lever et du coucher de la Lune,
et de son passage au méridien. On compte sensiblement la même heure à Paris et dans les différentes
villes de France quand la Lune passe au méridien.
Il n'en est pas ainsi des heures du lever et du coucher, qui peuvent varier de plus d'une demi-heure.

Passage de la Lune au méridien. — La Lune, à cause
de son grand mouvement propre d'occident en orient,
emploie un peu plus de temps que le Soleil pour
aller d'un méridien à un autre. Si l'on désigne par h
la longitude exprimée en heure d'une ville de France,
et par p l'heure du passage de la Lune au méridien
de Paris, l'heure du passage au méridien de cette
ville sera

$$p \pm 2^m,1 \times h.$$

La correction $2^m,1 \times h$ est positive quand la longitude h est occidentale, et négative quand elle est
orientale.

Cette correction est toujours fort petite en France.

Pour la plus grande longitude, celle de Brest, qui
est $h = 0^h,45$; ou environ une demi-heure, on a
$2^m,1 \times 0,45 = 0^m,945$. Ainsi, la plus grande correction
n'est pas tout à fait d'une minute; on peut donc la
négliger, en général, et prendre, pour le passage de
la Lune au méridien dans toutes les villes de France,
la même heure que pour le passage au méridien de
Paris.

Lever et coucher de la Lune. — Le temps qui s'é-
coule entre le lever de la Lune et son passage au méridien est l'arc semi-diurne, ou l'intervalle semi-
diurne du lever. Le temps écoulé entre ce passage et
le coucher de la Lune est l'intervalle semi-diurne du
coucher.

Quand on connaît l'intervalle semi-diurne pour
Paris, on peut en déduire l'intervalle semi-diurne
pour une autre latitude, au moyen de la Table que
nous avons construite, et qui se trouve pages 48 et
suivantes.

Les nombres de la première colonne représentent
en heures et minutes des intervalles semi-diurnes
pour Paris. Dans les autres colonnes, on trouve
pour les latitudes de 42 à 51° la différence, en minutes
et dixièmes de minute de temps, entre l'intervalle
semi-diurne de Paris et celui de chaque latitude.

Le signe + indique que l'intervalle semi-diurne
est plus grand à Paris que dans le lieu que l'on considère; le signe — indique qu'il est plus petit. Ainsi,
quand l'intervalle semi-diurne de Paris est, par

exemple, de $4^h 10^m$, il est plus grand de $4^m,8$ que sous la latitude de $49° 50'$, et plus petit de $25^m,2$ que sous la latitude de $42° 40'$.

Quand la correction de la Table est affectée du signe +, l'intervalle semi-diurne est plus petit qu'à Paris; alors le lever de la Lune est retardé, et le coucher avancé. La correction positive doit donc s'ajouter à l'heure du lever de la Lune à Paris, et se retrancher de l'heure de son coucher.

Quand la correction est affectée du signe —, l'intervalle semi-diurne est plus grand qu'à Paris. Alors le lever de la Lune est avancé, et le coucher retardé. La correction négative doit donc se retrancher de l'heure du lever de la Lune à Paris, et s'ajouter à l'heure de son coucher.

Règle générale. La *correction de la Table* s'applique toujours avec son signe à l'heure du lever de la Lune à Paris, et en signe contraire à l'heure du coucher.

Passons aux applications :

1er EXEMPLE. On demande les heures du lever et du coucher de la Lune à Bordeaux, le 9 janvier 1869. On trouve, page 11 du calendrier, pour ce jour-là :

Intervalles.

Lever de la Lune......	$4^h 34^m$ M.	$4^h 47^m$
Passage au méridien...	9 21 M	4 42
Coucher..........	2 3 S.	

Avec la latitude $44° 50'$ de Bordeaux, et l'intervalle

semi-diurne $4^h 47^m$ du lever, on trouve, page 5o, la correction — $11^m,4$; on a donc

Lever à Paris............ $4^h 34^m$ Matin.
Correction avec son signe.— $\quad 11$

Lever à Bordeaux........ $\overline{4^h 23^m}$ Matin.

Avec la même latitude et l'intervalle semi-diurne $4^h 42^m$ du coucher, on trouve —$12^m,2$, et, par suite :

Coucher à Paris.............. $2^h 3^m$ Soir.
Correction en signe contraire..+ $\quad 12$

Coucher à Bordeaux......... $\overline{2^h 15^m}$ Soir.

Ici le lever, le passage au méridien et le coucher de la Lune tombent dans le même jour civil, le 9 janvier. Dans l'exemple suivant, le coucher de la Lune passe d'un jour au lendemain.

2e EXEMPLE. On demande l'heure du lever et l'heure du coucher de la Lune à Bordeaux, le 19 avril 1869. On trouve, page 17 :

				Intervalles.
Lever de la Lune, le 19..	10^h	33^m	M.	
Passage au méridien....	6	22	S.	$7^h 49^m$
Coucher, le 20.........	2	4	M.	$7 \quad 42$

Le coucher de la Lune à Paris qui suit le lever du 19 avril tombe, le lendemain 20, à $2^h 4^m$ du matin.

Avec la latitude $44°50'$ et les deux intervalles

semi-diurnes $7^h 49^m$ et $7^h 42^m$, on trouve les deux corrections $+13^m,3$ et $+12^m,3$. On a ensuite :

Lever à Paris, le 19 avril...... 10^h 33^m Matin.
Correction avec son signe.....+ 13
Lever à Bordeaux, le 19...... 10^h 46^m Matin.

Coucher à Paris, le 20........ 2^h 4^m Matin.
Correction en signe contraire..— 12
Coucher à Bordeaux, le 20.... 1^h 52^m Matin.

Un calcul semblable pour le 18 avril donnerait le coucher de la Lune qui a lieu dans la journée du 19 à Bordeaux.

Quand on voudra calculer les levers et couchers de la Lune tous les jours de l'année pour l'éclairage d'une ville, on fera bien d'extraire de la Table générale une Table particulière pour la latitude de cette ville. On s'arrêtera aux nombres ronds de minutes, en négligeant les dixièmes, que nous n'avons conservés que pour faciliter la construction des Tables particulières.

48

CORRECT. POUR LES LEVERS ET COUCHERS DE LA LUNE.

INTER-VALLE semi-diurne.	LATITUDE : 42°			43°			
	30'	40'	50'	0'	10'	20'	30'
3h30m	−36m,1	35m,3	34m,5	−33m,7	−32m,9	−32m,0	31m,2
40	33,4	32,6	31,9	31,1	30,3	29,6	28,8
50	30,8	30,1	29,3	28,6	27,9	27,2	26,5
4.0	28,2	27,6	26,9	26,3	25,6	24,9	24,3
10	25,8	25,2	24,6	24,0	23,4	22,8	22,2
20	23,4	22,9	22,3	21,8	21,2	20,7	20,1
30	21,1	20,6	20,1	19,6	19,1	18,6	18,1
40	18,9	18,4	18,0	17,5	17,1	16,6	16,2
50	16,7	16,3	15,9	15,5	15,1	14,7	14,3
5.0	14,5	14,2	13,8	13,5	13,2	12,8	12,5
10	12,4	12,1	11,8	11,6	11,2	10,9	10,7
20	10,4	10,1	9,9	9,6	9,4	9,1	8,9
30	8,3	8,1	7,9	7,7	7,5	7,3	7,1
40	6,3	6,1	6,0	5,8	5,7	5,5	5,4
50	4,3	4,2	4,1	4,0	3,9	3,8	3,7
6.0	2,3	2,2	2,2	2,1	2,1	2,0	2,0
10	0,3	0,3	0,3	0,3	0,3	0,2	0,3
	+	+	+	+	+	+	+
20	1,7	1,7	1,6	1,6	1,5	1,5	1,4
30	3,7	3,6	3,5	3,4	3,3	3,2	3,2
40	5,7	5,6	5,4	5,3	5,1	5,0	4,9
50	7,7	7,5	7,3	7,2	7,0	6,8	6,6
7.0	9,7	9,5	9,3	9,1	8,8	8,6	8,3
10	11,8	11,5	11,3	11,0	10,7	10,4	10,1
20	13,9	13,6	13,3	12,9	12,6	12,2	11,9
30	16,0	15,7	15,3	14,9	14,5	14,1	13,7
40	18,2	17,8	17,4	16,9	16,5	16,1	15,6
50	20,4	20,0	19,5	19,0	18,5	18,0	17,5
8.0	22,7	22,2	21,7	21,1	20,6	20,0	19,5
10	25,1	24,5	23,9	23,3	22,7	22,1	21,5
20	27,5	26,9	26,2	25,6	24,9	24,3	23,6
30	30,0	29,3	28,6	27,9	27,2	26,5	25,8
40	32,6	31,8	31,1	30,3	29,6	28,8	28,1
50	35,3	34,5	33,7	32,9	32,1	31,2	30,4

Correction + : ajoutez au lever, retranchez du coucher.
Correction — : retranchez du lever, ajoutez au coucher.

CORRECT. POUR LES LEVERS ET COUCHERS DE LA LUNE.

INTER-VALLE semi-diurne.	LATITUDE : 43°		44°				
	40′	50′	0′	10′	20′	30′	40′
	—	—	—	—	—	—	—
3^h30^m	30^m3	29^m5	28^m6	27^m7	26^m9	26^m0	25^m1
40	28,0	27,2	26,4	25,6	24,8	24,0	23,1
50	25,8	25,0	24,3	23,5	22,8	22,1	21,3
4. 0	23,6	22,9	22,3	21,6	20,9	20,2	19,5
10	21,5	20,9	20,3	19,7	19,0	18,4	17,7
20	19,5	19,0	18,4	17,8	17,3	16,7	16,1
30	17,6	17,1	16,6	16,1	15,5	15,0	14,5
40	15,7	15,3	14,8	14,4	13,9	13,4	12,9
50	13,9	13,5	13,1	12,7	12,3	11,8	11,4
5. 0	12,1	11,8	11,4	11,0	10,7	10,3	10,0
10	10,3	10,1	9,7	9,4	9,1	8,8	8,6
20	8,6	8,4	8,1	7,8	7,6	7,3	7,1
30	6,9	6,7	6,5	6,3	6,1	5,9	5,7
40	5,2	5,1	4,9	4,8	4,6	4,5	4,3
50	3,6	3,4	3,3	3,2	3,1	3,0	2,9
6. 0	1,9	1,8	1,8	1,7	1,7	1,6	1,6
10	0,3	0,2	0,2	0,2	0,2	0,2	0,2
	+	+	+	+	+	+	+
20	1,4	1,4	1,3	1,3	1,2	1,2	1,1
30	3,1	3,0	2,9	2,8	2,7	2,6	2,5
40	4,7	4,6	4,4	4,3	4,1	4,0	3,9
50	6,4	6,2	6,0	5,8	5,6	5,4	5,3
7. 0	8,1	7,9	7,6	7,4	7,1	6,9	6,7
10	9,8	9,5	9,2	9,0	8,7	8,4	8,1
20	11,6	11,2	10,9	10,6	10,2	9,9	9,5
30	13,4	13,0	12,6	12,2	11,8	11,4	11,0
40	15,2	14,7	14,3	13,8	13,4	12,9	12,5
50	17,1	16,5	16,1	15,5	15,0	14,5	14,0
8. 0	19,0	18,4	17,9	17,3	16,7	16,2	15,6
10	20,9	20,3	19,7	19,1	18,5	17,9	17,2
20	23,0	22,3	21,6	21,0	20,3	19,6	18,9
30	25,1	24,4	23,6	22,9	22,2	21,4	20,7
40	27,3	26,5	25,7	24,9	24,2	23,4	22,6
50	29,6	28,7	27,9	27,0	26,2	25,3	24,5

Correction + : ajoutez au lever, retranchez du coucher.
Correction — : retranchez du lever, ajoutez au coucher.

CORRECT. POUR LES LEVERS ET COUCHERS DE LA LUNE.

INTERVALLE semi-diurne.	44° 50'	LATITUDE : 45° 0'	10'	20'	30'	40'	50'
3h30m	24m2	23m3	22m4	21m4	20m5	19m6	18m6
40	22,3	21,5	20,6	19,7	18,9	18,0	17,1
50	20,5	19,7	18,9	18,1	17,4	16,6	15,7
4. 0	18,8	18,1	17,3	16,6	15,9	15,2	14,4
10	17,1	16,5	15,8	15,1	14,5	13,8	13,1
20	15,5	14,9	14,3	13,7	13,1	12,5	11,9
30	14,0	13,4	12,9	12,3	11,8	11,3	10,7
40	12,5	12,0	11,5	11,0	10,5	10,1	9,5
50	11,0	10,6	10,1	9,7	9,3	8,9	8,4
5. 0	9,6	9,2	8,8	8,5	8,1	7,7	7,3
10	8,3	7,9	7,6	7,2	6,9	6,6	6,3
20	6,8	6,6	6,3	6,0	5,7	5,5	5,2
30	5,5	5,3	5,0	4,8	4,6	4,4	4,2
40	4,1	4,0	3,8	3,7	3,5	3,3	3,2
50	2,8	2,7	2,6	2,5	2,4	2,3	2,2
6. 0	1,5	1,4	1,4	1,3	1,3	1,2	1,2
10	0,2	0,2	0,2	0,2	0,2	0,2	0,2
	+	+	+	+	+	+	+
20	1,1	1,1	1,0	1,0	0,9	0,9	0,8
30	2,4	2,3	2,2	2,2	2,0	2,0	1,8
40	3,7	3,6	3,4	3,3	3,2	3,0	2,9
50	5,1	4,9	4,7	4,5	4,3	4,1	3,9
7. 0	6,4	6,2	5,9	5,7	5,4	5,2	4,9
10	7,8	7,5	7,2	6,9	6,6	6,3	5,9
20	9,2	8,8	8,5	8,1	7,7	7,4	7,0
30	10,6	10,2	9,8	9,3	8,9	8,5	8,1
40	12,0	11,6	11,1	10,6	10,1	9,7	9,2
50	13,5	13,0	12,5	11,9	11,4	10,9	10,3
8. 0	15,0	14,5	13,9	13,3	12,7	12,1	11,5
10	16,6	16,0	15,3	14,7	14,0	13,4	12,7
20	18,3	17,6	16,9	16,2	15,4	14,7	14,0
30	20,0	19,2	18,4	17,7	16,9	16,1	15,3
40	21,7	20,9	20,1	19,3	18,4	17,6	16,7
50	23,6	22,7	21,8	20,9	20,0	19,1	18,2

Correction + : ajoutez au lever, retranchez du coucher.
Correction — : retranchez du lever, ajoutez au coucher.

CORRECT. POUR LES LEVERS ET COUCHERS DE LA LUNE.

INTER-VALLE semi-diurne.	LATITUDE : 46°						47°
	0′	10′	20′	30′	40′	50′	0′
3h30m	17m7	16m7	15m7	14m8	13m8	12m8	11m8
40	16,3	15,4	14,5	13,6	12,7	11,8	10,8
50	15,0	14,1	13,3	12,5	11,6	10,8	9,9
4. 0	13,7	12,9	12,2	11,4	10,6	9,9	9,1
10	12,5	11,8	11,1	10,4	9,7	9,0	8,3
20	11,3	10,7	10,0	9,4	8,8	8,1	7,5
30	10,1	9,6	9,0	8,5	7,9	7,3	6,7
40	9,0	8,5	8,0	7,5	7,0	6,5	6,0
50	8,0	7,5	7,1	6,6	6,2	5,7	5,3
5. 0	7,0	6,6	6,2	5,8	5,4	5,0	4,6
10	5,9	5,6	5,3	4,9	4,6	4,2	3,9
20	4,9	4,6	4,4	4,1	3,8	3,5	3,2
30	4,0	3,7	3,5	3,3	3,1	2,8	2,6
40	3,0	2,8	2,7	2,5	2,3	2,1	2,0
50	2,0	1,9	1,8	1,7	1,6	1,5	1,3
6. 0	1,1	1,0	1,0	0,9	0,8	0,8	0,7
10	0,1	0,1	0,1	0,1	0,1	0,1	0,(
	+	+	+	+	+	+	+
20	0,8	0,7	0,7	0,7	0,6	0,6	0,5
30	1,8	1,6	1,5	1,4	1,3	1,2	1,1
40	2,7	2,6	2,4	2,2	2,1	1,9	1,8
50	3,7	3,5	3,2	3,0	2,8	2,6	2,4
7. 0	4,7	4,4	4,1	3,9	3,6	3,3	3,1
10	5,6	5,3	5,0	4,7	4,4	4,0	3,7
20	6,6	6,3	5,9	5,5	5,1	4,8	4,4
30	7,7	7,2	6,8	6,4	5,9	5,5	5,1
40	8,7	8,2	7,7	7,3	6,8	6,3	5,8
50	9,8	9,2	8,7	8,2	7,6	7,1	6,5
8. 0	10,9	10,3	9,7	9,1	8,5	7,8	7,2
10	12,1	11,4	10,7	10,1	9,4	8,7	8,0
20	13,3	12,5	11,8	11,1	10,3	9,6	8,8
30	14,5	13,7	12,9	12,1	11,3	10,5	9,6
40	15,8	15,0	14,1	13,2	12,3	11,4	10,5
50	17,2	16,3	15,3	14,4	13,4	12,4	11,5

Correction + : ajoutez au lever, retranchez du coucher.
Correction — : retranchez du lever, ajoutez au coucher.

INTERVALLE semi-diurne	CORRECT. POUR LES LEVERS ET COUCHERS DE LA LUNE.							
	LATITUDE : **47°**					**48°**		
	10′	20′	30′	40′	50′	0′	10′	20′
3h30m	10m8	9m7	8m7	7m6	6m6	5m5	4m5	3m4
40	9,9	8,9	8,0	7,0	6,1	5,1	4,1	3,1
50	9,1	8,2	7,3	6,4	5,5	4,6	3,7	2,8
4. 0	8,3	7,5	6,7	5,9	5,0	4,2	3,4	2,6
10	7,5	6,8	6,1	5,3	4,6	3,8	3,1	2,3
20	6,8	6,2	5,5	4,8	4,2	3,5	2,8	2,1
30	6,1	5,5	4,9	4,3	3,7	3,1	2,5	1,9
40	5,5	4,9	4,4	3,9	3,3	2,8	2,3	1,7
50	4,8	4,3	3,9	3,4	2,9	2,5	2,0	1,5
5. 0	4,2	3,8	3,4	3,0	2,5	2,1	1,7	1,3
10	3,6	3,2	2,9	2,5	2,2	1,8	1,5	1,1
20	3,0	2,7	2,4	2,1	1,8	1,5	1,2	0,9
30	2,4	2,1	1,9	1,7	1,4	1,2	1,0	0,7
40	1,8	1,6	1,5	1,3	1,1	0,9	0,7	0,5
50	1,2	1,1	1,0	0,9	0,7	0,6	0,5	0,4
6. 0	0,6	0,6	0,5	0,5	0,4	0,3	0,3	0,2
10	0,1	0,1	0,1	0,1	0,1	0,0	0,0	0,0
	+	+	+	+	+	+	+	+
20	0,5	0,5	0,4	0,3	0,3	0,2	0,2	0,1
30	1,1	1,0	0,8	0,7	0,6	0,5	0,4	0,3
40	1,6	1,5	1,3	1,1	1,0	0,8	0,7	0,5
50	2,2	2,0	1,8	1,5	1,3	1,1	0,9	0,7
7. 0	2,8	2,5	2,2	2,0	1,7	1,4	1,1	0,8
10	3,4	3,1	2,7	2,4	2,1	1,7	1,4	1,0
20	4,0	3,6	3,2	2,8	2,4	2,0	1,6	1,2
30	4,6	4,2	3,7	3,3	2,8	2,3	1,9	1,4
40	5,3	4,7	4,2	3,7	3,2	2,7	2,1	1,6
50	5,9	5,3	4,8	4,2	3,6	3,0	2,4	1,8
8. 0	6,6	5,9	5,3	4,7	4,0	3,4	2,7	2,0
10	7,3	6,6	5,9	5,2	4,4	3,7	3,0	2,3
20	8,0	7,3	6,5	5,7	4,9	4,1	3,3	2,5
30	8,8	8,0	7,1	6,2	5,4	4,5	3,6	2,7
40	9,6	8,7	7,8	6,8	5,9	4,9	4,0	3,0
50	10,5	9,5	8,5	7,4	6,4	5,4	4,4	3,3

Correction + : ajoutez au lever, retranchez du coucher.
Correction − : retranchez du lever, ajoutez au coucher.

CORRECT. POUR LES LEVERS ET COUCHERS DE LA LUNE.

INTER-VALLE semi-diurne.	LATITUDE : 48°			49°					
	30'	40'	50'	0'	10'	20'	30'	40'	50'
	−	−		+	+	+	+	+	+
3h30m	2m3	1m1	0m	1m1	2m3	3m4	4m6	5m8	7m0
40	2,1	1,0	0	1,0	2,1	3,1	4,2	5,3	6,4
50	1,9	1,0	0	0,9	1,9	2,9	3,8	4,8	5,8
4. 0	1,7	0,9	0	0,8	1,7	2,6	3,5	4,4	5,3
10	1,6	0,8	0	0,8	1,6	2,4	3,2	4,0	4,8
20	1,4	0,7	0	0,7	1,4	2,1	2,9	3,6	4,3
30	1,3	0,6	0	0,6	1,3	1,9	2,6	3,2	3,9
40	1,2	0,6	0	0,5	1,1	1,7	2,3	2,9	3,4
50	1,0	0,5	0	0,5	1,0	1,5	2,0	2,5	3,0
5. 0	0,9	0,4	0	0,4	0,9	1,3	1,7	2,2	2,6
10	0,7	0,4	0	0,4	0,7	1,1	1,5	1,9	2,2
20	0,6	0,3	0	0,3	0,6	0,9	1,2	1,6	1,9
30	0,5	0,3	0	0,2	0,5	0,7	1,0	1,2	1,5
40	0,4	0,2	0	0,2	0,4	0,5	0,7	0,9	1,1
50	0,3	0,1	0	0,1	0,3	0,4	0,5	0,6	0,8
6. 0	0,1	0,1	0	0,1	0,1	0,2	0,3	0,3	0,4
10	0,0	0,0	0	0,0	0,0	0,0	0,0	0,0	0,0
	+	+		−	−	−	−	−	−
20	0,1	0,0	0	0,0	0,1	0,1	0,2	0,2	0,3
30	0,2	0,1	0	0,1	0,2	0,3	0,4	0,5	0,6
40	0,3	0,2	0	0,1	0,3	0,5	0,7	0,8	1,0
50	0,4	0,2	0	0,2	0,4	0,7	0,9	1,1	1,4
7. 0	0,5	0,3	0	0,3	0,6	0,9	1,2	1,5	1,8
10	0,7	0,4	0	0,3	0,7	1,0	1,4	1,8	2,1
20	0,8	0,4	0	0,4	0,8	1,2	1,7	2,1	2,5
30	0,9	0,5	0	0,5	1,0	1,4	1,9	2,4	2,9
40	1,1	0,5	0	0,5	1,1	1,6	2,2	2,8	3,3
50	1,2	0,6	0	0,6	1,2	1,9	2,5	3,1	3,7
8. 0	1,4	0,7	0	0,7	1,4	2,1	2,8	3,5	4,2
10	1,5	0,8	0	0,7	1,5	2,3	3,1	3,9	4,7
20	1,7	0,8	0	0,8	1,7	2,5	3,4	4,3	5,2
30	1,8	0,9	0	0,9	1,8	2,8	3,7	4,7	5,7
40	2,0	1,0	0	1,0	2,0	3,0	4,1	5,1	6,2
50	2,2	1,1	0	1,1	2,2	3,3	4,5	5,6	6,8

Correction + : ajoutez au lever, retranchez du coucher.
Correction − : retranchez du lever, ajoutez au coucher.

INTER-VALLE semi-diurne.	\+ 0'	\+ 10'	\+ 20'	\+ 30'	\+ 40'	\+ 50'	\+ 0'
		LATITUDE : 50°					51°
3h30m	8m2	9m4	10m7	11m9	13m2	14m5	15m8
40	7,5	8,6	9,7	10,9	12,0	13,2	14,4
50	6,8	7,8	8,9	9,9	11,0	12,0	13,1
4. 0	6,2	7,1	8,1	9,0	10,0	12,0	13,1
10	5,6	6,5	7,3	8,2	9,0	10,9	11,9
						9,9	10,8
20	5,1	5,8	6,6	7,4	8,1	8,9	9,7
30	4,6	5,2	5,9	6,6	7,3	8,0	8,7
40	4,1	4,6	5,3	5,9	6,5	7,1	7,7
50	3,6	4,1	4,6	5,2	5,7	6,2	6,8
5. 0	3,1	3,5	4,0	4,5	4,9	5,4	5,9
10	2,6	3,0	3,4	3,8	4,2	4,6	5,0
20	2,2	2,5	2,8	3,2	3,5	3,8	4,2
30	1,8	2,0	2,3	2,5	2,8	3,1	3,4
40	1,3	1,5	1,7	1,9	2,1	2,3	2,5
50	0,9	1,0	1,2	1,3	1,4	1,6	1,7
6. 0	0,5	0,5	0,6	0,7	0,8	0,8	0,9
10	0,1	0,1	0,1	0,1	0,1	0,1	0,1
	−	−	−	−			−
20	0,3	0,4	0,5	0,5	0,6	0,6	0,7
30	0,8	0,9	1,0	1,1	1,2	1,3	1,5
40	1,2	1,4	1,5	1,7	1,9	2,1	2,3
50	1,6	1,9	2,1	2,3	2,6	2,8	3,1
7. 0	2,1	2,4	2,7	3,0	3,3	3,6	3,9
10	2,5	2,9	3,2	3,6	4,0	4,4	4,8
20	3,0	3,4	3,8	4,3	4,7	5,2	5,6
30	3,4	3,9	4,4	5,0	5,5	6,0	6,5
40	3,9	4,5	5,1	5,7	6,2	6,8	7,4
50	4,4	5,0	5,7	6,4	7,0	7,7	8,4
8. 0	4,9	5,6	6,4	7,1	7,9	8,6	9,4
10	5,5	6,3	7,1	7,9	8,8	9,6	10,4
20	6,0	6,9	7,8	8,7	9,7	10,6	11,5
30	6,6	7,6	8,6	9,6	10,6	11,7	12,7
40	7,3	8,3	9,4	10,5	11,7	12,8	14,0
50	8,0	9,1	10,3	11,5	12,8	14,0	15,3

Correction + : ajoutez au lever, retranchez du coucher.
Correction — : retranchez du lever, ajoutez au coucher.

PRINCIPAUX ÉLÉMENTS DU SYSTÈME SOLAIRE,
PAR M. LAUGIER.

NOMS DES PLANÈTES.	MOYENS mouvements diurnes.	DURÉES des révolutions sidérales en jours moyens.	DISTANCES moyennes au Soleil.	EXCENTRICITÉS.
Mercure.............	14732″,4194	87;9692578	0,3870987	0,20560478
Vénus...............	5767,6698	224,7007869	0,7233322	0,00684331
La Terre............	3548,1927	365;2563744[(a)]	1,0000000	0,0167701
Mars...............	1886,5184	686,9796458	1,5236913	0,09326113
Jupiter.............	299,1286	4332,5848212	5,202798	0,0482388
Saturne............	120,4548	10759,2198174	9,538852	0,0559956
Uranus.............	42,2331	30686,820830	19,182639	0,0465775
Neptune............	21,5545	60126,72	30,03697	0,0087195

(a) Durée de l'année tropique = 365,2422166.

NOTA. Les éléments des planètes Vénus, Mercure, la Terre et Mars sont extraits des *Annales de l'Observatoire impérial.*

PRINCIPAUX ÉLÉMENTS DU SYSTÈME SOLAIRE.

NOMS DES PLANÈTES.	LONGITUDES des périhélies.	LONGITUDES moyennes au 1er janvier 1850.	LONGITUDES des nœuds ascendants.	INCLINAISONS.
	o ′ ″	o ′ ″	o ′ ″	o ′ ″
Mercure................	75. 7.14	327.15.20	46.33. 9	7. 0. 8
Vénus.................	129.27.15	245.33.15	75.19.52	3.23.35
La Terre..............	100.21.22	100.46.44	0. 0. 0	0. 0. 0
Mars.................	333.17.54	83.40.31	48.23.53	1.51. 2
Jupiter...............	11.54.53	160. 1.20	98.54.20	1.18.40
Saturne..............	90. 6.12	14.50.41	112.21.44	2.29.28
Uranus...............	168.16.45	28.26.42	73.14.14	0.46.30
Neptune..............	47.14.37	335. 8.59	130. 6.52	1.46.59

NOTA. Les longitudes sont rapportées à l'équinoxe moyen du 1er janvier 1850.

PRINCIPAUX ÉLÉMENTS DU SYSTÈME SOLAIRE.

NOMS des planètes.	DIAMÈTR. à la distance 1.	DIAMÈTR. réels.	VOLUMES.	MASSES.		DENSITÉ.	PESANT. à la surface.	ROTATION.
				Le Soleil étant 1.	La Terre étant 1.			j · h · m
Mercure...	6″,70	0,378	0,054	$\frac{1}{4348000}$	0,075	1,376	0,521	0.24. 5
Vénus....	16,90	0,954	0,868	$\frac{1}{412160}$	0,787	0,905	0,864	23.21
La Terre..	17,72	1	1	$\frac{1}{324479}$	1	1	1	23.56
Mars.....	9,57	0,540	0,157	$\frac{1}{2908300}$	0,109	0,714	0,382	24.37
Jupiter....	197,76	11,160	1389,996	$\frac{1}{1050}$	309,028	0,236	2,581	9.55
Saturne...	168,82	9,527	864,694	$\frac{1}{3512}$	92,394	0,121	1,104	10.30
Uranus...	74,81	4,221	75,253	$\frac{1}{20674}$	15,771	0,209	0,883	″
Neptune..	78,10	4,407	85,605	$\frac{1}{17500}$	18,542	0,216	0,953	″
Soleil.....	32′3″,64	108,556	1279266,8	1	324479	0,253	27,474	25.12. 0
Lune.....	4″,8368	0,273	0,020	$\frac{1}{324479 \times 81.5}$	0,012	0,602	0,164	27. 7.43

OBSERVATIONS SUR LE TABLEAU PRÉCÉDENT.

Mercure. — Le diamètre 6″,70, ramené à la distance moyenne du Soleil à la Terre, a été déterminé par Bessel.

Vénus. — Le diamètre de 16″,90 a été déterminé par Arago.

La Terre. — La parallaxe du Soleil 8″,86 résulte d'une nouvelle discussion (1864) des observations du passage de Vénus en 1769. Elle s'accorde également avec le nombre tiré des expériences sur la vitesse de la lumière.

Mars. — Le diamètre a été déduit des observations micrométriques faites à l'Observatoire de Paris en 1845 et 1847 à la lunette de Rochon. Elles donnent pour la distance 0,375 : diamètre équatorial, 25″,51 ; diamètre polaire, 24″,74 ; aplatissement, $\frac{1}{33}$.

Jupiter. — Le diamètre équatorial = 38″,01 ; diamètre polaire = 35″,79, à la distance 5,2028 ; aplatissement, $\frac{1}{17,1}$. Résultats déduits des dernières séries des observations micrométriques d'Arago, de 1835 à 1842.

Saturne. — Diamètre équatorial, 17″,698 ; diamètre polaire = 15″,766, à la distance 9,5389 ; aplatissement, $\frac{1}{3,2}$. Résultats tirés des mesures micrométriques effectuées à l'Observatoire de Paris en 1847.

Uranus. — Diamètre $= 3'',9$, à la distance $19,1824$ (*Annuaire de Schumacher* pour 1837). La masse a été déterminée par M. Hind au moyen des observations de M. Lassell sur les satellites.

Neptune. — Diamètre $= 2'',6$, à la distance $30,037$ mesuré en 1846 à l'Observatoire de Paris. La masse a été déterminée par M. Hind au moyen des observations de M. Lassell sur le satellite.

Lune. — La constante de la parallaxe pour le rayon équatorial a été déterminée de $57' 2'',31$ par M. Henderson, au moyen d'observations faites au Cap et en Angleterre. Le diamètre lunaire correspondant est $31' 8'',2$. La masse $\frac{1}{81,8}$ a été calculée en partant des valeurs adoptées pour la parallaxe du Soleil et la masse de la Terre, ainsi que du rapport $2,18$ des actions de la Lune et du Soleil perturbatrices du mouvement de rotation de la Terre tirée de la théorie de la précession.

NOMS des planètes.	MOYENS mouvements diurnes.	DURÉES des révolutions sidérales.	DISTANCES moyennes au Soleil.	EXCENTRI-CITÉS.	AUTEURS et dates de la découverte.
	"	jours			
Flore............	1086,0790	1193,281	2,201727	0,1567974	**Hind**....... 18 octobre 1847.
Ariane..........	1084,5185	1194,9983	2,203838	0,1675649	**Pogson**..... 15 avril 1857.
Feronia.........	1040,1468	1245,9760	2,266077	0,1197802	**Peters et Saffort**, 12 févr.1862.
Eunomia........	1039,3353	1246,9486	2,267256	0,0465912	**De Gasparis**. 29 juillet 1851.
Harmonia......	1039,0147	1247,3331	2,267723	0,0463141	**Goldschmidt** 31 mars 1856.
Melpomène.....	1020,1198	1270,4367	2,295639	0,2176710	**Hind**....... 24 juin 1852.
Sapho..........	1019,6301	1271,0473	2,2963747	0,2002182	**Pogson**..... 2 mai 1864.
Victoria........	995,8340	1301,4193	2,332812	0,2189196	**Hind**....... 13 sept. 1850.
Euterpe........	986,6260	1313,5658	2,347304	0,1728961	**Hind**....... 8 novem. 1853.
Vesta..........	978,2852	1324,7670	2,360630	0,0901787	**Olbers**..... 29 mars 1807.
Clio...........	977,5422	1325,7718	2,3618233	0,2361542	**Luther**..... 25 août 1865.
Uranie.........	975,2077	1328,9446	2,365591	0,1263971	**Hind**....... 22 juillet 1854.
Némausa.......	974,6782	1329,6673	2,366448	0,0663952	**Laurent** ... 22 janvier 1858.
Iris...........	962,5862	1346,3709	2,386225	0,2308292	**Hind**....... 13 août 1847.
Métis..........	962,3317	1346,7272	2,386646	0,1228713	**Graham**. ... 26 avril 1848.
Echo..........	957,7689	1353,1428	2,3942193	0,1843433	**Fergusson**. . 15 sept. 1860.
Ausonia.......	956,0050	1355,6394	2,397163	0,1273185	**De Gasparis**. 10 février 1861.
Phocéa........	953,6780	1358,9479	2,401061	0,2525329	**Chacornac**. 6 avril 1853.
Massalia......	948,7895	1365,9491	2,409302	0,1438337	**De Gasparis** 19 sept. 1852.
Asia..........	941,5090	1376,5113	2,4217061	0,1850607	**Pogson**..... 17 avril 1861.

NOMS DES PLANÈTES.	LONGITUDE du périhélie.	LONGITUDE moyenne de l'époque.	LONGITUDE du nœud ascénd.	INCLINAISON.	ÉPOQUES en temps moyen de Paris
	° ′ ″	° ′ ″	° ′ ″	° ′ ″	
Flore............	32.49.45	174.46. 5	110.20.53	5.53. 3	24,0 mars 1852.
Ariane...........	264.28.58	211.20.32	277.13.40	3.27.48	17,0 avril 1857.
Feronia.........	307.53.59	233.43.11	207.44. 7	5.23.55	0,0 janvier 1865.
Eunomia........	0.54. 7	187.42.58	93.34.54	4.15.48	0,0 janvier 1863.
Harmonia........	1. 2.42	225.48. 2	93.34.24	4.15.52	12,0 mai 1863.
Melpomène.......	15. 5.31	95.10.39	150. 3.50	10. 9.17	0,0 janvier 1854.
Sapho...........	136.32.28	202.51.11	218.31.28	8.36.47	3,0 décembre 1865.
Victoria.........	301.39.25	7.42.36	235.34.42	8.23.19	0,0 janvier 1851.
Euterpe..........	87.39. 0	260.44. 3	93.44.35	1.35.31	14,0 juin 1859.
Vesta...........	250.46.29	84.44.29	103.22. 5	7. 8.16	17,0 décembre 1856.
Clio............	339.12. 0	353.49.15	327.22. 0	9.22.16	13,0 novembre 1865.
Uranie..........	30.48.47	26.28.46	308.11. 6	2. 5.56	0,0 janvier 1855.
Némausa.........	175.27.22	154.21. 1	175.38.56	9.56.55	0,0 janvier 1858.
Iris.............	41.23. 2	207.31.11	259.47.44	5.28. 2	0,0 janvier 1850.
Métis...........	71.11.45	128. 8.49	68.29.31	5 35.58	30,0 juin 1858.
Echo...........	98.17. 2	315.38.32	191.59.43	3.34.27	22,0 juillet 1867.
Ausonia.........	268. 7.33	180 14.48	338. 3.27	5.45.25	16,0 mars 1861.
Phocéa.........	302.46. 9	294.46.43	214. 4.55	21.35.54	19,0 juillet 1857.
Massalia........	98.36.35	323.52.35	206.42.29	0.41. 7	22,0 août 1859.
Asia............	306. 7.19	242.10.55	202.43.34	5.59.39	7,0 janvier 1865.

NOMS des planètes.	MOYENS mouvements diurnes.	DURÉES des révolutions sidérales.	DISTANCES moyennes au Soleil	EXCENTRI- CITÉS.	AUTEURS et dates de la découverte.	
	"	jours				
Nysa	940,5061	1377,9792	2,423427	0,1503446	**Goldschmidt.**	27 mai 1857.
Hébé	939,3772	1379,635	2,425368	0,2020077	**Hencke.**	1 juillet 1847.
Béatrix	935,7507	1384,9822	2,431631	0,0851493	**De Gasparis.**	26 avril 1865.
Lutetia	933,5550	1388,2357	2,435442	0,1620532	**Goldschmidt.**	15 nov. 1852.
Isis	930,9411	1392,1371	2,439998	0,2085777	**Pogson**	23 mai 1856.
Fortuna	930,1638	1393,3007	2,441357	0,1579266	**Hind.**	22 août 1852.
Eurynome	929,0540	1394,9648	2,443317	0,1950922	**Watson**	14 sept. 1863.
Parthénope	924,3222	1402,1061	2,451633	0,0996266	**De Gasparis.**	11 mai 1850.
Thétis	912,5926	1420,1300	2,472598	0,1267732	**Luther**	17 avril 1852.
Hestia	881,5370	1470,1607	2,530335	0,1661494	**Pogson**	16 août 1857.
Julia	871,4440	1487,1841	2,5498312	0,1803041	**Stéphan**	6 août 1866.
Amphitrite	868,8694	1491,5910	2,554866	0,0723828	**Marth**	1 mars 1854.
Égine	867,0876	1494,6559	2,5583641	0,0884462	**Borelly**	4 nov. 1866.
Egérie	857,7694	1510,8931	2,576860	0,0891127	**De Gasparis.**	2 nov. 1850.
Astrée	857,4996	1511,369	2,577400	0,1887517	**Hencke.**	8 déc. 1845.
Irène	853,5922	1518,2866	2,585260	0,1687130	**Hind.**	19 mai 1851.
Pomone	852,8300	1519,6435	2,586799	0,0824398	**Goldschmidt.**	26 oct. 1854.
Melete	847,4222	1529,3414	2,5977930	0,2329050	**Goldschmidt.**	9 sept. 1857.
Panope	840,0109	1542,8342	2,613050	0,1837964	**Goldschmidt.**	5 mai 1861.
Calypso	836,7584	1548,8325	2,619817	0,2023253	**Luther**	4 avril 1858.

NOMS DES PLANÈTES.	LONGITUDE du périhélie.	LONGITUDE moyenne de l'époque.	LONGITUDE du nœud ascend.	INCLINAISON.	ÉPOQUES en temps moyen de Paris.
	° ′ ″	° ′ ″	° ′ ″	° ′ ″	
Nysa.............	111.28.33	116.18.47	131. 3. 0	3.41.43	28,0 janvier 1860.
Hébé.............	15.15.26	47.26.23	138.31.55	14.46.32	13,0 juillet 1852.
Béatrix..........	192.36. 7	310.46.47	27.26.48	5. 0.14	11,0 juin 1866.
Lutetia..........	327. 3.12	41.24.31	80.27.57	3. 5. 9	2,0 janvier 1853.
Isis.............	317.59.39	247.46.48	84.31. 7	8.34.30	1,0 janvier 1860.
Fortuna.........	30.21.50	148.59.26	211.25.39	1.32.31	5,0 mars 1858.
Eurynome........	44.18. 9	45.49.26	206.42.43	4.36.47	1,0 janvier 1864.
Parthénope......	316. 3. 7	37.27. 9	125. 1. 1	4.37. 1	10,0 novembre 1855.
Thétis...........	259.22.44	214.30.40	125.25.55	5.35.28	21,0 avril 1856.
Hestia	354.31.21	197.16.11	181.26.47	2.17.49	25,5 mars 1860.
Julia............	353.17. 8	330.45.25	311.30.11	16.11.25	0,0 septembre 1866.
Amphitrite.......	56.39. 7	293.11.50	356.26.52	6. 7.50	9,0 juillet 1859.
Égine............	75.16.23	52. 2.55	11.19.14	2. 9.25	21,0 décembre 1866.
Égérie...........	119.45. 7	144.56.37	43.17.34	16.32.14	19,0 février 1856.
Astrée...........	135.42.32	197.37.33	141.27.48	5.19.23	19,5 avril 1851.
Irène	178.51.11	222. 1.50	86.49. 1	9. 6.44	1,0 mai 1851.
Pomone..........	194.21.32	57.35.30	220.48.33	5.29. 3	5,0 janvier 1855.
Melete..........	293. 8. 7	330.24.18	194.38.59	8. 2.14	15,0 septembre 1857.
Panope..........	299.45.37	246. 1.28	48.16.48	11.38.20	9,0 octobre 1866.
Calypso.........	92.47.40	140. 4.25	143.59.13	5. 6.45	0,0 janvier 1858.

NOMS des planètes.	MOYENS mouvements diurnes.	DURÉES des révolutions sidérales.	DISTANCES moyennes au Soleil.	EXCENTRI-CITÉS.	AUTEURS et dates de la découverte.
	"	jours			
Diane	835,8692	1550,4793	2,6216754	0,2057488	**Luther** ...... 15 mars 1863.
Thalie..........	831,4695	1558,6833	2,630914	0,2302588	**Hind** .... 15 déc. 1852.
Fides..........	826,0682	1568,875	2,642371	0,1749865	**Luther.** ..... 5 oct. 1855.
Virginia	822,0400	1576,5625	2,650995	0,2871496	**Luther.** ..... 19 oct. 1857.
Maïa..........	821,9211	1576,7911	2,651252	0,1584598	**Tuttle.** ...... 9 avril 1861.
Io.............	820,7120	1579,1140	2,6538549	0,1910618	**C.H.F.Peters** 19 sept. 1865.
Proserpine......	819,6847	1581,0933	2,656071	0,0873359	**Luther.** ..... 5 mai 1853.
Clytie..........	815,6752	1588,8651	2,664769	0,0442692	**Tuttle.** ...... 7 avril 1862.
Junon..........	813,9149	1592,3044	2,668613	0,2565382	**Harding.** .... 1 sept. 1804.
Clotho..........	813,9103	1592,3104	2,668620	0,2568948	**Tempel.** ..... 17 février 1868.
Eurydice........	813,3654	1593,3781	2,669812	0,3069064	**C.H.F.Peters** 22 sept. 1862.
Frigga	811,6265	1596,7911	2,673624	0,1361099	**C.H.F.Peters** 15 nov. 1862.
Angelina........	808,3114	1603,3400	2,680929	0,1281929	**Tempel.** ..... 4 mars 1861.
Ianthe..........	806,6830	1606,5763	2,684535	0,1891897	**C.H.F.Peters** 18 avril 1868.
Circé..........	805,8554	1608,2263	2,686373	0,1073444	**Chacornac.** .. 6 avril 1855.
Concordia.......	799,5964	1620,8150	2,700373	0,0425625	**Luther.** ..... 10 avril 1860.
Alexandra.......	795,6337	1628,8498	2,709332	0,1986866	**Goldschmidt.** 10 sept. 1858.
Olympia........	793,7233	1632,8079	2,7136781	0,1178487	**Chacornac...** 12 sept. 1860.
Eugenia	790,7313	1638,9864	2,720519	0,0822253	**Goldschmidt.** 27 juin 1857.

NOMS DES PLANÈTES.	LONGITUDE du périhélie.	LONGITUDE moyenne de l'époque.	LONGITUDE du nœud ascend.	INCLINAISON.	ÉPOQUES en temps moyen de Paris.
Diane............	147.38.32	343.48.28	333.55.49	8.38.42	17,0 janvier 1865.
Thalie...........	123.39.14	74.16.25	67.38.49	10.13.36	12,0 novembre 1869.
Fides............	66.9.11	42.38.58	8.12.35	3.7.11	0,0 janvier 1856.
Virginia.........	173.29.6	175.1.14	10.28.43	2.47.46	5,0 octobre 1857.
Maïa............	44.25.1	131.32.29	8.15.24	3.4.15	27,0 janvier 1865.
Io...............	322.32.29	319.22.15	203.52.33	11.53.13	0,0 janvier 1866.
Proserpine.......	236.27.15	227.31.36	45.55.2	3.35.48	11,0 juin 1853.
Clytie...........	59.44.51	25.16.1	7.33.54	2.24.34	3,5 octobre 1864.
Junon...........	54.9.41	342.0.35	170.57.46	13.3.21	7,0 août 1856.
Clotho..........	65.33.36	126.9.15	160.36.35	11.44.58	0,0 janvier 1868.
Eurydice........	334.20.57	261.53.4	359.57.6	5.0.3	13,0 décembre 1865.
Frigga..........	58.21.45	39.29.41	2.5.9	2.27.48	0,0 janvier 1863.
Angélina........	123.37.22	119.24.40	311.9.0	1.19.52	7,0 janvier 1865.
Ianthe..........	147.43.8	150.25.42	354.16.43	15.32.35	0,0 janvier 1868.
Circé...........	150.3.19	320.16.46	184.48.36	5.26.29	20,0 août 1865.
Concordia.......	189.10.6	210.34.35	161.19.51	5.1.51	7,0 janvier 1865.
Alexandra.......	294.16.0	346.27.46	313.49.27	11.46.58	30,0 décembre 1858.
Olympia........	18.20.20	170.19.47	170.21.18	8.37.15	24,0 mars 1867.
Eugenia.........	229.51.8	294.34.39	148.4.59	6.34.57	0,0 janvier 1858.

NOMS des planètes.	MOYENS mouvements diurnes.	DURÉES des révolutions sidérales.	DISTANCES moyennes au Soleil.	EXCENTRI-CITÉS.	AUTEURS et dates de la découverte.
		jours			
Léda.............	784,1253	1656,6042	2,739980	0,1555254	**Chacornac**.... 12 janv. 1856.
Atalante........	780,0110	1661,5123	2,745390	0,3023855	**Goldschmidt** 5 oct. 1855.
La 93e..........	776,4367	1669,1608	2,753808	0.1332631	**Watson**..... 24 août 1867.
Alcmène........	776,0560	1669,9773	2,754706	0,2234023	**Luther**...... 27 nov. 1864.
Niobé...........	775,4436	1671,2988	2,756160	0,1737289	**Luther**...... 13 août 1861.
Pandore........	774,2176	1673,9454	2,759068	0,1447359	**Searle**...... 10 sept. 1858.
Cérès...........	771,0839	1680,7515	2,766541	0,0795155	**Piazzi**..... 1 janv. 1801.
Daphné.........	770,7230	1681,5354	2,767402	0,2703509	**Goldschmidt**. 22 mai 1856.
Thisbé..........	770,1788	1682,7227	2,768744	0,1650610	**C.H.F.Peters** 20 juin 1866.
Pallas..........	769,8142	1683,5231	2,769582	0,2391191	**Olbers**...... 28 mars 1802.
Lætitia.........	769,3910	1684,4466	2,770595	0,1110238	**Chacornac**... 8 févr. 1856.
Bellone........	767,5226	1688,5462	2,775089	0,1546816	**Luther**..... 1 mars 1854.
Galathée.......	766,1030	1691,6759	2,778516	0,2384049	**Tempel**..... 29 août 1862.
Léto............	765,3230	1693,3997	2,780404	0,1884613	**Luther**..... 29 avril 1861.
Terpsichore.....	733,9650	1765,7490	2,859044	0,2127333	**Tempel**..... 30 sept. 1864.
Polymnie.......	732,6025	1769,0329	2,862587	0,3397262	**Chacornac**... 28 oct. 1854.
Aglaé..........	724,6771	1788,3794	2,883421	0,1310131	**Luther**..... 15 sept. 1857.
Calliope.......	715,1219	1812,2754	2,909049	0,1036645	**Hind**....... 16 nov. 1852.
Psyché.........	710,6411	1823,7025	2,921265	0,1359562	**De Gasparis**. 17 mars 1852.
Hespéria.......	692,6300	1871,1260	2,971690	0,1738310	**Schiaparelli**.. 29 avril 1861.

NOMS DES PLANÈTES.	LONGITUDE du périhélie.	LONGITUDE moyenne de l'époque.	LONGITUDE du nœud ascend.	INCLINAISONS.	ÉPOQUES en temps moyen de Paris.
	° ' ''	° ' ''	° ' ''	° ' ''	
Léda.............	100.44.31	112.56.44	296.27.35	6.58.26	0,0 janvier 1856.
Atalante.........	42.44.28	55.55.59	359.13.59	18.42.12	28,0 novembre 1869.
La 93e...........	276.40.32	343.28.55	5. 3. 6	8.35.35	2,0 octobre 1867.
Alcmène.........	131.13. 9	93.32. 1	26.59.57	2.51.26	0,0 janvier 1865.
Niobé...........	221.58.47	343. 0.38	316.18.48	23.18.30	0,0 janvier 1862.
Pandore.........	11. 9.48	46.52.23	10.52.10	7.13.50	25,0 octobre 1863.
Cérès...........	149.25.39	146.44.31	80.48.25	10.36.28	15,0 février 1857.
Daphné.........	220. 4.32	334.51.28	179. 3. 3	16. 5.31	24,0 septembre 1862.
Thisbé..........	308.41.16	304.56.56	277.43.21	5.14.35	4,5 août 1866.
Pallas..........	122. 5.27	119.18. 3	172.38.28	34.42.41	22,0 janvier 1857.
Lætitia.........	2. 3. 7	146.44.21	157.19.22	10.20.58	1,0 janvier 1856.
Bellone.........	122.18.20	159. 2. 5	144.42.58	9.22.33	0,0 mars 1854.
Galathée........	7.19.35	33. 9.56	197.59.46	3.58.19	15,0 février 1863.
Leto............	345. 5.58	78.58.44	44.53.11	7.57.35	20,0 décembre 1863.
Terpsichore.....	46. 8. 7	37. 6.11	2.31.37	7.55.27	0,0 janvier 1865.
Polymnie........	342.33. 7	53.52. 2	9. 6. 8	1.56.16	24,0 décembre 1869.
Aglaé...........	314. 6.45	83 46.57	4.16 58	5. 0. 0	5,0 janvier 1859.
Calliope........	58. 8. 0	76.59.12	66.36.55	13.44.52	0,0 janvier 1853.
Psyché..........	15.47. 9	315. 3. 4	150.35.12	3. 4. 0	23,0 juillet 1869.
Hesperia........	109. 6.25	163.53.48	187. 1. 7	8.28.19	3,0 juin 1861.

NOMS des planètes.	MOYENS mouvements diurnes.	DURÉES des révolutions sidérales.	DISTANCES moyennes au Soleil.	EXCENTRI-CITÉS.	AUTEURS et dates de la découverte.
		jours			
Danaé..........	688,5386	1882,2443	2,9834507	0,1646543	**Goldschmidt.** 19 sept. 1860.
Leucothée......	683,8678	1895,1000	2,9970200	0,2211953	**Luther......** 19 avril 1855.
Églé...........	664,2200	1951,1576	3,055834	0,1415578	**Coggia.....** 17 févr. 1868.
Aréthuse.......	659,8598	1964,0504	3,069282	0,1484495	**Luther......** 23 nov. 1867.
Palès..........	655,6209	1976,7464	3,082494	0,2372070	**Goldschmidt.** 19 sept. 1857.
Europa........	650,1127	1993,4978	3,099883	0,1009385	**Goldschmidt.** 6 fév. 1858.
Doris..........	647,1295	2002,6865	3,109402	0,0766364	**Goldschmidt.** 19 sept. 1857.
Sémélé........	646,3227	2005,1641	3,111990	0,2096338	**Tietjen.....** 4 janv. 1866.
Hécate........	645,6690	2007,2170	3,114090	0,1505539	**Watson.....** 11 juillet 1868.
Erato.........	640,4667	2023,5365	3,130946	0,1699415	**Forster et Lesser.** 14 sept. 1860.
Antiope.......	638,5669	2029,5409	3,137137	0,1711348	**Luther......** 1 oct. 1866.
Thémis........	637,2174	2033,8389	3,141564	0,1226585	**De Gasparis.** 6 avril 1853.
Euphrosine....	634,2678	2043,2980	3,151298	0,2212573	**Fergusson...** 1 sept. 1854.
Hygie.........	634,2404	2043,386	3,151388	0,1009159	**De Gasparis.** 14 avril 1849.
Mnémosyne.....	632,4631	2049,1276	3,157288	0,1041156	**Luther......** 22 sept. 1859.
La 94e........	630,5129	2055,4657	3,163796	0,090143	**Watson.....** 6 sept. 1867.
Undine........	622,3906	2082,2905	3,191261	0,1040825	**C.H.F.Peters** 7 juillet 1867
Freia..........	569,3699	2276,1968	3,386424	0,1871775	**Darrest.....** 21 oct. 1862.
Maximiliana....	561,0432	2309,9785	3,419849	0,1201720	**Tempel.....** 8 mars 1861.

NOMS DES PLANÈTES.	LONGITUDE du périhélie.	LONGITUDE moyenne de l'époque.	LONGITUDE du nœud ascend.	INCLINAISON.	ÉPOQUES en temps moyen de Paris.
Danaé..........	341.28. 2	346. 4.24	334.18.22	18.16.57	29,0 septembre 1860.
Leucothée.......	201.51.52	52.52.13	355.44.24	8.12. 5	4,0 novembre 1868.
Églé............	165.14.41	151.49.43	322.49.34	16. 5.42	1,5 mars 1868.
Aréthuse........	28.54.42	68.18.42	244.20.56	12.52. 7	12,0 février 1868.
Palès...........	32.14.50	52.15.41	290.32.17	3. 8.46	14,0 novembre 1863.
Europa..........	102.14.26	136.26.21	129.56.57	7.24.35	0,0 janvier 1858.
Doris...........	74.20.42	309.32.30	185. 5.30	6.29.28	25,0 juillet 1862.
Sémélé..........	28.56.38	107.46.41	87.56.29	4.47.40	6,0 février 1867.
Hécate..........	304.45.34	314.48.42	128.29.11	6.33.35	1,0 septembre 1868.
Erato...........	37. 3.26	134.22.18	125.49.16	2.12.31	21,0 février 1868.
Antiope.........	302.19.12	352.50.22	71.18.49	2.16.39	31,0 octobre 1866.
Thémis..........	134.20.19	171.46. 1	35.49.29	0.49.26	4,0 mai 1853.
Euphrosine......	93.36.35	262.33.57	31.30.53	26.27.28	14,0 juin 1869.
Hygie...........	228. 2.29	356.45.31	287.38.27	3.47.11	28,5 septembre 1851
Mnémosyne......	52.53.13	28.35.45	200. 5.25	15. 8. 2	1,0 janvier 1859.
La 94e..........	45.23.18	25.54.17	4.32.55	8. 5.57	28,0 novembre 1867.
Undine.........	334.29.40	278.40.15	102.50.56	9.56.22	0,0 janvier 1867.
Freia...........	92.51. 5	45. 7.42	213. 2.22	2. 1.52	24,5 octobre 1862.
Maximiliana.....	258.22.17	192.17.38	158.53.48	3.28.10	18,0 mars 1861.

69

NOMS des planètes.	MOYENS mouvements diurnes.	DURÉE des révolutions sidérales.	DISTANCES moyennes au Soleil.	EXCENTRI-CITÉS.	AUTEURS et dates de la découverte.
Sylvia.........	543",5800	jours 2384,1900	3,4927065	0,0811779	Pogson...... 16 mai 1866.
La 99e.........					Borelly...... 28 mai 1868.
La 101e, Hélène..					Watson..... 15 août 1868.
La 102e, Miriam.					C.H.F. Peters 23 août 1868.
La 103e.........					Watson..... 7 sept. 1868.
La 104e.........					Watson..... 13 sept. 1868.
La 105e.........					Watson..... 16 sept. 1868.

Les éléments des planètes 99, 101, 102, 103, 104 et 105 ne sont pas encore connus.

NOMS DES PLANÈTES.	LONGITUDE du périhélie.	LONGITUDE moyenne de l'époque.	LONGITUDE du nœud ascend.	INCLINAISON.	ÉPOQUES en temps moyen de Paris.
Sylvia............	337° 21'.49″	251°.21'.36″	76°.24'. 0″	10°.51'.22″	16,0 mai 1866.
La 99ᵉ.					
La 101ᵉ, Hélène...					
La 102ᵉ.					
La 103ᵉ.					
La 104ᵉ.					
La 105ᵉ.					

NOTA. Les longitudes sont rapportées pour chaque planète à l'équinoxe moyen de l'époque.

TERRE.

La Terre est un sphéroïde aplati aux pôles. Avec le quart du méridien de dix millions de mètres et l'aplatissement de $\frac{1}{294}$, on trouve pour le méridien elliptique :

Demi grand axe, ou rayon de l'équateur, en mètres..... . ... $6\,378\,233^m$
Demi petit axe, ou rayon du pôle, en mètres.............................. $6\,356\,558$

Le rayon de la Terre, considérée comme sphérique, est de $6\,366\,198$ mètres; la longueur de l'arc d'un degré est de $111\,111^m,11$; alors la lieue marine de 20 au degré est de $5555^m,55$; et le mille marin de 60 au degré, ou la longueur de l'arc d'une minute, est de $1851^m,85$.

SATELLITES DE JUPITER.

DISTANCES MOYENNES, le demi-diamètre de la planète étant 1.		DURÉES des révolutions.	MASSES des satellites, celle de la planète étant l'unité.
1er Satellite. .	6,049	jours 1,7691	0,000017
2me Satellite...	9,623	3,5512	0,000023
3me Satellite...	15,350	7,1546	0,000088
4me Satellite...	26,998	16,6888	0,000043

SATELLITES DE SATURNE.

DISTANCES MOYENNES, le demi-diamètre de la planète étant 1.	DURÉES des révolutions.
1er Satellite.	jours 0,943
2me Satellite.	1,370
3me Satellite	1,888
4me Satellite.	2,739
5me Satellite.	4,517
6me Satellite.	15,945
7me Satellite.	21,297
8me Satellite.	79,330

Distances: 3,35 / 4,30 / 5,28 / 6,82 / 9,52 / 22,08 / 26,78 / 64,36

SATELLITES D'URANUS.

Les 3ᵉ et 4ᵉ Satellites ont été découverts par W. Herschel, en 1787; les 1ᵉʳ et 2ᵉ par Lassell, en 1851.

DISTANCES MOYENNES, le demi-diamètre de la planète étant 1.	DURÉES des révolutions.
	jours
1ᵉʳ Satellite.... . 7,44	2,520
2ᵐᵉ Satellite 10,37	4,144
3ᵐᵉ Satellite....... 17,37	8,986
4ᵐᵉ Satellite....... 23,18	13,846

SATELLITE DE NEPTUNE.

Distance moyenne, le demi-diamètre de la planète étant 1................. 13,06

Durée de la révolution sidérale...... . 5,8769 jours

LUNE

(**0 janvier 1850**, temps moyen de **Paris**).

Éléments tirés des Tables de M. Hansen.

Révolution sidérale ... . 27^j $7^h43^m11^s,5$

Révolution tropique... .. .. $27 . 7 . 43 . 4,7$

Révolution synodique......... ... $29 . 12 . 44 . 2,9$

Révolution anomalistique......... $27 . 13 . 18 . 37,4$

Longitude moyenne de l'époque.... $122°59' 55'',0$

Longitude du périgée... . .... . $99 . 51 . 52 ,1$

Longitude du nœud ascendant..... $146 . 13 . 40 ,0$

Inclinaison de l'orbite........... $5 . 8 . 47 ,9$

Moyen mouvement en longitude
dans un jour moyen .... $13 . 10 . 35 ,03$

Distance
à
la Terre
$\begin{cases} 60,273 \text{ rayons de la Terre.} \\ 96088 \text{ lieues de } 4 \text{ kilomètres.} \\ 0,002589 \text{ de la distance de} \\ \quad \text{la Terre au Soleil.} \end{cases}$

Excentricité, en partie du demi
grand axe de l'orbite lunaire.. . $\qquad$ $0,05490807$

TABLEAU

Des plus grandes Marées de l'année 1868 ;

Par M. LAUGIER.

L'annonce des grandes marées intéresse les travaux et les mouvements des ports où l'on doit prendre des précautions contre les inondations qu'elles peuvent produire.

Le Soleil et la Lune, par leur attraction sur la mer, déterminent des marées qui se combinent ensemble, et qui produisent les marées que nous observons dans nos ports. Les deux marées coïncident vers les syzygies, ou vers les nouvelles et les pleines Lunes. Alors la marée composée peut être très-grande, puisqu'elle est la somme des marées partielles. Les marées des syzygies ne sont pas toutes également fortes, parce que les marées partielles qui concourent à leur production, varient avec les déclinaisons du Soleil et de la Lune, et les distances de ces astres à la Terre : elles sont d'autant plus considérables, que la Lune et le Soleil sont plus rapprochés de la Terre et du plan de l'équateur. Le tableau ci-après renferme les hauteurs de toutes les grandes marées pour l'année 1868. M. Laugier les a calculées par la formule de Laplace (*Mécanique céleste,* 1re édition, tome II, page 289). On a pris pour unité de hauteur la moitié de la hauteur moyenne de la *marée totale,* qui arrive un jour ou deux après la syzygie, quand le Soleil et la Lune, lors de la syzygie, sont dans l'équateur et dans leurs moyennes distances à la Terre.

Jours et heures de la syzygie.					Hauteurs de la marée.
12 janvier	N. L. à	7^h 2^m	soir		0,80
28	P. L. à	1 40	matin		1,05
11 février	N. L. à	2 3	soir		0,83
26	P. L. à	0 14	soir		1,14
13 mars	N. L à	8 56	matin		0,87
27	P. L. à	9 42	soir		1,15
12 avril	N. L. à	1 57	matin		0,88
26	P. L. à	6 31	matin		1,07
11 mai	N. L. à	4 17	soir		0,87
25	P. L. à	3 32	soir		0,94
10 juin	N. L. à	4 1	matin		0,87
24	P. L. à	1 48	matin		0,84
9 juillet	N. L. à	1 47	soir		0,92
23	P. L. à	2 4	soir		0,81
7 août	N. L. à	10 17	soir		1,02
22	P. L. à	4 33	matin		0,83
6 septembre	N. L. à	6 16	matin		1,12
20	P. L. à	8 50	soir		0,86
5 octobre	N. L. à	2 29	soir		1,16
20	P. L. à	2 7	soir		0,86
3 novembre	N. L. à	11 45	soir		1,09
19	P. L. à	7 27	matin		0,85
3 décembre	N. L. à	10 51	matin		0,97
18	P. L. à	11 59	soir		0,85

Dans nos ports, les plus grandes marées suivent d'un jour et demi la nouvelle et la pleine Lune. Ainsi l'on aura l'époque où elles arrivent, en ajoutant un jour et demi à la date des syzygies. On voit par ce tableau que, pendant l'année 1869, les plus grandes marées seront celles du 29 janvier, du 28 février, du 29 mars, du 27 avril, du 9 août, du 7 septembre, du 7 octobre et du 5 novembre. Elles pourraient occasionner des désastres si elles étaient favorisées par les vents.

On obtiendra la hauteur d'une grande marée dans un port, en multipliant la hauteur de la marée prise dans le tableau précédent, par l'unité de hauteur qui convient à ce port.

Exemple.

Quelle sera à Brest la hauteur de la marée qui arrivera le 7 octobre 1869, un jour et demi après la syzygie du 5? Multipliez $3^m,21$, unité de hauteur à Brest, par la hauteur 1,16 de la Table, page 77, vous aurez $3^m,72$ pour la hauteur de la mer au-dessus du niveau moyen qui aurait lieu si l'action du Soleil et de la Lune venait à cesser.

L'unité de hauteur du port de Brest a été déduite d'un grand nombre d'observations de hautes et basses mers équinoxiales. La moyenne de ces observations a donné $6^m,415$ pour la différence entre les hautes et basses mers; la moitié de ce nombre ou $3^m,21$ est ce qu'on appelle l'*unité de hauteur*, c'est-à-dire la quantité dont la mer s'élève ou s'abaisse relativement au niveau moyen qui aurait lieu sans l'action du Soleil et de la Lune.

Avec les unités de hauteur qui se trouvent page 79, on pourra déduire des résultats généraux du tableau ci-dessus, la hauteur des plus grandes marées dans nos ports.

	Unité de hauteur.
	m
Entrée de l'Adour.........	1,40
Arcachon..............	1,95
Cordouan......	2,35
La Rochelle..............	2,67
Saint-Nazaire (Loire)......	2,68
Le Croisic...............	2,50
Port-Louis	2,35
Lorient	2,24
Audierne................	2,00
Brest	3,21
Ile Bréhat..............	5,01
Saint-Malo	5,68
Granville...............	6,15
Les Écrehoux............	5,13
Cherbourg...............	2,82
Barfleur................	2,82
La Hougue	3,04
Port-en-Bessin..........	3,20
Entrée de l'Orne.........	3,65
Le Havre................	3,57
Fécamp	3,86
Dieppe.................	4,40
Cayeux (Somme).........	4,58
Boulogne...............	3,96
Calais..................	3,12
Dunkerque.............	2,68

CALCUL

DE

L'HEURE DE LA PLEINE MER,

par M. MATHIEU.

Les eaux de l'Océan s'élèvent et s'abaissent chaque jour par le mouvement régulier du *flux* et du *reflux*. Ces oscillations périodiques produisent deux *hautes mers* ou *pleines mers*, et deux *basses mers*, dans le temps qui s'écoule entre deux passages consécutifs de la Lune au méridien, ou dans un jour lunaire. La durée moyenne du jour lunaire étant de $24^h 50^m \frac{1}{2}$, le retard moyen des marées d'un jour à l'autre est de $50^m \frac{1}{2}$; en sorte que si la haute mer arrive un jour à 2 heures du matin, celle du lendemain matin aura lieu à $2^h 50^m \frac{1}{2}$. L'intervalle moyen entre deux pleines mers consécutives est de $12^h 25^m$. La basse mer inter-médiaire ne tient pas le milieu entre ces deux pleines mers, parce qu'on a observé que la mer n'emploie pas le même temps à monter et à descendre. Ainsi, par exemple, au Havre la mer met $2^h 8^m$ de plus à descendre qu'à monter; la même chose a lieu à Bou-logne; à Brest, la différence est seulement de 16^m.

La hauteur des marées varie avec les phases de la Lune. Les plus grandes marées ont lieu vers les syzy-gies, ou les nouvelles et pleines Lunes, et les plus petites marées vers les quadratures, ou les premiers et derniers quartiers. Le retour des marées qui retarde moyennement de $50^m \frac{1}{4}$ d'un jour à l'autre, varie aussi avec les phases de la Lune. Cet astre a une grande influence sur le phénomène des marées. Le Soleil a aussi une influence sensible sur ce phéno-mène. Ce sont les actions simultanées du Soleil et de la Lune sur les eaux de la mer qui produisent la marée composée que nous observons dans nos ports.

L'effort unique qui résulte des attractions du Soleil et de la Lune sur les eaux de la mer varie chaque jour avec les positions relatives de ces deux astres. A la nouvelle Lune, ils agissent dans la même direction : la marée est la somme des deux marées partielles. Il en est de même à la pleine Lune. Ainsi, vers les sy-zygies, la haute mer lunaire correspond à la haute mer solaire. Mais vers les quadratures, les astres agissent dans des directions rectangulaires : la haute mer lunaire correspond à la basse mer solaire, et la marée est la différence des deux marées partielles. Entre les syzygies et les quadratures, le Soleil tend donc plus ou moins à accroître ou à diminuer la marée lunaire.

La hauteur des marées varie avec les déclinaisons du Soleil et de la Lune et avec les distances de ces astres à la Terre. Elle est d'autant plus grande, que la Lune et le Soleil sont plus près de la Terre et plus rapprochés du plan de l'équateur. La distance de la Lune surtout a une grande influence. Aussi les ma-rées les plus fortes arrivent aux équinoxes, quand la Lune est périgée et très-voisine de l'équateur; et les plus faibles aux solstices, quand la Lune est apogée avec une grande déclinaison. Au reste, on a remar-qué que plus la mer s'élève quand elle est pleine, plus elle descend dans la basse mer suivante.

Les vents, cause principale des irrégularités du mouvement de la mer, produisent dans les marées des variations accidentelles.

La configuration des côtes et les circonstances locales ont aussi de l'influence sur ce phénomène, mais leur effet est constant et l'on peut en tenir compte.

Après ces considérations sur la grandeur des marées, passons au moyen de déterminer leur retour.

Dans tous les ports de l'Océan, on a trouvé que la plus haute marée n'a pas lieu le jour même de la syzygie, mais un jour et demi après; que la haute mer qui arrive au moment de la syzygie est celle qui résulte de l'attraction du Soleil et de la Lune 36 heures auparavant; et que la troisième marée qui suit cette haute mer syzygie est la plus grande. On a aussi reconnu que si la quadrature arrive au moment de la pleine mer, la troisième marée qui la suit est la plus petite. Ainsi la marée observée un jour quelconque est précisément celle qui est déterminée par les positions du Soleil et de la Lune 36 heures auparavant.

A l'époque des équinoxes, quand la Lune nouvelle ou pleine se trouve dans ses moyennes distances à la Terre, le temps qui s'écoule entre son passage au méridien et l'instant de la pleine mer qui suit ce passage, est toujours le même : il se nomme *établissement du port*. L'établissement du port est donc le retard de la pleine mer sur le passage de la Lune au méridien, le jour d'une syzygie équinoxiale. Ce retard constant provient des localités et de la configuration des côtes. Il est souvent très-différent pour deux ports voisins, parce que les circonstances locales, sans rien changer aux lois des marées, ont plus ou moins d'influence sur leur grandeur et sur l'établissement du port.

Les jours de la nouvelle et de la pleine Lune, l'instant où les deux astres exercent la plus grande action relativement à un port est celui du passage de la Lune au méridien de ce port. Les autres jours, cet instant précède quelquefois le passage de la Lune au méridien, et d'autres fois il le suit; mais il ne s'en écarte jamais beaucoup, parce que la Lune, à cause de sa proximité de la Terre, produit dans nos ports une marée qui est moyennement trois fois celle qui résulte de l'action du Soleil. La haute mer n'arrive d'ailleurs qu'un jour et demi après l'instant où la résultante des actions du Soleil et de la Lune est parvenue à sa plus grande intensité pour un lieu donné. Elle éprouve encore un retard constant dû aux circonstances locales, et représenté par l'établissement du port.

Le retard journalier des marées est moyennement de $50^m \frac{1}{3}$; ce retard varie avec les phases de la Lune, avec les déclinaisons de la Lune et du Soleil, avec les distances de ces astres à la Terre.

Pour avoir égard à toutes ces circonstances, représentons par p l'heure du passage de la Lune au méridien d'un port un jour donné, et par H l'heure de la pleine mer qui suit ce passage; supposons qu'un jour et demi avant le passage p les demi-diamètres apparents et les déclinaisons du Soleil et de la Lune soient ∂ et ∂' puis ν et ν' et que α soit l'excès de l'ascension droite du Soleil vrai sur celle de la Lune. Posons

$$A = 3,06 \frac{\partial'^2 \cos^2 \nu'}{\partial^3 \cos^2 \nu},$$

$$C = \frac{1}{30} \text{ arc tang } \frac{\sin 2\alpha}{A + \cos 2\alpha}.$$

Nous aurons, d'après la formule de la *Mécanique céleste* (tome II, page 289) convenablement transformée,

$$H - p - e = C,$$

et l'heure de la pleine mer

$$H = p + C + e.$$

La quantité e est une constante qui varie d'un port à un autre et qui dépend des circonstances locales.

Désignons par E l'établissement du port ou le retard $H - p$ de la pleine mer sur le passage p de la Lune au méridien, le jour d'une syzygie équinoxiale, quand la Lune est à sa moyenne distance de la Terre. Alors $\alpha = 18°$, puisque l'ascension droite du Soleil surpasse celle de la Lune de 18 degrés un jour et demi avant la syzygie. Avec l'écart moyen $\alpha = 18°$ et les valeurs moyennes de ν' et ∂', puis de ν et ∂, qui conviennent à la syzygie équinoxiale, on trouve, d'abord la valeur de A et ensuite $C = 19^m$; on a donc

$$H = p + 19^m + e.$$

Mais le jour de la syzygie équinoxiale, le retard $H - p = E$; donc $E = 19^m + e$: d'où l'on tire

$$e = E - 19^m;$$

enfin l'heure d'une pleine mer quelconque est

$$H = p + C + E - 19^m.$$

Le passage p se déduit des passages de la Lune au méridien de Paris, l'établissement E du port est donné par l'observation des marées syzygies équinoxiales; la correction C se calcule au moyen de deux Tables.

La Table I, page 88, donne pour 7 ou 8 jours de chaque mois les valeurs du nombre A multipliées par 10, pour plus de simplicité. Elles diffèrent assez peu pour que l'on puisse estimer à vue, avec une exactitude suffisante, la valeur de A correspondante à un jour quelconque de l'année.

Avec le nombre A et la différence d'ascension droite pour un instant antérieur de 36 heures au passage p, la Table II, page 89, donne en minutes de temps la correction C. Les nombres 18 à 42 en tête de chaque colonne verticale sont des valeurs particulières du nombre A, aussi multipliées par 10.

Si un jour on trouve $A = 21$ par la Table I, et si l'on a d'ailleurs $3^h 30^m$ de différence d'ascension droite, la correction C sera -55^m; mais elle serait $+48^m$ pour $7^h 10^m$ de différence d'ascension droite. Cette correction prend toujours le signe $-$ ou le signe $+$ de la colonne dans laquelle tombe la différence d'ascension droite exprimée en heures.

Passage de la Lune au méridien du port. — Soient π l'heure du passage de la Lune au méridien de Paris, et h la longitude du port pour lequel on calcule, exprimée en heures et comptée de Paris. L'heure p

du passage au méridien de ce port sera

$$p = \pi \pm 2^m, 1 \times h.$$

La réduction $2^m, 1 \times h$ est positive ou négative, suivant que la longitude h est occidentale ou orientale. A Brest, le plus occidental de nos ports, on a

$$h = 27^m \text{ ou } 0^h,45,$$

et la réduction additive $2^m,1 \times 0,45$ est seulement de $0^m,94$. Ainsi, dans tous les ports de France, cette correction est au-dessous d'une minute; on peut donc la négliger dans le calcul de l'heure des marées et prendre pour le passage de la Lune au méridien d'un port quelconque de France la même heure qu'à Paris.

Différence d'ascension droite du Soleil et de la Lune. — Soient p l'heure du passage de la Lune au méridien de Paris un jour donné, p' l'heure du passage l'avant-veille de ce jour, et D la différence entre les heures du passage la veille et l'avant-veille du jour donné. L'heure p' est la différence d'ascension droite entre le Soleil moyen et la Lune, deux jours lunaires avant le passage p du jour donné; mais pour l'avoir 36 heures seulement avant le passage p, il faudra prendre $p' + 0,55 D$ et toujours en retrancher le temps moyen à midi vrai afin que la différence d'ascension soit ramenée au Soleil vrai.

Heure de la pleine mer. — Au passage p de la Lune au méridien du lieu le jour donné, appliquez la correction C fournie par la Table II, page 89, ajoutez l'établissement du port, retranchez le nombre constant 19 minutes, et vous aurez, en temps moyen, l'heure de la pleine mer.

EXEMPLE.

On demande pour le port de Brest l'heure de la pleine mer qui suit le passage de la Lune au méridien, le 17 janvier 1869.

Passage de la Lune au méridien, à Brest comme à
   Paris, l'avant-veille, le 15 janvier... 2^h 15^m
Retard $D = 44^m$ du passage de la Lune
   du 15 au 16 ; donc correction toujours
   additive $+ 0,55 \times 44^m$ .... $+$ 24
Temps moyen à midi vrai le 16, tou-
   jours à retrancher .... $-$ 0   10
La différence d'ascension droite du Soleil et de la Lune 36 heures avant le

   passage du 17 janvier est donc   2   29

Pour le 17 janvier, la Table I, page 88, donne $A = 25$. Avec ce nombre 25, et la différence $2^h 29^m$ d'ascension droite, on trouve dans la Table II, page 89, la correction soustractive $C = -39^m$.

Heure du passage au méridien, le 17
   janvier, à Brest comme à Paris..... 3^h 42^m S.
Correction C, Table II..... .... $-$ 39
Établissement du port, Table III, p. 91. 3   46
Correction constante......... ...... $-$ 19

Heure de la pleine mer, le 17 janvier ... 6   30   S.

TABLE I.
Valeur du nombre A

Mois.	Jours	A	Mois.	Jours	A	Mois.	Jours	A
JANV.	1	31,9	MAI..	1	27,9	SEPTEMB.	2	26,2
	5	35,1		5	25,3		6	33,0
	9	29,6		9	27,3		10	34,0
	13	24,7		13	28,5		14	25,2
	17	24,9		17	30,3		18	28,9
	21	27,0		21	36,8		22	23,8
	25	29,0		25	35,8		26	23,8
	29	32,4		29	29,9		30	24,5
FÉVR..	2	35,1	JUIN.	2	28,0	OCTOBRE.	4	32,0
	6	27,0		6	30,1		8	33,6
	10	22,5		10	31,3		12	24,9
	14	23,5		14	34,0		16	23,2
	18	24,9		18	39,1		20	24,1
	22	26,4		22	34,9		24	23,9
	26	31,5		26	30,1		28	24,9
				30	29,1			
MARS..	2	33,7	JUILL.	4	30,5	NOVEMB..	1	32,4
	6	25,4		8	31,6		5	34,1
	10	21,6		12	35,6		9	26,4
	14	23,0		16	38,5		13	25,0
	18	24,2		20	31,7		17	25,9
	22	25,5		24	27,7		21	25,6
	26	32,4		28	27,5		25	27,0
	30	33,8					29	34,3
AVRIL..	3	26,0	AOUT.	1	28,2	DÉCEMB..	3	32,6
	7	22,7		5	29,1		7	28,0
	11	24,5		9	34,6		11	26,9
	15	25,6		13	36,1		15	27,2
	19	26,9		17	27,8		19	27,1
	23	33,8		21	27,5		23	29,4
	27	35,5		25	25,1		27	35,1
				29	25,5		31	32,5

TABLE II. (Correction C.)

DIFFÉRENCE d'ascens. droite. −	+	18	19	20	21	22	23	24	25	26	27
$0^h 0^m$	$12^h.0^m$	0^m	0^m	0^m	0^m	0^m	0^m	0^m	0^m	0^m	0^m
10	50	4	3	3	3	3	3	3	3	3	3
20	40	7	7	6	6	6	6	6	6	6	5
30	30	11	10	10	10	9	9	9	9	8	8
40	20	14	13	13	12	12	12	12	12	11	11
50	10	18	17	17	16	16	15	15	14	14	13
1. 0	11. 0	21	20	20	19	19	18	17	17	16	16
10	50	25	24	23	22	21	21	20	20	19	19
20	40	28	27	26	25	25	24	23	22	22	21
30	30	32	30	29	28	27	26	26	25	24	23
40	20	35	34	32	31	30	29	28	27	27	26
50	10	38	37	35	34	33	32	31	30	29	28
2. 0	10. 0	41	40	38	37	36	34	33	32	31	30
10	50	44	43	41	40	38	37	36	34	33	32
20	40	47	46	44	42	41	39	38	37	35	34
30	30	50	48	46	45	43	41	40	39	37	36
40	20	53	51	49	47	45	43	42	40	39	38
50	10	56	53	51	49	47	45	44	42	41	39
3. 0	9. 0	58	55	53	51	49	47	45	44	42	41
10	50	60	58	55	53	51	49	47	45	43	42
20	40	62	59	57	54	52	50	48	46	44	43
30	30	64	61	58	55	53	51	49	47	45	43
40	20	66	62	59	56	54	51	49	47	45	43
50	10	67	63	60	57	54	52	49	47	45	43
4. 0	8. 0	67	63	60	57	54	51	49	47	45	43
10	50	67	63	60	56	53	51	48	46	44	42
20	40	67	63	59	56	52	50	47	45	43	41
30	30	66	61	57	54	51	48	45	43	41	39
40	20	64	59	55	51	48	46	43	41	39	37
50	10	61	56	52	48	45	42	40	38	36	34
5. 0	7. 0	56	52	48	44	41	38	36	34	32	30
10	50	51	46	42	39	36	34	32	30	28	27
20	40	43	39	36	33	30	28	26	25	23	22
30	30	35	31	28	26	24	22	21	19	18	17
40	20	24	22	19	18	16	15	14	13	12	12
50	10	12	11	10	9	8	8	7	7	6	6
6. 0	6. 0	0	0	0	0	0	0	0	0	0	0
−	+	18	19	20	21	22	23	24	25	26	27

DIFFÉRENCE d'ascens. droite.		28	29	30	31	32	34	36	38	40	42
−	+	0^m	0^m	0^m	0^m	0^m	0^m	0^m	0^m	0^m	0^m
$0^h 0^m$	$12^h.0^m$										
10	50	3	3	2	2	2	2	2	2	2	2
20	40	5	5	5	5	5	5	4	4	4	4
30	30	8	8	8	7	7	7	7	6	6	6
40	20	10	10	10	10	9	9	9	8	8	8
50	10	13	13	12	12	12	11	11	10	10	10
1. 0	11. 0	16	15	15	14	14	13	13	12	12	11
10	50	18	18	17	17	16	16	15	14	14	13
20	40	20	20	19	19	18	18	17	16	15	15
30	30	23	22	22	21	21	20	19	18	17	16
40	20	25	24	24	23	23	21	21	20	19	18
50	10	27	27	26	25	25	23	22	21	20	20
2. 0	10. 0	29	29	28	27	26	25	24	23	22	21
10	50	31	31	30	29	28	27	25	24	23	22
20	40	33	32	31	31	30	28	27	26	24	23
30	30	35	34	33	32	31	30	28	27	26	24
40	20	37	36	35	34	33	31	29	28	27	25
50	10	38	37	36	35	34	32	30	29	27	26
3. 0	9. 0	39	38	37	36	35	33	31	30	28	27
10	50	40	39	38	37	36	34	32	30	29	27
20	40	41	40	38	37	36	34	32	30	29	27
30	30	42	40	39	38	36	34	32	31	29	28
40	20	42	40	39	38	36	34	32	30	29	27
50	10	42	40	39	37	36	34	32	30	28	27
4. 0	8. 0	41	40	38	37	36	33	31	29	28	27
10	50	40	39	37	36	35	32	30	29	27	26
20	40	39	38	36	35	33	31	29	27	25	25
30	30	37	36	34	33	32	29	28	26	24	24
40	20	35	34	32	31	30	27	26	24	24	23
50	10	32	31	30	28	27	25	23	22	20	21
5. 0	7. 0	29	28	26	25	24	22	21	19	18	17
10	50	25	24	23	22	21	19	18	17	16	15
20	40	21	20	19	18	17	16	15	14	13	12
30	30	16	15	15	14	13	12	11	10	10	9
40	20	11	10	10	9	9	8	8	7	7	6
50	10	6	5	5	5	5	4	4	4	3	3
6. 0	6. 0	0	0	0	0	0	0	0	0	0	0
−	+	28	29	30	31	32	34	36	38	40	42

TABLE II. [Suite.]

TABLE III. — ÉTABLISSEMENTS.

Heures de la pleine mer dans les principaux ports des côtes de l'Europe, les jours de la nouvelle et pleine Lune, et longitudes de ces ports en minutes de temps.

NORD DE L'EUROPE SUR LA MER D'ALLEMAGNE.	Établiss.	Longitude.
	h m	m
Hambourg. *Elbe*	5. 0	31 E.
Cuxhaven	0.40	26 E.
Gestendorp. *Weser*	1.10	25 E.
Vegesack. *Weser*	4.15	26 E.
Eckwarden. *Jahde*	0.50	24 E.
Delfzill. *Ems*	0.15	19 E.
Groningue	11.15	17 E.
Amsterdam	3. 0	10 E.
Rotterdam	3. 0	9 E.
Moerdick	5.15	9 E.
Bergen-op-Zoom	3. 0	8 E.
Flessingue. *Bouches de l'Escaut.*	1. 0	5 E.
Anvers	4.25	8 E.
Ostende	0.20	2 E.
Nieuport	0.15	2 E.
FRANCE.		
Dunkerque	12.13	0 O.
Calais	11.49	2 O.
Boulogne	11.26	3 O.
Dieppe	11. 8	5 O.
Le Havre-de-Grâce	9.53	9 O.
Honfleur	9.30	8 O.
La Hougue	8.48	16 O.
Cherbourg	7.58	16 O.
Jersey	6.25	18 O.
Guernesey	6.28	20 O.
Mont Saint-Michel	6.30	15 O.
Saint-Malo	6.10	17 O.
Morlaix	5.15	24 O.
Brest. *Le port*	3.46	27 O.
Lorient. *Le port*	3.32	23 O.

FRANCE. (Suite.)		Établiss. h m	Longitude. m
La Roche-Bernard.............		4 30	19 O.
La Loire. *L'embouchure*..........		3.45	18 O.
L'île d'Oléron. *Au Château*.... ...		4. 0	14 O.
Pertuis-de-Maumusson.....		3.30	14 O.
L'île d'Aix....		3.37	14 O.
Rochefort.		3.48	13 O.
Embouchure { Tour de Cordouan.		3.53	14 O.
de { Royan............		4. 1	13 O.
la Gironde. { Bordeaux.........		7.45	12 O.
Rade de la terre de Buch, près de la chapelle d'Arcachon.........		4.45	14 O.
En dehors et près de la barre du bassin d'Arcachon.............		4. 8	14 O.
Bayonne......................		4. 5	15 O.
ESPAGNE et PORTUGAL.			
Lisbonne.....................		4 40	46 O.
Cadix. *Le môle*.................		1.15	34 O.
Gibraltar.....................		0. 0	31 O.
ÉCOSSE.			
Le canal des Orcades.		8.15	21 O.
Montrose.....................		1.30	19 O.
ANGLETERRE.			
La rivière de Humber...........		5.15	10 O.
Londres. *Tamise*...............		2.15	10 O.
Emb. de la Tamise. *North Foreland.*		11.45	4 O.
Douvres......................		11.10	4 O.
Le cap Dungeness..............		11.12	6 O.
Portsmouth		11.40	14 O.
Plymouth.....................		5.30	26 O.
L'île Sainte-Marie. *Sorlingues*.....		4.30	35 O.
Bristol.......................		7.12	20 O.
Liverpool..		11.23	21 O.
IRLANDE.			
Dublin.		11.30	35 O.
Waterford....................		5.20	38 O.
Cork. *Dans la baie*.............		4.20	43 O.
La rivière Shannon. *L'embouchure.*		3.45	48 O.
Limerick.....................		6. 0	44 O.

POIDS ET MESURES MÉTRIQUES DE FRANCE.

TABLEAU DES MESURES LÉGALES.

Lois du 18 germinal an III et du 4 juillet 1837.

NOMS SYSTÉMATIQUES.	VALEUR.
Mesures de longueur.	
Myriamètre.........	Dix mille mètres.
Kilomètre.........	Mille mètres.
Hectomètre.........	Cent mètres.
Décamètre.........	Dix mètres.
MÈTRE............	*Unité fondamentale des poids et mesures.* Dix-millionième partie du quart du méridien terrestre (1).
Décimètre.........	Dixième du mètre.
Centimètre.........	Centième du mètre.
Millimètre.........	Millième du mètre.
Mesures agraires.	
Hectare..........	Cent ares ou 10 000 mèt. carrés.
ARE.............	Cent mètres carrés, carré de dix mètres de côté.
Centiare..........	Centième de l'are, ou mèt. carré.
Mesures de capacité pour les liquides et les matières sèches.	
Kilolitre.........	Mille litres.
Hectolitre.........	Cent litres.
Décalitre.........	Dix litres.
LITRE............	Décimètre cube.
Décilitre.........	Dixième du litre.

(1) L'étalon prototype en platine, déposé aux Archives le 4 messidor an VII, donne la longueur légale du mètre quand il est à la température zéro.

NOMS SYSTÉMATIQUES.	VALEUR.
Mesures de solidité.	
Décastère............	Dix stères.
STÈRE..............	Mètre cube.
Décistère...........	Dixième du stère.
Poids.	
MILLIER.............	Mille kilogrammes, poids du mètre cube d'eau et du TONNEAU de mer.
QUINTAL............	Cent kilogr., quintal métrique.
KILOGRAMME.........	Mille grammes. Poids dans le vide d'un décimètre cube d'eau distillée à la températ. de 4 degrés centigrades (1).
Hectogramme........	Cent grammes.
Décagramme........	Dix grammes.
GRAMME............	Poids d'un centimètre cube d'eau à 4 degrés centigrades.
Décigramme........	Dixième du gramme.
Centigramme.......	Centième du gramme.
Milligramme........	Millième du gramme.
Monnaie.	
FRANC..............	Cinq grammes d'argent, au titre de 9 dixièmes de fin.
Décime.............	Dixième du franc.
Centime............	Centième du franc.

Conformément à la disposition de la loi du 18 germinal an III, concernant les poids et les mesures de capacité, chacune des mesures décimales de ces deux genres a son double et sa moitié.

(1) L'étalon prototype en platine, déposé aux Archives le 4 messidor an VII, donne, dans le vide, le poids légal du kilogramme.

REMARQUE. A la fin du tableau précédent, annexé à la loi du 4 juillet 1837, on s'appuie sur une disposition de la loi du 18 germinal an III. L'article 8 de cette loi, constitutive du système métrique, porte : « Dans les poids et les mesures de capacité, chacune des mesures décimales de ces deux genres aura son double et sa moitié, afin de donner à la vente des divers objets toute la commodité que l'on peut désirer. »

Cette disposition, favorable aux opérations commerciales, a encore l'avantage de conduire à des mesures décimales : car elles s'obtiennent en divisant les mesures fondamentales par 2 et par 5, les seuls diviseurs du nombre 10, base de notre système de numération. En effet, la division du kilogramme (10 hectogrammes) par 2 donne le demi-kilogramme, et par 5 le double hectogramme ; la division de l'hectolitre (10 décalitres) par 2 donne le demi-hectolitre, et par 5 le double décalitre.

CONVERSION

Des toises, pieds, pouces en mètres et décimales du mètre.

Toises.	Mètres.	Pieds.	Mètres.	Pouces	Mètres.
1	1,94904	1	0,32484	1	0,02707
2	3,89807	2	0,64968	2	0,05414
3	5,84711	3	0,97452	3	0,08121
4	7,79615	4	1,29936	4	0,10828
5	9,74518	5	1,62420	5	0,13535
6	11,69422	6	1,94904	6	0,16242
7	13,64326	7	2,27388	7	0,18949
8	15,59229	8	2,59872	8	0,21656
9	17,54133	9	2,92355	9	0,24363
10	19,49037	10	3,24839	10	0,27070
20	38,98073	20	6,49679	11	0,29777
30	58,47110	30	9,74518	12	0,32484
40	77,96146	40	12,99358	13	0,35191
50	97,45183	50	16,24197	14	0,37898
60	116,94220	60	19,49037	15	0,40605
70	136,43256	70	22,73876	16	0,43312
80	155,92293	80	25,98715	17	0,46019
90	175,41329	90	29,23555	18	0,48726
100	194,90366	100	32,48394	19	0,51433
200	389,80732	200	64,96789	20	0,54140
300	584,71098	300	97,45183	30	0,81210
400	779,61464	400	129,93577	40	1,08280
500	974,51830	500	162,41972	50	1,35350
600	1169,42195	600	194,90366	60	1,62420
700	1364,32561	700	227,38760	70	1,89490
800	1559,22927	800	259,87155	80	2,16560
900	1754,13293	900	292,35549	90	2,43630
1000	1949,03659	1000	324,83943	100	2,70700
2000	3898,07318	2000	649,67886	200	5,41399
3000	5847,10977	3000	974,51830	300	8,12099
4000	7796,14636	4000	1299,35773	400	10,82798
5000	9745,18296	5000	1624,19716	500	13,53498
10000	19490,36591	10000	3248,39432	1000	27,06995

CONVERSION
Des lignes en millimètres.

CONVERSION
Des millimètres en lignes.

Lig.	Millimèt.	Lign.	Millimèt.	Mill.	Lignes.	Mill.	Lignes.
1	2,256	250	563,957	1	0,443	400	177,318
2	4,512	260	586,516	2	0,887	420	186,184
3	6,767	270	609,074	3	1,330	440	195,050
4	9,023	280	631,632	4	1,773	460	203,916
5	11,279	290	654,191	5	2,216	480	212,782
6	13,535	300	676,749	6	2,660	500	221,648
7	15,791	310	699,307	7	3,103	520	230,514
8	18,047	320	721,865	8	3,546	540	239,380
9	20,302	330	744,424	9	3,990	560	248,246
10	22,558	340	766,982	10	4,433	580	257,112
20	45,117	350	789,540	20	8,866	600	265,978
30	67,675	360	812,099	30	13,299	620	274,843
40	90,233	370	834,657	40	17,732	640	283,709
50	112,791	380	857,215	50	22,165	660	292,575
60	135,350	390	879,773	60	26,598	680	301,441
70	157,908	400	902,332	70	31,031	700	310,307
80	180,466	410	924,890	80	35,464	720	319,173
90	203,025	420	947,448	90	39,897	730	323,606
100	225,583	430	970,007	100	44,330	740	328,039
110	248,141	440	992,565	120	53,196	750	332,472
120	270,700	450	1015,123	140	62,061	760	336,905
130	293,258	460	1037,682	160	70,927	770	341,338
140	315,816	470	1060,240	180	79,793	780	345,771
150	338,374	480	1082,798	200	88,659	800	354,637
160	360,933	490	1105,356	220	97,525	820	363,503
170	383,491	500	1127,915	240	106,391	840	372,369
180	406,049	510	1150,473	260	115,257	860	381,235
190	428,608	520	1173,031	280	124,123	880	390,100
200	451,166	530	1195,590	300	132,989	900	398,966
210	473,724	540	1218,148	320	141,855	920	407,832
220	496,282	550	1240,706	340	150,721	940	416,698
230	518,841	560	1263,264	360	159,587	960	425,564
240	541,399	570	1285,823	380	168,452	980	434,430
250	563,957	1000	2255,829	400	177,318	1000	443,296

CONVERSION

Des centimètres et des décimètres en pieds,
pouces et lignes.

Centimètr.	Pieds.	po.	lignes.	Centimèt.	Pieds.	po.	lignes.
1	0.	0.	4,433	35	1.	0.	11,154
2	0.	0.	8,866	36	1.	1.	3,587
3	0.	1.	1,299	37	1.	1.	8,020
4	0.	1.	5,732	38	1.	2.	0,452
5	0.	1.	10,165	39	1.	2.	4,885
6	0.	2.	2,598	40	1.	2.	9,318
7	0.	2.	7,031	41	1.	3.	1,751
8	0.	2.	11,464	42	1.	3.	6,184
9	0.	3.	3,897	43	1.	3.	10,617
10	0.	3.	8,330	44	1.	4.	3,050
11	0.	4.	0,763	45	1.	4.	7,483
12	0.	4.	5,196	46	1.	4.	11,916
13	0.	4.	9,628	47	1.	5.	4,349
14	0.	5.	2,061	48	1.	5.	8,782
15	0.	5.	6,494	49	1.	6.	1,215
16	0.	5.	10,927	50	1.	6.	5,648
17	0.	6.	3,360	60	1.	10.	1,978
18	0.	6.	7,793	70	2.	1.	10,307
19	0.	7.	0,226	80	2.	5.	6,637
20	0.	7.	4,659	90	2.	9.	2,966
21	0.	7.	9,092				
22	0.	8.	1,525				
23	0.	8.	5,958	Décimètres	Pieds.	po.	lignes.
24	0.	8.	10,391	1	0	3.	8,330
25	0.	9.	2,824	2	0.	7.	4,659
26	0.	9.	7,257	3	0.	11.	0,989
27	0.	9.	11,690	4	1.	2.	9,318
28	0.	10.	4,123	5	1.	6.	5,648
29	0.	10.	8,556	6	1.	10.	1,978
30	0.	11.	0,989	7	2.	1.	10,307
31	0.	11.	5,422	8	2.	5.	6,637
32	0.	11.	9,855	9	2.	9.	2,966
33	1.	0.	2,288	10	3.	0.	11,296
34	1.	0.	6,721				

CONVERSION

Des mètres en toises, et en toises, pieds, pouces et lignes.

Mètres.	Toises.	Mètres.	Toises.	pi.	po.	lig.
1	0,513074	1	0	3.	0.	11,296
2	1,026148	2	1.	0.	1.	10,592
3	1,539222	3	1.	3.	2.	9,888
4	2,052296	4	2.	0.	3.	9,184
5	2,565370	5	2.	3.	4.	8,480
6	3,078444	6	3.	0.	5.	7,776
7	3,591518	7	3.	3.	6.	7,072
8	4,104592	8	4.	0.	7.	6,367
9	4,617666	9	4.	3.	8.	5,663
10	5,13074	10	5.	0.	9.	4,959
20	10,26148	20	10.	1.	6.	9,919
30	15,39222	30	15.	2.	4.	2,88
40	20,52296	40	20.	3.	1.	7,84
50	25,65370	50	25.	3.	11.	0,80
60	30,78444	60	30	4.	8.	5,76
70	35,91518	70	35.	5.	5.	10,72
80	41,04592	80	41.	0.	3.	3,67
90	46,17666	90	46.	1.	0.	8,63
100	51,3074	100	51.	1.	10.	1,6
200	102,6148	200	102	3.	8.	3,2
300	153,9222	300	153.	5.	6.	4,8
400	205,2296	400	205.	1.	4.	6,4
500	256,5370	500	256.	3.	2.	8,0
600	307,8444	600	307.	5.	0.	9,6
700	359,1518	700	359.	0.	10.	11,2
800	410,4592	800	410.	2.	9.	0,7
900	461,7666	900	461.	4.	7	2,3
1000	513,074	1000	513.	0.	5.	3,936
2000	1026,148	2000	1026.	0.	10.	7,872
3000	1539,222	3000	1539.	1	4.	11,808
4000	2052,296	4000	2052.	1.	9.	3,744
5000	2565,37	5000	2565.	2.	2.	7,680
10000	5130,74	10000	5130.	4.	5.	3,360

CONVERSION

Des mètres en pieds, pouces, lignes et décimales
de la ligne.

Mètres.	Pieds.	po.	lignes.	Mètres.	Pieds.	po.	lign.
1	3.	0.	11,296	50	153.	11.	0,80
2	6.	1.	10,593	55	169.	3.	9,28
3	9.	2.	9,888	60	184.	8.	5,76
4	12.	3.	9,184	65	200.	1.	2,24
5	15.	4.	8,480	70	215.	5.	10,72
6	18.	5.	7,776	75	230.	10.	7,20
7	21.	6.	7,072	80	246.	3.	3,67
8	24.	7.	6,367	85	261.	8.	0,15
9	27.	8.	5,663	90	277.	0.	8,63
10	30.	9.	4,959	95	292.	5.	5,11
11	33.	10.	4,255	100	307.	10.	1,6
12	36.	11.	3,551	200	615.	8.	3,2
13	40.	0.	2,847	300	923.	6.	4,8
14	43.	1.	2,143	400	1231.	4.	6,4
15	46.	2.	1,439	500	1539.	2.	8,0
16	49.	3.	0,735	600	1847.	0.	9,6
17	52.	4.	0,031	700	2154.	10.	11,2
18	55.	4.	11,327	800	2462.	9.	0,7
19	58.	5.	10,623	900	2770.	7.	2,3
20	61.	6.	9,919	1000	3078.	5.	3,9
21	64.	7.	9,215	2000	6156.	10.	7,9
22	67.	8.	8,511	3000	9235.	3.	11,8
23	70.	9.	7,807	4000	12313.	9.	3,7
24	73.	10.	7,102	5000	15392.	2.	7,7
25	76.	11.	6,398	6000	18470.	7.	11,6
30	92.	4.	2,88	7000	21549.	1.	3,6
35	107.	8.	11,36	8000	24627.	6.	7,5
40	123.	1.	7,84	9000	27705.	11.	11,4
45	138.	6.	4,32	10000	30784.	5.	3,4

CONVERSION
Des toises carrées et cubes en mètres carrés et cubes.

CONVERSION
Des mètres carrés et cub. en toises carrées et cubes.

Tois. car.	Mètres carrés.	Tois. cub.	Mètres cubes.	Mètr. car.	Toises carrées.	Mètr. cub.	Toises cubes.
1	3,7987	1	7,4039	1	0,2632	1	0,1351
2	7,5975	2	14,8078	2	0,5265	2	0,2701
3	11,3962	3	22,2117	3	0,7897	3	0,4052
4	15,1950	4	29,6156	4	1,0530	4	0,5403
5	18,9937	5	37,0195	5	1,3162	5	0,6753
6	22,7925	6	44,4233	6	1,5795	6	0,8104
7	26,5912	7	51,8272	7	1,8427	7	0,9454
8	30,3899	8	59,2311	8	2,1060	8	1,0805
9	34,1887	9	66,6350	9	2,3692	9	1,2156
10	37,9874	10	74,0389	10	2,6324	10	1,3506
11	41,7862	11	81,4428	20	5,2649	20	2,7013
12	45,5849	12	88,8467	30	7,8973	30	4,0519
13	49,3837	13	96,2506	40	10,5298	40	5,4026
14	53,1824	14	103,6545	50	13,1622	50	6,7532
15	56,9812	15	111,0584	60	15,7947	60	8,1038
16	60,7799	16	118,4622	70	18,4271	70	9,4545
17	64,5786	17	125,8661	80	21,0596	80	10,8051
18	68,3774	18	133,2700	90	23,6920	90	12,1558
19	72,1761	19	140,6739	100	26,3245	100	13,5064
20	75,9749	20	148,0778	150	39,4867	150	20,2596
30	113,9623	30	222,1167	200	52,6490	200	27,0128
40	151,9497	40	296,1556	250	65,8112	250	33,7660
50	189,9372	50	370,1945	300	78,9735	300	40,5192
60	227,9246	60	444,2334	350	92,1357	350	47,2724
70	265,9120	70	518,2723	400	105,2979	400	54,0256
80	303,8995	80	592,3112	450	118,4602	450	60,7789
90	341,8869	90	666,3501	500	131,6225	500	67,5321
100	379,8744	100	740,3890	600	157,9470	600	81,0385
150	569,8115	150	1110,5836	700	184,2715	700	94,5449
200	759,7487	200	1480,7781	800	210,5959	800	108,0513
250	949,6859	250	1850,9726	900	236,9204	900	121,5577

6.

CONVERSION Des pieds carrés et cubes en mètres carrés et cubes.				CONVERSION Des mètres carrés et cub. en pieds carrés et cubes.			
Pieds carr.	Mètres carrés.	Pieds cub.	Mètres cubes.	Mèt. car.	Pieds carrés.	Mèt. cub.	Pieds cubes.
1	0,1055	1	0,03428	1	9,48	1	29,17
2	0,2110	2	0,06855	2	18,95	2	58,35
3	0,3166	3	0,10283	3	28,43	3	87,52
4	0,4221	4	0,13711	4	37,91	4	116,70
5	0,5276	5	0,17139	5	47,38	5	145,87
6	0,6331	6	0,20566	6	56,86	6	175,04
7	0,7386	7	0,23994	7	66,34	7	204,22
8	0,8442	8	0,27422	8	75,81	8	233,39
9	0,9497	9	0,30850	9	85,29	9	262,56
10	1,0552	10	0,34277	10	94,77	10	291,74
20	2,1104	20	0,68555	20	189,54	20	583,48
30	3,1656	30	1,02832	30	284,30	30	875,22
40	4,2208	40	1,37109	40	379,07	40	1166,95
50	5,2760	50	1,71386	50	473,84	50	1458,69
60	6,3312	60	2,05664	60	568,61	60	1750,43
70	7,3864	70	2,39941	70	663,38	70	2042,17
80	8,4417	80	2,74218	80	758,15	80	2333,91
90	9,4969	90	3,08495	90	852,91	90	2625,65
100	10,5521	100	3,42773	100	947,68	100	2917,39

Dans la construction des Tables de réduction qui précèdent, on a employé les valeurs suivantes :

Mètre......... 0,513 074 de toise (*).
Mètre carré.... 0,263 244 929 476 de toise carrée.
Mètre cube.... 0,135 064 128 946 de toise cube.

Toise......... 1,949 036 5912 mètre.
Toise carrée.. 3,798 743 6338 mètres carrés.
Toise cube.... 7,403 890 3430 mètres cubes.

(*) Base du Système métrique, t. III, p. 297.

MESURES AGRAIRES.

La perche des eaux et forêts avait 22 pieds de côté; elle contenait 484 pieds carrés.

L'arpent des eaux et forêts était composé de 100 perches de 22 pieds; il contenait 48400 pieds carrés.

La perche de Paris avait 18 pieds de côté; elle contenait 324 pieds carrés.

L'arpent de Paris était composé de 100 perches de 18 pieds; il contenait 32400 pieds carrés ou 900 toises carrées. Cet arpent est donc équivalent à un carré de 30 toises de côté.

L'unité métrique de mesure agraire, nommée *are*, est un carré de 10 mètres de côté, qui comprend 100 mètres carrés.

L'*hectare* se compose de 100 ares, ou de 10000 mètres carrés.

	Pieds carrés.	Toises carrées.	Mètres carrés.
Perche des eaux et forêts.	484	13,44	51,07
Arpent des eaux et forêts.	48400	1344,44	5107,20
Perche de Paris.........	324	9	34,19
Arpent de Paris.........	32400	900	3418,87
Are...................	947,7	26,32	100
Hectare...............	94768,2	2632,45	10000

CONVERSION

DES ARPENTS EN HECTARES ET DES HECTARES EN ARPENTS.

Arpents de **100** perches carrées, la perche de **18** pieds linéaires.		Arpents de **100** perches carrées, la perche de **22** pieds linéaires.	
Arpents.	Hectares.	Arpents.	Hectares.
1.........	0,3419	1.........	0,5107
2........	0,6838	2.........	1,0214
3.........	1,0257	3.........	1,5322
4.........	1,3675	4.........	2,0429
5........	1,7094	5.........	2,5536
6........	2,0513	6.........	3,0643
7........	2,3932	7.........	3,5750
8........	2,7351	8.	4,0858
9........	3,0770	9.........	4,5965
10........	3,4189	10.........	5,1072
100........	34,1887	100........	51,0720
1000........	341,8869	1000........	510,7200

Convers. des hect. en arp. de **18** pieds la perche.		Convers. des hect. en arp. de **22** pieds la perche.	
Hectares.	Arpents.	Hectares.	Arpents.
1.........	2,9249	1.........	1,9580
2.........	5,8499	2........	3,9160
3.........	8,7748	3.........	5,8741
4.........	11,6998	4.........	7,8321
5.........	14,6247	5........	9,7901
6.........	17,5497	6.	11,7481
7.........	20,4746	7.........	13,7061
8.........	23,3995	8.........	15,6642
9........	26,3245	9.........	17,6222
10.........	29,2494	10...	19,5802
100........	292,4944	100........	195,8020
1000........	2924,9437	1000........	1958,0201

CONVERSION

Des anciens poids en nouveaux.

Grains.	Grammes.
1	0,053
10	0,531
20	1,062
30	1,593
40	2,125
50	2,656
60	3,187
70	3,718
72	3,824
Gros.	
1	3,82
2	7,65
3	11,47
4	15,30
5	19,12
6	22,94
7	26,77
8	30,59
Onces.	
1	30,59
2	61,19
3	91,78
4	122,38
5	152,97
6	183,56
7	214,16
8	244,75
9	275,35
10	305,94
11	336,53
12	367,13
13	397,72
14	428,32
15	458,91
16	489,51

Livres.	Kilogr.
1	0,48951
2	0,97901
3	1,46852
4	1,95802
5	2,44753
6	2,93703
7	3,42654
8	3,91605
9	4,40555
10	4,89506
20	9,7901
30	14,6852
40	19,5802
50	24,4753
60	29,3704
70	34,2654
80	39,1605
90	44,0555
100	48,9506
200	97,9012
300	146,8518
400	195,8023
500	244,7529
600	293,7035
700	342,6541
800	391,6047
900	440,5553
1000	489,5058
Marcs.	**Kilog.**
1	0,244753
2	0,489506
3	0,734259
4	0,979012
5	1,223765
6	1,468518
7	1,713270
8	1,958023

CONVERSION

Des nouveaux poids en anciens.

Gramm.	Liv.	Onc.	Gr.	Gr.		Kilog.	Liv.	Onc.	Gr.	Grains.
1	0.	0.	0.	19		1	2.	0.	5.	35,15
2	0.	0.	0.	38		2	4.	1.	2.	70,30
3	0	0.	0.	56		3	6.	2.	0.	33,45
4	0.	0.	1.	3		4	8.	2.	5.	68,60
5	0.	0.	1.	22		5	10.	3.	3.	31,75
6	0.	0.	1.	41		6	12.	4.	0.	66,90
7	0.	0.	1.	60		7	14.	4.	6.	30,05
8	0.	0.	2.	7		8	16.	5.	3.	65,20
9	0.	0.	2.	25		9	18.	6.	1.	28,35
10	0.	0.	2.	44		10	20.	6.	6	63,50
20	0.	0.	5.	17		20	40.	13.	5.	55
30	0.	0.	7.	61		30	61.	4.	4.	47
40	0.	1.	2.	33		40	81.	11.	3.	38
50	0.	1.	5.	5		50	102.	2.	2.	30
60	0.	1.	7.	50		60	122.	9.	1.	21
70	0.	2.	2.	22		70	143.	0.	0.	13
80	0.	2.	4.	66		80	163.	6.	7.	4
90	0.	2.	7.	38		90	183.	13.	5.	68
100	0.	3.	2.	11		100	204.	4.	4.	59
200	0.	6.	4.	21						
250	0.	8.	1.	27						
300	0.	9.	6.	32						
400	0	13.	0.	43						
500	1.	0	2.	54						
600	1.	3.	4.	64						
700	1.	6.	7.	3						
800	1.	10.	1.	14						
900	1.	13.	3.	24						
1000	2.	0.	5.	35						

Multipliez le prix du kilogramme par 0,4895, vous aurez le prix de la livre.

Multipliez le prix de la livre par 2,0429, vous aurez le prix du kilogramme.

Le kilogramme, ou le poids d'un décimètre cube d'eau distillée, considérée au maximum de densité et dans le vide, vaut............ 18827,15 grains.
La livre vaut............... 9216 grains.
Donc, livre................ 0,489505847 kilogr.
Et kilogramme .... { 2,042876519 livres.
{ 4,085753038 marcs.

CONVERSION	
Des kilogrammes en livres et décimales de la livre.	

Kilogr.	Livres.
1	2,0429
2	4,0858
3	6,1286
4	8,1715
5	10,2144
6	12,2573
7	14,3001
8	16,3430
9	18,3859
10	20,4288
20	40,8575
30	61,2863
40	81,7151
50	102,1438
60	122,5726
70	143,0014
80	163,4301
90	183,8589
100	204,2877
200	408,5753
300	612,8630
400	817,1506
500	1021,4383
600	1225,7259
700	1430,0136
800	1634,3012
900	1838,5889
1000	2042,8765

CONVERSION

Des grammes en grains et décimales de grain.

Grammes.	Grains.
1	18,83
2	37,65
3	56,48
4	75,31
5	94,14
6	112,96
7	131,79
8	150,62
9	169,44
10	188,27
100	1882,71

Des décigram. en grains.

Décigrammes.	Grains.
1	1,88
2	3,77
3	5,65
4	7,53
5	9,41
6	11,30
7	13,18
8	15,06
9	16,94
10	18,83

Des grains en centigram.

Grains.	Centigrammes.
1	5,3
2	10,6
3	15,9
4	21,2
5	26,6

CONVERSION

Des hectolitres en setiers, et des setiers en hectolitres, le setier étant de **12** boisseaux anciens,
et le boisseau de **13** litres.

Hectolitres.	Setiers.	Setiers.	Hectolitres.
1	0,641	1	1,560
2	1,282	2	3,12
3	1,923	3	4,68
4	2,564	4	6,24
5	3,205	5	7,80
6	3,846	6	9,36
7	4,487	7	10,92
8	5,128	8	12,48
9	5,769	9	14,04
10	6,410	10	15,6
20	12,820	20	31,2
30	19,231	30	46,8
40	25,641	40	62,4
50	32,051	50	78,0
60	38,462	60	93,6
70	44,872	70	109,2
80	51,282	80	124,8
90	57,692	90	140,4
100	64,102	100	156,0

Le poids moyen de l'hectolitre de froment est de
76 kilogrammes; de l'hectolitre d'orge, 64 kilogrammes;
de l'hectolitre d'avoine, 47 kilogrammes.

COMPARAISON
des mesures françaises et anglaises,
Par M. MATHIEU.
(Voyez les Notes page 111.)

MESURES DE LONGUEUR. (I).

Anglaises.	Françaises.
Inch, Pouce ($\frac{1}{36}$ du yard)..	2,539954 centimètres..
Foot, Pied ($\frac{1}{3}$ du yard)..	3,0479449 décimètres.
Yard impérial	0,91438348 mètre.
Fathom (2 yards)......	1,82876696 mètre.
Pole ou perch ($5\frac{1}{2}$ yards).	5,02911 mètres.
Furlong (220 yards)......	201,16437 mètres.
Mile (1760 yards).........	1609,3149 mètres.

Françaises.	Anglaises.
Millimètre	0,03937 pouce.
Centimètre.............	0,393708 pouce.
Décimètre.............	3,937079 pouces.
Mètre................	39,37079 pouces. 3,2808992 pieds. 1,093633056 yard.
Kilomètre.............	1093,633056 yards. 0,6213824 mile.

MESURES DE SUPERFICIE.

Anglaises.	Françaises.
Yard carré..........	0,83609715 mètre carré.
Rod (perch carré)......	25,291939 mètres carrés.
Rood (1210 yards carrés).	10,116775 ares.
Acre (4840 yards carrés)..	0,404671 hectare.

Françaises.	Anglaises.
Mètre carré............	1,196033292 yard carré.
Are (100 mètres carrés)...	119,6033292 yards carrés. 0,098845 rood.
Hectare......	2,47114316 acres.

MESURES DE CAPACITÉ.

Anglaises.	Françaises.
Pint (⅛ de gallon)	0,5679 litre.
Quart (¼ de gallon)........	1,1359 litre.
Gallon impérial............	4,543458 litres.
Peck (2 gallons)............	9,086916 litres.
Bushel (8 gallons)	36,34766 litres.
Sack (3 bushels)............	1,09043 hectolitre.
Quarter (8 bushels)........	2,90781 hectolitres.
Chaldron (12 sacks)........	13,08516 hectolitres.

Françaises.	Anglaises.
Litre..................	1,760773 pint.
	0,2200967 gallon.
Décalitre..............	2,2009668 gallons.
Hectolitre.............	22,009668 gallons.

POIDS. (H).

Anglais. Troy.	Français.
Grain (24e de pennyweight)..	6,479895 centigrammes.
Pennyweight (20e d'ounce)..	1,555175 gramme.
Ounce (12e de livre troy.....	31,103496 grammes.
Livre troy impér. (5760 grains)	373,241948 grammes.

Anglais. Avoirdupois.	Français.
Dram (16e d'ounce)........	1,771846 gramme.
Ounce (16e de la livre)......	28,349540 grammes.
Livre avoirdupois (7000 grains)	453,59245 grammes.
Quintal (112 livres)...	50,802 kilogrammes.
Ton (20 quintaux).........	1016,048 kilogrammes.

Français.	Anglais.
Gramme..............	15,432349 grains troy.
	0,643015 pennyweight
	15432,349 grains troy.
Kilogramme.............	2,679227 livre troy.
	2,204621 li. avoirdup.

NOTES.

(I). Le capitaine Kater a comparé (*Transactions philosophiques* de 1818) l'étalon du yard de sir George Shuckburg avec deux mètres en platine, l'un à bouts, l'autre à traits, construits par Fortin, et il a trouvé la longueur du mètre égale à 39,37079 pouces de cet étalon, le mètre et le yard étant chacun à leur température normale : 32 et 62 degrés Fahrenheit, ou 0 et 16¾ degrés centigrades. Plus tard (*Transactions philosophiques* de 1821), il a constaté la parfaite égalité de ce yard avec l'étalon du yard construit par Bird en 1760, et adopté dans une loi du 17 juin 1824 comme étalon légal, sous la dénomination : *imperial standard yard*. Ainsi, d'après ces résultats du capitaine Kater, le mètre à la température zéro est égal à 39,37079 pouces du yard impérial à sa température normale de 62 degrés Fahrenheit. On conclut de là que le yard impérial (36 pouces) est égal à 0^m,91438348.

(II). M. Miller a publié (*Transactions philosophiques* de 1856), dans un très-important travail sur les nouveaux poids anglais, les résultats des opérations qu'il a faites pour arriver à la comparaison entre le *imperial standard pound* et le kilogramme des Archives de France. Il a d'abord déterminé à Paris la différence en grains anglais (troy) entre le kilogramme des Archives et un kilogramme en platine que Gambey avait construit pour l'Angleterre. Cette différence de 0,02412 grain étant ajoutée à la valeur, 15432,32462 grains troy, du kilogramme de Gambey, il a trouvé, page 890, le kilogramme des

Archives = 15432,349 grains troy. Le nouveau *imperial standard troy pound* se compose de 5760 de ces grains, et 7000 forment le *standard avoirdupois*.

D'après ces déterminations si délicates, si précises de M. Miller, on a :

Imperial standard troy pound................	5760 grains.
Kilogramme étalon des Archives de France........	15432,349 grains troy.
Troy pound (livre troy)..	373,2419541 grammes.
Pound avoirdupois, livre avoirdupois..........	453,59265255 grammes.

L'unité des mesures de capacité, le *imperial standard gallon*, contient dix livres avoirdupois d'eau distillée pesée avec des poids de cuivre dans l'air à la température de 62 degrés Fahrenheit sous la pression de 30 pouces anglais. Le capitaine Kater a trouvé 252,458 grains troy pour le poids d'un pouce (inch) cube d'eau distillée pesé dans ces circonstances. On en conclut le volume 27,727384 pouces cubes pour la livre avoirdupois ou 7000 grains troy, et 277,273844 pouces cubes pour le gallon. Mais le pouce cube égale 16,386176 centimètres cubes ; donc la capacité du gallon est de 4543,4579 centimètres cubes ou de 4,543458 litres.

Les valeurs des poids et des mesures, p. 109 et 110, s'accordent avec celles des tableaux annexés à l'acte du parlement anglais de 1864 qui autorise l'emploi du système métrique, acte inséré dans l'*Annuaire* de 1865, page 493.

MESURES DE PAYS ÉTRANGERS.

MESURES DE LONGUEUR.

Pays.	Noms.	VALEUR en centimèt.
		c
Belgique.........	mètre.................	100,000
Hollande..........	el....................	100,000
Russie	pied anglais............	30,479
	sagène, 7 pieds (toise).....	213,356
	archinne, $\frac{1}{3}$ de sagène.....	71,119
	verchoc, $\frac{1}{16}$ d'archine.....	4,445
Suisse...........	toise, 6 pieds.........	180,00
	pied, unité...........	30,00
	pouce, $\frac{1}{10}$ de pied.........	3,00
	ligne, $\frac{1}{10}$ de pouce........	0,30
	trait, $\frac{1}{10}$ de ligne.........	0,03
Turquie..........	archinne...............	75,774
	pouce $\frac{1}{24}$ d'archinne......	3,157
	endazé ou pic pour les étoffes................	68,00

MESURES ITINÉRAIRES.

Pays.	Noms.	VALEUR en kilomèt.
		k
Belgique..........	mille métrique..........	1,000
Hollande..........	mijl..................	1,000
Italie............	mille métrique..........	1,000
Russie...........	werst, 500 sagènes........	1,067
Suisse............	lieue, 16000 pieds........	4,800

LIEUES ET MILLES.

	Mètres.
Mille géographique de 15 au degré de l'équateur.	7420
Lieue de 18 au degré du méridien.	6173
Lieue de 25 au degré du méridien.	4445
Lieue marine ou géographique de 20 au degré. . . .	5556
Mille marin de 60 au degré, ou arc du méridien d'une minute, ou tiers de lieue marine.	1852

MESURES TOPOGRAPHIQUES.

	Kilomètre carré.
Lieue marine carrée de 20 au degré.	30,8642
Mille marin carré de 60 au degré.	3,4293
Mile anglais carré.	2,5899

Kilomètre carré. . . . .
  { 0,03240 lieue marine carrée.
  { 0,29157 mille marin carré.
  { 0,38612 mile anglais carré.

Brasses des cartes marines.

		m
Angleterre.	*brasse* (*fathom*).	1,829
Danemark.	*brasse* (*favn*).	1,883
Espagne.	*brasse* (*braza*).	1,672
Hollande.	*brasse* (*vadem*).	1,699
Russie.	*brasse* (*sagène*).	2,134
Suède.	*brasse* (*famn*).	1,781
France.	{ *brasse*, 5 pieds.	1,624
	{ *nœud*, $\frac{1}{120}$ du *mille marin* (1).	15,432
	{ *encablure* de 100 toises. . . .	194,904
	{ *encablure* nouvelle.	200,000

(1) Chacun des nœuds du loch parcourus dans les 30 secondes du sablier ou dans la 120ᵉ partie d'une heure, correspond à une marche d'un mille marin par heure. Ainsi, 9 nœuds filés en 30 secondes indiquent une marche de 9 milles ou de 3 lieues marines par heure.

MONNAIES.

MONNAIES FRANÇAISES.

Les monnaies françaises sont assujetties, sous le rapport de leurs divisions, au système métrique décimal des poids et mesures.

D'après la loi du 18 germinal an III (7 avril 1795), constitutive du système métrique des poids et mesures, l'unité monétaire a pris le nom de franc.

La loi du 28 thermidor an III sur les monnaies porte : que l'unité monétaire conserve le nom de *franc*; que le titre de la monnaie d'argent sera de 9 parties de ce métal pur et d'une partie d'alliage ; que la pièce de 1 franc sera à la taille de 5 grammes, celle de 2 francs à la taille de 10 grammes, celle de 5 francs à la taille de 25 grammes.

Les poids et les valeurs de ces monnaies d'argent sont parfaitement assujettis aux principes du système métrique.

Huit ans plus tard, la loi du 7 germinal an XI (28 mars 1803) répète que 5 grammes d'argent, au titre de 9 dixièmes de fin, constituent l'unité monétaire sous le nom de *franc*, et ordonne de frapper des pièces d'or de 20 francs à la taille de 155 au kilogramme.

Le poids d'une seule pièce d'or de 20 francs est donc de 1000 grammes divisés par 155, ou de

$6^{gr},45161$. On admettait alors que les valeurs de l'or et de l'argent étaient dans le rapport de 15,5 à 1. Comme 20 francs d'argent pèsent 100 grammes, la division de ce poids par 15,5 ou de 1000 grammes par 155 donne le poids de la pièce d'or de 20 francs.

Les monnaies dont nous venons de parler et celles qui ont été frappées depuis sont (*) :

		fr	c
	La pièce de. ...	100	"
	Id.	50	"
OR.......	Id.	20	"
	Id.	10	"
	Id.	5	"
	La pièce de. ...	5	"
	Id.	2	"
ARGENT...	Id.	1	"
	Id.	"	50
	Id.	"	20
	La pièce de. ...	"	10
BRONZE...	Id.	"	5
	Id.	"	2
	Id.	"	1

Ces monnaies sont toutes décimales. Il y a plus : elles comprennent toutes les monnaies décimales que l'on peut avoir dans l'intervalle de 1 centime à 100 francs.

(*) Elles n'ont pas de dénominations particulières : elles portent le nom de la valeur qu'elles représentent. On dit une pièce de 10 francs, de 20 francs, de 20 centimes, de 50 centimes, et tous les payements se font en francs et en centimes.

On remarque d'abord les pièces fondamentales de
1 centime, 10 centimes, 1 franc, 10 francs, 100 francs,
dont la valeur va en décuplant comme dans notre
numération. Mais l'échelle décimale admet les diviseurs 5 et 2 de dix; or

La division de la pièce fondamentale......
$$10^{fr} \text{ par } \begin{cases} 5 \text{ donne } 2^{fr} \\ 2 \quad — \quad 5 \end{cases}$$
$$100^{fr} \text{ par } \begin{cases} 5 \text{ donne } 20^{fr} \\ 2 \quad — \quad 50 \end{cases}$$

La division de la pièce fondamentale......
$$10^{c} \text{ par } \begin{cases} 5 \text{ donne } 2^{c} \\ 2 \quad — \quad 5 \end{cases}$$
$$1^{fr} \text{ par } \begin{cases} 5 \text{ donne } 20^{c} \\ 2 \quad — \quad 50 \end{cases}$$

On a donc en définitive :

1º Pour *tous* les multiples décimaux du franc, les
pièces de 2 francs, 5 francs, 10 francs, 20 francs,
50 francs, 100 francs;

2º Pour *toutes* les coupures décimales du franc, les
pièces de 1 centime, 2 centimes, 5 centimes, 10 centimes, 20 centimes, 50 centimes (*).

Dans la série des monnaies françaises, on trouve
donc le double et la moitié des pièces décimales fondamentales 1 centime, 10 centimes, 1 franc, 10 francs,
100 francs.

La même chose a lieu pour les poids et les mesures
de capacité. Chaque mesure décimale de ces deux
genres a son double et sa moitié. (*Voyez*, p. 90 et 91.)

(*) Les anciennes pièces de monnaies de 25 centimes, 75 centimes et 1 fr. 50 c., qui ne sont pas décimales, ont été retirées
successivement de la circulation. La pièce de 40 francs, qui n'est
pas non plus décimale, ne se fabrique plus, et la pièce de 3 centimes n'a pas été fabriquée.

Par une loi du 25 mai 1864, la fabrication des pièces de 50 centimes et 20 centimes a été ordonnée au titre de 835 millièmes de fin. Une autre loi, du 27 juin 1866, ordonne la fabrication au même titre 835 des pièces de 20 et 50 centimes, et de plus des pièces de 1 franc et 2 francs. Les pièces de 20 et 50 centimes, de 1 franc et 2 francs qui circulent actuellement, et qui sont au titre de 900 millièmes de fin, seront refondues pour être employées à la fabrication des nouvelles espèces.

Cette disposition, prise en dérogation de la loi régulatrice du 7 germinal an XI, en ce qui concerne seulement le titre de quelques pièces d'argent, n'altère pas l'essence de notre système monétaire dans ses rapports avec le système général des poids et mesures.

Une convention monétaire, conclue le 23 décembre 1865 entre la France, la Belgique, l'Italie et la Suisse, promulguée par un décret impérial du 20 juillet 1866, a reçu son exécution à partir du 1er août 1866.

CONVENTION.

S. M. l'Empereur des Français, S. M. le Roi des Belges, S. M. le Roi d'Italie et la Confédération Suisse, également animés du désir d'établir une plus complète harmonie entre leurs législations monétaires, de remédier aux inconvénients qui résultent, pour les communications et les transactions entre les habitants de leurs États respectifs, de la diversité du titre de leurs monnaies d'appoint en argent, et de contribuer, en formant entre eux une union monétaire, aux progrès de l'uniformité des poids, mesures et monnaies, ont résolu de conclure une convention à cet effet.

Art. 1er. La France, la Belgique, l'Italie et la Suisse sont constituées à l'état d'union pour ce qui regarde le poids, le titre, le module et le cours de leurs espèces monnayées d'or et d'argent.

Il n'est rien innové, quant à présent, dans la législation relative à la monnaie de billon, pour chacun des quatre États.

2. Les hautes parties contractantes s'engagent à ne fabriquer ou laisser fabriquer, à leur empreinte, aucune monnaie d'or dans d'autres types que ceux des pièces de cent francs, de cinquante francs, de vingt francs, de dix francs et de cinq francs, déterminés, quant au poids, au titre, à la tolérance et au diamètre, ainsi qu'il suit :

NATURE des pièces.	POIDS.		TITRE.		DIA-MÈTRE.
	Poids droit.	Tolé-rance.	Titre droit.	Tolé-rance.	
fr	gr	millièmes	millièmes	millièmes	mm
100	32,25806	} 1			35
50	16,12903	}			28
OR 20	6,45161	} 2	900	2	21
10	3,22580	}			19
5	1,61290	3			17*

Elles admettront sans distinction dans leurs caisses publiques les pièces d'or fabriquées sous les conditions qui précèdent, dans l'un ou l'autre des quatre États, sous réserve, toutefois, d'exclure les pièces dont le poids aurait été réduit par le frai d'un demi pour cent au-dessous des tolérances indiquées ci-dessus, ou dont les empreintes auraient disparu.

3. Les gouvernements contractants s'obligent à ne fabriquer ou laisser fabriquer de pièces d'argent de cinq francs que dans les poids, titre, tolérance et diamètre déterminés ci-après :

POIDS.		TITRE.		DIAMÈTRE
Poids droit.	Tolérance.	Titre droit.	Tolérance.	
25 gramm.	3 millièm.	900 milli.	2 millièm.	37mm

Ils recevront réciproquement lesdites pièces dans leurs caisses publiques, sous la réserve d'exclure celles dont le poids aurait été réduit par le frai de un pour cent au-dessous de la tolérance indiquée plus haut, ou dont les empreintes auraient disparu.

4. Les hautes parties contractantes ne fabriqueront désormais de pièces d'argent de deux francs, d'un franc, de cinquante centimes et de vingt cen-

times, que dans les conditions de poids, de titre, de tolérance et de diamètre déterminées ci-après :

NATURE des pièces.	POIDS.		TITRE.		DIA-MÈTRE.
	Poids droit.	Tolé-rance.	Titre droit.	Tolé-rance.	
fr c	grammes	millièmes	millièmes	millièmes	mm
ARGENT 2 //	10 00	5			27
1 //	5 00		835	3	23
50	2 50	7			18
20	1 00	10			16

Ces pièces devront être refondues par les gouvernements qui les auront émises, lorsqu'elles seront réduites par le frai de cinq pour cent au-dessous des tolérances indiquées ci-dessus, ou lorsque leurs empreintes auront disparu.

5. Les pièces d'argent de deux francs, d'un franc, de cinquante centimes et de vingt centimes, fabriquées dans des conditions différentes de celles qui sont indiquées en l'article précédent, devront être retirées de la circulation avant le 1er janvier 1869.

Ce délai est prorogé jusqu'au 1er janvier 1878 pour les pièces de deux francs et d'un franc émises en Suisse, en vertu de la loi du 31 janvier 1860.

6. Les pièces d'argent fabriquées dans les conditions de l'article 4 auront cours légal, entre les particuliers de l'État qui les a fabriquées, jusqu'à

concurrence de cinquante francs pour chaque payement.

L'État qui les a mises en circulation les recevra
de ses nationaux sans limitation de quantité.

7. Les caisses publiques de chacun des quatre
pays accepteront les monnaies d'argent fabriquées
par un ou plusieurs des autres États contractants,
conformément à l'article 4, jusqu'à concurrence de
cent francs pour chaque payement fait auxdites
caisses.

Les gouvernements de Belgique, de France et d'Italie recevront dans les mêmes termes, jusqu'au 1er janvier 1878, les pièces suisses de deux francs et d'un
franc émises en vertu de la loi du 31 janvier 1860,
et qui sont assimilées, sous tous les rapports, pendant la même période, aux pièces fabriquées dans
les conditions de l'article 4.

Le tout sous les réserves indiquées en l'article 4,
relativement au frai.

8. Chacun des gouvernements contractants s'engage à reprendre des particuliers ou des caisses publiques des autres États les monnaies d'appoint en
argent qu'il a émises et à les échanger contre une égale
valeur de monnaie courante (pièces d'or ou pièces
de cinq francs d'argent), à condition que la somme
présentée à l'échange ne sera pas inférieure à cent
francs. Cette obligation sera prolongée pendant deux
années à partir de l'expiration du présent traité.

9. Les hautes parties contractantes ne pourront
émettre des pièces d'argent de deux francs, d'un

franc, de cinquante centimes et de vingt centimes, frappées dans les conditions indiquées par l'article 4, que pour une valeur correspondant à six francs par habitant.

Ce chiffre, en tenant compte des derniers recensements effectués dans chaque État et de l'accroissement présumé de la population jusqu'à l'expiration du traité, est fixé :

Pour la France, à........ 239 000 000 fr.
Pour la Belgique, à...... 32 000 000
Pour l'Italie, à.......... 141 000 000
Pour la Suisse, à... ... ... 17 000 000

Sont imputées sur les sommes ci-dessus, que les gouvernements ont le droit de frapper, les valeurs déjà émises :

Par la France, en vertu de la loi du 25 mai 1864, en pièces de cinquante et de vingt centimes, pour environ seize millions;

Par l'Italie, en vertu de la loi du 24 août 1862, en pièces de deux francs, un franc, cinquante centimes et vingt centimes, pour environ cent millions;

Par la Suisse, en vertu de la loi du 31 janvier 1860, en pièces de deux francs et d'un franc, pour dix millions cinq cent mille francs.

10. Le millésime de fabrication sera inscrit désormais sur les pièces d'or et d'argent frappées dans les quatre États.

11. Les gouvernements contractants se communiqueront annuellement la quotité de leurs émissions de monnaies d'or et d'argent, l'état du retrait et

de la refonte de leurs anciennes monnaies, toutes les dispositions et tous les documents administratifs relatifs aux monnaies.

Ils se donneront également avis de tous les faits qui intéressent la circulation réciproque de leurs espèces d'or et d'argent.

12. Le droit d'accession à la présente convention est réservé à tout autre État qui en accepterait les obligations et qui adopterait le système monétaire de l'union, en ce qui concerne les espèces d'or et d'argent.

13. L'exécution des engagements réciproques contenus dans la présente convention est subordonnée, en tant que de besoin, à l'accomplissement des formalités et règles établies par les lois constitutionnelles de celles des hautes parties contractantes qui sont tenues d'en provoquer l'application, ce qu'elles s'obligent à faire dans le plus bref délai possible.

14. La présente convention restera en vigueur jusqu'au 1er janvier 1880. Si, un an avant ce terme, elle n'a pas été dénoncée, elle demeurera obligatoire de plein droit pendant une nouvelle période de quinze années, et ainsi de suite, de quinze ans en quinze ans, à défaut de dénonciation.

———

Cette convention, que nous avons reproduite entièrement, renferme toutes les conditions législatives que doivent remplir nos monnaies d'or et d'argent. Nous devons dire ici que la tolérance exprimée en millièmes, dans les trois tableaux, pages 119, 120 et 121, est admise tant en dehors qu'en dedans.

MATHIEU.

MONNAIES [*]

NOTIONS PRÉLIMINAIRES SUR LA FABRICATION DES MONNAIES EN FRANCE.

I.

« La France a adopté pour la fabrication de ses monnaies le régime de l'entreprise. »

Cette fabrication est confiée, sous la surveillance de l'État, à des *entrepreneurs*, auxquels on a donné le titre de *directeur de la fabrication*. Ils versent un cautionnement qui répond de leur gestion.

Les frais alloués à ces entrepreneurs, frais qui sont supportés par les porteurs de matières aux *hôtels des monnaies*, sont réglés à 1 fr. 50 c. par kilogramme d'argent à 900 millièmes, et à 6 fr. 70 c. par kilogramme d'or au même titre (tarifs officiels).

Moyennant cette retenue, les *directeurs-entrepreneurs* sont chargés de tous les frais de l'entreprise, tels que les salaires des ouvriers, le remplacement et l'entretien de tout le mobilier monétaire.

Le prix des coins et des viroles est aussi à leur charge, ainsi que les frais de pesage, de comptage et de vérification des espèces monnayées et livrées à la circulation.

Les directeurs de la fabrication sont en outre obligés de fournir, sans augmentation de frais, en pièces fractionnaires de la pièce de 5 francs, le vingtième de l'importance de la fabrication de l'argent. Lorsqu'ils ne sont pas astreints à fabriquer ce

---

(*) Cet article, les Tables qui le suivent et le tableau des monnaies étrangères en circulation ont été fournis, pendant quelques années, par feu M. Durand, commissaire général près la Commission des monnaies, puis revus et mis au courant de la fabrication par M. Huguet, commissaire du Gouvernement près la Monnaie de Paris.

vingtième, il leur est fait une retenue de 5 centimes par kilogramme sur les pièces de 5 francs. Lorsqu'il est fabriqué des pièces d'argent divisionnaires en dehors du vingtième réglementaire, il est alloué une indemnité aux directeurs.

II.

Le contrôle supérieur et la surveillance de la fabrication des monnaies sont confiés à une administration qui a le titre de *Commission des monnaies et médailles.*

Cette Commission est composée de trois membres, un *Président* et deux *Commissaires généraux.* Elle est chargée de juger les titres et les poids des espèces fabriquées, et de surveiller, dans toute l'étendue de la France, l'exécution des lois monétaires, la fabrication des monnaies et l'essai des ouvrages d'or et d'argent, etc. Tous les fonctionnaires et agents qui concourent à la fabrication des monnaies sont sous ses ordres.

Elle propose les tarifs servant à déterminer les titres d'après lesquels les espèces et matières d'or et d'argent sont reçues dans les hôtels des monnaies.

Elle fait essayer les espèces étrangères nouvellement fabriquées, etc.

Elle a la direction du *Musée monétaire* et surveille la fabrication des médailles, en propose les tarifs et en autorise la mise en circulation.

Elle est chargée en outre du contrôle à exercer sur la confection des planches et l'impression des *timbres-poste.*

La Commission des monnaies et médailles est comprise dans les attributions du *Ministère des Finances.* Elle a près d'elle un *laboratoire des essais,* les bureaux de l'administration, le graveur général et tous les agents qui peuvent contribuer à la marche du service qui lui est confié.

Les fonctionnaires des ateliers monétaires de Paris

et des départements sont aussi sous les ordres de la Commission des monnaies.

Des lois, des règlements déterminent les attributions des fontionnaires et agents chargés du contrôle, de la surveillance de la fabrication des monnaies et des différents services qui s'y rattachent.

L'organisation des monnaies en France offre des garanties certaines de l'exactitude de la fabrication.

Toutes les monnaies ont entre elles le même rapport métallique. Les multiples et les divisions d'espèces se rapportent exactement à l'unité monétaire. Leur titre est uniforme et soumis à une échelle unique basée sur le même système de calculs.

Les tolérances de poids et de titre, d'où peuvent résulter une légère différence dans la valeur intrinsèque des monnaies, sont réduites autant que l'ont permis les progrès survenus dans les sciences chimiques et dans la mécanique. Les frais de fabrication et tous ceux qui en découlent sont restreints aux seuls frais auxquels la manipulation de la matière peut donner naissance et aux bénéfices de l'entreprise.

Le jugement des monnaies qui a lieu avant leur mise en circulation ne laisse aucun doute sur la stricte régularité des fabrications monétaires.

TARIF des matières et espèces d'or.

TITRES	VALEUR au tarif par kilogr.	VALEUR réelle ou sans retenue.	TITRES	VALEUR au tarif par kilogr.	VALEUR réelle ou sans retenue.
mill.	fr c	fr c	mill.	fr c	fr c
1000	3 437. "	3 444.44*	9	30.93	31. "
900	3 093.30	3 100. "	8	27.50	27.56
800	2 749.60	2 755.56	7	24.06	24.11
700	2 405.90	2 411.11	6	20.62	20.67
600	2 062.20	2 066.67	5	17.19	17.22
500	1 718.50	1 722.22	4	13.75	13.78
400	1 374.80	1 377.78	3	10.31	10.33
300	1 031.10	1 033.33	2	6.87	6.89
200	687.40	688.89	1	3.44	3.44
100	343.70	344.44	dixièm.	fr c	fr c
90	309.33	310. "	9	3.09	3.10
80	274.96	275.56	8	2.75	2.76
70	240.60	241.11	7	2.41	2.41
60	206.22	206.67	6	2.06	2.07
50	171.85	172.22	5	1.72	1.72
40	137.48	137.78	4	1.37	1.38
30	103.11	103.33	3	1.03.1	1.03.3
20	68.74	68.89	2	68.7	68.9
10	34.37	34.44	1	34.4	34.4

* Plus 444 millièmes de centime.

Avec ce tarif on obtiendra facilement le prix du kilogramme d'or à tous les titres. Ainsi, pour savoir le prix du kilogramme au titre de 986 millièmes et demi, on trouve dans le tarif :

Pour 900 millièmes..........	3093 fr.	30 c.
80	274	96
6	20	62
5 dixièmes..........	1	71
Donc prix du kilogramme.	3390 fr.	59 c.

Les espèces et matières d'or au-dessous du titre monétaire sont passibles du droit d'affinage fixé par l'ordonnance du 15 octobre 1828 : 1° lorsqu'elles sont versées indûment au change des monnaies ; 2° lorsqu'elles contiennent des métaux autres que le cuivre qui doivent être séparés de l'or. Lorsqu'elles ne contiennent que du cuivre et que les titres de celles qui seraient au-dessus de 900 millièmes peuvent se compenser en tout ou partie avec les titres qui seraient au-dessous, le droit d'affinage n'est pas dû, ou n'est dû que sur la portion qu'il est nécessaire d'affiner pour ramener la totalité des matières au titre monétaire, conformément à l'ordonnance du 15 octobre 1828 et à la Table jointe à cette ordonnance.

Le présent tarif arrêté par la Commission des monnaies et médailles.

TARIF des matières et espèces d'argent.

TITRES	VALEUR au tarif par kilogr.	VALEUR réelle ou sans retenue.	TITRES	VALEUR au tarif par kilogr.	VALEUR réelle ou sans retenue.
mill.	fr c	fr c	mill.	fr c	fr c
1000	220.56	222.22*	9	1.98	2. "
900	198.50	200. "	8	1.76	1.78
800	176.44	177.78	7	1.54	1.56
700	154.39	155.56	6	1.32	1.33
600	132.33	133.33	5	1.10	1.11
500	110.28	111.11	4	88	89
400	88.22	88.89	3	66	67
300	66.16	66.67	2	44	44
200	44.11	44.44	1	22	22
100	22.05.6	22.22	dixièm.	c	c
90	19.85	20. "	9	19.8	20
80	17.64	17.78	8	17.6	17.77
70	15.43.9	15.56	7	15.4	15.55
60	13.23.3	13.33	6	13.2	13.33
50	11.02.8	11.11	5	11.0	11.11
40	8.82.2	8.89	4	8.8	8.88
30	6.61.6	6.67	3	6.6	6.66
20	4.41	4.44	2	4.4	4.44
10	2.20.56	2.22	1	2.2	2.22

* Plus 222 millièmes de centime.

Les espèces et matières d'argent au-dessous du titre monétaire sont passibles du droit d'affinage fixé par l'ordonnance du 15 octobre 1828. Lorsqu'elles ne contiennent que du cuivre, et que les titres de celles qui seraient au-dessus de 900 millièmes peuvent se compenser en tout ou en partie avec les titres qui seraient au-dessous, le droit d'affinage ne doit être perçu que sur la portion nécessaire à affiner pour en ramener le titre à celui des monnaies, conformément à l'ordonnance du 15 octobre 1828 et à la Table qui est jointe à cette ordonnance.

Le présent tarif arrêté par la Commission des monnaies et médailles.

On demande le prix du kilogramme d'argent au titre de 835 millièmes et demi.

Pour 800 millièmes............	176 fr. 44 c.
30	6 62
5	1 10
5 dixièmes..........	11.
Donc prix du kilogramme.	184 fr. 27 c.

TABLEAU
de la fabrication des espèces d'or et d'argent pendant l'année 1867.

DÉSIGNATION DES ESPÈCES.	MONNAIES.		
	PARIS.	STRASBOURG.	BORDEAUX.
OR.	fr	fr	
100 f.	430.900 //	280.700 //	//
50	// //	1.021.850 //	//
20	58.460.480 //	90.329.800 //	//
10	12.047.550 //	23.455.190 //	//
5	5.030.865 //	7.522.175 //	//
	75.969.795 //	122.609.715 //	//

Total de l'or......... 198.579.510fr

	PARIS.	STRASBOURG.	BORDEAUX.
ARGENT	fr.	fr.	fr
5 f. //	32.932.210 //	21.119.350 //	//
2 //	7.390.306 //	6.941.474 //	3.487.968 //
1 //	12.131.428 //	7.294.757 //	6.091.869 //
// 50	7.264.219 //	4.995.852 //	2.345.864 50
// 20	1.122.276 20	622.852 80	18.113 20
	60.840.439 20	40.974.285 80	11.943.814 70

Total de l'argent.. 113.758.539fr,70 (*).

Total général des fabrications de 1867. 312.338.049fr,70

(*) Les pièces de 2 francs, 1 franc, 50 et 20 centimes sont comprises pour 59.706.879 fr. 70 c.

TABLEAU

des espèces d'or et d'argent fabriquées en France selon le système décimal, de **1795** au **31** décembre **1867**.

DÉSIGNATION des types.	OR.	ARGENT.
	fr	fr c
1re Rép. (Hercule).	"	106.237.255 "
Napoléon.... ...	528.024.440	887.830.055 50
Louis XVIII......	389.333.060	614.830.109 75
Charles X	52.918.920	632.511.320 50
Louis–Philippe...	215.912.800	1.756.938.333 "
2e Répub., 1848.	"	"
Génie pour l'or...	56.921.220	"
Hercule pour l'arg.	"	259.628 845 "
Déesse de la liberté	370.361.640	199.619.436 60
Napoléon III.....	5.522.303.925	374.141.050 "
TOTAL.........	7.135.776.005	4.831.736.405 35
A déduire :		
Retiré de la circulation les pièces de 10 et 5 fr. or, petit module....	71.082.860	
Les pièces d'argent démonétisées : 25 c., 5 fr., 2 fr., 1 fr., 50 c., 20 c.		82.647.101 25
Reste net......	7.064.693.145	4.749.189.304 10
Reste en monnaie ayant cours.....	11.813.882.449 fr. 10 c.	

TABLEAU

Récapitulatif par nature de pièces.

NATURE DES PIÈCES.	OR.	ARGENT.
	fr	
Pièces d. 100	38.760.500 "	
r 50	45.684.250 "	
» 40	204.432.360 "	
» 20	5.659.196.200 "	
» 10	918.630.070 "	
» 5	197.989.765 "	
		fr
Pièces de 5		4.475.397.160 "
» 2		82.078.216 "
» 1		126.136.504 "
» 50c		68.902.413 50
» 20		6.575.009 60
Total	7.064.693.145 "	4.749.189.304 10
Total général ..	11.813.882.449 fr. 10 c.	

Ce total général ne comprend pas les pièces démonéti-sées.

Pièces de 10 francs....... 48.589.920 fr.

5 .... 22.492.940

Or démonétisé .... 71.082.860 .

Les pièces de 25 c. et de 5 fr., 2 fr., 1 fr., 50 c. et 20 c. retirées de la circulation :

Argent démonétisé........ 82.647.101,25

TABLEAU

de la fabrication des pièces d'argent de **2 francs**, **1 franc**, **50** et **20** centimes au titre de **835** millièmes, au **31 décembre 1867** (*).

DÉSIGNATION DES PIÈCES.	MONNAIES.		
	PARIS.	STRASBOURG.	BORDEAUX.
fr c	fr	fr	fr
2 //	13.841.902 //	13.121.122 //	4.362.078 //
1 //	26.769.808 //	14.498.717 //	7.494.154 //
50	17.722.481 50	12.524.232 //	7.460.495 //
20	1.467.911 40	813.958 40	109.356 80
	59.802.102 90	40.958.029 40	19.429.083 80

Total au 31 décembre 1867.. 120.189.216fr,10

(*) Les États de l'union monétaire (article 9 ci-dessus, p. 122) ne pourront émettre de ces quatre espèces de pièces d'argent que pour une valeur correspondante à 6 francs par habitant. Cette valeur a été fixée pour la France à 239 millions de francs.

TABLEAU des monnaies décimales de bronze fabriquées en **France** jusqu'au **31** décembre **1867**.

ATELIERS MONÉTAIRES dans lesquels les monnaies de bronze ont été fabriquées.	MONNAIES FABRIQUÉES en conformité de la loi du 6 mai 1852.	MONNAIES FABRIQUÉES en conformité de la loi du 18 juillet 1860.
	fr c	fr c
Paris	11.800.000 "	3.599.999.99
Bordeaux.......	5.600.000 "	3.600.000.24
Lille.	6.500.000 "	"
Lyon..........	5.500.000 "	"
Marseille.......	6.200.000 "	"
Rouen..........	6.600.000 "	"
Strasbourg.....	6.300.000 "	3.600.000.07
	48.500.000 "	10.800.000.30

Total au 31 décembre 1865.   59.300.000^{fr}.30^c

TABLEAU par nature de pièces.

NATURE des pièces.	TOTAL par nature de pièces.	TOTAL GÉNÉRAL.
	fr c	
Pièces de 10 cent.	31.178.976 50	
» 5.....	25.214.859 85	fr. c
» 2.....	1.838.646 52	59.300.000.30
» 1.....	1.067.517 43	

Les monnaies de bronze fabriquées en conformité de la loi du 6 mai 1852 l'ont été avec les anciens sous retirés de la circulation.

Les fabrications exécutées d'après la loi du 18 juillet 1860 ont été faites avec des métaux neufs.

TABLE POUR LA CONVERSION

Des anciens titres des matières d'or et d'argent en millièmes décimaux.

Malgré les avantages des calculs décimaux, soit pour déterminer le titre, soit pour établir le poids des matières d'or et d'argent, des changeurs, des bijoutiers, des orfévres, surtout dans les départements, ont conservé l'usage d'établir leurs comptes d'après les anciennes méthodes soit qu'ils achètent, soit qu'ils vendent. De là des difficultés qui prennent naissance dans des calculs longs et difficiles. Il est à désirer que cet ancien système soit abandonné pour satisfaire aux vœux de la loi et aux intérêts du public.

Les Tables suivantes viendront en aide aux personnes qui seront obligées de se servir des calculs anciens.

CONVERSION

DES CARATS ET 32es DE CARAT, ancien titre des matières d'or, en millièmes.

CONVERSION

DES DENIERS ET GRAINS, ancien titre des matières d'argent, en millièmes.

32es de carat.	Millièmes.	Carats.	Millièmes.	Carats.	Millièmes.	Grains.	Millièmes.	Grains.	Millièmes.	Deniers.	Millièmes.
1	1	1	42	13	542	1	3	13	45	1	83
2	3	2	83	14	583	2	7	14	49	2	167
3	4	3	125	15	625	3	10	15	52	3	250
4	5	4	167	16	667	4	14	16	56	4	333
5	7	5	208	17	708	5	17	17	59	5	417
6	8	6	250	18	750	6	21	18	63	6	500
7	9	7	292	29	792	7	24	19	66	7	583
8	10	8	333	20	833	8	28	20	69	8	667
9	12	9	375	21	875	9	31	21	72	9	750
10	13	10	417	22	917	10	35	22	76	10	833
20	26	11	458	23	958	11	38	23	80	11	917
30	39	12	500	24	1000	12	42	24	83	12	1000

TABLEAU

DES MONNAIES FRANÇAISES ET ÉTRANGÈRES

en circulation.

Les monnaies, versées aux bureaux du change des hôtels des monnaies, ne sont reçues que comme lingots d'or ou d'argent, c'est-à-dire au poids qu'elles ont au moment du versement et au titre déterminé par les tarifs. Il y aurait des inconvénients assez graves à ce qu'il en fût autrement, tant il règne d'incertitude sur le poids et le titre d'émission et sur l'importance de la tolérance de ces monnaies.

L'Administration fait procéder à de nombreux essais et adopte, pour inscrire dans les tarifs, le titre qui a été constaté par elle.

C'est dans ces seules conditions qu'on peut établir la valeur des monnaies étrangères, en prenant toutefois le poids d'émission pour chaque pièce prise isolément, d'après des renseignements recueillis aux sources plus ou moins authentiques. C'est ainsi que le tableau ci-après a pu être établi.

On trouve dans ce tableau, à côté du poids, le titre légal. Vient ensuite le titre du tarif pour les monnaies étrangères qui ont été tarifées officiellement.

C'est avec ce titre du tarif que l'on a calculé la valeur du kilogramme et des pièces de monnaie.

Supposons, par exemple, que l'on demande la valeur du double frédéric de Prusse : on voit, page 151, qu'il pèse 13^{gr},364, que son titre légal est 903 millièmes, et qu'il est seulement 897 millièmes d'après la tarification officielle. Maintenant, dans le tarif des matières et espèces d'or, page 128, on trouve :

	fr c
Pour 800 millièmes.............	2.749.60
Pour 90 millièmes.............	309.33
Pour 7 millièmes.............	24.06
Donc, valeur du kilogramme.....	3.082.99

comme dans le tableau. Puisque le kilogramme vaut 3.082 fr. 99 c., on trouvera la valeur du poids 13^{gr},364 par la proportion

$$1000^{gr} : 3082^{fr},99^{c} :: 13^{gr},364 : x = 41^{fr},20.$$

Ainsi le double frédéric de Prusse vaut 41^{fr},20.

Pour les pièces qui n'ont pas encore été tarifées, on a dû se servir du titre légal pour obtenir la valeur du kilogramme et celle de ces pièces.

PROVENANCE ET DÉNOMINATION des MONNAIES.	MÉTAL.
ANGLETERRE.	
Souverain............................ ½ souverain...........................	OR....
Couronne......................... ½ couronne......................... Florin............................ Shilling .... ½ shilling........................	ARGENT.
Groat ou 4 pence...................... 3 pence	ARGENT.
1 penny........................	CUIVRE.
AUTRICHE.	
Krone (100 cour. = 1 kil. fin). ½ krone.....................	OR.....
2 florins (90 flor. = 1 kil. fin). 1 florin de 100 neukreuzers. ¼ florin................. Double thaler d'association. Simple thaler d'association. <center>Patente du 19 septem- bre 1857.</center>	ARGENT.
10 kreuzers............. 5 kreuzers.............	ARGENT.
BADE (Grand-duché de).	
Ducat................................ Krone......... } ½ krone....... } Traité du 24 janvier 1857.	OR.....
2 gulden ou florins. .... 1 gulden de 60 kreuzers.................. ½ gulden.	ARGENT.

POIDS légal.	TITRE légal.	TITRE du tarif.	VALEUR	
			du kilogramme.	des pièces.
gr 7,988 3,994	916 m	916 m	fr c 3148.29	fr c 25.12 12.56
28,276 14,138 11,310 5,655 2,828	925	923	203.57	5.60 2.80 2.24 1.12 0.56
1,885 1,414	925	//	204.01	0,38 0,28
18,900	//	//	//	0,11
11,111 5,556	900	//	3093.30	34.39 17.19
24,691 12,345 5,341 37,034 18,517	900 520 900	// // //	198.50 114.69 198.50	4.90 2.45 0.61 7.35 3.68
2,000 1,330	500 375	// //	110.28 82.71	0.22 0.11
3,490 11,111 5,556	986 900	980 //	3368.26 3093.30	11.75 34.39 17.19
21,164 10,582 5,291	900	//	198.50	4.21 2.10 1.05

PROVENANCE ET DÉNOMINATION des MONNAIES.	MÉTAL.
BAVIÈRE.	
Ducat.. Krone, contenant 1 décagramme d'or fin.... ½ krone.....................................	OR....
2 gulden ou florins....................... 1 gulden................................... ½ gulden...................................	ARGENT.
¼ florin................................... 6 kreuzers.................................	BILLON.
Double thaler d'association. } Traité du Simple thaler d'association. } 24 janvier 1857.	ARGENT.
BELGIQUE.	
100 francs.................................. 50 francs.................................. 20 francs.................................. 10 francs.................................. 5 francs..................................	OR....
5 francs .... 2 francs .... 1 franc .... 50 centimes............................... 20 centimes	ARGENT.

POIDS légal.	TITRE légal.	TITRE du tarif.	VALEUR	
			du kilogramme.	des pièces.
gr	m	m	fr c	fr c
3,490	986	980	3368.26	11.75
11,111	900	"	3093.3o	34.39
5,556				17.19
21,164				4.21
10,582	900	"	198.5o	2.10
5,291				1.05
4,578	520	"	114.69	0.61
2,550	333	"	73.44	0.18
37,034	900	"	198.5o	7.35
18,517				3.68
				Val. nom.
32,258				100
16,129				50
6,451	900	"	3093.3o	20
3,225				10
1,612				5
25,000	900	"	198.5o	5
10,000				2
5,000	835	"	184.16	1
2,500				0.50
1,000				0.20

PROVENANCE ET DÉNOMINATION des MONNAIES.	MÉTAL.

DANEMARK.

Double christian d'or............................
Christian d'or...................................
Frédéric d'or.................................... } OR.....

Double rigsbankdaler......
Rigsbankdaler............... } Loi du 10 février 1854. } ARGENT.
½ rigsbankdaler...........

ESPAGNE.

Doublon, 10 escudos.......
          4 escudos.......
          2 escudos...... } OR.....

Duro, 2 escudos...........
Escudo................... } Loi du 26 juin 1864. } ARGENT.

Péséta, 4 réaux de veillon ..
Média péséta............
Réal de veillon.......... } ARGENT.

ESPAGNE (Iles Philippines).

Doblon de oro, 4 pesos...............
Escudo de oro, 2 pesos............... } OR.....
Escudillo de oro, 1 peso.............

Pièces de 50 centavos...............
          20....................
          10................... } ARGENT.

POIDS légal.	TITRE légal.	TITRE du tarif.	VALEUR	
			du kilogramme.	des pièces.
gr 13,470 6,735 6,600	m 896	"	fr c 3079.55	fr c 41.48 20.74 20.32
28,800 14,400 7,200	875	"	192.99	5.55 2.77 1.38
8,387 3,3548 1,6774	900	895	3077.83	25.95 10.30 5.19
25,960 12,980	900	"	198.50	5.15 2.57
5,192 2,596 1,298	810	"	178.64	0.92 0.46 0.23
6,766 3,383 1,691	875	"	3007.37	20.34 10.17 5.08
12,980 5,192 2,596	900,	"	198.50	2.57 1.03 0.515

PROVENANCE ET DÉNOMINATION des MONNAIES.	MÉTAL.

FRANCE.

100 francs...........................	
50 francs............................	
20 francs............................	OR.....
10 francs............................	
5 francs............................	
5 francs............................	
2 francs............................	
1 franc............................	ARGENT.
50 centimes...........................	
20 centimes...........................	

GRÈCE.

100 drachmes...........................	
50 drachmes...........................	
20 drachmes...........................	OR.....
10 drachmes...........................	
5 drachmes...........................	
5 drachmes...........................	ARGENT.
2 drachmes...........................	
1 drachme, 100 lepta...................	
50 lepta............................	ARGENT.
20 lepta............................	

POIDS légal.	TITRE légal.	TITRE du tarif.	VALEUR du kilogramme.	VALEUR des pièces.
				fr c
gr				Val. nomin.
32,258				100
16,129	m		fr c	50
6,451	900	"	3093.30	20
3,225				10
1,612				5
25	900	"	198.50	5
10				2
5				1
2,50	835	"	184.16	0.50
1				0.20
32,258				100
16,129				50
6,451	900	"	3093.30	20
3,225				10
1,612				5
25	900	"	198.50	5
10				2
5				1
2,50	835	"	184.16	0.50
1				0.20

PROVENANCE ET DÉNOMINATION des MONNAIES.	MÉTAL.

HANOVRE.

Krone.......... } Traité du 24 janvier 1857. — OR.....
½ krone........

Thaler...
⅙ thaler.................................... ARGENT.
Double thaler d'association. | Traité du
Simple thaler d'association, } 24 janvier 1857.

ROYAUME D'ITALIE.

100 francs...............................
50 francs................................
20 francs... .... OR.....
10 francs................................
5 francs.............................

5 francs .... ARGENT.
2 francs........................
1 franc........................
50 centimes.. .... ARGENT.
20 centimes.......................

EMPIRE OTTOMAN.

Médjidiéh d'or, 100 piastres.............. OR....

Médjidiéh, 20 piastres.. ....
Omlik, 10 piastres....................
Bejlik, 5 piastres.................... ARGENT.
Iklik, 2 piastres...............
Gersch, piastre, 40 paras ou 120 aspres...

POIDS légal.	TITRE légal.	TITRE du tarif.	VALEUR du kilogramme.	VALEUR des pièces.
gr	m		fr c	fr c
11,111	900	"	3093.30	34.39
5,556				17.19
18,519	900	"	165.42	3.68
4,677	520	"	114.69	0.53
37,034	900	"	198.50	7.35
18,517				3.68
32,258				100
16,129				50
6,451	900	"	3093.30	20
3,225				10
1,612				5
25,000	900	"	198.50	5
10,000				2
5,000	835	"	184.16	1
2,500				0.50
1,000				0.20
7,150	916	915	3144.85	22.48
				4.38
24,035				2.19
12,017				1.10
6,007	830	"	183.06	0.43
2,400				0.21
1,200				

PROVENANCE ET DÉNOMINATION des MONNAIES.	MÉTAL.

PAYS-BAS.

Double ducat.........
Ducat...............
Double guillaume d'or.
Guillaume..........
$\frac{1}{2}$ guillaume.........

OR.....

Rixdaler, 2 $\frac{1}{2}$ florins...
1 florin ....
$\frac{1}{2}$ florin....
25 cents......
10 cents ....
5 cents...
$\frac{1}{4}$ florin .
$\frac{1}{10}$ florin..
$\frac{1}{20}$ florin...........

Lois des 26 novembre 1847 et 14 septembre 1849.

ARGENT.

ARGENT.

TUNIS.

100 piastres ....
50 piastres......
25 piastres......
10 piastres......
5 piastres.........

OR.....

2 piastres.............

ARGENT.

PORTUGAL.

Couronne de 10 milreïs..
5 milreïs..
2 milreïs..
milreïs...

Loi du 29 juillet 1854.

OR.....

5 testons, 500 reïs. ....
2 testons, 200 reïs......
Teston, 100 reïs......
$\frac{1}{2}$ teston, 50 reïs......

ARGENT.

POIDS légal.	TITRE légal.	TITRE du tarif.	VALEUR du kilogramme.	VALEUR des pièces.
gr	m	m	fr c	fr c
6,988	983	978	3361.38	23.48
3,494				11.74
13,458				41.58
6,729	900	899	3089.86	20.79
3,364				10.39
25,000				5.21
10,000	945	"	208.42	2.08
5,000				1.04
3,575				0.50
1,430	640	"	141.15	0.20
0,715				0.10
3,180				0.50
1,250	720	"	158.80	0.20
0,610				0.10
19,492				60,29
9,760				30,19
4,855	900	"	3093.30	15,01
1,916				5,93
0,940				2,92
6.194	900	"	198.50	1,23
17,735				55.88
8,868	917	"	3151.72	27.94
3,547				11.17
1,774				5.59
12,500				2.52
5,000	917	"	202.25	1.01
2,500				0.50
1,250				0.25

PROVENANCE ET DÉNOMINATION des MONNAIES.	MÉTAL.
PRUSSE.	
Double frédéric d'or...................	
Frédéric	OR....
¼ frédéric..........................	
Couronne (60 thalers = 1 kil. fin)........	
½ couronne.........................	OR.....
Thaler, 30 gros......................	
⅙ de thaler.........................	ARGENT.
Double thaler d'association.) Traité du	
Simple thaler d'association.) 24 janvier 1857.	ARGENT.
RUSSIE.	
½ Impériale.........................	OR....
Rouble, 100 kopecks............	
Poltinnik, 50 kopecks.............	ARGENT.
Tchetvertak, 25 kopecks.............	
Abassis, 20 kopecks.............	
Florin polonais, 15 kopecks.............	
Grivenik, 10 kopecks.............	ARGENT.
Piétak, 5 kopecks.............	
ROME.	
100 lire............................	
50................................	
20................................	OR.....
10................................	
5................................	
5................................	ARGENT.
2,50..............................	
2................................	
1................................	ARGENT.
0,50..............................	
0,25..............................	

POIDS légal.	TITRE légal.	TITRE du tarif,	VALEUR	
			du kilogramme.	des pièces.
gr			fr c	fr c
13,364				41.20
6,682	903 m	897	3082.99	20.60
3,341				10.30
11,120	900	"	3093.30	34.39
5,560				17.19
18,519	900	"	165.42	3.68
4,677	520	"	114.69	0.53
37,034	900	"	198.50	7.28
18,517				3.68
6,545	916	"	3148.29	20.60
20,511				3.92
10,255	865	"	191.55	1.96
5,127				0.98
4,079				0.78
3,059				0.50
2,039	750	"	165.42	0.39
1,019				0.19
32,258				99.7839
16,129				49.8919
6,45161	900	"	3093.30	19.9568
3,22580				9.9784
1,61240				4.9892
25	900	"		4.9625
			198.50	
12,50				2.30
10				1.8416
5	835	"	184.16	0.9208
2,50				0.4604
1,25				0.23

PROVENANCE ET DÉNOMINATION des MONNAIES.	MÉTAL.
SAXE.	
Krone, couronne d'or ... ½ krone.. .... } 24 janvier 1857.	OR.... }
Thaler, 3o gros................. ⅙ de thaler	ARGENT. }
Double thaler d'association. Simple thaler d'association. } 24 janvier 1857.	ARGENT. }
SUÈDE ET NORVÉGE.	
Ducat....................... ½ ducat.....................	OR.... }
Riksdaler................... ½ riksdaler .... 24 skillings................ 12 skillings	ARGENT. }
Spéciès riksdaler............ ½ spéciès riksdaler..........	ARGENT. }
SUISSE (Confédération).	
5 francs .... 2 francs...... 1 franc..................... 5o centimes................ 2o centimes................	ARGENT. }

POIDS légal.	TITRE légal.	TITRE du tarif.	VALEUR du kilogramme.	VALEUR des pièces.
gr	m	m	fr c	fr c
11,120	900	"	3093.30	34.39
5,560				17.19
18,519	900	"	165.42	3.68
4,677	520	"	114.69	0.53
37,034	900	"	198 50	7.28
18,517				3.68
3,482	976	975	3351.07	11.66
1,741				5.83
33,925	750	"	165.42	5.61
16,962				2.80
5,970	878	"	193.65	1.12
2,890				0.56
28,949	875	"	192.99	5.58
14,474				2.79
				Val. nom
25,000	900	"	198.50	5 00
10,000				2.00
5,000	835	"	184,16	1.00
2,50				0.50
1,00				0.20

9.

PROVENANCE ET DÉNOMINATION des MONNAIES.	MÉTAL.
WURTEMBERG.	
Ducat..................................	
Krone.........	
½ krone .... } Traité du 24 janvier 1857.	OR.....
2 gulden ou florins...................	
gulden de 60 kreuzers..............	
½ gulden........................	ARGENT.
Double thaler d'association.) Traité du	
Simple thaler d'association. } 24 janvier 1857.	
ÉGYPTE.	
100 piastres...........................	
50 piastres...........................	OR.....
25 piastres...........................	
10 piastres...........................	
5 piastres........................	
2 ½ piastres........................	ARGENT.
1 piastre, 40 paras..................	
EMPIRE DE PERSE.	
Thoman de 200 schahis.................	
½ thoman, 100 schahis................	OR.....
Sachib-kéran, 20 schahis.............	
Banabat, 10 schahis....	ARGENT.
Abassis, 4 schahis...................	
Schahi...............................	CUIVRE.

POIDS légal	TITRE légal.	TITRE du tarif.	VALEUR	
			du kilogramme.	des pièces.
gr	m	m	fr c	fr c
3,490	986	980	3368.26	11.75
11,120	900	"	3093.3o	34.39
5,56o				17.19
21,212				4.21
10,6o6				2.10
5,3o3	900	"	198.5o	1.05
37,o34				7.28
18,517				3.68
8,5oo				25.56
4,25o	875	"	3oo7.37	12.78
2,13o				6.39
12,5oo				2.48
6,25o				1.24
3,120	900	"	198.5o	0.62
1,25o				0.25
3,76	916	"	3093.5o	11,14
1,88				5,57
10,4o				2,22
5,20	900	"	198.5o	1,11
2,08				0,44
18,10	"	"	"	0,11

PROVENANCE ET DÉNOMINATION des MONNAIES.	MÉTAL.

ÉTATS-UNIS.

Double aigle, 20 dollars. . . . .
Aigle, 10 dollars. . . . .
5 dollars. . . . .   OR. . . . .
2 ½ dollars . . . .
1 dollar . . . .

Dollar, 100 cents. . . . .
½ dollar, 50 cents. . . . .
¼ dollar, 25 cents. . . . .   ARGENT.
Dime, 10 cents. . . . .
½ dime, 5 cents. . . . .

MEXIQUE.

Onza de oro, quadruple pistole. . . . .
Double pistole . . . .
Pistole, 4 piastres. . . . .   OR. . . .
Escudo de oro, ½ pistole. . . . .
Escudillo, ¼ pistole. . . . .

Piastre, 8 réaux de plata. . . . .
½ piastre, 4 réaux. . . . .
¼ de piastre, 2 réaux. . . . .   ARGENT.
Réal de plata. . . . .
Medio réal. . . . .
Cuartillo, ¼ de réal. . . . .

POIDS légal.	TITRE légal.	TITRE du tarif.	VALEUR	
			du kilogramme.	des pièces.
gr 33,437 16,718 8,359 4,180 1,672	m 900	m 900	fr c 3093.30	fr c 103.42 51.71 25.85 12.92 5.17
26,729 13,364 6,682 2,672 1,336	900	900	198.50	5.31 2.65 1.32 0.53 0.26
27,000 13,500 6,750 3,375 1,687	875	"	3007.37	81.19 40.59 20.29 10.14 5 07
27,000 13,500 6,750 3,375 1,687 0,843	903	900 (*)	198.50	5.35 2.67 1.33 0.66 0.33 0.16

(*) Les piastres sont reçues, au change des monnaies, en raison des variations du titre qu'elles présentent, suivant leur origine et le millésime de leur fabrication.

PROVENANCE ET DÉNOMINATION des MONNAIES.	MÉTAL.
BRÉSIL.	
20,000 reis..	OR....
10,000 reis..	
5,000 reis..	
2,000 reis..	ARGENT.
1,000 reis.	
500 reis..	
RÉPUBLIQUE ARGENTINE.	
Onza de oro..	OR....
Double pistole	
Pistole..	
Piastre, 8 réaux....................................	ARGENT.
RÉPUBLIQUE DE BOLIVIE.	
Quadruple..	OR....,
Piastre, 8 réaux....................................	ARGENT.
RÉPUBLIQUE DU CHILI.	
Condor, 10 pesos...................................	OR....
Doblon, 5 pesos....................................	
Escudo, 2 pesos....................................	
Peso ou piastre....................................	
Piastre, 100 centavos..............................	ARGENT.
50 cents	
20 cents..	
1 décimo	
Medio décimo.......................................	

POIDS légal.	TITRE légal.	TITRE du tarif.	VALEUR du kilogramme.	VALEUR des pièces.
gr				fr c
17,926	m	m	fr c	56.31
8,963 } 916	914	3141.41	28.15
4,486				14.07
25,495				5.15
12,747 } 916	"	202.03	2.57
6,373				1.28
27,000				80.54
13,500 } 868	"	2983.31	40.27
6,250				20.13.5
27,000	903	900	198.50	5.35
27,000	875	"	3007.37	81.19
27,000	903	900	198.50	5.35
15,253				47.18
7,626				23.59
3,058 } 900	899	3089.86	9.43
1,525				4.72
25,000				4.96
12,500				2.48
5,000 } 900	"	198.50	0.99
2,500				0.49
1,250				0.29

PROVENANCE ET DÉNOMINATION des MONNAIES.	MÉTAL.
RÉPUBLIQUE DE L'ÉQUATEUR.	
Quadruple de 16 piastres................	OR.....
Piastre	ARGENT.
RÉPUBLIQUE DE GUATIMALA.	
Quadruple.......................	OR.....
Piastre de 8 réaux................	ARGENT.
RÉP. de la **NOUVELLE-GRENADE.**	
Quadruple de 16 piastres...............	
Condor, 10 piastres....................	OR.....
Piastre de 10 réaux, de 100 cents..........	
50 cents................................	
20 cents..............................	ARGENT.
Réal...............................	
½ réal.........................	
RÉPUBLIQUE DU PÉROU.	
Quadruple...........................	OR.....
Piastre de 8 réaux de plata.............	ARGENT.
RÉPUBLIQUE DE L'URUGUAY.	
Piastre de 8 réaux de plata	ARGENT.

POIDS légal	TITRE légal.	TITRE du tarif.	VALEUR	
			du kilogramme	des pièces.
gr 27,000	875 m	m "	fr c 3007.37	fr c 81.19
25,000	900	"	198.50	4.96
27,000	875	"	3007.37	81.19
27,000	903	900	198.50	5.35
25,806	900	"	3093.30	79.82
16,400	Or..892 Arg. 96 Cuiv. 12	892	3065.80	50.27
25,000 12,500 5,000 2,500 1,250	900	"	198.50	4.96 2.48 0.99 0.49 0.29
27,000	875	"	3007.37	81.19
27,000	903	900	198.50	5.35
27,000	875	"	192.99	5.21

PROVENANCE ET DÉNOMINATION des MONNAIES.	MÉTAL.
RÉPUBLIQUE DU VÉNÉZUÉLA.	
Piastre de 10 réaux......................	ARGENT.
EMPIRE INDO-BRITANNIQUE.	
Mohur d'or, 15 roupies..................	
$\frac{1}{2}$ mohur ou double pagode...............	OR....
Pagode................................	
Roupie, 16 annas.....................	
$\frac{1}{2}$ roupie..............................	
$\frac{1}{4}$ de roupie.........................	ARGENT.
2 annas ou $\frac{1}{8}$ de roupie	
PRINCIPAUTÉS DANUBIENNES.	
20 piastres..........................	
10 piastres..........................	OR....
5 piastres..........................	
2 piastres..........................	
1 piastre............................	ARGENT.
$\frac{1}{2}$ piastre............................	

POIDS légal.	TITRE légal.	TITRE du tarif.	VALEUR	
			du kilogramme.	des pièces.
gr 25,000	m 800	"	fr c 176.44	fr c 4.41
11,664 5,832 2,916	916	"	3148.29	36 72 18.36 9.18
11,664 5,832 2,916 1,458	916	"	202.83	2.36 1.18 0.59 0.29
6,452 3,226 1,613	900	"	3093.30	19.95 9.97 4.98
10,00 5,00 2,50	900	"	198.50	1.98 0.99 0.49

TABLES
D'AMORTISSEMENT,
Par M. MATHIEU.

La liquidation d'un capital remboursable au bout d'un certain nombre d'années peut s'opérer par un payement intégral à l'échéance, ou par le versement chaque année d'une simple annuité. Par l'accumulation des annuités et des intérêts composés le capital se trouve entièrement constitué. Aussi, après le versement de la dernière annuité, on ne doit plus rien, la dette est éteinte, *amortie*. C'est au moyen de cette liquidation graduelle répartie sur un grand nombre d'années que s'opère par de faibles sacrifices l'amortissement d'un capital.

Cherchons maintenant la valeur d'une annuité a capable de constituer dans un nombre n d'années un capital C.

Le taux de l'intérêt (*) étant représenté par r, la première annuité versée à la fin de la première année produit intérêt pendant $n-1$ années, elle devient donc $a(1+r)^{n-1}$; la seconde annuité pendant $n-2$ années devient $a(1+r)^{n-2}$, et ainsi de suite jusqu'à la dernière qui ne produit pas d'intérêt. Le capital formé par l'accumulation des annuités

---

(*) Dans le placement à 5 pour 100, 100 francs produisent 5 francs dans un an et $r = \frac{5}{100} = 0,05$.

et des intérêts composés est donc

$$C = a \left\{ (1+r)^{n-1} + (1+r)^{n-2} + \ldots + (1+r) + 1 \right\}.$$

Cette formule revient à $C = \dfrac{a}{r} \left\{ (1+r)^n - 1 \right\}$, d'où l'on tire

$$a = C \frac{r}{(1+r)^n - 1}.$$

L'annuité a capable de constituer le capital C dans n années, et par conséquent de l'amortir, est donc une partie de ce capital marquée par la fraction $\dfrac{r}{(1+r)^n - 1}$. Cette fraction est précisément le taux de l'amortissement que nous représenterons par t. On a donc généralement

$$t = \frac{r}{(1+r)^n - 1}.$$

Cette formule exprime la relation qui doit toujours exister entre les trois quantités n, r et t. Elle donne la valeur de l'une d'elles quand on connaît les deux autres.

Dans les combinaisons usuelles de l'amortissement on part d'un taux r d'intérêt, et il faut déterminer ou le taux t de l'amortissement ou le nombre n d'années, ce qui revient à résoudre les deux questions :

QUESTION I. Dans quel nombre n d'années peut-on amortir un capital quelconque quand on connaît les taux r et t de l'intérêt et de l'amortissement?

Avec la formule précédente, en faisant usage des logarithmes, on trouve

$$\text{années}\ldots\ldots\ n = \frac{\log(r+t) - \log t}{\log(1+r)}.$$

QUESTION II. Quelle doit être la valeur du taux t de l'amortissement pour constituer et amortir dans n années un capital quelconque, quand on connaît le taux r de l'intérêt?

La même formule donne directement :

$$\text{taux de l'amortissement}\ldots\ t = \frac{r}{(1+r)^n - 1}.$$

C'est avec ces valeurs de n et de t que les tables I et II ont été construites.

Table I.

La table I, page 168, donne en années et jours le temps nécessaire pour amortir un capital quelconque quand on connaît le taux r de l'intérêt et le taux t de l'amortissement.

Le taux r de l'intérêt, 3, $3\frac{1}{2}$, etc., se trouve dans la première ligne horizontale; le taux t de l'amortissement est dans la première colonne verticale; il est exprimé en fraction ordinaire, et à côté en fraction décimale. La table donne, en années et en jours, le temps correspondant à r et à t.

EXEMPLE. Quel est le temps nécessaire pour amortir un capital quelconque, le taux de l'amortissement étant 2 pour 100 ou $t = 0,02$ et le taux de l'intérêt 4 pour 100 ou $r = 0,04$?

On trouve 28 ans 4 jours dans la table I, page 168.

Table II.

La table II, pages 170 et suivantes, donne le taux t de l'amortissement nécessaire pour amortir un capital quelconque dans un nombre n d'années, quand on connaît le taux r de l'intérêt.

Le taux r de l'intérêt, 3, $3\frac{1}{2}$, etc., est dans la première ligne horizontale, le nombre n d'années dans la première colonne verticale, et le nombre de la table correspondant à n et à r est le taux t de l'amortissement.

EXEMPLE. On demande le taux t nécessaire pour amortir un capital quelconque dans 31 ans, le taux de l'intérêt étant 3 pour 100. Le nombre de la table II, page 170, qui correspond à 3 et à 31 ans, est $t = 0{,}019999$ ou simplement $t = 0{,}02$. On devra donc payer chaque année 2 pour 100 du capital pour l'amortir dans 31 ans.

PROBLÈME. Avec quelle annuité peut-on payer l'intérêt à 3 pour 100 d'un capital emprunté et en même temps l'amortir en 31 ans? On a :

	Taux.
Pour l'amortissement	0,02
Pour l'intérêt	0,03
Total	0,05

Ainsi, dans 31 ans, avec une annuité de 5 pour 100, on peut tout à la fois payer l'intérêt du capital emprunté et amortir ce capital. Il faut alors ajouter le taux r de l'intérêt au taux t de l'amortissement.

TABLE I.
Temps nécessaire pour opérer l'amortissement d'un capital,

Connaissant les taux r et t de l'intérêt et de l'amortissement.

Années. . . . . $n = \dfrac{\log(r+t) - \log t}{\log(1+r)}$.

TAUX de l'amortissement t.		TAUX DE L'INTÉRÊT r.							
		\multicolumn{2}{3}		3 ½		4		4 ½	
		ans.	jours.	ans.	jours.	ans.	jours.	ans.	jours.
1/10	0,001	116	64	104	61	94	250	86	358
1/5	0,002	93	292	84	298	77	228	71	264
1/4	0,0025	86	283	78	263	72	87	66	326
3/10	0,003	81	45	73	294	67	324	62	361
2/5	0,004	72	146	66	72	61	51	56	337
1/2	0,005	65	304	60	163	56	8	52	114
3/5	0,006	60	225	55	316	51	341	48	226
7/10	0,007	56	120	52	31	48	202	45	204
3/4	0,0075	54	164	50	155	47	23	44	76
4/5	0.008	52	261	48	324	45	250	42	350
9/10	0,009	49	222	46	48	43	76	40	258
1	0,01	46	328	43	264	41	13	38	266
1 1/10	0,011	44	187	41	216	39	40	36	355
1 1/5	0,012	42	140	39	251	37	141	35	146
1 1/4	0,0125	41	147	38	295	36	216	34	245
1 3/10	0,013	40	172	37	355	35	304	33	256
1 2/5	0,014	38	271	36	152	34	153	32	248
1 1/2	0,015	37	61	35	0	33	47	31	181
1 3/5	0,016	35	266	33	255	31	344	30	148
1 7/10	0,017	34	148	32	183	30	309	29	145
1 3/4	0,0175	33	285	31	342	30	121	28	336
1 4/5	0,018	33	66	31	143	29	304	28	168
1 9/10	0,019	32	19	30	133	28	325	27	216
2	0,02	31	0	29	148	28	4	26	284
2 1/4	0,0225	28	243	27	100	26	18	24	350
2 1/2	0,025	26	246	25	164	24	132	23	143
2 3/4	0,0275	24	349	23	316	22	327	22	8
3	0,03	23	164	22	174	21	220	20	299
3 1/4	0,0325	22	45	21	90	20	167	19	271
3 1/2	0,035	20	344	20	54	19	158	18	285
3 3/4	0,0375	19	323	19	60	18	186	17	334
4	0,04	18	341	18	100	17	246	17	46

[Suite.]
TABLE I.
Temps nécessaire pour opérer l'amortissement d'un capital,

Connaissant les taux r et t de l'intérêt et de l'amortissement.

$$\text{Années} \dots \dots \dots \dots n = \frac{\log(r+t) - \log t}{\log(1+r)}.$$

TAUX de l'amortissement t.		TAUX DE L'INTÉRÊT r.							
		5		5 ½		6		6 ½	
		ans.	jours.	ans.	jours.	ans.	jours.	ans.	jours.
1/10	0,001	80	214	75	67	70	201	66	193
1/8	0,002	66	284	62	207	58	341	55	278
1/4	0,0025	62	146	58	206	55	88	52	123
3/10	0,003	58	317	55	117	52	91	49	204
2/5	0,004	53	126	50	97	47	213	45	80
1/2	0,005	49	54	46	150	44	7	41	331
3/5	0,006	45	285	43	115	41	56	39	87
7/10	0,007	42	359	40	270	38	279	37	4
3/4	0,0075	41	273	39	220	37	259	36	9
4/5	0,008	40	220	38	199	36	266	35	40
9/10	0,009	38	197	36	237	34	350	33	166
1	0,01	36	265	34	351	33	144	31	363
1 1/10	0,011	35	40	33	170	32	1	30	253
1 1/8	0,012	33	241	32	44	30	274	29	189
1 1/4	0,0125	32	361	31	182	30	61	28	355
1 3/10	0,013	32	126	30	330	29	224	28	165
1 2/5	0,014	31	55	29	289	28	210	27	175
1 1/2	0,015	30	20	28	282	27	227	26	213
1 3/5	0,016	29	16	27	304	26	271	25	276
1 7/10	0,017	28	40	26	351	25	338	24	360
1 3/4	0,0175	27	244	26	200	25	197	24	228
1 4/5	0,018	27	88	26	55	25	60	24	99
1 9/10	0,019	26	158	25	144	24	167	23	220
2	0,02	25	247	24	251	23	289	22	357
2 1/4	0,0225	23	359	23	36	22	109	21	207
2 1/2	0,025	22	189	21	265	21	1	20	124
2 3/4	0,0275	21	86	20	190	19	316	19	96
3	0,03	20	38	19	165	18	312	18	111
3 1/4	0,0325	19	34	18	182	17	347	17	163
3 1/2	0,035	18	68	17	234	17	50	16	245
3 3/4	0,0375	17	133	16	315	16	145	15	353
4	0,04	16	227	16	57	15	265	15	119

TABLE II.

Taux de l'amortissement nécessaire pour amortir un capital dans un certain nombre d'années.

Taux de l'amortissement. $t = \dfrac{r}{(1+r)^n - 1}$.

ANNÉES	TAUX DE L'INTÉRÊT r.			
n.	3	3 ½	4	4 ½
1	1,000 000	1,000 000	1,000 000	1,000 000
2	0,492 611	0,491 400	0,490 196	0,488 998
3	0,323 530	0,321 934	0,320 349	0,318 774
4	0,239 027	0,237 251	0,235 489	0,233 743
5	0,188 355	0,186 481	0,184 627	0,182 792
6	0,154 598	0,152 668	0,150 762	0,148 878
7	0,130 506	0,128 544	0,126 610	0,124 701
8	0,112 456	0,110 477	0,108 528	0,106 609
9	0,098 434	0,096 446	0,094 493	0,092 575
10	0,087 231	0,085 241	0,083 291	0,081 379
11	0.078 077	0,076 092	0,074 149	0,072 248
12	0,070 462	0,068 484	0,066 552	0,064 666
13	0,064 030	0,062 062	0,060 144	0,058 275
14	0,058 526	0,056 571	0,054 669	0,052 820
15	0,053 767	0,051 825	0,049 942	0,048 114
16	0,049 611	0,047 685	0,045 820	0,044 015
17	0,045 953	0,044 043	0,042 199	0,040 418
18	0,042 709	0,040 817	0,038 993	0,037 237
19	0,039 814	0,037 940	0,036 139	0,034 407
20	0,037 216	0,035 361	0,033 582	0,031 876
21	0,034 872	0,033 037	0,031 280	0,029 601
22	0,032 747	0,030 932	0,029 199	0,027 546
23	0,030 814	0,029 019	0,027 309	0,025 682
24	0,029 047	0,027 273	0,025 587	0,023 987
25	0,027 428	0,025 674	0,024 012	0,022 439
26	0,025 938	0,024 205	0,022 567	0,021 021
27	0,024 564	0,022 852	0,021 239	0,019 719
28	0,023 293	0,021 603	0,020 013	0,018 521
29	0,022 115	0,020 445	0,018 880	0,017 415
30	0,021 019	0,019 371	0,017 830	0,016 392
31	0,019 999	0,018 372	0,016 855	0,015 442
32	0,019 047	0,017 442	0,015 949	0,014 563
33	0,018 156	0,016 572	0,015 103	0,013 745
34	0,017 322	0,015 760	0,014 315	0,012 982

[Suite.]

TABLE II.

Taux de l'amortissement nécessaire pour amortir un capital dans un certain nombre d'années.

Taux de l'amortissement. $t = \dfrac{r}{(1+r)^n - 1}$.

ANNÉES	TAUX DE L'INTÉRÊT r.			
n.	5	5 ½	6	6 ½
I	1,000 000	1,000 000	1,000 000	1,000 000
2	0,487 805	0,486 618	0,485 437	0,484 262
3	0,317 209	0,315 655	0,314 110	0,312 575
4	0,232 012	0,230 294	0,228 591	0,226 903
5	0,180 975	0,179 176	0,177 397	0,175 634
6	0,147 017	0,145 179	0,143 363	0,141 568
7	0,122 820	0,120 964	0,119 135	0,117 331
8	0,104 722	0,102 864	0,101 036	0,099 237
9	0,090 690	0,088 840	0,087 022	0,085 239
10	0,079 504	0,077 668	0,075 868	0,074 105
11	0,070 389	0,068 571	0,066 793	0,065 055
12	0,062 825	0,061 029	0,059 277	0,057 567
13	0,056 456	0,054 684	0,052 960	0,051 283
14	0,051 024	0,049 279	0,047 585	0,045 911
15	0,046 342	0,044 626	0,042 963	0,041 353
16	0,042 270	0,040 584	0,038 952	0,037 378
17	0,038 699	0,037 042	0,035 445	0,033 906
18	0,035 546	0,033 920	0,032 357	0,030 855
19	0,032 745	0,031 150	0,029 621	0,028 156
20	0,030 243	0,028 679	0,027 185	0,025 756
21	0,027 996	0,026 465	0,025 005	0,023 613
22	0,025 971	9,024 471	0,023 046	0,021 691
23	0,024 137	0,022 670	0,021 278	0,019 961
24	0,022 471	0,021 036	0,019 679	0,018 398
25	0,020 952	0,019 549	0,018 227	0,016 981
26	0,019 564	0,018 193	0,016 904	0,015 695
27	0,018 292	0,016 952	0,015 697	0,014 523
28	0,017 123	0,015 814	0,014 593	0,013 453
29	0,016 046	0,014 769	0,013 580	0,012 474
30	0,015 051	0,013 805	0,012 649	0,011 577
31	0,014 132	0,012 917	0,011 792	0,010 754
32	0,013 280	0,012 095	0,011 002	0,009 997
33	0,012 490	0,011 335	0,010 273	0,009 299
34	0,011 755	0,010 630	0,009 598	0,008 656

[Suite.]

TABLE II.

Taux de l'amortissement nécessaire pour amortir un capital dans un certain nombre d'années.

Taux de l'amortissement. $t = \dfrac{r}{(1+r)^n - 1}$.

ANNÉES n.	TAUX DE L'INTÉRÊT r.			
	3	3 ½	4	4 ½
34	0,017 322	0,015 760	0,014 315	0,012 982
35	0,016 539	0,014 998	0,013 577	0,012 270
36	0,015 804	0,014 284	0,012 887	0,011 606
37	0,015 112	0,013 613	0,012 240	0,010 984
38	0,014 459	0,012 982	0,011 632	0,010 402
39	0,013 844	0,012 388	0,011 061	0,009 856
40	0,013 262	0,011 827	0,010 523	0,009 343
41	0,012 712	0,011 298	0,010 017	0,008 862
42	0,012 192	0,010 798	0,009 540	0,008 409
43	0,011 698	0,010 325	0,009 090	0,007 982
44	0,011 230	0,009 878	0,008 665	0,007 581
45	0,010 785	0,009 453	0,008 263	0,007 202
46	0,010 363	0,009 051	0,007 882	0,006 845
47	0,009 961	0,008 669	0,007 522	0,006 507
48	0,009 578	0,008 306	0,007 181	0,006 189
49	0,009 213	0,007 962	0,006 858	0,005 887
50	0,008 866	0,007 634	0,006 550	0,005 602
51	0,008 534	0,007 322	0,006 259	0,005 332
52	0,008 217	0,007 024	0,005 982	0,005 077
53	0,007 915	0,006 741	0,005 719	0,004 835
54	0,007 626	0,006 471	0,005 469	0,004 605
55	0,007 349	0,006 213	0,005 231	0,004 388
56	0,007 084	0,005 967	0,005 005	0,004 181
57	0,006 831	0,005 732	0,004 789	0,003 985
58	0,006 588	0,005 508	0,004 584	0,003 799
59	0,006 356	0,005 294	0,004 388	0,003 622
60	0,006 133	0,005 089	0,004 202	0,003 454
61	0,005 919	0,004 892	0,004 024	0,003 295
62	0,005 714	0,004 705	0,003 854	0,003 143
63	0,005 517	0,004 525	0,003 692	0,002 998
64	0,005 328	0,004 353	0,003 538	0,002 861
65	0,005 146	0,004 188	0,003 390	0,002 730
66	0,004 971	0,004 030	0,003 249	0,002 606
67	0,004 803	0,003 879	0,003 115	0,002 488

TABLE II.
Taux de l'amortissement nécessaire pour amortir
un capital dans un certain nombre d'années.

Taux de l'amortissement. $t = \dfrac{r}{(1+r)^n - 1}$.

ANNÉES	TAUX DE L'INTÉRÊT r.			
n.	5	$5\frac{1}{2}$	6	$6\frac{1}{2}$
34	0,011 755	0,010 630	0,009 598	0,008 656
35	0,011 072	0,009 975	0,008 974	0,008 062
36	0,010 434	0,009 366	0,008 395	0,007 513
37	0,009 840	0,008 800	0,007 857	0,007 005
38	0,009 284	0,008 272	0,007 358	0,006 535
39	0,008 765	0,007 780	0,006 894	0,006 099
40	0,008 278	0,007 320	0,006 462	0,005 694
41	0,007 822	0,006 891	0,006 059	0,005 318
42	0,007 395	0,006 489	0,005 683	0,004 968
43	0,006 993	0,006 113	0,005 333	0,004 644
44	0,006 616	0,005 761	0,005 006	0,004 341
45	0,006 262	0,005 431	0,004 701	0,004 060
46	0,005 928	0,005 122	0,004 415	0,003 797
47	0,005 614	0,004 831	0,004 148	0,003 553
48	0,005 318	0,004 559	0,003 898	0,003 325
49	0,005 040	0,004 302	0,003 664	0,003 112
50	0.004 777	0,004 061	0,003 444	0,002 914
51	0,004 529	0,003 835	0,003 239	0,002 729
52	0,004 295	0,003 622	0,003 046	0,002 556
53	0,004 073	0,003 421	0,002 866	0,002 394
54	0,003 864	0,003 232	0,002 696	0,002 243
55	0,003 667	0,003 055	0,002 537	0,002 101
56	0,003 480	0,002 887	0,002 388	0,001 969
57	0,003 303	0,002 729	0,002 247	0,001 846
58	0,003 136	0,002 580	0,002 116	0,001 730
59	0,002 978	0,002 440	0,001 992	0,001 622
60	0,002 828	0,002 307	0,001 876	0,001 520
61	0,002 686	0,002 182	0,001 766	0,001 426
62	0,002 552	0,002 064	0,001 664	0,001 337
63	0,002 424	0,001 953	0,001 567	0,001 254
64	0,002 304	0,001 847	0,001 476	0,001 176
65	0,002 189	0,001 748	0,001 391	0,001 103
66	0,002 081	0,001 654	0,001 310	0,001 034
67	0,001 978	0,001 565	0,001 235	0.000 970

[Suite.] ## TABLE II.
Taux de l'amortissement nécessaire pour amortir un capital dans un certain nombre d'années.

Taux de l'amortissement. $t = \dfrac{r}{(1+r)^n - 1}$.

ANNÉES n.	TAUX DE L'INTÉRÊT r.			
	3	3 ½	4	4 ½
67	0,004 803	0,003 879	0,003 115	0,002 488
68	0,004 642	0,003 734	0,002 986	0,002 375
69	0,004 486	0,003 595	0,002 863	0,002 267
70	0,004 337	0,003 461	0,002 745	0,002 165
71	0,004 193	0,003 333	0,002 633	0,002 068
72	0,004 054	0,003 210	0,002 525	0,001 975
73	0,003 921	0,003 092	0,002 422	0.001 886
74	0,003 792	0,002 978	0,002 323	9,001 802
75	0,003 668	0,002 869	0,002 229	0,001 721
76	0,003 548	0,002 765	0,002 139	0,001 644
77	0,003 433	0,002 664	0,002 052	0,001 571
78	0,003 322	0,002 567	0,001 969	0,001 501
79	0,003 215	0,002 474	0,001 890	0,001 434
80	0,003 112	0,002 385	0,001 814	0,001 371
81	0,003 012	0,002 299	0,001 741	0,001 310
82	0,002 916	0,002 216	0,001 672	0,001 252
83	0,002 823	0,002 137	0,001 605	0,001 197
84	0,002 733	0,002 060	0,001 541	0,001 144
85	0,002 647	0,001 987	0,001 479	0,001 093
86	0,002 563	0,001 916	0,001 420	0,001 045
87	0,002 482	0.001 848	0,001 364	0,000 999
88	0,002 404	0,001 782	0,001 310	0,000 955
89	0,002 328	0,001 719	0,001 258	0,000 913
90	0,002 256	0,001 658	0,001 208	0,000 873
91	0,002 185	0,001 599	0,001 160	0,080 835
92	0,002 117	0.001 543	0,001 114	0,000 798
93	0,002 051	0,001 488	0,001 070	0,000 762
94	0,001 987	0,001 436	0,001 028	0,000 730
95	0,001 926	0,001 385	0,000 987	0,000 698
96	0,001 866	0,001 337	0,000 949	0,000 667
97	0,001 809	0,001 290	0,000 911	0,000 638
98	0,001 753	0,001 245	0,000 875	0,000 610
99	0,001 699	0,001 201	0,000 841	0,000 584
100	0,001 647	0,001 159	0,000 808	0,000 558

[Suite.]

TABLE II.

Taux de l'amortissement nécessaire pour amortir un capital dans un certain nombre d'années.

Taux de l'amortissement. $t = \dfrac{r}{(1+r)^n - 1}$.

ANNÉES $n.$	TAUX DE L'INTÉRÊT $r.$			
	5	5 $\frac{1}{2}$	6	6 $\frac{1}{2}$
67	0,001 978	0,001 565	0,001 235	0,000 970
68	0,001 880	0,001 482	0,001 163	0,000 910
69	0,001 787	0,001 402	0,001 096	0,000 854
70	0,001 699	0,001 328	0,001 033	0,000 801
71	0,001 616	0,001 257	0,000 974	0,000 752
72	0,001 536	0,001 190	0,000 918	0,000 705
73	0,001 461	0,001 127	0,000 865	0,000 662
74	0,001 390	0,001 067	0,000 815	0,000 621
75	0,001 322	0,001 010	0,000 769	0,000 583
76	0,001 257	0,000 956	0,000 725	0,000 547
77	0,001 196	0,000 906	0,000 683	0,000 513
78	0,001 138	0,000 858	0,000 644	0,000 482
79	0,001 082	0,000 812	0,000 607	0,000 452
80	0,001 030	0,000 769	0,000 573	0,000 424
81	0,000 980	0,000 729	0,000 540	0,000 398
82	0,000 932	0,000 690	0,000 509	0,000 374
83	0,000 887	0,000 654	0,000 480	0,000 351
84	0,000 844	0,000 619	0,000 453	0,000 329
85	0,000 803	0,000 587	0,000 427	0,000 309
86	0,000 764	0,000 556	0,000 402	0,000 290
87	0,000 727	0,000 527	0,000 380	0,000 272
88	0,000 692	0,000 499	0,000 358	0,000 256
89	0,000 659	0,000 473	0,000 338	0,000 240
90	0,000 627	0,000 448	0,000 318	0,000 225
91	0,000 597	0,000 424	0,000 300	0,000 212
92	0,000 568	0,000 402	0,000 283	0,000 199
93	0,000 541	0,000 381	0,000 267	0,000 186
94	0,000 515	0,000 361	0,000 252	0,000 175
95	0,000 490	0,000 342	0,000 238	0,000 164
96	0,000 466	0,000 324	0,000 224	0,000 154
97	0,000 444	0,000 307	0,000 211	0,000 145
98	0,000 423	0,000 291	0,000 199	0,000 136
99	0,000 402	0,000 276	0,000 188	0,000 128
100	0,000 383	0,000 261	0,000 177	0,000 120

TABLES D'INTÉRÊT COMPOSÉ,

Par M. MATHIEU.

1° Placement simple.

Dans le placement d'une somme à intérêt composé, l'intérêt à la fin de chaque année se capitalise et produit aussi un intérêt.

Le taux de l'intérêt étant r, une somme p augmente de son intérêt pr dans la première année; elle devient donc $p + pr = p(1 + r)$ au bout d'un an; puis $p(1 + r)^2$ au bout de deux ans, et ainsi de suite. A la fin de n années le montant P du placement p est donc

$$P = p(1 + r)^n.$$

Ainsi, en multipliant par $(1 + r)^n$ une somme p placée à intérêt composé, on obtient la valeur P du capital produit au bout de n années. Pour le placement de 1 franc c'est $(1 + r)^n$ 1^{fr}.

Table I.

La Table I, page 182, donne en francs la valeur de $(1 + r)^n$ 1^{fr} correspondante à n et à r. C'est la somme produite par 1 franc placé au taux r à intérêt composé pendant n années.

EXEMPLE. Quel est, au bout de 20 ans, le capital produit par 1200 francs placés à intérêt composé au taux de 4 pour 100?

Le nombre 2^{fr},191123 de la Table I, page 182, qui correspond à $n = 20$ et à $r = 4$, est la valeur de 1 franc au bout de 20 ans. En la multipliant par 1200, on trouve 2629^{fr},35 pour la valeur de 1200 francs au bout de 20 ans.

Table II.

Quand on doit rembourser un capital P à la fin de n années, on peut se libérer tout de suite en payant seulement une somme p, qui, placée à intérêt composé au taux r pendant n années, puisse produire le capital P. Or de la relation $P = p (1 + r)^n$, page 176, on tire

$$p = \frac{P}{(1 + r)^n}.$$

Ainsi la *valeur actuelle* p d'un capital P payable dans n années s'obtient en divisant ce capital par $(1 + r)^n$. La valeur actuelle de 1 franc est donc simplement $\frac{1^{fr}}{(1 + r)^n}$.

La Table II, pages 184 et 185, donne en fraction de franc la valeur de la fraction $\frac{1^{fr}}{(1 + r)^n}$ correspondante à n et à r. C'est la valeur actuelle de 1 franc exigible seulement dans n années.

EXEMPLE. Quelle est la somme qu'il faudrait payer actuellement pour se libérer d'une somme de 2629^{fr},35 exigible dans 20 ans, le taux de l'intérêt étant 4 pour 100?

La fraction 0^{fr},456387 de la Table II, page 185, qui correspond à $n = 20$ et $r = 4$, est la valeur actuelle de 1 franc. En la multipliant par 2629,35, on trouve 1200 francs pour la valeur actuelle de la somme 2629^{fr},35 payable dans 20 années.

2° **Placements annuels.**

Ces placements se font toujours au commencement de chaque année.

On fait n placements égaux à p du commencement de la 1re année au commencement de la $n^{ième}$ année. Le premier produit intérêt pendant n années; il devient donc $p\,(1+r)^n$; le second devient $p\,(1+r)^{n-1}$, et ainsi de suite jusqu'au $n^{ième}$ qui produit intérêt seulement pendant la dernière année. La somme P_n produite à la fin de la $n^{ième}$ année par les placements et les intérêts composés est donc

$$P_n = p\left[(1+r)^n + (1+r)^{n-1} + \ldots + (1+r)^2 + (1+r)\right];$$

cette formule revient à

$$P_n = p\,\frac{1+r}{r}\left[(1+r)^n - 1\right].$$

La division de P_n par $(1+r)^n$ donne, page 177,

$$V_p = p\,\frac{1+r}{r}\left[1 - \frac{1}{(1+r)^n}\right]$$

pour la *valeur actuelle* V_p de la somme P_n produite par n placements p faits au commencement de chacune des n années. Cette valeur V_p placée seule à intérêt composé produirait dans n années la même somme que les n placements p.

Table III.

La Table III, page 186, donne en francs la valeur de $\dfrac{1+r}{r}\left[(1+r)^n - 1\right]$ 1^{fr}. C'est la somme produite par 1 franc placé au taux r à intérêt composé pendant n années.

EXEMPLE. Quelle est, au bout de 20 ans, la somme produite par le placement annuel de 100 francs à intérêt composé au taux de 4 pour 100?

Le nombre 30^{fr},969202 de la Table III, page 186, qui correspond à $n = 20$ et à $r = 4$, est la somme produite par 1 franc au bout de 20 ans. En la multipliant par 100, on trouve 3096^{fr},92 pour la somme demandée.

Table IV.

La Table IV, page 187, donne en francs la valeur

actuelle $\dfrac{1+r}{r}\left[1 - \dfrac{1}{(1+r)^n}\right]$. 1^{fr} de la somme produite par 1 franc placé au taux r à intérêt composé pendant n années.

EXEMPLE. Quelle est la valeur *actuelle* de la somme produite par 20 placements annuels de 100 francs à 4 pour 100?

Le nombre 14,133939 de la Table IV, qui correspond, page 187, à $n = 20$ et à $r = 4$, est la valeur actuelle de la somme produite par 20 placements de 1 franc. En la multipliant par 100, on trouve 1413^{fr},39 pour la somme demandée. Ainsi, au lieu de faire 20 placements annuels de 100 francs, on pourrait payer actuellement 1413^{fr},39.

3° Annuités.

Les annuités sont toujours payées ou remboursées à la fin de chaque année.

L'annuité a est payée pendant n années de la fin de la 1re année à la fin de la $n^{ième}$ année. On demande le montant A_n de ces annuités et des intérêts composés à la fin de la $n^{ième}$ année.

La 1re annuité a produit intérêt pendant $n-1$ années; elle devient donc $a(1+r)^{n-1}$; la 2e devient $a(1+r)^{n-2}$, et ainsi de suite jusqu'à la $n^{ième}$ qui ne produit pas d'intérêt. La somme A_n produite au bout de n années par les annuités et les intérêts composés est donc

$$A_n = a\left[(1+r)^{n-1}+(1+r)^{n-2}+\ldots+(1+r)+1\right],$$

ou simplement

$$A_n = \frac{a}{r}\left[(1+r)^n - 1\right].$$

La division de A_n par $(1+r)^n$ donne, page 174,

$$V_a = \frac{a}{r}\left[1 - \frac{1}{(1+r)^n}\right]$$

pour la *valeur actuelle* V_a de la somme A_n produite par les n annuités payées à la fin de chaque année. Cette valeur V_a est telle, que placée seule à intérêt composé elle produirait dans n années la même somme A_n que les n annuités.

Table V.

Cette Table, page 188, donne en francs la valeur de $\frac{1}{r}\left[(1+r)^n - 1\right].1^{fr}$. C'est la somme A_n produite par une annuité de 1 franc payée pendant n années.

EXEMPLE. Quelle est, au bout de 20 ans, la somme

produite par une annuité de 100 francs au taux de
4 pour 100?

Le nombre 29,778079 de la Table V, page 188, qui
correspond à $n = 20$ et à $r = 4$, est la somme produite par une annuité de 1 franc au bout de 20 ans.
En la multipliant par 100, on trouve $2977^{fr},81$ pour
la somme demandée.

Table VI.

Cette Table, page 189, donne en francs la valeur de
$\frac{1}{r}\left[1 - \frac{1}{(1 + r)^n}\right] \cdot 1^{fr}$. C'est la valeur actuelle V_a de
la somme produite par n annuités de 1 franc.

EXEMPLE. Quelle est la valeur *actuelle* de la somme
produite par 20 annuités de 100 francs au taux de
4 pour 100?

Le nombre 13,590326 de la Table VI, qui correspond, page 189, à $n = 20$ et à $r = 4$, est la valeur
actuelle de la somme produite par 20 annuités de
1 franc au bout de 20 ans. En la multipliant par 100,
on trouve $1359^{fr},03$ pour la somme demandée.

Ainsi, au lieu de verser successivement 20 annuités
de 100 francs, on peut payer actuellement $1359^{fr},03$.
Cette somme, placée à intérêt composé à 4 pour 100
(Table I, page 182), devient, en effet, $2977^{fr},81$ au
bout de 20 ans. C'est précisément la somme trouvée, dans l'exemple précédent, pour le montant de
20 annuités de 100 francs.

TABLE I.

Valeur, à la fin de *n* années, de 1 franc placé à intérêt composé.

Valeur à la fin de *n* années .. $(1 + r)^n 1^{fr}$.

ANNÉES	TAUX DE L'INTÉRÊT *r*.			
n.	2 ½	3	3 ½	4
	fr	fr	fr	fr
1	1,025 000	1,030 000	1,035 000	1,040 000
2	1,050 625	1,060 900	1,071 225	1,081 600
3	1,076 891	1,092 727	1,108 718	1,124 864
4	1,103 813	1,125 509	1,147 523	1,169 859
5	1,131 408	1,159 274	1,187 686	1,216 653
6	1,159 693	1,194 052	1,229 255	1,265 319
7	1,188 686	1,229 874	1,272 279	1,315 932
8	1,218 403	1,266 770	1,316 809	1,368 569
9	1,248 863	1,304 773	1,362 897	1,423 312
10	1,280 085	1,343 916	1,410 599	1,480 244
11	1,312 087	1,384 234	1,459 970	1,539 454
12	1,344 889	1,425 761	1,511 069	1,601 032
13	1,378 511	1,468 534	1,563 956	1,665 074
14	1,412 974	1,512 590	1,618 695	1,731 676
15	1,448 298	1,557 967	1,675 349	1,800 944
16	1,484 506	1,604 706	1,733 986	1,872 981
17	1,521 618	1,652 848	1,794 676	1,947 900
18	1,559 659	1,702 433	1,857 489	2,025 817
19	1,598 650	1,753 506	1,922 501	2,106 849
20	1,638 616	1,806 111	1,989 789	2,191 123
21	1,679 582	1,860 295	2,059 431	2,278 768
22	1,721 571	1,916 103	2,131 512	2,369 919
23	1,764 611	1,973 587	2,206 114	2,464 716
24	1,808 726	2,032 794	2,283 328	2,563 304
25	1,853 944	2,093 778	2,363 245	2,665 836
26	1,900 293	2,156 591	2,445 959	2,772 470
27	1,947 800	2,221 289	2,531 567	2,883 369
28	1,996 495	2,287 928	2,620 172	2,998 703
29	2,046 407	2,356 566	2,711 878	3,118 651
30	2,097 568	2,427 262	2,806 794	3,243 398
31	2,150 007	2,500 080	2,905 031	3,373 133
32	2,203 757	2,575 083	3,006 708	3,508 059
33	2,258 851	2,652 335	3,111 942	3,648 381
34	2,315 322	2,731 905	3,220 860	3,794 316

[Suite.]	TABLE I.		

Valeur, à la fin de *n* années, de 1 franc placé à intérêt composé.

Valeur à la fin de *n* années... $(1+r)^n 1^{fr}$.

ANNÉES *n.*	TAUX DE L'INTÉRÊT *r.*			
	$4\frac{1}{2}$	5	$5\frac{1}{2}$	6
	fr	fr	fr	fr
1	1,045 000	1,050 000	1,055 000	1,060 000
2	1,092 025	1,102 500	1,113 025	1,123 600
3	1,141 166	1,157 625	1,174 241	1,191 016
4	1,192 519	1,215 506	1,238 825	1,262 477
5	1,246 182	1,276 282	1,306 960	1,338 226
6	1,302 260	1,340 096	1,378 843	1,418 519
7	1,360 862	1,407 100	1,454 679	1,503 630
8	1,422 101	1,477 455	1,534 687	1,593 848
9	1,486 095	1,551 328	1,619 094	1,689 479
10	1,552 969	1,628 895	1,708 144	1,790 848
11	1,622 853	1,710 339	1,802 092	1,898 299
12	1,695 881	1,795 856	1,901 207	2,012 196
13	1,772 196	1,885 649	2,005 774	2,132 928
14	1,851 945	1,979 932	2,116 091	2,260 904
15	1,935 282	2,078 928	2,232 476	2,396 558
16	2,022 370	2,182 875	2,355 263	2,540 352
17	2,113 377	2,292 018	2,484 802	2,692 773
18	2,208 479	2,406 619	2,621 466	2,854 339
19	2,307 860	2,526 950	2,765 647	3,025 600
20	2,411 714	2,653 298	2,917 757	3,207 135
21	2,520 241	2,785 963	3,078 234	3,399 564
22	2,633 652	2,925 261	3,247 537	3,603 537
23	2,752 166	3,071 524	3,426 152	3,819 750
24	2,876 014	3,225 100	3,614 590	4,048 935
25	3,005 434	3,386 355	3,813 392	4,291 871
26	3,140 679	3,555 673	4,023 129	4,549 383
27	3,282 010	3,733 456	4,244 401	4,822 346
28	3,429 700	3,920 129	4,477 843	5,111 687
29	3,584 036	4,116 136	4,724 124	5,418 388
30	3,745 318	4,321 942	4,983 951	5,743 491
31	3,913 857	4,538 039	5,258 069	6,088 101
32	4,089 981	4,764 941	5,547 262	6,453 387
33	4,274 030	5,003 189	5,852 362	6,840 590
34	4,466 362	5,253 348	6,174 242	7,251 025

TABLE II.
Valeur actuelle de 1 franc payable à la fin de *n* années.

$$\text{Valeur actuelle} \ldots \ldots \ldots \frac{1^{fr}}{(1+r)^n}.$$

ANNÉES	TAUX DE L'INTÉRET r.			
n.	2	$2\frac{1}{2}$	3	$3\frac{1}{2}$
	fr	fr	fr	fr
1	0,980 392	0,975 610	0,970 873	0,966 184
2	0,961 169	0,951 814	0,942 596	0,933 511
3	0,942 322	0,928 599	0,915 142	0,901 943
4	0,923 845	0,905 951	0,888 487	0,871 442
5	0,905 731	0,883 854	0,862 609	0,841 973
6	0,887 971	0,862 297	0,837 484	0,813 501
7	0,870 560	0,841 265	0,813 091	0,785 991
8	0,853 490	0,820 747	0,789 409	0,759 412
9	0,836 755	0,800 728	0,766 417	0,733 731
10	0,820 348	0,781 198	0,744 094	0,708 919
11	0,804 263	0,762 145	0,722 421	0,684 946
12	0,788 493	0,743 556	0,701 380	0,661 783
13	0,773 032	0,725 420	0,680 951	0,639 404
14	0,757 875	0,707 727	0,661 118	0,617 782
15	0,743 015	0,690 466	0,641 862	0,596 891
16	0,728 446	0,673 625	0,623 167	0,576 706
17	0,714 163	0,657 195	0,605 016	0,557 204
18	0,700 159	0,641 166	0,587 395	0,538 361
19	0,686 431	0,625 528	0,570 286	0,520 156
20	0,672 971	0,610 271	0,553 676	0,502 566
21	0,659 776	0,595 386	0,537 549	0,485 571
22	0,646 839	0,580 865	0,521 892	0,469 151
23	0,634 156	0,566 697	0,506 692	0,453 286
24	0,621 721	0,552 875	0,491 934	0,437 957
25	0,609 531	0,539 391	0,477 606	0,423 147
26	0,597 579	0,526 235	0,463 695	0,408 838
27	0,585 862	0,513 400	0,450 189	0,395 012
28	0,574 375	0,500 878	0,437 077	0,381 654
29	0,563 112	0,488 661	0,424 346	0,368 748
30	0,552 071	0,476 743	0,411 987	0,356 278
31	0,541 246	0,465 115	0,399 987	0,344 230
32	0,530 633	0,453 771	0,388 337	0,332 590
33	0,520 229	0,442 703	0,377 026	0,321 343
34	0,510 028	0,431 905	0,366 045	0,310 476

TABLE II.
Valeur actuelle de 1 franc payable à la fin de _n_ années.

$$\text{Valeur actuelle} \ldots\ldots\ldots\ldots \frac{1^{fr}}{(1+r)^{n}}.$$

ANNÉES	TAUX DE L'INTÉRET r			
n.	4	$4\frac{1}{2}$	5	6
	fr	fr	fr	fr
1	0,961 538	0,956 938	0,952 381	0,943 396
2	0,924 556	0,915 730	0,907 030	0,889 996
3	0,888 996	0,876 297	0,863 838	0,839 619
4	0,854 804	0,838 561	0,822 702	0,792 094
5	0,821 927	0,802 451	0,783 526	0,747 258
6	0,790 314	0,767 896	0,746 215	0,704 960
7	0,759 918	0,734 829	0,710 681	0,665 057
8	0,730 690	0,703 185	0,676 839	0,627 412
9	0,702 587	0,672 904	0,644 609	0,591 898
10	0,675 564	0,643 928	0,613 913	0,558 395
11	0,649 581	0,616 199	0,584 679	0,526 788
12	0,624 597	0,589 664	0,556 837	0,496 969
13	0,600 574	0,564 272	0,530 321	0,468 839
14	0,577 475	0,539 973	0,505 068	0,442 301
15	0,555 264	0,516 720	0,481 017	0,417 265
16	0,533 908	0,494 469	0,458 111	0,393 646
17	0,513 373	0,473 176	0,436 297	0,371 364
18	0,493 628	0,452 800	0,415 521	0,350 344
19	0,474 642	0,433 302	0,395 734	0,330 513
20	0,456 387	0,414 643	0,376 889	0,311 805
21	0,438 834	0,396 787	0,358 942	0,294 155
22	0,421 955	0,379 701	0,341 850	0,277 505
23	0,405 726	0,363 350	0,325 571	0,261 797
24	0,390 121	0,347 703	0,310 068	0,246 978
25	0,375 117	0,332 731	0,295 303	0,329 999
26	0,360 689	0,318 402	0,281 241	0,219 810
27	0,346 817	0,304 691	0,267 848	0,207 368
28	0,333 477	0,291 571	0,255 094	0,195 630
29	0,320 651	0,279 015	0,242 946	0,184 557
30	0,308 319	0,267 000	0,231 377	0,174 110
31	0,296 460	0,255 502	0,220 360	0,164 255
32	0,285 058	0,244 500	0,209 866	0,154 957
33	0,274 094	0,233 971	0,199 872	0,146 186
34	0,263 552	0,223 896	0,190 355	0,137 911

TABLE III.

Somme produite, au bout de n années, par le placement à intérêt composé de 1 fr. au comm^t de chaque année.

Somme produite..... $\dfrac{1+r}{r}\left[(1+r)^n - 1\right].1^{fr}$.

ANNÉE n.	TAUX DE L'INTÉRET r.			
	3 ½	4	4 ½	5
	fr	fr	fr	fr
1	1,035 000	1,040 000	1,045 000	1,050 000
2	2,106 225	2,121 600	2,137 025	2,152 500
3	3,214 943	3,246 464	3,278 191	3,310 125
4	4,362 466	4,416 323	4,470 710	4,525 631
5	5,550 152	5,632 975	5,716 892	5,801 913
6	6,779 408	6,898 294	7,019 152	7,142 008
7	8,051 687	8,214 226	8,380 014	8,549 109
8	9,368 496	9,582 795	9,802 114	10,026 564
9	10,731 393	11,006 107	11,288 209	11,577 893
10	12,141 992	12,486 351	12,841 179	13,206 787
11	13,601 961	14,025 805	14,464 032	14,917 127
12	15,113 030	15,626 838	16,159 913	16,712 983
13	16,676 986	17,291 911	17,932 109	18,598 632
14	18,295 681	19,023 588	19,784 054	20,578 564
15	19,971 030	20,824 531	21,719 337	22,657 492
16	21,705 016	22,697 612	23,741 707	24,840 366
17	23,499 691	24,645 413	25,855 084	27,132 385
18	25,357 180	26,671 229	28,063 562	29,539 004
19	27,279 682	28,778 079	30,371 423	32,065 954
20	29,269 471	30,969 202	32,783 137	34,719 252
21	31,328 902	33,247 698	35,303 378	37,505 214
22	33,460 414	35,617 889	37,937 030	40,430 475
23	35,666 528	38,082 604	40,689 196	43,501 999
24	37,949 857	40,645 908	43,565 210	46,727 099
25	40,313 102	43,311 745	46,570 645	50,113 454
26	42,759 060	46,084 214	49,711 324	53,669 126
27	45,290 627	48,967 583	52,993 333	57,402 583
28	47,910 799	51,966 286	56,423 033	61,322 712
29	50,622 677	55,084 938	60,007 070	65,438 847
30	53,429 471	58,328 335	63,752 388	69,760 790
31	56,334 502	61,701 469	67,666 245	74,298 829
32	59,341 210	65,209 527	71,756 226	79,063 771
33	62,453 152	68,857 909	76,030 256	84,066 959

TABLE IV.

Valeur act. de la somme produite, au bout de n années, par le plac. à int. comp. de 1 fr. au comm^t de chaq. ann.

$$\text{Valeur actuelle}\ldots\ldots \frac{1+r}{r}\left[1-\frac{1}{(1+r)^n}\right].1^{\text{fr}}.$$

ANNÉE n.	TAUX DE L'INTÉRÊT r.			
	$3\frac{1}{2}$	4	$4\frac{1}{2}$	5
	fr	fr	fr	fr
1	1,000 000	1,000 000	1,000 000	1,000 000
2	1,966 184	1,961 538	1,956 938	1,952 381
3	2,899 694	2,886 095	2,872 668	2,859 410
4	3,801 637	3,775 091	3,748 964	3,723 248
5	4,673 079	4,629 895	4,587 526	4,546 950
6	5,515 052	5,451 822	5,389 975	5,329 477
7	6,328 553	6,242 137	6,157 872	6,075 692
8	7,114 544	7,002 055	6,892 701	6,786 373
9	7,873 955	7,732 745	7,595 886	7,463 213
10	8,607 686	8,435 332	8,268 792	8,107 822
11	9,316 605	9,110 896	8,912 718	8,721 735
12	10,001 551	9,760 477	9,528 917	9,306 414
13	10,663 334	10,385 074	10,118 581	9,863 252
14	11,302 738	10,985 648	10,682 852	10,393 573
15	11,920 520	11,563 123	11,222 825	10,898 641
16	12,517 411	12,118 387	11,739 546	11,379 658
17	13,094 117	12,652 296	12,234 015	11,837 770
18	13,651 321	13,165 669	12,707 191	12,274 066
19	14,189 682	13,659 297	13,159 992	12,689 587
20	14,709 837	14,133 939	13,593 269	13,085 321
21	15,212 403	14,590 326	14,007 936	13,462 210
22	15,697 974	15,029 160	14,404 724	13,821 153
23	16,167 125	15,451 115	14,784 425	14,163 003
24	16,620 310	15,856 842	15,147 775	14,488 574
25	17,058 368	16,246 963	15,495 478	14,798 642
26	17,481 515	16,622 080	15,828 209	15,093 945
27	17,890 352	16,982 769	16,146 611	15,375 185
28	18,285 354	17,329 586	16,451 303	15,643 034
29	18,667 019	17,662 263	16,742 874	15,898 127
30	19,035 767	17,983 715	17,021 889	16,141 074
31	19,392 045	18,292 033	17,288 889	16,372 451
32	19,736 276	18,588 494	17,544 391	16,592 810
33	20,078 865	18,873 551	17,788 891	16,802 677

TABLE V.

Somme produite à intérêt comp., au bout de _n_ années, par une annuité de 1 fr. payée à la fin de chaque année.

$$\text{Somme produite}\ldots\ldots \frac{1}{r}\left[(1+r)^n-1\right].1^{fr}.$$

ANNÉE	TAUX DE L'INTÉRÊT _r_.			
_n._	3 $\frac{1}{2}$	4	4 $\frac{1}{2}$	5
	fr	fr	fr	fr
1	1,000 000	1,000 000	1,000 000	1,000 000
2	2,035 000	2,040 000	2,045 000	2,050 000
3	3,106 225	3,121 600	3,137 025	3,152 500
4	4,214 943	4,246 464	4,278 191	4,310 125
5	5,362 466	5,416 323	5,470 710	5,525 631
6	6,550 152	6,632 975	6,716 892	6,801 913
7	7,779 408	7,898 294	8,019 152	8,142 008
8	9,051 687	9,214 226	9,380 014	9,549 109
9	10,368 496	10,582 795	10,802 114	11,026 564
10	11,731 393	12,006 107	12,288 209	12,577 893
11	13,141 992	13,486 351	13,841 179	14,206 787
12	14,601 962	15,025 805	15,464 032	15,917 127
13	16,113 030	16,626 838	17,159 913	17,712 983
14	17,676 986	18,291 911	18,932 109	19,598 632
15	19,295 681	20,023 588	20,784 054	21,578 564
16	20,971 030	21,824 531	22,719 337	23,657 492
17	22,705 016	23,697 512	24,741 707	25,840 366
18	24,499 691	25,645 413	26,855 084	28,132 385
19	26,357 180	27,671 229	29,063 562	30,539 004
20	28,279 682	29,778 079	31,371 423	33,065 954
21	30,269 471	31,969 202	33,783 137	35,719 252
22	32,328 902	34,247 970	36,303 378	38,505 214
23	34,460 414	36,617 889	38,937 030	41,430 475
24	36,666 528	39,082 604	41,689 196	44,501 999
25	38,949 857	41,645 908	44,565 210	47,727 099
26	41,313 102	44,311 745	47,570 645	51,113 454
27	43,759 060	47,084 214	50,711 324	54,669 126
28	46,290 627	49,967 583	53,993 333	58,402 583
29	48,910 799	52,966 286	57,423 033	62,322 712
30	51,622 677	56,084 938	61,007 070	66,438 848
31	54,429 471	59,328 335	64,752 388	70,760 790
32	57,334 502	62,701 469	68,666 245	75,298 829
33	60,341 210	66,209 527	72,756 226	80,063 771

TABLE VI.

Valeur act. de la somme produite, au bout de n années, par une annuité de **1 fr.** payée à la fin de chaque année.

Valeur actuelle......... $\dfrac{1}{r}\left[1-\dfrac{1}{(1+r)^n}\right].1^{\text{fr}}.$

ANNÉE n.	TAUX DE L'INTÉRET r.			
	$3\frac{1}{2}$	4	$4\frac{1}{2}$	5
	fr	fr	fr	fr
I	0,966 184	0,961 538	0,956 938	0,952 381
2	1,899 694	1,886 095	1,872 668	1,859 410
3	2,801 637	2,775 091	2,748 964	2,723 248
4	3,673 079	3,629 895	3,587 526	3,545 950
5	4,515 052	4,451 822	4,389 977	4,329 477
6	5,328 553	5,242 137	5,157 872	5,075 692
7	6,114 544	6,002 055	5,892 701	5,786 373
8	6,873 955	6,732 745	6,595 886	6,463 213
9	7,607 686	7,435 332	7,268 790	7,107 822
10	8,316 605	8,110 896	7,912 718	7,721 735
11	9,001 551	8,760 477	8,528 917	8,306 414
12	9,663 334	9,385 074	9,118 581	8,863 252
13	10,302 738	9,985 648	9,682 852	9,393 573
14	10,920 520	10,563 123	10,222 825	9,898 641
15	11,517 411	11,118 387	10,739 546	10,379 658
16	12,094 117	11,652 296	11,234 015	10,837 770
17	12,651 321	12,165 669	11,707 191	11,274 066
18	13,189 682	12,659 297	12,159 992	11,689 587
19	13,709 837	13,133 939	12,593 294	12,085 321
20	14,212 403	13,590 326	13,007 936	12,462 210
21	14,697 974	14,029 160	13,404 724	12,821 153
22	15,167 125	14,451 115	13,784 425	13,163 003
23	15,620 410	14,856 842	14,147 775	13,488 574
24	16,058 368	15,246 963	14,495 478	13,798 642
25	16,481 515	15,622 080	14,828 209	14,093 945
26	16,890 352	15,982 769	15,146 611	14,375 185
27	17,285 364	16,329 586	15,451 303	14,643 034
28	17,667 019	16,663 063	15,742 873	14,898 127
29	18,035 767	16,983 715	16,021 888	15,141 074
30	18,392 045	17,292 033	16,288 888	15,372 451
31	18,736 276	17,588 494	16,544 391	15,592 810
32	19,068 865	17,873 551	16,788 891	15,802 677
33	19,390 208	18,147 646	17,022 862	16,002 549

STATISTIQUE.

VILLE DE PARIS.

ARRONDISSEMENTS MUNICIPAUX.

No.	ARRONDISSEMENT.	SIÉGE DE LA MAIRIE.
1	Louvre	Place du Louvre.
2	Bourse	Rue de la Banque.
3	Temple	Rue Béranger, 11.
4	Hôtel-de-Ville	Rue de Rivoli.
5	Panthéon	Place du Panthéon.
6	Luxembourg	Place Saint-Sulpice.
7	Palais-Bourbon	Rue de Grenelle-Saint-Germain, 116.
8	Élysée	Rue d'Anjou-Saint-Honoré, 11.
9	Opéra	Rue Drouot, 6.
10	Enclos-Saint-Laurent	Rue du Faub.-Saint-Martin, 72.
11	Popincourt	Boulevard et place du Prince Eugène.
12	Reuilly	Pl. de l'Église de Bercy
13	Gobelins	Place d'Italie, 23.
14	Observatoire	Rue Mouton-Duvernet, à Montrouge.
15	Vaugirard	Grande rue, 108, à Vaugirard.
16	Passy	Gr. rue de Passy, 67.
17	Batignolles-Monceaux	Rue de l'Hôtel-de-Ville 6 (Passy).
18	Butte-Montmartre	Place de l'Abbaye (Montmartre).
19	Buttes-Chaumont	Rue de Bordeaux, 17, à La Villette.
20	Ménilmontant	Rue de Paris, 128, à Belleville.

VILLE DE PARIS.

Nᵒ	ARRONDISSE-MENT.	Nᵒ	QUARTIER.	POPULATION.	
				Quart.	Arrond.
1	Louvre	1	Sᵗ-Germ.-l'Auxerr.	9705	81665
		2	Halles	36725	
		3	Palais-Royal	21180	
		4	Place Vendôme	14055	
2	Bourse	5	Gaillon	11525	79909
		6	Vivienne	14281	
		7	Mail	21847	
		8	Bonne-Nouvelle	32256	
3	Temple	9	Arts-et-Métiers	25474	92680
		10	Enfants-Rouges	21648	
		11	Archives	21890	
		12	Sainte-Avoie	23668	
4	Hôtel-de-Ville	13	Saint-Merri	26326	98648
		14	Saint-Gervais	42995	
		15	Arsenal	17367	
		16	Notre-Dame	11960	
5	Panthéon	17	Saint-Victor	22925	104083
		18	Jardin-des-Plantes	20177	
		19	Val-de-Grâce	25048	
		20	Sorbonne	35933	
6	Luxembourg	21	Monnaie	20826	99115
		22	Odéon	22391	
		23	Nᵉ-Dᵉ-des-Champs	37198	
		24	Sᵗ-Germ.-des-Prés	18700	
7	Palais-Bourbon	25	Sᵗ-Thom.-d'Aquin	26225	75438
		26	Invalides	14128	
		27	École Militaire	12325	
		28	Gros-Caillou	22760	

VILLE DE PARIS.

No	ARRONDISSE-MENT.	No	QUARTIER.	POPULATION.	
				Quart.	Arrond.
8	Élysée	29	Champs-Élysées..	7132	
		30	Faub. du Roule..	17707	
		31	Madeleine.	29545	70259
		32	Europe.	15875	
9	Opéra	33	Saint-Georges...	34137	
		34	Chaussée-d'Antin.	23804	
		35	Faub. Montmartre	24244	106221
		36	Rochechouart....	24036	
10	Enclos-Saint-Laurent....	37	St-Vincent-de-Paul	25227	
		38	Porte St-Denis..	29745	
		39	Porte St-Martin..	28946	116438
		40	Hôpital St-Louis.	32480	
11	Popincourt...	41	Folie-Méricourt..	40990	
		42	Saint-Ambroise..	29902	
		43	La Roquette....	49159	149641
		44	Sainte-Marguerite	29590	
12	Reuilly.....	45	Bel-Air........	4678	
		46	Picpus.........	23962	
		47	Bercy..........	13845	78635
		48	Quinze-Vingts...	36150	
13	Gobelins.....	49	Salpêtrière......	16469	
		50	La Gare.......	19395	
		51	Maison-Blanche..	23807	70192
		52	Croulebarbe.....	10521	
14	Observatoire..	53	Mont-Parnasse...	17901	
		54	La Santé.......	5669	
		55	Petit-Montrouge.	13866	65506
		56	Plaisance.......	28070	

VILLE DE PARIS.

No	ARRONDISSE-MENT	No	QUARTIER.	POPULATION.	
				Quart.	Arrond.
15	**Vaugirard**...	57	Saint-Lambert...	16633	69340
		58	Necker.........	24438	
		59	Grenelle.......	19706	
		60	Javelle.........	8563	
16	**Passy**.......	61	Auteuil.........	8225	42187
		62	La Muette......	15716	
		63	Porte-Dauphine..	4375	
		64	Bassins.........	13871	
17	**Batignolles-Monceaux.**	65	Ternes.........	20019	93193
		66	Plaine Monceaux.	10618	
		67	Batignolles.....	38694	
		68	Épinettes......	23862	
18	**Butte-Montmartre.....**	69	Grandes-Carrières	30963	130456
		70	Clignancourt....	48934	
		71	Goutte-d'Or.....	35237	
		72	La Chapelle.....	15322	
19	**Buttes-Chaumont.......**	73	La Villette......	36048	88930
		74	Pont-de-Flandre.	6602	
		75	Amérique.......	13163	
		76	Combat.........	33117	
20	**Ménilmontant**	77	Belleville.......	34321	87444
		78	Saint-Fargeau...	5383	
		79	Père-Lachaise...	28173	
		80	Charonne.......	19567	
			Total.......		1799980
			Garnison.....		25294
			TOTAL GÉNÉRAL......		1825274

DISTRIBUTION DE LA POPULATION DANS LA VILLE DE PARIS,

Par M. MATHIEU.

Dans le tableau I de la page 197, nous avons réuni pour chacun des vingt arrondissements de Paris sa population obtenue par le recensement fait en 1866, sa superficie exprimée en hectares, enfin les nombres de naissances, décès et mort-nés dans l'année 1867, fournis par les registres de l'état civil. L'ensemble de ces nombres donne pour la ville entière une population de 1 799 980 habitants, répartis sur une superficie de 7 802 hectares ; puis, pour l'année 1867, 55 044 naissances, 43 415 décès, 4 334 mort-nés. La division de ces sommes par le nombre 20 des arrondissements donne pour l'arrondissement *moyen* une population de 89 999 habitants sur une superficie de 390 hectares, puis 2 752 naissances, 2 171 décès et 217 mort-nés.

Tableau II. *Population spécifique*, page 198. — La division de la population d'un arrondissement par le nombre qui exprime sa superficie en hectares donne le nombre d'*habitants* moyennement répartis sur la surface d'*un hectare*. Les nombres ainsi obtenus se trouvent dans la 4e colonne du tableau. Ils représentent l'intensité de la population ou la *population spécifique* de chaque arrondissement dans l'année 1866 du recensement.

La division de la population d'un arrondissement par les naissances et par les décès donne le nombre d'habitants que l'on compte soit pour une naissance, soit pour un décès dans cet arrondissement. Les résultats de cette double opération se trouvent dans les colonnes 5 et 6 du tableau.

Si l'on opère avec les quatre nombres 89.999, 390, 2752, 2171 de l'arrondissement moyen, comme pour chaque arrondissement, on trouve 231 habitants pour un hectare, ou, pour population spécifique *moyenne*, 32,7 habitants pour une naissance et 41,4 habitants pour un décès.

La comparaison des trois nombres 231, 32,7 et 41,4 avec les nombres correspondants d'un arrondissement fait connaître en quoi il se trouve dans des conditions plus ou moins favorables que l'arrondissement moyen.

A la simple inspection du tableau II on voit que la plus grande population spécifique, la plus grande agglomération de la population a lieu dans l'arrondissement de la Bourse, où l'on compte 820 habitants par hectare; on voit en même temps que les naissances et les décès sont bien moins nombreux que dans l'arrondissement moyen, puisque l'on y compte seulement une naissance et un décès pour 45 et 61 habitants. La plus faible agglomération a lieu dans les arrondissements des Gobelins, de Vaugirard et de Passy. C'est dans les arrondissements de l'Observatoire et de l'Enclos-Saint-Laurent que l'on compte le plus de naissances, et dans les arrondissements de l'Observatoire et des Gobelins que l'on compte le plus de décès. C'est dans l'arrondissement de l'Opéra, dont la population est fort agglomérée, que l'on compte à la fois le moins de naissances et de décès.

Maintenant comparons les naissances et les décès dans l'arrondissement moyen de Paris et dans l'arrondissement moyen de la France. A Paris, on a, page 198, une naissance pour 32,7 habitants et un décès pour 41,4 habitants, mais pour la France les nombres correspondants sont 38 et 44. Ainsi à Paris il y a un peu plus de naissances et de décès que dans la France entière.

Le nombre 43415, du tableau 1, représente la somme des décès dans les vingt arrondissements; il ne comprend ni les décédés qui n'habitaient pas Paris, ni les militaires, ni les déposés à la Morgue qui n'ont pas été reconnus. Voyez, page 200, le résumé des 43415 décès pour l'année 1867.

TABLEAU I.
Population, superficie, naissances et décès des arrondissements.

N°	ARRONDISSEMENT.	POPULA-TION.	SUPER-FICIE.	ANNÉE 1867.		
				Nais-sances.	Décès.	Mort-nés.
1	Louvre........	81665	hectar. 190	1552	1260	178
2	Bourse........	79909	97,5	1765	1301	166
3	Temple........	92680	116	2176	1704	214
4	Hôtel-de-Ville.	98648	156,5	3433	2194	287
5	Panthéon.....	104083	249	2720	2675	223
6	Luxembourg..	99115	211	3082	1994	214
7	Palais-Bourbon	75438	403	1511	1931	127
8	Élysée........	70259	381	1511	1097	116
9	Opéra........	106221	213	1980	1561	208
10	Saint-Laurent.	116438	286	5201	2595	355
11	Popincourt....	149641	361	5080	4282	409
12	Reuilly.......	78635	568	3016	2373	188
13	Gobelins......	70192	625	2219	2441	142
14	Observatoire..	65506	464	3524	2164	157
15	Vaugirard....	69340	721	2331	2015	189
16	Passy........	42187	709	946	941	70
17	Batignolles....	93193	445	2747	2196	220
18	Montmartre...	130456	519	4137	3263	365
19	Chaumont....	88930	566	3263	2719	293
20	Ménilmontant.	87444	521	2850	2709	213
	VILLE ENTIÈRE.	1799980	7802	55044	43415	4334
	Arrondiss. *moyen*.	89999	390	2752	2171	217

TABLEAU II.

Nombre d'habitants pour un hectare, une naissance et un décès.

Nº.	ARRONDISSEMENT.	POPULA-TION.	HABITANTS POUR		
			un hec-tare.	une nais-sance.	un décès
1	Louvre.........	81665	430	52,6	64,8
2	Bourse.........	79909	820	45,3	61,4
3	Temple........	92680	799	42,6	54,4
4	Hôtel-de-Ville...	98648	630	28,7	45,0
5	Panthéon.......	104083	418	38,3	38,9
6	Luxembourg.....	99115	470	32,2	49,7
7	Palais-Bourbon..	75438	187	49,9	39,1
8	Élysée..........	70259	184	46,5	64,0
9	Opéra..........	106221	498	53,6	68,0
10	Saint-Laurent....	116438	407	22,4	44,9
11	Popincourt......	149641	415	29,5	34,9
12	Reuilly.........	78635	138	23,7	33,1
13	Gobelins........	70192	112	31,6	28,8
14	Observatoire.....	65506	141	18,6	30,3
15	Vaugirard.......	69340	96	29,7	34,4
16	Passy..........	42187	60	44,6	44,8
17	Batignolles......	93193	209	33,9	42,4
18	Montmartre.....	130456	251	31,5	40,0
19	Chaumont.......	88930	157	27,3	32,7
20	Ménilmontant ...	87444	168	32,3	31,1
	Arrondissement *moyen*.	89999	231	32,7	41,4

MOUVEMENT

De la Population de la ville de Paris pendant l'année **1867**, fourni par la Préfecture du département.

NAISSANCES (*) D'ENFANTS

LÉGITIMES.	à domicile....	masc.. 19202 fém... 18918	} 38120	
	hors domicile.	masc.. 749 fém.... 703	} 1452	
NATURELS reconnus.	à domicile....	masc.. 1910 fém... 1674	} 3584	
	hors domicile	masc.. 2 fém... 2	} 4	
NATURELS non reconnus.	à domicile....	masc.. 2961 fém... 3003	} 5964	
	hors domicile.	masc.. 2965 fém... 2955	} 5920	

TOTAL...... 55044

NAISSANCES D'ENFANTS	légitimes......	masc.. 19951 fém... 19621	} 39572
	naturels.......	masc.. 7838 fém... 7634	} 15472

TOTAL...... 55044

NAISSANCES TOTALES.	masculins... 27789 féminins.... 27255	} 55044

(*) Les naissances hors domicile ont eu lieu aux hôpitaux, hospices et prisons.

Année 1867.

ENFANTS MORT-NÉS (*).

SEXE $\begin{cases} \text{masculin.} \ldots \ldots \ldots \ldots \ldots & 2475 \\ \text{féminin.} \ldots \ldots \ldots \ldots \ldots & 1842 \\ \text{indéterminé.} \ldots \ldots \ldots \ldots & 17 \end{cases} \Big\} 4334$

DÉCÈS $\begin{cases} \text{à domicile.} \ldots \ldots \ldots \ldots \ldots \ldots & 32361 \\ \text{aux hôpitaux et hospices.} \ldots \ldots \ldots & 10739 \\ \text{aux prisons.} \ldots \ldots \ldots \ldots \ldots \ldots & 96 \\ \text{déposés à la Morgue reconnus.} \ldots \ldots & 219 \end{cases}$

Total...... 43415

DÉCÈS............... $\begin{cases} \text{masculins..} & 22460 \\ \text{féminins...} & 20955 \end{cases} \Big\} 43415$

(*) Cette catégorie comprend les enfants décédés avant la déclaration légale de naissance.

Année 1867.

DIFFÉRENCE

Entre les naissances et les décès.

TOTAL DES NAISSANCES { masculines.... 27789 } 55044
féminines..... 27255

TOTAL DES DÉCÈS.... { masculins.... 22460 } 43415
féminins...... 20955

EXCÈS DES NAISSANCES { masculins.... 5329 } 11629
SUR LES DÉCÈS. féminins...... 6300

MARIAGES........ { garçons et filles.. 14451 } 17730
garçons et veuves. 965
veufs et filles.... 1609
veufs et veuves... 705

ANNÉE 1867.

Tableau des décès dans la ville de Paris, avec

AGES.	HOMMES.			
	Non mariés.	Mariés.	Veufs.	Total.
De la naissance à 3 mois.	2380	"	"	2380
De 3 à 6 mois.......	635	"	"	635
De 6 à 12 mois. . ..	1060	"	"	1060
De 0 jour à 1 an. ...	4075	"	"	4075
De 1 à 2 ans.......	1594	"	"	1594
De 2 à 3 ans.......	750	"	"	750
De 3 à 4 ans.......	472	"	"	472
De 4 à 5 ans.......	302	"	"	302
De 5 à 6 ans.......	175	"	"	175
De 6 à 7 ans.......	111	"	"	111
De 7 à 8 ans.......	70	"	"	70
De 8 à 9 ans.......	64	"	"	64
De 9 à 10 ans.......	68	"	"	68
De 10 à 15 ans.......	234	"	"	234
De 15 à 20 ans.......	624	"	"	624
De 20 à 25 ans.......	966	54	1	1021
De 25 à 30 ans.......	777	286	12	1075
De 30 à 35 ans.......	575	499	34	1108
De 35 à 40 ans.......	440	731	71	1242
De 40 à 45 ans.......	396	898	108	1402
De 45 à 50 ans.......	330	844	137	1311
De 50 à 55 ans.......	267	864	172	1303
De 55 à 60 ans	248	783	250	1281

distinction d'âge, de sexe et d'état de mariage.

FEMMES.				TOTAL DES DEUX SEXES.		TOTAL général.
Non mariées.	Mariées.	Veuves.	Total.	Masculin.	Féminin.	
2115	"	"	2115	2380	2115	4495
511	"	"	511	635	511	1146
981	"	"	981	1060	981	2041
3607	"	"	3607	4075	3607	7682
1523	"	"	1523	1594	1523	3117
737	"	"	737	750	737	1487
476	"	"	476	472	476	948
305	"	"	305	302	305	607
208	"	"	208	175	208	383
130	"	"	130	111	130	241
89	"	"	89	70	89	159
75	"	"	75	64	75	139
43	"	"	43	68	43	111
264	"	"	264	234	264	498
530	45	"	575	624	575	1199
658	340	14	1012	1021	1012	2033
499	621	41	1161	1075	1161	2236
351	707	67	1125	1108	1125	2233
284	672	89	1045	1242	1045	2287
216	605	124	945	1402	945	2347
192	567	157	916	1311	916	2227
157	423	225	805	1303	805	2108
156	465	324	945	1281	945	2226

ANNÉE 1867.   Suite du Tableau des décès

AGES.	HOMMES.			
	Non mariés.	Mariés.	Veufs.	Total.
De 60 à 65 ans.......	188	816	287	1291
De 65 à 70 ans.......	204	784	378	1366
De 70 à 75 ans.......	118	539	375	1032
De 75 à 80 ans.......	82	283	283	648
De 80 à 85 ans.......	34	130	198	362
De 85 à 90 ans.......	21	33	81	135
De 90 à 95 ans.......	3	14	26	43
De 95 à 100 ans.......	"	"	8	8
De 100 ans et au-dessus	"	"	"	"
Sans désignation d'âge.	5	4	1	10
TOTAUX...........	13193	7562	2422	23177

de la ville de **Paris.**

FEMMES.				TOTAL DES DEUX SEXES.		TOTAL général.
Non mariées.	Mariées.	Veuves.	Total	Masculin.	Féminin.	
149	373	411	933	1291	933	2224
188	411	662	1261	1366	1261	1627
193	272	760	1225	1032	1225	2257
142	145	701	988	648	988	1636
94	67	480	641	362	641	1003
32	20	221	273	135	273	408
14	4	54	72	43	72	115
"	1	11	12	8	12	20
1	"	"	1	"	1	1
3	"	2	5	10	5	15
11316	5738	4343	21397	23177	21397	44574

Résumé des Décès.

Hommes.........	Non mariés.	13193	
	Mariés.....	7562	23177
	Veufs......	2422	
Femmes.........	Non mariées	11316	
	Mariées....	5738	21397
	Veuves.....	4343	
Déposés à la Morgue non reconnus.....	Masculins..	137	150
	Féminins...	13	
TOTALITÉ des Décès...			44724

TABLEAU
Des décès qui ont eu lieu, par suite de la petite vérole, dans la ville de Paris, année 1867.

MOIS	SEXE Masculin.	SEXE Féminin.	Tot. des deux sexes.
Jan..	11	7	18
Fév.	7	7	14
Mars	8	9	17
Avril	9	1	10
Mai.	9	8	17
Juin.	8	2	10
Juil.	7	7	14
Août	18	10	28
Sept.	20	9	29
Oct..	8	10	18
Nov.	31	11	42
Déc..	40	26	66
Tot..	176	107	283

AGES des DÉCÉDÉS.	SEXE Masculin.	SEXE Féminin.	Tot. des deux sexes.
de 0 à 3 m.	11	12	23
3 6	13	3	16
6 12	10	9	19
Dans la 1re année	34	24	58
de 1 à 2ans	8	7	15
2 3	2	2	4
3 4	3	//	3
4 5	1	2	3
5 6	2	//	2
6 7	//	//	//
7 8	//	//	//
8 9	1	2	3
9 10	//	//	//
10 15	//	//	//
15 20	19	3	22
20 25	32	15	47
25 30	26	13	39
30 35	17	15	32
35 40	11	10	21
40 45	8	5	13
45 50	6	2	8
50 55	2	2	4
55 60	4	3	7
61 ans.	//	//	//
62 ans.	//	//	//
63 ans.	//	//	//
64 ans.	//	//	//
67 ans.	//	1	1
81 ans.	//	1	1
Totaux..	176	107	283

Arrondissements	SEXE Masculin.	SEXE Féminin.	Tot. des deux sexes.
1er	3	4	7
2e	3	3	6
3e	7	1	8
4e	28	13	41
5e	17	11	28
6e	11	6	17
7e	10	7	17
8e	9	3	12
9e	1	1	2
10e	22	11	33
11e	18	7	25
12e	10	9	19
13e	1	2	3
14e	5	5	10
15e	3	3	6
16e	2	1	3
17e	10	7	17
18e	7	7	14
19e	2	4	6
20e	7	2	9
Tot	176	107	283

CONSOMMATION
DE LA VILLE DE PARIS EN 1867.

OBJETS DE CONSOMMATION.	UNITÉ de mesure.	QUANTITÉS.
Boissons.		
Vins en cercles..............	hectol.	3553581
Vins en bouteilles.............	id.	21779
Alcools purs et liqueurs..........	id.	122062
Cidres, poirés et hydromels......	id.	61606
Id. à la fabrication...........	id.	574
Alcools dénaturés.		
De 2 à 3 dixièmes.............	hectol.	981
De 3 à 4 dixièmes.............	id.	108
Liquides.		
Vinaigre, vin gâté, lie, verjus, sureau, etc...................	hectol.	39591
Bière à l'entrée..............	id.	289314
Bière à la fabrication	id.	61629
Chasselas, muscat et autres raisins.	kilogr.	7031678
Huile d'olive....	hectol.	9801
Huile de toute autre espèce.......	id.	173381
Huile animale sortant des abbatoirs	id.	534
Huiles et essences minérales. .. .	id.	31300
Vernis gras, blanc de céruse, etc.	id.	9058
Essences et liquides à l'essence, goudrons liquides.............	id.	68515
Goudrons liquides à l'état brut. ..	id.	822519
Éthers et chloroforme.	id.	338

Suite de la consommation de la ville de Paris.

OBJETS DE CONSOMMATION.	UNITÉ de mesure.	QUANTITÉS.
Comestibles.		
1º *Sorties des abattoirs.*		
Viande de bœuf, vache, veau, mouton, bouc ou chèvre..........	kilogr.	104123893
Abats et issues de veaux.........	id.	2379048
Viandes de porc, graisses et lards salés........................	id.	12796332
Abats et issues de porcs.........	id.	1918877
2º *Provenances de l'extérieur.*		
Viande de bœuf, vache, veau, mouton, bouc et chèvre..........	kilogr.	20861455
Abats et issues de veaux.........	id.	391962
Viande fraîche de porc et graisse..	id.	6265665
Abats et issues de porcs.........	id.	795240
Charcuterie de toute espèce, viande fumée.......................	id.	1870943
Viandes confites et poissons marinés.........................	id.	142109
Truffes, pâtés, volailles et gibier truffé......................	id.	157120
Fromages secs...................	id.	4245704
Volailles et gibiers.............	franc.	
Beurre de toute espèce, frais ou fondu, salé ou non...............	id.	24790856
OEufs..........................	id.	17128994
Marée, montant de la vente sur les marchés.....................	id.	16427826
Huîtres..	id.	1887799
Poissons d'eau douce............	id.	1925906

Suite de la consommation de la ville de Paris.

OBJETS DE CONSOMMATION.	UNITÉ de mesure.	QUANTITÉS.
Combustibles.		
Bois dur, neuf ou flotté..........	stère.	455119
Bois blanc, neuf ou flotté.......	id.	291531
Cotrets de bois dur.............	id.	24688
Menuise, cotrets de menuise et fagots.......................	id.	75081
Poussier de charbon de bois, tan carbonisé...................	hectol.	161163
Charbon de bois, charbon artificiel.	id.	4995083
Charbon de terre, coke, tourbe, etc.	kilogr.	786024239
Matériaux.		
Chaux grasse et chaux hydraulique.	hectol.	"
Ciment contenant de la chaux....	kilogr.	"
Chaux et ciment........	id.	121099161
Plâtre....	hectol.	6894589
Moellons de toute espèce........	m.cube	533828
Pierre de taille, dalles et carreaux de pierre...................	id.	328437
Marbre et granit...............	id.	6113
Fers employés dans les constructions......................	kilogr.	3925541 3
Fontes employées dans les constructions......................	id.	22316887
Ardoises de grandes dimensions...	unité.	8274094
Ardoises de petites dimensions. ..	id.	197700
Briques de dimensions ordinaires.	id.	40605280
Tuiles de dimensions ordinaires...	id.	1163131
Carreaux de dimensions ordinaires	id.	3818056
Briques, tuiles, carreaux, poterie, pots. ..:...................	kilogr.	21995606
Argile, terre glaise et sable gras...	m.cube	147777

Suite de la consommation de la ville de Paris.

OBJETS DE CONSOMMATION.	UNITÉ de mesure.	QUANTITÉS.
Bois à ouvrer, bateaux et bois de déchirage.		
Chêne et autres bois durs.........	stère.	186154
Sapin et autres bois blancs.......	id.	287519
Lattes et treillages...............	botte.	344829
Bateaux........ en chêne.....	bateau.	80
en sapin.....	id.	268
Bois de déchirage. en chêne.....	m. carré.	4649
en sapin.....	id.	23063
Fourrages.		
Foin, sainfoin, luzerne, etc	botte.	35011
Paille...........................	id.	30413684
Avoine..........................	kilogr.	165761160
Orge............................	id.	4472332
Objets divers.		
Sel gris ou blanc................	kilogr.	13341234
Cire blanche et spermacéti raffiné	id.	74256
Cire jaune et spermacéti brut.....	id.	136264
Acide et bougie stéarique........	id.	3752775
Suifs bruts ou fondus............	id.	421491
Suifs et graisses non comestibles..	id.	2592516
Glace à rafraîchir...............	id.	9985883
Asphalte, bitume, brai...........	id.	25931115

MOUVEMENT

DE LA

POPULATION DE LA FRANCE

PENDANT L'ANNÉE 1865.

(NOUVELLE SÉRIE.)

Nota. Le mouvement de la population a été donné successivement dans l'*Annuaire* pendant 44 ans, de 1817 à 1860, pour les 86 départements qui formaient la France avant l'annexion des trois départements : les Alpes-Maritimes, la Savoie et la Haute-Savoie. Le tableau de l'année 1861 commence une nouvelle série pour le mouvement de la population dans les 89 départements dont la France se compose actuellement.

MOUVEMENT DE LA POPULATION DE
communiqué par le Bureau

DÉPARTEMENTS.	NAISSANCES (1).				TOTAL des nais-sances.	ENFANTS MORT-NÉS (2).	
	ENFANTS LÉGITIMES		ENFANTS NATURELS				
	Masc.	Fém.	Masc.	Fém.		Masc.	Fém.
Ain	4205	4109	216	209	8739	225	146
Aisne	6328	6044	630	655	13657	466	287
Allier........	5384	4991	246	237	10858	270	163
Alpes (Basses).	1806	1808	29	27	3670	88	60
Alpes (Hautes)	1778	1731	54	62	3625	94	66
Alpes-Marit...	2730	2491	142	124	5487	197	137
Ardèche	5874	5461	176	187	11698	136	86
Ardennes	3528	3444	261	235	7468	209	153
Ariége	3423	3223	149	165	6960	114	82
Aube	2495	2329	162	138	5124	139	107
Aude.	3815	3626	138	147	7726	46	51
Aveyron	6074	5897	220	202	12393	326	163
Bouch.-du-Rh.	7182	6938	698	686	15504	526	368
Calvados.....	4343	4251	507	510	9611	263	187
Cantal.......	3047	3001	189	166	6403	73	68
Charente	3989	3745	163	159	8056	209	116
Charente-Inf.	4927	4821	178	187	10113	271	169
Cher	4844	4555	313	282	9994	183	103
Corrèze......	4864	4288	205	238	9595	120	76
Corse........	3708	3410	319	311	7748	59	57

(1) Non compris les mort-nés et les enfants décédés avant la déclaration de naissance.

(2) Et décédés avant la déclaration de naissance.

LA FRANCE PENDANT L'ANNÉE 1865,
de la Statistique générale.

TOTAL des enfants mort-nés.	DÉCÈS (3).		TOTAL des décès.	ACCROISSEMENT de la population. Excès des naissances sur les décès.	DIMINUTION de la population. Excès des décès sur les naissances.	MARIAGES.
	Masc.	Fém.				
371	4436	4295	8731	8	"	3018
753	6696	6351	13047	610	"	4445
433	4331	3989	8320	2538	"	3663
148	1997	1898	3895	"	225	1211
160	2006	1969	3975	"	350	842
334	2889	2821	5710	"	223	1537
222	5199	4887	10086	1612	"	3011
362	3269	3354	6623	845	"	2565
196	2793	2641	5434	1526	"	1753
246	2775	2624	5399	"	275	1898
97	3449	3414	6863	863	"	2310
489	4927	4695	9622	2771	"	3305
894	9869	9005	18874	"	3370	3890
450	5838	6096	11934	"	2323	3409
141	2767	2948	5715	688	"	1826
325	4457	4491	8948	"	892	3344
440	5863	5615	11478	"	1365	3770
286	3405	3322	6727	3267	"	2818
196	3848	3792	7640	1955	"	2763
116	3384	3060	6444	1304	"	1745

(3) Non compris les mort-nés et les enfants décédés avant la déclaration de naissance, et les décès d'individus non Français.

DÉPARTEMENTS.	NAISSANCES.				TOTAL des nais-sances.	ENFANTS MORT–NÉS.	
	ENFANTS LÉGITIMES.		ENFANTS NATURELS.				
	Masc.	Fém.	Masc.	Fém.		Masc.	Fém.
Côte-d'Or....	3922	3653	267	248	8090	216	146
Côtes-du-Nord	9641	9256	319	334	19550	662	408
Creuse.......	3363	3190	221	199	6973	117	49
Dordogne....	6661	6229	229	246	13365	246	49
Doubs.......	3666	3445	383	384	7878	242	178
Drôme.......	4084	3782	243	221	8330	224	156
Eure	3637	3509	364	339	7849	208	133
Eure-et-Loir.	3294	3083	173	173	6723	167	106
Finistère.....	11565	10947	298	313	23123	714	504
Gard	6207	5785	208	170	12370	278	193
Garonne (Hte)	5025	4652	400	357	10434	323	221
Gers.........	2844	2690	137	161	5832	131	90
Gironde.....	7376	6943	843	809	15971	438	311
Hérault......	5915	5486	253	243	11897	374	276
Ille-et-Vilaine.	7699	7249	223	203	15374	508	349
Indre........	3625	3431	224	187	7467	139	96
Indre-et-Loire.	3154	2916	187	181	6438	156	104
Isère	6951	6905	285	324	14465	512	313
Jura.........	3632	3391	156	149	7328	264	144
Landes	4130	3748	345	384	8607	155	101
Loir-et-Cher..	3295	3137	188	198	6818	159	109
Loire........	7985	7799	343	370	16497	438	305
Loire (Haute-)	4647	4472	155	180	9454	134	102
Loire-Infér...	7803	7537	368	352	16060	426	264
Loiret.......	4546	4380	367	364	9657	186	128

TOTAL des enfants mort-nés.	DÉCÈS.		TOTAL des décès.	ACCROISSEMENT de la population. Excès des naissances sur les décès.	DIMINUTION de la population. Excès des décès sur les naissances.	MARIAGES.
	Masc.	Fém.				
362	4227	4045	8272	"	182	2813
1070	7671	7732	15403	4147	"	4599
166	2314	2496	4810	2163	"	2512
406	5974	5698	11672	1693	"	4211
420	3372	3222	6594	1284	"	2110
380	4011	4037	8048	282	"	2467
341	4918	4668	9586	"	1737	3152
273	3523	3420	6943	"	220	2228
1218	9253	8942	18195	4928	"	5558
471	6667	6559	13226	"	856	3234
544	4849	4966	9815	619	"	3444
221	2892	3237	6129	"	297	2453
749	8059	8026	16085	"	114	6148
650	5363	5536	10899	998	"	3652
857	6846	6640	13486	1888	"	4191
235	2792	2755	5547	1920	"	2500
260	3738	3717	7455	"	1017	2735
825	7240	7024	14264	201	"	4752
408	3711	3766	7477	"	149	2373
256	3244	3065	6309	2298	"	2435
268	3195	3037	6232	586	"	2248
743	6873	6406	13279	3218	"	3856
236	3866	3737	7603	1851	"	2414
690	6689	6551	13240	2820	"	4194
314	4267	4228	8495	1162	"	2755

DÉPARTEMENTS.	NAISSANCES.				TOTAL des naissances.	ENFANTS MORT-NÉS.	
	ENFANTS LÉGITIMES.		ENFANTS NATURELS.				
	Masc.	Fém.	Masc.	Fém		Masc.	Fém.
Lot.........	3403	3275	107	12?	6907	106	70
Lot-et-Garon.	3097	2892	117	94	6200	167	99
Lozère......	2024	2016	90	88	4218	91	63
Maine-et-Loire	5585	5290	248	283	11406	328	206
Manche......	6111	5879	370	378	12738	389	301
Marne.......	4165	3940	437	428	8970	272	187
Marne (Haute)	2853	2656	140	132	5781	178	97
Mayenne.....	4335	4100	184	215	8834	292	193
Meurthe.....	5047	4705	533	456	10741	378	241
Meuse.......	3030	2947	177	167	6321	180	132
Morbihan....	7567	7115	215	270	15167	470	300
Moselle......	6049	5633	410	387	12479	290	252
Nièvre.......	4765	4402	249	248	9664	204	142
Nord........	21469	20317	2322	2114	46222	1332	952
Oise........	4409	4258	361	308	9336	259	182
Orne........	3757	3587	179	183	7706	230	135
Pas-de-Calais.	10300	9821	1102	1014	22237	535	353
Puy-de-Dôme.	6955	6487	188	204	13834	349	216
Pyrén. (Bas).	5224	4988	427	425	11064	170	117
Pyrén. (Haut.)	2742	2450	238	237	5667	140	90
Pyrén.-Orient.	2990	2842	155	153	6140	139	107
Rhin (Bas-)	8977	8796	1080	1090	19943	601	380
Rhin (Haut-).	8332	7595	889	915	17731	607	400
Rhône......	7828	7305	1257	1227	17617	651	486
Saône (Haute-)	3694	3568	306	311	7879	221	153

TOTAL des enfants mort-nés.	DÉCÈS.		TOTAL des décès.	ACCROISSEMENT de la population.	DIMINUTION de la population.	MARIAGES.
	Masc.	Fém.		Excès des naissances sur les décès.	Excès des décès sur les naissances.	
176	3427	3541	6968	"	61	2262
266	3719	3619	7338	"	1138	2736
154	1626	1696	3322	896	"	1088
534	5592	5591	11183	223	"	4259
690	6450	6465	12915	"	177	3638
459	4814	4733	9547	"	577	3007
275	2950	2894	5844	"	63	1840
485	4118	4209	8327	507	"	2863
619	4965	4795	9758	983	"	3218
312	3339	3315	6654	"	333	2201
770	6028	5852	11880	3287	"	3725
542	5126	5233	10359	2120	"	3095
346	4105	3794	7899	1765	"	3065
2284	16943	15986	32929	13293	"	10911
441	4953	4823	9776	"	440	3255
365	4428	4710	9138	"	1432	2994
888	8670	8433	17103	5134	"	5624
565	6730	6621	13351	483	"	4710
287	5057	5303	10360	704	"	2886
230	2585	2642	5227	440	"	1560
246	2963	2692	5655	485	"	1508
981	7659	7670	15329	4614	"	4051
1007	6846	6581	13427	4304	"	3882
1137	8351	7944	16295	1322	"	5286
374	3587	3391	6978	901	"	2310

DÉPARTEMENTS.	NAISSANCES.				TOTAL des nais- sances.	ENFANTS MORT—NÉS.	
	ENFANTS LÉGITIMES.		ENFANTS NATURELS.				
	Masc.	Fém.	Masc.	Fém.		Masc.	Fém.
Saône-et-Loire	8328	7985	396	389	17098	481	335
Sarthe.......	4505	4340	341	359	9545	280	214
Savoie.......	4033	3708	174	145	8060	334	253
Savoie (Haute)	3789	3561	253	254	7857	315	187
Seine........	23813	23050	8638	8556	64057	2741	2063
Seine-Infér ..	10389	10224	1482	1444	23539	648	441
Seine-et-Marne	4092	3937	255	270	8554	173	129
Seine-et-Oise.	6218	6035	545	488	13286	371	271
Sèvres (Deux-)	3941	3709	178	171	7999	137	105
Somme......	6375	5841	784	708	13708	409	261
Tarn.... ...	4739	4438	147	125	9449	222	146
Tarn-et-Gar..	2325	2158	66	56	4605	130	80
Var.........	3514	3505	190	158	7367	202	124
Vaucluse.....	3433	3193	138	158	6922	225	153
Vendée.. ...	5322	5137	182	153	10794	223	143
Vienne.......	3837	3556	199	188	7780	164	137
Vienne(Haute)	4881	4542	307	284	10014	202	151
Vosges.......	5135	5045	502	522	11204	417	307
Yonne.......	4018	3737	207	172	8134	199	125
TOTAUX..	476406	452343	38939	38065	1005753	27883	19070

TOTAL des enfants mort-nés.	DÉCÈS. Masc.	DÉCÈS. Fém.	TOTAL des décès.	ACCROISSEMENT de la population. Excès des naissances sur les décès.	DIMINUTION de la population. Excès des décès sur les naissances.	MARIAGES.
816	8055	7850	15905	1193	"	5196
494	5449	5413	10862	"	1317	3740
587	3818	3803	7621	439	"	1953
502	2997	2986	5983	1874	"	1959
4804	31373	29009	60382	3675	"	19138
1089	11144	11185	22329	1210	"	5880
302	4425	4217	8642	"	88	2765
642	7658	6914	14572	"	1286	4573
242	3449	3453	6902	1097	"	2689
670	6579	6496	13075	633	"	4331
368	3827	3945	7772	1677	"	2960
210	2573	2643	5216	"	611	1973
326	6155	4566	10721	"	3354	2235
378	3827	3724	7751	"	629	1846
366	4645	4385	9030	1764	"	3281
301	3773	3846	7619	161	"	2936
353	3915	3808	7723	2291	"	3229
724	4652	4611	9263	1941	"	3461
324	4435	4193	8628	"	494	2977
46953	467530	454357	921887	109461	25595	299242

Accroissement total en 1865.　　　83866

RÉSUMÉ des années 1861 à 1865.	NAISSANCES.				TOTAL des naissances.
	ENFANTS LÉGITIMES.		ENFANTS NATURELS.		
	Masculins	Féminins	Mascul.	Fémin.	
1861.........	475788	452593	38947	37750	1005078
1862.........	472696	448552	37615	36304	995167
1863.........	479487	456824	39094	37389	1012794
1864.........	477758	452222	38402	37498	1005880
1865.........	476406	452343	38939	38065	1005753

TOTAL des enfants mort-nés.	DÉCÈS.		TOTAL des décès.	AUGMENTATION de la population.	MARIAGES.
	Masculins.	Féminins.			
45024	435374	431223	866597	138481	305203
44915	408558	404420	812978	182189	303514
45453	426208	420709	846917	165877	301376
46641	434666	425664	860330	145550	299579
46953	467530	454357	921887	83866	299242

SUR
LE MOUVEMENT DE LA POPULATION EN FRANCE,

PENDANT 44 ANS, DE 1817 A 1860,

PAR M. MATHIEU.

Le résumé du mouvement de la population dans les 86 départements de la France a été mis, pour la première fois, dans l'*Annuaire* de 1821. On a commencé par l'année 1817, et depuis il a été inséré régulièrement pendant 44 ans, de 1817 à 1860. L'ensemble de tous ces éléments se trouve dans l'*Annuaire* de 1864, pages 198 et suivantes.

Maintenant nous donnons le mouvement de la population pour les 89 départements dont la France se compose depuis l'annexion des trois départements : les Alpes-Maritimes, la Savoie et la Haute-Savoie. C'est par l'année 1861 que commence une nouvelle série de faits qui seront recueillis avec soin et qui serviront à leur tour à faire connaître les variations que le temps amènera dans les divers éléments de la population.

Mais, en attendant la réunion d'un certain nombre d'années de la nouvelle série, nous croyons devoir reproduire les résultats de la période de 44 ans que nous avons rassemblés dans l'*Annuaire* de 1864.

RAPPORT DES NAISSANCES DES DEUX SEXES.

Dans la période des 44 années comprises depuis 1817 jusqu'à 1860, la totalité des enfants nés en France comprend 21 847 422 garçons et 20 619 904 filles. Le rapport du premier nombre au second est à très-peu près égal à $\frac{17}{16}$. Ainsi les naissances moyennes annuelles des garçons excèdent d'un seizième celles des filles.

Les naissances des enfants naturels des deux sexes paraissent s'écarter du rapport de 17 à 16. Depuis 1817 jusqu'à 1860, ces naissances, dans toute la France, ont été de 1 561 500 garçons et 1 503 349 filles. Le rapport du premier nombre au second diffère peu de celui de 26 à 25, ce qui semblerait indiquer que dans cette classe d'enfants les naissances des filles se rapprochent plus de celles des garçons que dans le cas des enfants légitimes.

VARIATION DES MARIAGES ET DES NAISSANCES LÉGITIMES.

Les observations faites en France sur la population, les mariages et les naissances légitimes, séparées en trois périodes de 14 ans, conduisent aux moyennes annuelles :

	1819 à 1832	1833 à 1846	1847 à 1860
Habitants..	31,446,298	33,990,670	35,962,396
Naissances..	902,947	902,749	885,419
Mariages...	242,047	275,525	285,507

En les ramenant à une même population de 10000 habitants, on trouve

	1819 à 1832	1833 à 1846	1847 à 1860
Habitants..	10000	10000	10000
Naissances..	287	265	246
Mariages...	77	81	79

Les mariages sont plus nombreux dans la seconde et la troisième période que dans la première; et les naissances vont en diminuant de 1819 à 1860. Il y a donc augmentation sensible dans les mariages et diminution évidente dans les naissances. On compte effectivement pour un mariage 3,73 naissances légitimes dans la première période; 3,28 dans la seconde, et seulement 3,10 dans la dernière, de 1847 à 1860.

VARIATION DU RAPPORT DE LA POPULATION AUX NAISSANCES.

Dans l'intervalle de 1817 à 1860 le rapport de la population aux naissances va toujours en augmentant; car on trouve :

	Rapport.
Par les quinze années, de 1817 à 1831..	32,1
Par les quinze années, de 1832 à 1846..	34,9
Par les quatorze années, de 1847 à 1860..	37,7

C'est par ces rapports qu'il faut multiplier les naissances annuelles dans chaque période de 14 et 15 ans pour reproduire la population correspondante de la France.

Mais si une population restait stationnaire, elle serait égale aux naissances annuelles multipliées par la durée de la vie moyenne, et alors la durée de la vie moyenne serait donnée par le rapport de la population aux naissances.

Si la population, en France, pouvait être considérée comme à peu près stationnaire, les trois rapports 32,1, 34,9 et 37,7 indiqueraient une durée de la vie moyenne de 32^{ans},1 vers 1824, de 34^{ans},9 quinze ans plus tard, et de 37^{ans},7 vers 1852. Au reste, ces valeurs approximatives ont au moins l'avantage de rendre évidente une augmentation sensible dans la durée de la vie moyenne, augmentation qui doit naturellement provenir de l'introduction de la vaccine, des progrès de la thérapeutique, de l'amélioration incessante du régime hygiénique et de l'aisance qui s'est répandue jusque dans les classes les moins fortunées.

MOUVEMENT MOYEN ANNUEL DE 1817 A 1860.

Pendant la période de 44 ans que nous considérons, le nombre moyen annuel des naissances, page 228, est 965167, des décès 809999, de l'accroissement de la population 155168, des mariages 265030. A ces nombres, qui résultent immédiatement des relevés fournis par les registres de l'état civil, nous avons ajouté la population de la France, telle qu'elle a été trouvée par les recensements de

1821, de 1831, de 1836, de 1841, de 1846, de 1851, de 1856, de 1861 et 1866.

RAPPORTS DES ÉLÉMENTS ANNUELS DE LA POPULATION.

On trouve dans le tableau, page 229, les rapports qui existent entre les divers éléments annuels moyens du tableau de la page 226. Les détails suivants en font d'ailleurs bien comprendre la signification.

Les naissances moyennes annuelles des garçons et des filles sont entre elles à très-peu près comme les nombres 17 et 16 pour les enfants légitimes, comme les nombres 26 et 25 pour les enfants naturels, et comme les nombres 17 et 16 pour la totalité des enfants.

Le nombre total des naissances annuelles des garçons surpasse donc d'un seizième le nombre total des naissances des filles.

Quand il naît un enfant naturel, il en naît 12,857 ou près de 13 légitimes.

Les décès annuels masculins dépassent les décès féminins ; à 72 décès féminins correspondent moyennement 73 décès masculins.

L'augmentation moyenne annuelle de la population dans les 44 années de 1817 à 1860 est de 155 168, ou de la 217e partie de la population moyenne 33 600 000. Les garçons ont une plus grande part que les filles à cet accroissement; car ils y contribuent pour un 379e, et les filles seulement pour un 507e.

Si l'accroissement total d'un 217ᵉ se maintenait le même, la population augmenterait d'un dixième en 21 ans, de deux dixièmes en 40 ans, de trois dixièmes en 57 ans, de quatre dixièmes en 73 ans, de moitié en 88 ans, et elle serait double au bout de 151 ans.

On compte une naissance pour 34,81 habitants, et pour 0,84 décès, ou 100 naissances pour 84 décès.

On compte un décès pour 41,48 habitants, et pour 1,19 naissance, ou 100 décès pour 119 naissances.

On compte un mariage pour 127 habitants, et 3,38 naissances légitimes.

Avec les mouvements moyens annuels, page 228, on trouve

Naissances... 2,87 ⎫
Décès....... 2,77 ⎬ pour 100 de la population.
Mariages. ... 0,79 ⎭

Enfants ⎰ légitimes... 2,67 ⎱ pour 100
      ⎱ naturels. ... 0,21 ⎰ de la population.

MOUVEMENT MOYEN ANNUEL.

NAISSANCES DES ENFANTS..	légitimes..	garçons.. 461044 filles 434467	} 895511	
	naturels...	garçons.. 35489 filles 34167	} 69656	
	légitimes et naturels	garçons. 496533 filles 468634	} 965167	

DÉCÈS.............	masculins.... 407830 féminins..... 402169	} 809999

ACCROISSEMENT DE LA POPULATION.	garçons...... 88703 filles........ 66465	} 155168

MARIAGES 265030

POPULATION recensée en 1821, 86 départements. 30461875
en 1831, id....... 32569223
en 1836, id....... 33540910
en 1841, id....... 34230178
en 1846, id....... 35401761
en 1851, id....... 35783170
en 1856, id....... 36039364
en 1861, 89 départements. 37382225
en 1866, id....... 38067064

La population moyenne des 44 années, de 1817 à 1860, est de 33 600000, en ayant égard à l'accroissement de la population et en partant de la population observée pour 86 départements en 1821, en 1831, en 1836, en 1841, en 1846, en 1851, en 1856, et pour 89 en 1861 et en 1866.

RAPPORTS

Des éléments annuels de la population.

NAISSANCES DES ENFANTS..	légitimes..	garçons.............	17
		filles	16,020
	naturels ..	garçons	26
		filles	25,032
	légitimes et naturels	garçons...........	17
		filles	16,045

NAISSANCES D'ENFANTS.	légitimes.	12,857
	naturels.............	1

DÉCÈS.............	masculins.	73
	féminins.........	71,987

ACCROISSEMENT de la population ..	garçons ..... 0,00264.....	$\frac{1}{379}$
	filles........ 0,00197.....	$\frac{1}{507}$
	TOTAL..... 0,00461.....	$\frac{1}{217}$

Une naissance pour..	habitants............	34,81
	décès	0,84

Un décès pour.	habitants............	41,48
	naissances...........	1,19

Un mariage pour	habitants............	126,78
	naissances légitimes...	3,38

FRANCE,

TABLEAU

De la Population d'après le recensement fait en 1866.

Décret du 15 janvier 1867 (*).

CHEFS-LIEUX D'ARRONDISSEMENT.	POPULATION			
	des communes		des arrondisse-ments.	des départe-ments.
	totale.	municipale.		
AIN.				
Bourg..........	13733	13552	124378	
Belley	4624	4265	81409	
Gex	2642	2478	21454	371643
Nantua	3776	3657	50764	
Trévoux	2863	2692	93638	
AISNE.				
Laon...........	10268	8658	168483	
Château-Thierry..	6519	6320	62113	
Saint-Quentin....	32690	31730	142334	565025
Soissons	11099	8890	71586	
Vervins.	2732	2508	120509	
ALLIER.				
Moulins........	19890	17946	108710	
Gannat	5528	5469	65895	
Lapalisse	2821	2821	86837	376164
Montluçon	18675	17979	114722	
ALPES (BASSES-).				
Digne.	7002	6121	49024	
Barcelonnette. ...	2000	1972	15960	
Castellane........	1842	1805	20998	143000
Forcalquier......	2841	2727	34266	
Sisteron........ .	4210	4131	22752	

(*) Aux termes de ce décret, ce tableau sera considéré comme seul authentique, pendant cinq ans, à partir du 1ᵉʳ janvier 1867.

CHEFS-LIEUX D'ARRONDISSEMENT.	POPULATION			
	des communes		des arrondisse-ments.	des départe-ments.
	totale.	municipale		

ALPES (HAUTES-).

Gap............	8165	7517	64064	122117
Briançon.........	3579	3402	27741	
Embrun	4183	3065	30312	

ALPES-MARITIMES.

Nice............	50180	48150	104913	198818
Grasse..........	12241	11740	69892	
Puget-Théniers...	1289	1289	24013	

ARDÈCHE.

Privas...........	7204	6279	124745	387174
Largentière......	3144	3096	108126	
Tournon.........	5509	5204	154303	

ARDENNES.

Mézières.......	5818	4745	81178	326864
Rethel.........	7400	7172	64393	
Rocroy........	2998	2519	51617	
Sedan..........	15057	13793	70744	
Vouziers........	3073	2995	58932	

ARIÉGE.

Foix............	6746	6236	85481	250436
Pamiers.........	7877	7396	78852	
Saint-Girons.....	4745	4668	86103	

AUBE.

Troyes..........	35678	33375	98230	261951
Arcis-sur-Aube...	2784	2755	34760	
Bar-sur-Aube....	4809	4734	43338	
Bar-sur-Seine....	2920	2811	49171	
Nogent-sur-Seine.	3641	3609	36452	

CHEFS-LIEUX D'ARRONDISSEMENT.	POPULATION			
	des communes		des arrondisse- ments.	des départe ments.
	totale.	municipale		

AUDE.

Carcassonne....	22173	19845	93916	
Castelnaudary....	9075	8873	48953	288626
Limoux.........	6770	6198	67191	
Narbonne......	17172	16037	78566	

AVEYRON.

Rodez..........	12037	9690	108735	
Espalion....... ..	4330	4269	64264	
Milhau..........	13663	13591	66389	400070
Sainte-Affrique...	7046	6712	58614	
Villefranche......	9719	9501	102068	

BOUCHES-DU-RHONE.

Marseille......	300131	286281	340752	
Aix.............	28152	24870	114643	547903
Arles	26367	25821	92508	

CALVADOS.

Caen.......	41564	36077	131959	
Bayeux..........	9138	8552	77581	
Falaise.....	8183	8094	56384	
Lisieux....	12617	12120	69064	474909
Pont-l'Évèque....	2880	2783	59101	
Vire......... ..			80820	

CANTAL.

Aurillac.........	10998	9772	92666	
Mauriac.,.	3291	3165	59268	
Murat.....	2666	2652	33352	237994
Saint-Flour	5218	4699	52708	

CHEFS-LIEUX D'ARRONDISSEMENT.	POPULATION			
	des communes		des arrondisse-ments.	des départe-ments.
	totale.	municipale		
CHARENTE.				
Angoulême.. ...	25116	22970	137983	
Barbezieux..	3881	3770	53926	
Cognac..........	9412	9263	65778	378218
Confolens.....	2717	2655	65968	
Ruffec..........	3175	3140	54563	
CHARENTE-INFÉRIEURE.				
La Rochelle.....	18720	16389	82593	
Jonzac......	3147	3147	82632	
Marennes	4426	4418	53345	
Rochefort..	30151	23709	70125	479529
Saintes.........	11570	10734	106904	
St-Jean-d'Angely..	7023	6704	83930	
CHER.				
Bourges	30119	25935	135352	
Saint-Amand.....	8757	8625	119388	336613
Sancerre.........	3707	3688	81873	
CORRÈZE.				
Tulle......	12606	11901	133081	
Brives..	10389	10028	114847	310843
Ussel..	4029	3930	62915	
CORSE.				
Ajaccio.........	14558	13014	63788	
Bastia.......	21535	20194	77053	
Calvi....	1884	1814	25124	259861
Corte	6094	5730	61168	
Sartène........ ...	4082	3956	32728	

CHEFS-LIEUX D'ARRONDISSEMENT.	POPULATION			
	des communes		des arrondisse-ments	des départe-ments
	totale.	municipale		

COTE-D'OR.

Dijon............	39193	36797	147440	
Beaune..	10907	10547	122202	382762
Châtillon-sur-Seine	4860	4739	48693	
Semur....	3892	3760	64427	

COTES-DU-NORD.

Saint Brieuc	15812	14007	183457	
Dinan	8510	8051	120170	
Guingamp........	6977	6609	128190	641210
Lannion..........	6882	6499	118097	
Loudéac.........	6072	5975	91296	

CREUSE.

Guéret....	5126	4452	94633	
Aubusson	6625	6505	100370	
Bourganeuf.......	3501	3453	41349	274057
Boussac.	1062	1048	37705	

DORDOGNE.

Périgueux.......	20401	18633	115147	
Bergerac	12224	11499	115559	
Nontron...	3622	3557	84413	502673
Ribérac	3837	3758	73103	
Sarlat...........	6822	6483	114451	

DOUBS.

Besançon..	46961	41794	111658	
Baume..........	2562	2544	63979	
Montbelliard.	6479	6408	71962	298072
Pontarlier..	4945	4896	50473	

CHEFS–LIEUX D'ARRONDISSEMENT.	POPULATION			
	des communes		des arrondisse-ments.	des départe-ments.
	totale.	municipale		

DROME.

Valence	20142	17420	157201	
Die.	3762	3748	62312	324231
Montélimart	11100	10040	70251	
Nyons.	3611	3543	34467	

EURE.

Évreux	12320	10950	116058	
Les Andelys	5161	5070	61011	
Bernay.	7510	7402	72676	394467
Louviers.	11707	11643	67320	
Pont–Audemer.	6182	6010	77402	

EURE-ET-LOIR.

Chartres	19442	17450	112458	
Châteaudun	6781	6377	65570	290753
Dreux	7237	6768	68760	
Nogent–le–Rotrou.	7006	6705	43965	

FINISTÈRE.

Quimper	12532	10814	130673	
Brest.	79847	60546	230316	
Châteaulin	3259	3214	108877	662485
Morlaix.	14046	13432	143102	
Quimperlé	6863	6381	49517	

GARD.

Nîmes	60240	55723	159793	
Alais	19964	19345	123274	429747
Uzès	5895	5804	86433	
Le Vigan	5104	5011	60247	

CHEFS–LIEUX D'ARRONDISSEMENT.	POPULATION			
	des communes		des arrondisse-ments.	des départe-ments.
	totale.	municipale		

GARONNE (HAUTE-).

Toulouse.	126936	114085	207554	
Muret.	4050	4041	91035	493777
Saint-Gaudens. . . .	5166	4966	136265	
Villefranche.	2829	2810	58923	

GERS.

Auch.	12500	10449	59722	
Condom	8140	8000	70143	
Lectoure.	6086	5865	47926	295692
Lombez.	1714	1694	39581	
Mirande.	4010	3513	78320	

GIRONDE.

Bordeaux.	194241	181424	374658	
Bazas.	4766	4534	56381	
Blaye.	4761	4187	58549	
Lesparre.	3726	3680	42357	701855
Libourne.	14639	13461	117697	
La Réole.	4244	4167	52213	

HÉRAULT.

Montpellier	55606	49320	172381	
Béziers.	27722	25775	150695	427245
Lodève.	10571	10310	56382	
Saint-Pons.	6214	6137	47787	

ILLE-ET-VILAINE.

Rennes.	49231	40864	150211	
Fougères.	9580	9041	84069	
Montfort.	2280	1928	61265	
Redon	6064	5695	86026	592609
Saint-Malo.	10693	9423	130372	
Vitré.	8937	8603	80666	

CHEFS-LIEUX D'ARRONDISSEMENT.	POPULATION			
	des communes		des arrondisse-ments.	des départe-ments.
	totale.	municipale		

INDRE.

Châteauroux	17161	15554	106767	
Le Blanc....	5956	5814	60110	
La Châtre.	5167	5072	58384	277860
Issoudun........	14261	13757	52599	

INDRE-ET-LOIRE.

Tours......	42450	38509	170936	
Chinon	6895	6810	89149	325193
Loches.........	5154	5038	65108	

ISÈRE.

Grenoble	40484	35224	220503	
Saint-Marcellin ..	3173	3082	82496	
Latour-du-Pin ...	2809	2802	130809	581386
Vienne	24807	23605	147578	

JURA.

Lons-le-Saulnier.	9943	9012	101295	
Dôle............	11093	9705	74105	
Poligny.........	5392	5205	71649	298477
Saint-Claude.....	6809	6748	51428	

LANDES.

Mont-de-Marsan	8455	8135	110917	
Dax............	9469	9134	109102	306693
Saint-Sever......	4980	4916	86674	

LOIR-ET-CHER.

Blois...........	20068	17344	140239	
Rômorantin......	7867	7584	55058	275757
Vendôme........	9938	8729	80460	

CHEFS-LIEUX D'ARRONDISSEMENT.	POPULATION			
	des communes		des arrondisse-ments.	des départe-ments.
	totale.	municipale		

LOIRE.

Saint-Étienne....	96620	93047	253524	
Montbrison.......	6475	6246	133812	537108
Roanne..........	19354	19210	149772	

LOIRE (HAUTE-).

Le Puy..........	19532	17829	142375	
Brioude..........	4932	4856	81290	312661
Yssengeaux.......	8393	8347	88996	

LOIRE-INFÉRIEURE.

Nantes..........	111956	107787	267903	
Ancenis..........	4148	3881	50889	
Châteaubriant...	4834	4672	77095	598598
Paimbœuf.......	3194	3032	47690	
Saint-Nazaire....	18896	17879	155021	

LOIRET.

Orléans..........	49100	47078	159972	
Gien.............	6717	6717	54616	357110
Montargis........	8103	7930	80746	
Pithiviers........	4928	4807	61776	

LOT.

Cahors..........	14115	13271	117448	
Figeac...........	7610	7391	90568	288919
Gourdon.........	5204	5080	80903	

LOT-ET-GARONNE.

Agen............	18222	16804	80082	
Marmande.......	8564	8500	97676	
Nérac...........	7717	7507	60376	327962
Villeneuve-d'Agen	13114	12153	89828	

CHEFS-LIEUX D'ARRONDISSEMENT.	POPULATION			
	des communes		des arrondissements.	des départements.
	totale.	municipale		

LOZÈRE.

Mende.........	6453	5953	48191	
Florac..........	2185	2171	37848	137263
Marvejols........	5046	4818	51224	

MAINE-ET-LOIRE.

Angers.........	54791	48935	163848	
Baugé..........	3562	3210	78595	
Cholet..........	13360	13076	129284	532325
Saumur.........	13663	12489	95489	
Segré..........	2861	2813	65109	

MANCHE.

Saint-Lô........	9693	8859	92905	
Avranches........	8642	8205	111953	
Cherbourg.......	37215	28429	92801	
Coutances.......	8159	7380	120428	573899
Mortain.........	2443	2156	71026	
Valognes........	5406	4931	84786	

MARNE.

Châlons-s-Marne	17692	14901	59057	
Épernay........	11704	11408	96078	
Reims..........	60734	58905	151498	390809
Sainte-Menehould.	4326	4170	33665	
Vitry-le-François.	7852	7431	50511	

MARNE (HAUTE-).

Chaumont......	8285	7790	84439	
Langres.........	8320	7440	97261	259096
Vassy..........	3105	3017	77396	

CHEFS–LIEUX D'ARRONDISSEMENT.	POPULATION			
	des communes		des arrondisse-ments.	des départe-ments.
	totale.	municipale		
MAYENNE.				
Laval	27189	25437	130355	
Château–Gontier..	7364	7019	76397	367855
Mayenne..........	10894	9895	161103	
MEURTHE.				
Nancy	49993	46176	151382	
Château–Salins...	2323	2222	60626	
Lunéville	15184	12393	84393	428387
Sarrebourg.	3030	2982	71019	
Toul..	7410	6852	60967	
MEUSE.				
Bar–le–Duc......	15334	14515	80964	
Commercy	4099	3801	79957	301653
Montmédy........	2135	1967	62052	
Verdun.	12941	10236	78680	
MORBIHAN.				
Vannes	14560	13024	134810	
Lorient	37655	27250	169111	501084
Napoléonville	8146	7008	104152	
Ploërmel.........	5697	5244	93011	
MOSELLE.				
Metz...........	54817	45207	165179	
Briey............	1876	1837	64511	452157
Sarreguemines....	6802	6640	131876	
Thionville........	7376	5400	90591	
NIÈVRE				
Nevers..........	20700	18298	123152	
Château–Chinon..	2713	2642	67741	342773
Clamecy..........	5616	5521	74022	
Cosne.	6575	6514	77858	

CHEFS-LIEUX D'ARRONDISSEMENT.	POPULATION			
	des communes		des arrondisse-ments.	des départe-ments.
	totale.	municipale		
NORD.				
Lille.............	154749	146943	523231	
Avesnes..........	3737	3038	163450	
Cambrai..........	22207	18507	193855	
Douai............	24105	20055	115065	1392041
Dunkerque........	33083	31662	113184	
Hazebrouck.......	9017	8724	109036	
Valenciennes.....	24344	22339	174220	
OISE.				
Beauvais.........	15307	13609	126411	
Clermont.........	5743	3643	88941	401274
Compiègne........	12150	10714	96207	
Senlis...........	5879	5229	89715	
ORNE.				
Alençon..........	16115	14864	70588	
Argentan.........	5401	5153	96042	414618
Domfront.........	4866	4799	134476	
Mortagne.........	4830	4697	113512	
PAS-DE-CALAIS.				
Arras............	25749	21369	172999	
Béthune..........	8178	7671	163455	
Boulogne.........	40251	38492	141600	749777
Montreuil........	3655	3305	76949	
Saint-Omer.......	21869	19922	113175	
Saint-Pol........	3567	3395	81599	
PUY-DE-DOME.				
Clermont-Ferrand	37690	34461	171891	
Ambert...........	7519	7446	83132	
Issoire..........	6294	6063	93740	571690
Riom.............	10614	9401	146206	
Thiers...........	16137	16069	76721	

CHEFS-LIEUX D'ARRONDISSEMENT.	POPULATION			
	des communes		des arrondissements.	des départements.
	totale.	municipale		

PYRÉNÉES (BASSES-)

Pau	24563	22606	128942	
Bayonne	26333	23268	97184	
Mauléon	1876	1489	65116	435486
Oloron	9085	8786	70114	
Orthez	6627	6563	74130	

PYRÉNÉES (HAUTES-).

Tarbes	15658	13901	108452	
Argelès	1698	1698	41625	240252
Bagnères	9433	9099	90175	

PYRÉNÉES-ORIENTALES.

Perpignan	25264	21879	96458	
Céret	3737	3712	43593	189490
Prades	3579	3426	49439	

RHIN (BAS-).

Strasbourg	84167	72126	258763	
Saverne	5489	5465	105270	
Schélestadt	10040	9589	140086	588970
Weissembourg	5570	5247	84851	

RHIN (HAUT-).

Colmar	23669	21805	217693	
Belfort	8400	6257	133245	530285
Mulhouse	58773	56608	179347	

RHONE.

Lyon	323954	300761	502801	
Villefranche	12469	11876	175847	678648

CHEFS-LIEUX D'ARRONDISSEMENT.	POPULATION			
	des communes		des arrondisse-ments.	des départe-ments.
	totale.	municipale		

SAONE (HAUTE-).

Vesoul.........	7614	6263	102673	
Gray...........	6764	6121	79776	317706
Lure...........	3747	3616	135257	

SAONE-ET-LOIRE.

Mâcon.........	18382	16913	121690	
Autun.........	12389	11960	117656	
Châlon-sur-Saône	19982	19364	141833	600006
Charolles	3295	2794	132720	
Louhans........	3871	3775	86107	

SARTHE.

Le Mans........	45230	41764	176748	
La Flèche.......	9292	8418	99690	463619
Mamers.........	5832	5711	121721	
Saint-Calais......	3648	3582	65460	

SAVOIE.

Chambéry.......	18279	15084	144945	
Albertville.	4430	3897	36312	
Moutiers.	1956	1770	37265	271663
Saint-Jean de Mau-rienne........	3088	2933	53141	

SAVOIE (HAUTE-).

Annecy...	11554	10195	87112	
Bonneville.	2284	2101	69648	273768
Saint-Julien.....	1410	1242	54350	
Thonon.........	5530	5056	62658	

SEINE.

Paris...........	1825274	1779436	1825274	
Saint-Denis.	26117	22195	178359	2150916
Seeaux.........	2578	2459	147283	

CHEFS-LIEUX D'ARRONDISSEMENT.	POPULATION			
	des communes		des arrondisse-ments.	des départe-ments.
	totale.	municipale		

SEINE-INFÉRIEURE.

Rouen	160671	93019	274672	
Dieppe	19946	18916	112313	
Le Havre	74900	71570	192524	792768
Neuchâtel	3616	3521	81125	
Yvetot	8873	8469	132134	

SEINE-ET-MARNE.

Melun	11408	8239	66203	
Coulommiers	4445	4307	54924	
Fontainebleau	10787	9071	80753	354400
Meaux	11343	9352	96257	
Provins	7596	6465	56263	

SEINE-ET-OISE.

Versailles	44021	35084	188846	
Corbeil	5541	5394	70457	
Étampes	8228	8058	41317	
Mantes	5345	5186	56615	533727
Pontoise	6287	5995	108937	
Rambouillet	3971	3511	67555	

SÈVRES (DEUX-).

Niort	20775	18788	109559	
Bressuire	2820	2601	75727	
Melle	2556	2528	74732	333155
Parthenay	4844	4541	73137	

SOMME.

Amiens	61063	56745	194021	
Abbeville	19385	18042	141625	
Doullens	4706	4182	59963	572640
Montdidier	4326	3949	67321	
Péronne	4262	3843	109710	

CHEFS-LIEUX D'ARRONDISSEMENT.	POPULATION			
	des communes		des arrondissements.	des départements.
	totale.	municipale		

TARN.

Alby	16596	15064	95120	
Castres	21357	19867	130779	355513
Gaillac	7870	7832	68487	
Lavaur	7376	7067	52127	

TARN-ET-GARONNE.

Montauban	25991	24061	103809	
Castel-Sarrasin	6835	6709	68682	228969
Moissac	9661	9442	56478	

VAR.

Draguignan	9819	9275	88736	
Brignoles	5945	5691	69247	308550
Toulon	77126	54613	150567	

VAUCLUSE.

Avignon	36427	31790	81610	
Apt	5940	5906	54203	266091
Carpentras	10848	10786	55436	
Orange	10622	9949	74842	

VENDÉE.

Napoléon-Vendée	8710	7430	151341	
Fontenay-le-Comte	8062	7583	138185	404473
Les Sables-d'Olonne	7352	7137	114947	

VIENNE.

Poitiers	31034	27781	115513	
Châtelleraut	14278	13743	60318	
Civray	2284	2255	49491	324527
Loudun	4403	4272	35304	
Montmorillon	5203	4854	63901	

CHEFS-LIEUX D'ARRONDISSEMENT.	POPULATION			
	des communes		des arrondissements.	des départements
	totale.	municipale		

VIENNE (HAUTE-).

Limoges........	53022	48932	151066	
Bellac..........	3674	3601	80205	326037
Rochechouart.....	4261	4236	50579	
Saint-Yrieix......	7826	7730	44187	

VOSGES.

Épinal.........	11870	11111	98931	
Mirecourt........	5735	5466	69330	
Neufchâteau......	3793	3579	58596	418998
Remiremont......	6074	5897	73614	
Saint-Dié........	10472	10230	118527	

YONNE.

Auxerre........	15497	13758	118764	
Avallon..........	6070	5540	45200	
Joigny..........	6239	5814	98491	372589
Sens............	11901	10791	67310	
Tonnerre........	5429	5157	42824	

Total.........	38067064

NOTA. La population municipale des communes ne comprend pas la population flottante des troupes de terre et de mer, des colléges, des écoles d'arts et métiers, des hospices et hôpitaux, des communautés religieuses, des prisons, des bagnes, etc. Mais la population flottante se retrouve dans la population totale des communes, dans les arrondissements et les départements, dont elle n'a pas été défalquée.

DE LA DISTRIBUTION
DE LA POPULATION EN FRANCE;

Par M. MATHIEU.

Dans un pays où le climat et les habitudes sont semblables, ou à peu près semblables, la population se multiplie généralement avec les moyens d'existence, et chaque localité a un nombre d'habitants proportionné à ses produits. D'après ce principe, une nombreuse population est l'indice d'une production abondante. On peut donc apprécier, par la distribution de la population, l'importance des différentes parties du territoire de la France sous le rapport des productions de tout genre. Le département le plus productif est aussi le plus peuplé. Ces considérations montrent que dans des questions de statistique, il ne suffit pas de connaître la population absolue des départements; il faut encore savoir dans quel rapport elle se trouve avec la surface du territoire sur lequel elle est répandue. La comparaison entre la population et la superficie de chaque département fait connaître l'intensité de cette population ou la population *spécifique*.

TABLE I.

Population et superficie des 89 départements, p. 251. — Nous avons reproduit ici la population des départements obtenue par le dernier recensement fait en 1866, et rapportée pages 230 et suivantes, afin de mettre en regard les deux éléments du calcul de la population spécifique.

La superficie de chaque département est exprimée en kilomètres carrés; elle est tirée du tableau de la superficie des départements qui a été dressé dans le bureau de la Statistique générale au Ministère de l'Agriculture, du Commerce et des Travaux publics, d'après les opérations cadastrales exécutées en France.

Le kilomètre carré, ou le carré de mille mètres de côté, renferme un million de mètres carrés; mais l'hectare comprend 10000 mètres carrés : le kilomètre carré se compose donc de 100 hectares, et pour exprimer une superficie en hectares, il faut multiplier par 100 le nombre de kilomètres carrés qu'elle renferme. Ainsi la superficie du département de l'Ain, qui est de 5798 kilomètres carrés et 97 centièmes de kilomètre carré, comprend 579897 hectares.

Si l'on divise la population et la superficie de la France entière par le nombre 89 des départements, on trouve pour un département *moyen* 427719,82 habitants répartis sur 6101,70 kilomètres carrés.

TABLE II.

Population spécifique, p. 254. — L'agglomération de la population varie d'un département à un autre. Ainsi, par exemple, le département des Basses-Alpes, quoique plus étendu que le département du Nord, a cependant une population absolue huit à neuf fois plus petite. La variation est encore plus grande quand on descend aux arrondissements, aux cantons. Mais arrêtons-nous aux départements, et supposons même que les habitants de chaque département sont uniformément répandus sur sa surface.

La population d'un département étant divisée par le nombre de kilomètres carrés contenus dans sa superficie, on obtient le nombre d'habitants moyennement répartis sur un kilomètre carré. En opérant ainsi pour tous les départements, avec les données de la Table I, page 251, on obtient les nombres de la troisième colonne de la Table II, page 254. Ces nombres d'habitants par kilomètre carré représentent l'intensité de la population, ou la *population spécifique*. Prenons pour exemple le Calvados et le Loiret. La Table II donne les nombres 86,02 et 52,74. On y compte donc en nombres ronds 86 et 53 habitants par kilomètre carré, et les populations spécifiques de ces départements sont entre elles comme 86 et 53.

La division de la population 38 067 064 de la France, par les 543 051,41 kilomètres carrés de sa superficie, donne le nombre 70,098 pour la population spécifique de la France entière. C'est aussi la population spécifique du département *moyen*, p. 253 et 255. Il y a donc moyennement en France 70,098 habitants par kilomètre carré.

Trente-deux départements ont une population spécifique plus grande que celle de la France entière, et les cinquante-sept autres ont une population spécifique plus petite.

La population spécifique des départements peut encore s'exprimer en prenant pour unité la population spécifique 70,098 de la France entière ou du département moyen. Il suffit pour cela de diviser par 70,098 tous les nombres de la troisième colonne, Table II : on obtient les nombres de la quatrième colonne qui expriment les populations spécifiques sous une forme plus simple et plus commode pour en apprécier l'importance.

A la seule inspection des rapports 1,610 et 0,813, pages 254 et 255, on voit, par exemple, que la population spécifique est deux fois plus grande dans la Loire que dans le Doubs.

Le département de la Seine, le plus peuplé et le plus petit de tous, est tout à fait hors ligne. Sa population absolue est 5 fois plus grande et sa superficie 13 fois plus petite que pour le département moyen. Aussi sa population spécifique est près de 64 fois et demie celle de la France entière ou du département moyen.

TABLE I.

Population et superficie des départements en kilomètres carrés.

DÉPARTEMENTS.	POPULATION	SUPERFICIE en kil. carrés.
Ain............................	371643	5798,97
Aisne..........................	565025	7352,00
Allier.........................	376164	7308,37
Alpes (Basses-)................	143000	6954,19
Alpes (Hautes-)................	122117	5589,61
Alpes-Maritimes...............	198818	3839,00
Ardèche.......................	387174	5526,65
Ardennes......................	326864	5232,89
Ariége........................	250436	4893,87
Aube..........................	261951	6001,39
Aude..........................	288626	6313,24
Aveyron.......................	400070	8743,33
Bouches-du-Rhône..............	547903	5104,87
Calvados......................	474909	5520,72
Cantal........................	237994	5741,47
Charente......................	378218	5942,38
Charente-Inférieure...........	479529	6825,69
Cher..........................	336613	7199,34
Corrèze.......................	310843	5866,09
Corse.........................	259861	8747,41
Côte-d'Or.....................	382762	8761,16
Côtes-du-Nord.................	641210	6885,62
Creuse........................	274057	5568,30
Dordogne......................	502673	9182,56
Doubs.........................	298072	5227,55
Drôme.........................	324231	6521,55
Eure..........................	394467	5957,65
Eure-et-Loir..................	290753	5874,30
Finistère.....................	662485	6721,12
Gard..........................	429747	5835,56

DÉPARTEMENTS.	POPULATION	SUPERFICIE en kil. carrés.
Garonne (Haute-)	493777	6289,88
Gers	295692	6280,31
Gironde	701855	9740,32
Hérault	427245	6198,00
Ille-et-Vilaine	592609	6725,83
Indre	277860	6795,30
Indre-et-Loire	325193	6113,70
Isère	581386	8289,34
Jura	298477	4994,01
Landes	306693	9321,31
Loir-et-Cher	275757	6350,92
Loire	537108	4759,62
Loire (Haute-)	312661	4962,25
Loire-Inférieure	598598	6874,56
Loiret	357110	6771,19
Lot	288919	5211,74
Lot-et-Garonne	327962	5353,96
Lozère	137263	5169,73
Maine-et-Loire	532325	7120,93
Manche	573899	5928,38
Marne	390809	8180,44
Marne (Haute-)	259096	6219,68
Mayenne	367855	5170,63
Meurthe	428387	6090,04
Meuse	301653	6227,87
Morbihan	501084	6797,81
Moselle	452157	5368,89
Nièvre	342773	6816,56
Nord	1392041	5680,87
Oise	401274	5855,06
Orne	414618	6097,29
Pas-de-Calais	749777	6605,63
Puy-de-Dôme	571690	7950,51
Pyrénées (Basses-)	435486	7622,66
Pyrénées (Hautes-)	240252	4529,45

DÉPARTEMENTS.	POPULATION	SUPERFICIE en kil. carrés.
Pyrénées-Orientales............	189490	4122,11
Rhin (Bas-).................	588970	4553,45
Rhin (Haut-)................	530285	4107,71
Rhône.....................	678648	2790,39
Saône (Haute-)..............	317706	5339,92
Saône-et-Loire	606006	8551,74
Sarthe	463619	6206,68
Savoie.....................	271663	5759,20
Savoie (Haute-)	273768	4317,15
Seine	2150916	475,50
Seine-Inférieure	792768	6033,29
Seine-et-Marne.............	354400	5736,35
Seine-et-Oise...............	533727	5603,65
Sèvres (Deux-).............	333155	5999,88
Somme.....................	572640	6161,20
Tarn......................	355513	5742,16
Tarn-et-Garonne............	228969	3720,16
Var.......................	308550	6083,25
Vaucluse...................	266091	3547,71
Vendée....................	404473	6703,50
Vienne....................	324527	6970,37
Vienne (Haute-)............	326037	5516,58
Vosges....................	418998	6079,96
Yonne.....................	372589	7428,04
France entière	38067064	543051,41
Département *moyen*.....	427719,82	6101,70

TABLE II.
Population spécifique.

1° Nombre d'habitants répartis dans chaque département sur un kilomètre carré ou sur un million de mètres carrés ;

2° Rapport de ce nombre avec le nombre moyen 70,098 d'habitants par kilomètre carré pour la France entière.

NUMÉRO d'ordre.	DÉPARTEMENTS.	POPULATION SPÉCIFIQUE	
		NOMBRE d'habitants par kil. carré.	RAPPORT avec le nombre moy. 70,098.
		hab.	
1	Seine....................	4523,48	64,531
2	Nord....................	245,04	3,496
3	Rhône...................	243,21	3,470
4	Seine–Inférieure.........	131,40	1,874
5	Rhin (Bas–).............	129,35	1,845
6	Rhin (Haut–)............	129,09	1,842
7	Pas–de–Calais...........	113,50	1,619
8	Loire...................	112,85	1,610
9	Bouches–du–Rhône.......	107,33	1,532
10	Finistère................	98,57	1,406
11	Manche.................	96,80	1,381
12	Seine–et–Oise...........	95,25	1,359
13	Côtes–du–Nord..........	93,12	1,328
14	Somme.................	92,94	1,326
15	Ille–et–Vilaine..........	88,11	1,257
16	Loire–Inférieure.........	87,07	1,242
17	Calvados...............	86,02	1,227
18	Moselle................	84,22	1,204
19	Garonne (Haute–).......	78,50	1,120
20	Aisne..................	76,85	1,096
21	Vaucluse...............	75,00	1,070
22	Maine–et–Loire..........	74.75	1,066
23	Sarthe.................	74.70	1,065
24	Morbihan..............	73,71	1,052

NUMÉRO d'ordre.	DÉPARTEMENTS.	POPULATION SPÉCIFIQUE	
		NOMBRE d'habitants par kil. carré.	RAPPORT avec le nombre moy. 70,098.
		hab.	
25	Gard......................	73,64	1,054
26	Gironde...................	72,06	1,028
27	Puy-de-Dôme............	71,92	1,026
28	Mayenne.	71,14	1,015
29	Meurthe..................	70,34	1,012
30	Charente-Inférieure.......	70,25	1,012
31	Saône-et-Loire..........	70,16	1,002
32	Isère....................	70,14	1,001
	Département *moyen*.	70,098	1,000
33	Ardèche.................	70,06	0,993
34	Hérault.	68,93	0,983
35	Vosges..................	68,91	0,983
36	Oise....................	68,52	0,977
37	Orne....................	68,00	0,970
38	Eure....................	66,21	0,945
39	Ain.....................	64,09	0,914
40	Charente	63,65	0,908
41	Savoie (Haute-).........	63,39	0,904
42	Loire (Haute-)..........	63,01	0,899
43	Ardennes...............	62,46	0,891
44	Tarn...................	61,91	0,883
45	Seine-et-Marne	61,78	0,881
46	Tarn-et-Garonne........	61,55	0,878
47	Lot-et-Garonne.........	61,26	0,874
48	Vendée.................	60,34	0,861
49	Jura...................	59,77	0,853
50	Saône (Haute-)..........	59,50	0,849
51	Vienne (Haute-)	59,10	0,843
52	Pyrénées (Basses-).......	57,13	0,815
53	Doubs..................	57,02	0,813
54	Sèvres (Deux-)..........	55,53	0,792
55	Lot....................	55,31	0,787
56	Dordogne...............	54,74	0,781

NUMÉRO d'ordre.	DÉPARTEMENTS.	POPULATION SPÉCIFIQUE	
		NOMBRE d'habitants par kil. carré.	RAPPORT avec le nombre moy. 70,098.
		hab.	
57	Corrèze	54,22	0,774
58	Indre-et-Loire	53,19	0,759
59	Pyrénées (Hautes-)	53,04	0,757
60	Loiret	52,74	0,752
61	Alpes-Maritimes	51,79	0,739
62	Allier	51,47	0,734
63	Ariége	51,17	0,730
64	Var	50,72	0,724
65	Nièvre	50,29	0,717
66	Yonne	50,16	0,716
67	Drôme	49,72	0,709
68	Eure-et-Loir	49,50	0,706
69	Creuse	49,22	0,702
70	Meuse	48,44	0,691
71	Marne	47,77	0,681
72	Savoie	47,17	0,673
73	Gers	47,08	0,672
74	Cher	46,76	0,667
75	Vienne	46,56	0,664
76	Pyrénées-Orientales	45,97	0,656
77	Aveyron	45,76	0,653
78	Aude	45,72	0,652
79	Côte-d'Or	43,69	0,623
80	Aube	43,65	0,623
81	Loir-et-Cher	43,42	0,619
82	Marne (Haute-)	41,66	0,594
83	Cantal	41,45	0,591
84	Indre	40,89	0,583
85	Landes	32,90	0,469
86	Corse	29,71	0,424
87	Lozère	26,55	0,379
88	Alpes (Hautes-)	21,67	0,309
89	Alpes (Basses-)	20,56	0,293

DE LA MORTALITÉ
ET DE LA POPULATION EN FRANCE;

PAR M. MATHIEU.

TABLE I.

Loi de la mortalité, page 265. — Les nombres de la colonne intitulée *Vivants à chaque âge* indiquent combien, sur 1286 enfants que l'on suppose nés au même instant, il en reste après 1 an, 2 ans, 3 ans, etc., jusqu'à l'âge où il n'en existe plus. Un sixième des enfants meurent dans la première année; un cinquième ne parviennent pas à l'âge de 2 ans, un quart à l'âge de 4 ans, et un tiers à l'âge de 14 ans. Il en reste la moitié à 42 ans, le tiers à 62 ans, le quart à 69 ans, le cinquième à 72 ans et le sixième à 75 ans.

Cette survivance exprime la loi de la mortalité en France d'après la Table de Deparcieux rapportée plus loin page 273, mais complétée avant 3 ans et légèrement modifiée dans les premières années, de manière à la rapprocher de l'état actuel de la population en France.

Avec cette Table, on peut trouver pour un million d'enfants, nés en France dans la même année, le nombre de ceux qui parviennent à un âge donné. Pour savoir combien parviennent à l'âge de 20 ans, on fera la proportion : 1286 est à 1 000 000 comme 814 est au nombre cherché, qui est 632 970.

On trouve de même qu'à Paris, sur 55 000 enfants

qui naissent chaque année, il y en a 34 816 qui atteignent l'âge de 20 ans.

On demande combien il y aurait de survivants à l'âge de 60 ans sur mille enfants de 10 ans? Avec les nombres de vivants de la Table qui correspondent à 10 et à 60 ans, on fera la proportion : 879 est à 463 comme 1000 est au nombre cherché 527. Ainsi au bout de 50 ans il y aurait encore 527 survivants ou environ la moitié. A l'âge de 71 ans il en resterait 331 ou un tiers. Si mille enfants de 10 ans étaient réunis dans une tontine, le revenu primitif serait donc doublé au bout de 50 ans, et seulement triplé pour ceux qui atteindraient l'âge de 71 ans.

Durée de la vie moyenne. — La durée de la vie moyenne, pour un individu d'un certain âge, est le nombre d'années qu'il lui reste encore moyennement à vivre à compter de cet âge.

L'âge moyen des individus qui meurent à différents âges dans le cours d'une année, s'obtient évidemment en divisant la somme des âges qu'ils ont vécu par le nombre des décédés. La durée de la vie moyenne à partir de la naissance est précisément cet âge moyen auquel serait arrivé chacun des décédés si la durée de la vie avait été la même pour tous. Dans une population stationnaire, il y aurait égalité entre les naissances et les décès annuels, et si les chances de la vie restaient les mêmes assez longtemps, la somme des âges des individus qui meurent dans le cours d'une année serait égale à la somme des nombres de vivants de tous les âges diminuée de la moitié des naissances. Dans ces conditions, qui ne se rencontrent guère, la durée de la vie moyenne, à partir de la naissance, s'obtiendrait donc en divisant la somme des vivants à tous les âges par le nombre des décès ou par le nombre supposé égal des naissances, et en retranchant $\frac{1}{2}$ du résultat.

La population étant considérée comme à peu près stationnaire en France, la loi de mortalité, Table I, page 265, donne pour la durée de la vie moyenne à chaque âge des valeurs qui ne sont qu'approximatives, mais qui peuvent au moins faire connaître la variation de la vie moyenne d'un âge à un autre.

La durée de la vie moyenne à partir de la naissance a été obtenue, Table I, en divisant par les 1286 naissances la somme 51467 des vivants à tous les âges, et en retranchant $\frac{1}{2}$ du quotient.

La durée de la vie moyenne, à partir d'un an, s'obtient de même en divisant par les vivants 1071 à un an, la somme 50181 des survivants à compter d'un an, et en retranchant $\frac{1}{2}$ du quotient. En continuant la même opération, on trouve la vie moyenne pour tous les âges.

D'après la Table I, p. 265, la durée de la vie moyenne, 39 ans 8 mois pour un enfant qui vient de naître, va en augmentant rapidement jusqu'à l'âge de 4 ans, où elle atteint son maximum, 49 ans 4 mois. Elle va ensuite en diminuant continuellement.

Durée de la vie probable. — La vie probable d'un individu d'un certain âge est égale au nombre d'années qui doivent s'écouler pour que le nombre des vivants de cet âge soit réduit à moitié.

On demande, par exemple, le nombre d'années qu'une personne de 35 ans vivra probablement. Le nombre des vivants de cet âge est 694, et la moitié 347 correspond à 68 ans. Comme à 68 ans une moitié de ceux qui avaient 35 ans est morte, et l'autre vivante, il y a également à parier pour ou contre qu'une personne de 35 ans parviendra à 68 ans. La durée de la vie probable à 35 ans est donc, d'après la Table I, de 68 ans moins 35 ans, ou de 33 ans.

On a trouvé de la même manière la durée de la vie probable pour chaque âge.

La vie probable est de 42 ans pour un enfant qui vient de naître; elle augmente à 1 an, 2 ans, 3 ans; elle parvient à sa plus grande longueur, 55 ans 4 mois, pour un enfant de 3 à 4 ans. Ensuite elle va toujours en diminuant. La vie probable surpasse la vie moyenne depuis la naissance jusqu'à 56 ans. Alors il y a égalité entre elles. Au delà, c'est la vie moyenne qui surpasse constamment la vie probable de quelques mois.

On peut aussi trouver la probabilité qu'un individu d'un âge donné a de vivre encore un nombre donné d'années. Quelle est, par exemple, pour un individu de 30 ans, la probabilité de vivre encore 10 ans? On voit, dans la seconde colonne, page 263, que, sur 734 individus de 30 ans, il en reste 657, dix ans après, ou à 40 ans. La division de ce nombre par le premier donne, pour la probabilité demandée, une fraction qui revient sensiblement à $\frac{9}{10}$. Cette probabilité est grande, puisque, sur 10 individus de 30 ans, il en reste encore 9 à 40 ans.

TABLE II.

Population de chaque âge en France pour une population totale de 34 860 387 *habitants*, p. 268. — La Table de mortalité de Deparcieux, complétée et modifiée (p. 265), conduit à une distribution très-approchée des 810 000 décès annuels que l'on compte moyennement en France. Avec les 970 000 naissances annuelles et les décès dans la première année, on trouve une population de 855 310 enfants de l'âge de o à 1 an.

S'il y avait égalité entre les naissances et les décès annuels, de simples soustractions successives des décès partiels, d'après une règle bien connue, donneraient directement les populations de chaque âge en partant de 855 310. Mais comme les naissances surpassent beaucoup les décès annuels, les populations ainsi obtenues sont trop grandes, et il faut les faire diminuer de manière à représenter les faits observés. Or, si l'on double le nombre 305 500 des jeunes gens de 20 à 21 ans soumis annuellement au recrutement de l'armée, on a 611 000 pour la population totale, hommes et femmes de 20 à 21 ans. Il faut donc que les populations partielles déduites de la population 855 310 de o à 1 an, et des décès, soient diminuées proportionnellement, de manière à retomber sur la population connue 611 000 de 20 à 21 ans.

Avec les décès à chaque âge, après 21 ans, on peut déduire de la population 611000, les populations partielles, à partir de 21 ans, en les assujettissant à devenir très-petites au delà de 90 ans et à former une somme d'environ 20 millions. En effet, les 10 millions de votes recueillis par le suffrage universel montrent qu'en France il y a au moins dix millions d'hommes âgés de 21 ans et au-dessus. En y ajoutant autant de femmes, on arrive à environ 20 millions de population.

La Table II donne, avec une approximation suffisante dans les applications ordinaires, la distribution d'une population de 34 860 387 habitants en populations partielles de chaque âge.

La somme 20 590 180 des populations partielles, depuis 21 ans jusqu'à la fin de la Table II, représente *la population majeure*. Elle comprend les hommes et les femmes de tous les âges, depuis 21 ans jusqu'au terme de la Table. La moitié 10 295 090 est le nombre des hommes âgés de 21 ans et plus, compris dans le suffrage universel. C'est presque les $\frac{3}{10}$ de la population totale 34 860 387.

Ainsi le nombre des hommes majeurs ou des électeurs d'un département est représenté à très-peu près par les trois dixièmes de sa population.

La *population mineure* est 14 270 207 ; elle comprend les populations partielles de la naissance à 21 ans. En la comparant à la population majeure 20 590 180, on trouve qu'en France la population mineure est à peu près les deux tiers de la population majeure.

Le nombre moyen 305500 des jeunes gens de 20 à 21 ans soumis au recrutement annuel de l'armée est la 114ᵉ partie de la population totale 34 860 387. En France, on compte donc à peu près un jeune homme de 20 à 21 ans sur 114 habitants.

Avec la Table II, page 268, fondée sur les valeurs moyennes 970 000 naissances et 810 000 décès annuels, on peut résoudre les deux questions suivantes :

Première question. Quelle est la population de 20 à 21 ans dans un département où les naissances annuelles s'élèvent à 20 000?

On fera la proportion : 970 000 naissances est à 20 000 naissances comme la population de la Table 611 000 est à la population demandée, qui est 12 598 habitants.

Deuxième question. Quelle est la population de 20 à 21 ans dans un département de 400 000 âmes?

La proportion 34 860 387 est à 400 000 comme 611 000 est à la population cherchée, donne 7 011 pour la population de 20 à 21 ans dans ce département.

TABLE III.

Population de chaque âge en France pour un million d'habitants, page 269. —Cette Table donne les populations de chaque âge pour un million d'habitants et 27 825 naissances. Elle est bien plus commode dans les applications que la Table II, page 268, construite pour une population de 34 860 387 habitants et 970 000 naissances.

En effet, dans un million d'habitants (Table III), on en compte seulement 17 527 de 20 à 21 ans. On a donc pour résoudre la première question ci-dessus la proportion : 27 825 naissances est à 20 000 naissances comme la population 17 527 est à la population demandée, 12 598 habitants de 20 à 21 ans.

Et, pour résoudre la seconde question, on a la proportion : 1 million d'âmes est à 400 000 comme 17 527 est à la population demandée, 7 011.

Nous répéterons en terminant, pour éviter toute méprise sur la nature et l'emploi des Tables I, II et III, que tous les résultats déduits de la Table de mortalité de Deparcieux, complétée et un peu modifiée dans les premières années (page 265), ne doivent être considérés que comme des résultats approximatifs, soit pour la durée de la vie moyenne et de la vie probable, soit pour la distribution de la population aux différents âges. Au reste, voyez plus loin, page 269, ce que nous disons de la Table que Deparcieux avait donnée, en 1746, pour des têtes choisies.

TABLE I.

Loi de la mortalité en France suivant la Table de Deparcieux, complétée dans les premières années.

AGES.	VIVANTS à chaque âge.	SOMME des vivants.	DURÉE DE LA VIE			
			Moyenne.		Probable.	
			Ans.	Mois.	Ans.	Mois.
0	1286	51467	39	8	42	0
1	1071	50181	46	4	53	2
2	1006	49110	48	4	54	11
3	970	48104	49	1	55	4
4	947	47134	49	4	55	2
5	930	46187	49	2	54	10
6	917	45257	48	10	54	4
7	906	44340	48	5	53	9
8	896	43434	48	0	53	2
9	887	42538	47	5	52	6
10	879	41651	46	11	51	10
11	872	40772	46	3	51	1
12	866	39900	45	7	50	3
13	860	39034	44	11	49	6
14	854	38174	44	2	48	9
15	848	37320	43	6	47	11
16	842	36472	42	10	47	2
17	835	35630	42	2	46	5
18	828	34795	41	6	45	8
19	821	33967	40	10	44	11
20	814	33146	40	3	44	2
21	806	32332	39	7	43	5
22	798	31526	39	0	42	9
23	790	30728	38	5	42	0
24	782	29938	37	9	41	3
25	774	29156	37	2	40	6
26	766	28382	36	7	39	10
27	758	27616	35	11	39	1
28	750	26858	35	4	38	4
29	742	26108	34	8	37	7
30	734	25366	34	1	36	10

[Suite.] **TABLE I.**

AGES.	VIVANTS à chaque âge.	SOMME des vivants	DURÉE DE LA VIE	
			Moyenne.	Probable.
			Ans. Mois.	Ans. Mois.
31	726	24632	33 5	36 1
32	718	23906	32 9	35 3
33	710	23188	32 2	34 6
34	702	22478	31 6	33 9
35	694	21776	30 11	33 0
36	686	21082	30 3	32 3
37	678	20396	29 7	31 5
38	671	19718	28 11	30 8
39	664	19047	28 2	29 10
40	657	18383	27 6	29 0
41	650	17726	26 9	28 3
42	643	17076	26 1	27 5
43	636	16433	25 4	26 7
44	629	15597	24 7	25 9
45	622	15168	23 11	24 11
46	615	14546	23 2	24 2
47	607	13931	22 5	23 4
48	599	13324	21 9	22 7
49	590	12725	21 1	21 9
50	581	12135	20 5	21 0
51	571	11554	19 9	20 3
52	560	10983	19 1	19 7
53	549	10423	18 6	18 10
54	538	9874	17 10	18 1
55	526	9336	17 3	17 5
56	514	8810	16 8	16 8
57	502	8296	16 0	16 0
58	489	7794	15 5	15 4
59	476	7305	14 10	14 8
60	463	6829	14 3	14 0
61	450	6366	13 8	13 4
62	437	5916	13 0	12 7
63	423	5479	12 5	12 0
64	409	5056	11 10	11 4

[Suite.]   **TABLE I.**

AGES.	VIVANTS à chaque âge.	SOMME des vivants.	DURÉE DE LA VIE			
			Moyenne.		Probable.	
			Ans.	Mois.	Ans.	Mois.
65	395	4647	11	3	10	8
66	380	4252	10	8	10	1
67	364	3872	10	2	9	6
68	347	3508	9	7	9	0
69	329	3161	9	1	8	5
70	310	2832	8	8	7	11
71	291	2522	8	2	7	6
72	271	2231	7	9	7	0
73	251	1960	7	4	6	7
74	231	1709	6	11	6	2
75	211	1478	6	6	5	9
76	192	1267	6	1	5	4
77	173	1075	5	9	4	11
78	154	902	5	4	4	7
79	136	748	5	0	4	3
80	118	612	4	8	4	0
81	101	494	4	5	3	9
82	85	393	4	1	3	7
83	71	308	3	10	3	3
84	59	237	3	6	2	11
85	48	178	3	2	2	9
86	38	130	2	11	2	6
87	29	92	2	8	2	4
88	22	63	2	4	2	0
89	16	41	2	1	1	9
90	11	25	1	9	1	6
91	7	14	1	6	1	3
92	4	7	1	3	1	0
93	2	3	1	0	1	0
94	1	1	0	6	0	6
95	0	0				

TABLE II.

Population de chaque âge en France pour 34.860 387 habitants et 970 000 naissances.

Ages.	Population	Ages.	Population	Ages.	Population
de 0 à 1	855310	33 à 34	495465	66 à 67	203159
1 2	787982	34 35	486885	67 68	191938
2 3	750144	35 36	478421	68 69	180394
3 4	726582	36 37	470030	69 70	168609
4 5	711951	37 38	461685	70 71	156739
5 6	700341	38 39	453372	71 72	144922
6 7	690946	39 40	445086	72 73	133152
7 8	682614	40 41	436831	73 74	121827
8 9	675193	41 42	428614	74 75	110618
9 10	668583	42 43	420401	75 76	99815
10 11	662782	43 44	412266	76 77	89416
11 12	657687	44 45	404142	77 78	79271
12 13	652998	45 46	396039	78 79	69505
13 14	648466	46 47	387947	79 80	60027
14 15	643960	47 48	379861	80 81	50962
15 16	639363	48 49	371678	81 82	42584
16 17	634450	49 50	363300	82 83	35049
17 18	629089	50 51	354735	83 84	28429
18 19	623384	51 52	346024	84 85	22723
19 20	617382	52 53	337222	85 86	17929
20 21	611000	53 54	328338	86 87	13944
21 22	603833	54 55	319362	87 88	10740
22 23	595649	55 56	310249	88 89	8390
23 24	586667	56 57	301229	89 90	6646
24 25	577234	57 58	292172	90 91	5140
25 26	567811	58 59	283078	91 92	3840
26 27	558480	59 60	273947	92 93	2790
27 28	549203	60 61	264679	93 94	2015
28 29	540140	61 62	255128	94 95	1415
29 30	530960	62 63	245242	95 96	895
30 31	521918	63 64	235074	96 97	556
31 32	512984	64 65	224679	97 98	306
32 33	504168	65 66	214057	98 99	150

TABLE III.

Population de chaque âge en France pour un million d'habitants et 27.825 naissances.

Ages.	Population	Ages.	Population	Ages.	Population
de 0 à 1	24536	33 à 34	14180	66 à 67	5828
1 2	22604	34 35	13975	67 68	5506
2 3	21518	35 36	13728	68 69	5175
3 4	20842	36 37	13491	69 70	4837
4 5	20423	37 38	13250	70 71	4496
5 6	20090	38 39	13005	71 72	4157
6 7	19820	39 40	12768	72 73	3820
7 8	19581	40 41	12531	73 74	3495
8 9	19369	41 42	12295	74 75	3173
9 10	19179	42 43	12060	75 76	2863
10 11	19012	43 44	11826	76 77	2565
11 12	18867	44 45	11593	77 78	2274
12 13	18731	45 46	11361	78 79	1994
13 14	18601	46 47	11129	79 80	1722
14 15	18472	47 48	10897	80 81	1462
15 16	18341	48 49	10662	81 82	1222
16 17	18200	49 50	10422	82 83	1005
17 18	18046	50 51	10176	83 84	816
18 19	17883	51 52	9926	84 85	652
19 20	17710	52 53	9673	85 86	514
20 21	17527	53 54	9418	86 87	400
21 22	17361	54 55	9161	87 88	308
22 23	17087	55 56	8900	88 89	241
23 24	16829	56 57	8641	89 90	191
24 25	16558	57 58	8381	90 91	147
25 26	16288	58 59	8120	91 92	110
26 27	16020	59 60	7858	92 93	80
27 28	15754	60 61	7593	93 94	58
28 29	15494	61 62	7319	94 95	41
29 30	15231	62 63	7035	95 96	26
30 31	14972	63 64	6743	96 97	16
31 32	14715	64 65	6445	97 98	9
32 33	14463	65 66	6141	98 99	4

DE

DIVERSES TABLES DE MORTALITÉ,

Par M. Mathieu.

La Table, page 270, est celle que Duvillard a donnée en 1806, à la page 161 de son *Analyse de l'influence de la petite vérole sur la mortalité*. Il dit que « elle présente tous les résultats de la mortalité générale recueillis avant la Révolution en divers lieux de la France, et qu'elle doit représenter assez exactement la loi de mortalité. » Mais depuis cette époque il est survenu de grands changements dans les divers éléments de la population, et la Table de Duvillard donne une mortalité beaucoup trop rapide.

La Table de mortalité, page 273, que Deparcieux avait construite, vers 1746, pour des têtes choisies, donne une mortalité bien moins rapide que celle de Duvillard.

Ces deux Tables sont employées en France par des compagnies d'assurance sur la vie : elles se servent de la Table de Duvillard pour les assurances après décès ou pour les sommes payables au décès des assurés ; mais pour les assurances payables du vivant des assurés, telles que les rentes viagères, elles font usage de la Table de Deparcieux, qui, par une mortalité plus lente que celle de Duvillard, indique une plus longue jouissance de la rente et conduit à un tarif de concession plus élevé.

Des compagnies anglaises se servent, dans les mêmes circonstances, de Tables qui représentent la loi de la mortalité dans les villes de Northampton et de Carlisle, que l'on trouve, pages 274 et 275, à la suite des Tables françaises. La mortalité est encore plus rapide dans la Table pour la ville de Northampton que dans la Table de Duvillard, et plus lente à Carlisle que dans la Table de Deparcieux.

Quand, dans la vue d'élever les prix de concessions d'assurances après décès ou de rentes viagères, on range les individus assurés dans des classes dont la mortalité est rapide ou lente, on emploie des Tables de mortalité rapide comme celle de Duvillard, et de mortalité lente comme celle de Deparcieux.

On se sert aussi, en Angleterre, de la Table de Deparcieux. On peut voir dans *The Principles and doctrine of assurances*, etc., de Morgan, page 295, une Table qu'il donne comme conforme à celle que Deparcieux a publiée. Cependant elle présente quelques petites différences. On y trouve d'ailleurs la loi de la mortalité pour les trois premières années, qui ne se trouve pas dans la Table de Deparcieux.

La Table, page 273, que Deparcieux avait construite vers 1746 pour des têtes choisies, est bien loin de convenir actuellement à la classe aisée en France. Elle donne à quelques âges une mortalité un peu trop rapide, même pour la moyenne de la population entière de la France. Ces petites discordances peuvent produire parfois une légère diminution dans le prix de concession d'une rente viagère.

LOI DE LA MORTALITÉ EN FRANCE,
d'après Duvillard.

Ages.	Vivants.	Ages.	Vivants.	Ages.	Vivants.	Ages.	Vivants.
0	1000000	28	451635	56	248782	84	15175
1	767525	29	444932	57	240214	85	11886
2	671834	30	438183	58	231488	86	9224
3	624668	31	431398	59	222605	87	7165
4	598713	32	424583	60	213567	88	5670
5	583151	33	417744	61	204380	89	4686
6	573025	34	410886	62	195054	90	3830
7	565838	35	404012	63	185600	91	3093
8	560245	36	397123	64	176035	92	2466
9	555486	37	390219	65	166377	93	1938
10	551122	38	383300	66	156651	94	1499
11	546888	39	376363	67	146882	95	1140
12	542630	40	369404	68	137102	96	850
13	538255	41	362419	69	127347	97	621
14	533711	42	355400	70	117656	98	442
15	528969	43	348342	71	108070	99	307
16	524020	44	341235	72	98637	100	207
17	518863	45	334072	73	89404	101	135
18	513502	46	326843	74	80423	102	84
19	507949	47	319539	75	71745	103	51
20	502216	48	312148	76	63424	104	29
21	496317	49	304662	77	55511	105	16
22	490267	50	297070	78	48057	106	8
23	484083	51	289361	79	41107	107	4
24	477777	52	281527	80	34705	108	2
25	471366	53	273560	81	28886	109	1
26	464863	54	265450	82	23680	110	0
27	458282	55	257193	83	19106		
28	451635	56	248782	84	15175		

LOI DE LA MORTALITÉ EN FRANCE POUR DES TÊTES CHOISIES,
suivant Deparcieux (*).

Ages.	Vivants.	Ages.	Vivants.	Ages.	Vivants.	Ages.	Vivants.
0		28	750	56	514	84	59
1		29	742	57	502	85	48
2		30	734	58	489	86	38
3	1000	31	726	59	476	87	29
4	970	32	718	60	463	88	22
5	948	33	710	61	450	89	16
6	930	34	702	62	437	90	11
7	915	35	694	63	423	91	7
8	902	36	686	64	409	92	4
9	890	37	678	65	395	93	2
10	880	38	671	66	380	94	1
11	872	39	664	67	364	95	0
12	866	40	657	68	347		
13	860	41	650	69	329		
14	854	42	643	70	310		
15	848	43	636	71	291		
16	842	44	629	72	271		
17	835	45	622	73	251		
18	828	46	615	74	231		
19	821	47	607	75	211		
20	814	48	599	76	192		
21	806	49	590	77	173		
22	798	50	581	78	154		
23	790	51	571	79	136		
24	782	52	560	80	118		
25	774	53	549	81	101		
26	766	54	538	82	85		
27	758	55	526	83	71		
28	750	56	514	84	59		

(*) *Essai sur les Probabilités de la vie humaine; par Deparcieux,* Paris, 1746.

LOI DE LA MORTALITÉ DANS LA VILLE DE NORTHAMPTON (*).

Ages.	Vivants.	Ages.	Vivants.	Ages.	Vivants.	Ages.	Vivants.
0	11655	25	4760	53	2612	81	406
3 mois	10310	26	4685	54	2530	82	346
6	9756	27	4610	55	2448	83	289
9 mois	9203	28	4535	56	2366	84	234
1 an.	8650	29	4460	57	2284	85	186
2	7283	30	4385	58	2202	86	145
3	6781	31	4310	59	2120	87	111
4	6446	32	4235	60	2038	88	83
5	6249	33	4160	61	1956	89	62
6	6065	34	4085	62	1874	90	46
7	5925	35	4010	63	1793	91	34
8	5815	36	3935	64	1712	92	24
9	5735	37	3860	65	1632	93	16
10	5675	38	3785	66	1552	94	9
11	5623	39	3710	67	1472	95	4
12	5573	40	3635	68	1392	96	1
13	5523	41	3559	69	1312		
14	5473	42	3482	70	1232		
15	5423	43	3404	71	1152		
16	5373	44	3326	72	1072		
17	5320	45	3248	73	992		
18	5262	46	3170	74	912		
19	5199	47	3092	75	832		
20	5132	48	3014	76	752		
21	5060	49	2936	77	675		
22	4985	50	2857	78	602		
23	4910	51	2776	79	534		
24	4835	52	2694	80	469		
25	4760	53	2612	81	406		

(*) *The Principles and doctrine of assurances, annuities on lives,* etc.; by W. Morgan. London, 1821, p. 235.

LOI DE LA MORTALITÉ DANS LA VILLE DE CARLISLE (*).

Ages.	Vivants.	Ages.	Vivants.	Ages.	Vivants.	Ages.	Vivants.
0	10000	23	5963	51	4338	79	1081
1 mois	9467	24	5921	52	4276	80	953
2	9313	25	5879	53	4211	81	837
3 mois	9226	26	5836	54	4143	82	725
6	8970	27	5793	55	4073	83	623
9	8715	28	5748	56	4000	84	529
1 an.	8461	29	5698	57	3924	85	445
2	7779	30	5642	58	3842	86	367
3	7274	31	5585	59	3749	87	296
4	6998	32	5528	60	3643	88	232
5	6797	33	5472	61	3521	89	181
6	6676	34	5417	62	3395	90	142
7	6594	35	5362	63	3268	91	105
8	6536	36	5307	64	3143	92	75
9	6493	37	5251	65	3018	93	54
10	6460	38	5194	66	2894	94	40
11	6431	39	5136	67	2771	95	30
12	6400	40	5075	68	2648	96	23
13	6368	41	5009	69	2525	97	18
14	6335	42	4940	70	2401	98	14
15	6300	43	4869	71	2277	99	11
16	6261	44	4798	72	2143	100	9
17	6219	45	4727	73	1997	101	7
18	6176	46	4657	74	1841	102	5
19	6133	47	4588	75	1675	103	3
20	6090	48	4521	76	1515	104	1
21	6047	49	4458	77	1359		
22	6005	50	4397	78	1213		
23	5963	51	4338	79	1081		

(*) *A Treatise on the valuation of annuities and assurances on lives and survivorships*, by J. Milne. London, 1815; t. II, p. 564.

POSITIONS GÉOGRAPHIQUES
Des principales villes de France.

Dans le tableau suivant on trouve les positions géographiques des chefs-lieux d'arrondissement de tous les départements et leurs élévations verticales au-dessus du niveau moyen de la mer, telles qu'on les a déduites des triangulations de divers ordres sur lesquelles MM. les officiers d'état-major chargés de l'exécution de la carte de France appuient leurs beaux et immenses travaux.

Dans le réseau trigonométrique qui embrasse toute l'étendue du territoire de la France, il y a des triangles, en général très-vastes, dont les angles ont été mesurés avec de grands instruments et par deux séries au moins de vingt répétitions chacune. Ce sont *les triangles du premier ordre.*

Dans *les triangles du deuxième ordre,* on se contente ordinairement, pour la mesure de chaque angle, d'une seule série de dix répétitions.

Dans *les triangles du troisième ordre,* les angles sont déterminés par une seule série de six répétitions, et ordinairement on n'en mesure que deux. Les points de 3e ordre sont ceux qui sont déterminés par recoupements et où l'on n'a pas stationné.

La triangulation de 1er ordre a été effectuée avec des cercles répétiteurs de 0m,43, 0m,35 et 0m,27 de diamètre. Celle de 2e ordre, qui comprend aussi les triangles du 3e ordre, a été exécutée avec des théodolites de Gambey de $0^m,22$ de diamètre.

Tous les objets du tableau, pages 276 à 315, ont été déterminés par deux bases au moins et leurs positions géographiques calculées par trois points.

Dans la colonne des longitudes, les lettres E. ou O. indiquent que les objets se trouvent situés à l'*Est* ou à l'*Ouest* du méridien de Paris.

L'élévation au-dessus du niveau de la mer est donnée pour les mires ou les sommets des édifices qui ont servi à la triangulation. On en a retranché la hauteur des mires pour avoir l'élévation du sol au-dessus de la mer.

TABLEAU

Des coordonnées géographiques des chefs-lieux d'arrondissement des départements.

NOTA. — Les points de 1ᵉʳ ordre sont indiqués par le signe □ ; ceux de 2ᵉ ordre par △. Les points de 3ᵉ ordre ne sont précédés d'aucun signe.

NOM ET DÉSIGNATION des points.	LATITUDE.	LONGITUDE	ÉLÉVATION au-dessus de la mer	
			des points de mire.	du sol.
AIN.			m	m
△**Bourg**. Sommet de la lanterne de l'église de Nᵉ-Dame.	46.12.21	2.53.28.E.	275,1	227,1
Belley. Sommet du clocher à coupole et lanterne.......	45.45.28	3.21. 9.E.	311,1	278,5
Nantua. Église....	46. 9. 7	3.16.22.E.	»	480,0ᵃ
△*Gex*. Centre de la boule du clocher.	46.20. 9	3.43.23.E.	679,5	647,3ᵇ
△*Trévoux*. Sommet du signal établi sur la tour hexagone et en ruines du château de Trévoux...........	45.56.37	2.26.19.E.	276,7	258,2
AISNE.				
□**Laon**.Sommet de la boule de la tour de l'horloge.......	49.33.54	1.17.19.E.	250,5	180,5
△*Soissons*. Sommet de la gal. de la cath.	49.22.53	0.59.18.E.	114,0	49,3ᶜ

a Sol de la prairie au bord du lac. | *b* Pierres sépulcrales. | *c* Pavé de la place de la cathédrale.

NOM ET DÉSIGNATION des points.	LATITUDE.	LONGITUDE	ÉLÉVATION au-dessus de la mer	
			des points de mire.	du sol.
AISNE. (Suite.)			m	m
☐ *Saint-Quentin*.Sommet du clocheton de la collégiale...	49.50.55	0.57.13.E.	164,2	104,4
Vervins. Som. du cl.	49.50. 8	1.34.16.E.	219,8	174,6[a]
△*Chât.-Thierry*.Sommet du toit de la tour de St-Crépin.	49. 2 46	1. 3.40.E.	119,2	77,3
ALLIER.				
△**Moulins**. Beffroi, base du toit de la lanterne........	46.33.59	0.59.46.E.	257,5	226,7
Gannat.Cloch. (tourelle de l'escalier).	46. 6. 1	0.51.43.E.	376,1	347,5
Lapalisse. Château (sommet de la tourelle culminante).	46.14.58	1.18. 6.E.	325,0	280,0[b]
Montluçon. Tour de l'horloge(la boule a été prise poursom[t])	46.20.27	0.16. 1.E.	261,0	227,9
ALPES (BASSES-).				
Digne (haut de la tour de la cathéd.)	44. 5.32	3.53.59.E.	651,7	618,5
Barcelonn-tte (tour de l'horloge).....	44.23.15	4.19. 1.E.	1172,9	1133,5[c]
Castellane (ch. N.-D. du Roc,campanille	43.50.48	4.10.50.E.	912,9	903,0[d]
Forcalquier. Grosse tour, le sommet..	43.57.34	3.26.41.E.	588,8	550,5[e]

a Sol de la chaussée pavée vis-à-vis le milieu du portail. | *b* Prairie contiguë sur le Rebre. | *c* Pavé de la place. | *d* Marche de la porte d'entrée. | *e* Sol de la route impériale.

NOM ET DÉSIGNATION des points.	LATITUDE.	LONGITUDE	ÉLÉVATION au dessus de la mer.	
			des points de mire.	du sol.
ALPES (BASSES-). (Suite.)				
Sisteron, tour de l'horloge de la citadelle, sommet de la campanille.	44.11.57	3.36.25.E.	m 598,9	m 577,9[a]
ALPES (HAUTES-).				
Gap. Som. du cloch.	44.33.30	3.44.31.E.	782,4	»
Briançon. Tour O. de l'église[a]	44.54. 0	4.18.20.E.	1372,2	1321,4
Embrun. Sommet du clocher	44.33.45	4. 9.30.E.	919,3	»
ALPES-MARITIMES.				
Nice. Clocher de Saint-François...	43.41.58	4.56.32.E.	54	"
Grasse. Clocher....	43.39 28	4.35.19.E.	361,0	325,3
Puget-Theniers. Cl.	43.57.21	4.32.34.E.	"	399,0
ARDÈCHE.				
Privas. Clocher des Récollets.........	44 44.11	2.15.31.E.	344,4	322,5
Largentière. Sommet du clocher..	44.32.31	1.57.14 E.	255,4	224,3
Tournon. Clocher du collége (sommet).	45. 4. 2	2.29.56.E.	152,5	116,5
ARDENNES.				
△**Mézières.** Boule de la petite coupole du clocher.......	49.45 43	2.22.46.E.	217,1	171,0[b]

a Terrasse au pied de la tour face sud. | *b* Seuil de la grande entrée.

NOM ET DÉSIGNATION des points.	LATITUDE.	LONGITUDE	ÉLÉVATION au-dessus de la mer	
			des points de mire.	du sol.
ARDENNES. (Suite.)			m	m
Réthel. Cathédrale. Sommet du petit clocher qui surmonte le gros....	49.30.43	2. 1.48.E.	138,7	90,1[a]
Rocroy. Boule du clocher à coupole.	49.55.32	2.11. 5.E.	410,0	390,0[b]
Sedan. Boule dorée de la tour septentrionale de la cathédrale..........	49.42. 6	2.36.40.E.	197,7	157,6[c]
Vouziers. Sommet de la flèche......	49.23.53	2.22. 6.E.	143,3	109,9[d]
ARIÉGE.				
Foix. Tour ronde de la prison (som.)..	42.57.57	0.43.59.O.	480,8	454,6[e]
△*Pamiers.* Tour de la cathédrale (som.).	43. 6.53	0.43.44.O.	331,6	286,4[f]
△*Saint-Girons.* Clocher (sommet)...	42.59. 6	1.11.37.O.	435,2	389,1
AUBE.				
△**Troyes.** Tourelle de l'angle S. de la tour de la cathédrale de St-Pierre.	48.18. 3	1.44.41.E.	180,5	110,0

a Pavé de la rue. | *b* Sol de l'embranchement des routes de Givet et de Mariembourg, au N.-E. de Rocroy, à 900 mètres du glacis. | *c* Pavé en face de l'entrée principale. | *d* Pavé en face de l'entrée principale. | *e* Le haut de la porte d'entrée. | *f* Seuil de la porte de l'église.

16.

NOM ET DÉSIGNATION des points.	LATITUDE.	LONGITUDE.	ÉLÉVATION au-dessus de la mer	
			des points de mire.	du sol.
AUBE. (Suite.)				
Arcis sur Aube.Sommet de la lanterne du clocher.......	48.32.14	1.48.21.E.	m 127,9	m 95,1
△ *Nogent-sur-Seine*. Balustrade de la galerie du clocher.	48.29.35	1. 9.44.E.	107,8	71,8
Bar-sur-Aube. Égl. dans la partie nord de la ville........	48.14. 2	2.22.21.E.	»	166,0ᵃ
Bar-sur-Seine. Pignon E. de l'horloge, le sommet..	48. 6.50	2. 2.11.E.	205,0	158,7ᵇ
AUDE.				
☐**Carcassonne**.Parapet de la tour de Saint-Vincent....	43.12.54	0. 0.46.E.	154,0	103,7
Limoux. Clocher en flèche (sommet)..	43. 3.15	0. 7. 9.O.	216,8	163,9
☐*Narbonne*. Sommet de la tourelle de la tour N. de la cathédrale..........	43.11. 8	0.40. 0.E.	71,9	13,0ᶜ
△*Castelnaudary*.Sommet de la boule, flèche en pierre...	43.19. 4	0.22.51.O.	235,8	185,6

a Sol de la prairie contiguë à la ville. | *b* Pavé de la grande rue, en face de l'Hôtel de Ville. | *c* Pavé de l'église.

NOM ET DÉSIGNATION des points.	LATITUDE.	LONGITUDE	ÉLÉVATION au-dessus de la mer	
			des points de mire.	du sol.
AVEYRON.				
☐ **Rodez.** Sommet de la tête de la Vierge qui surmonte la tour de N.-Dame.	o ′ ″ 44.21. 5	o ′ ″ 0.14 15.E.	m 710,6	m 633,4[a]
Espalion. Clocher..	44.31.18	0.25.31.E.	379,4	342,2
Milhau. Tour de la mairie, sommet du toit............	44. 5.54	0.44.30.E.	413,5	368,0[b]
Sainte-Affrique. Sommet du clocher en pyramide élevée..	43.57.30	0.32.55.E.	362,1	325,1[c]
△ *Villefranche.* Cloch.	44.21.10	0.17.58.O.	325,2	267,1
BOUCH.-DU-RHONE.				
Marseille. Clocher de Notre Dame-de-la-Garde........	43 17. 4	3. 2. 3 E.	165,7	161,5
—Sommet de la boule du clocher des Acoules.........	43.17.52	3. 1.55.E.	70,3	17,0[d]
Aix. Clocher Saint-Sauveur, cathédr.	43.31.55	3. 6.37.E.	254,5	204,9
△ *Arles.* Tʳ. des Arèn.	43.40.40	2.17.36.E.	48,5	17,3

a Sol de la sacristie. | *b* Pavé de la rue. | *c* Pavé de la rue. |
d Terrasse du Crucifix.

NOM ET DÉSIGNATION des points.	LATITUDE.	LONGITUDE	ÉLÉVATION au-dessus de la mer	
			des points de mire.	du sol.
CALVADOS.				
			m	m
☐ Caen. Sommet du clocher de l'Abbaye-ax-Dames...	49.11.14	2.41.24.O.	71,0	25,6
Falaise. Sommet du clocher de Saint-Gervais............	48.53.55	2.32. 9.O.	175,0	133,6
☐ Bayeux. Pied de la croix du clocher de la cathédrale..	49.16.35	3. 2.27.O.	121,0	46,9
Vire. Sommet de la coupole de la tour de l'horloge......	48.50.21	3.13.39.O.	208,6	177,4
Lizieux. Église	49. 8.50	2. 6.36.O.	»	49,0ᵃ
Pont-l'Évêque.Sommet du clocher...	49.17.14	2. 9. 9.O.	48,2	13,2
CANTAL.				
Aurillac. Sommet du clocher.......	44.55.41	0. 6.22.E.	651,6	622,0ᵇ
Mauriac. N.-D. des Miracles; donjon N.-E. du portail.	45.13. 7	0. 0.19.O.	721,2	698,4
Murat. Sommet du clocher.........	45. 6.44	0.31.54.E.	967,0	937,5
△ Saint-Flour. Sommet du clocher...	45. 2. 5	0.45.25.E.	918,2	883,4

a Prairies contiguës sur la Toucques. | *b* Seuil de la porte d'entrée de l'église.

NOM ET DÉSIGNATION des points.	LATITUDE.	LONGITUDE	ÉLÉVATION au-dessus de la mer	
			des points de mire.	du sol.
CHARENTE.				
			m	m
△**Angoulême.** Sommet du clocher de Saint–Pierre......	45.39. 0	2.11. 8.O.	149,7	96,5[a]
△*Cognac.*Cloch.Som.	45.41.46	2.39.57.O.	74,1	30,7
△*Ruffec.* Cl. à lant. de la mairie.. ...	46. 1.44	2. 8.17.O.	133,0	110,0[b]
Barbezieux. Cloch. Sommet...... ...	45.28.24	2.29.28.O.	121,4	»
△*Confolens.* Tour St-Michel	46. 0.41	1.39.43.O.	201,4	183,5
CHARENTE - INFÉR.				
△**La Rochelle.**Tour de la lanterne....	46. 9.23	3.29.41.O.	60,6	8,5[c]
Rochefort. L'hôpital	45.56.37	3.18. 4.O.	42,2	15,5
△*Marennes.* Sommet du clocher.......	45.49.20	3.26.40.O.	87,7	10,2
△*Saintes.* Sommet de l'église de Saint-Eutrope........	45.44.40	2.58.44.O.	85,8	27,4[d]
Jonzac. Cloch.Som.	45.26.45	2.46.26.O.	58,5	»
Saint Jean-d'Angely. Sommet de la tour du nord.........	45.56.39	2.51.39.O.	65,8	24,0

a Sol de l'église. | *b* Perron de la mairie. | *c* Seuil du corps de garde. | *d* Pavé devant la porte de l'église.

NOM ET DÉSIGNATION des points.	LATITUDE.	LONGITUDE	ÉLÉVATION au-dessus de la mer	
			des points de mire.	du sol.
CHER.				
□**Bourges**. Tourillon de l'horloge de l'église de Saint-Étienne.........	47. 4.59″	0. 3.43″.E.	225,3	156,3
Sancerre. Sommet du clocher.......	47.19.52	0.3o. 7.E.	33o,2	3o6,5
Saint-Amand.Cloch.	46.43.17	0.10.28.E.	203,8	165,5
CORRÈZE.				
Tulle.Cloch.; sommet de la boule...	45.16. 7	0.33.58.O.	285,0	214,1
Brives. Tour de l'horloge; sommet	45. 9.34	0.48.16.O.	143,2	117,4
△*Ussel*. Clocher de l'église..........	45.32.5o	0. 1.41.O.	674,3	639,9ᵃ
CORSE.				
Ajaccio.Clocher de la cathédrale.....	41.55. 1	6.24.18.E.	»	»
Sartène...........	41.37.33	6.38. 5.E.	»	»
Bastia. Clocher de la cathédrale.....	42.41.36	7. 6.59.E.	»	»
Calvi.Rotonde de la paroisse........	42.34. 7	6.25.3o.E.	»	»
Corte. Clocher du couvent de Saint-François.........	42.18. 2	6.49. 0.E.	»	»

α Dalles du porche.

NOM ET DÉSIGNATION des points.	LATITUDE.	LONGITUDE	ÉLÉVATION au-dessus de la mer	
			des points de mire.	du sol.
COTE-D'OR.	° ′ ″	° ′ ″	m	m
Dijon. Boule du clocher de St-Bénigne	47.19.19	2.41.55.E.	338,1	245,7 [a]
Beaune. Sommet de la boule de la lanterne de N.-Dame.	47. 1.29	2.30. 3.E.	272,5	220,1 [b]
△*Châtillon-sur-Seine.* Sommet de la lanterne de la flèche de Saint-Jean...	47.51.47	2.13.58.E.	265,2	231,6
△*Semur.* Pied de l'échelle du télégr...	47.30.55	2. 0.27.E.	431,7	422,4
COTES-DU-NORD.				
Saint-Brieuc. Cath. Som. du clocher..	48.30 53	5. 6. 7.O.	121,5	»
△*Saint-Brieuc.* Télégraphe sur l'église Saint-Michel.....	48.31. 1	5. 5.40.O.	122,6	88,8
△*Dinan.* Lanterne du clocher de Saint-Sauveur........	48.27.15	4.22.44.O.	130,0	73,0 [c]
△*Loudéac.* Clocher, pied de la croix..	48.10.36	5. 5.30.O.	200,6	161,8
△*Lannion.* Clocher de la cathéd. sommet.	48.44. 7	5.48. 1.O.	50;0	23,4
Guingamp. Sommet du clocher......	48.33.43	5.29.18.O.	133,4	44,2 [d]

a Seuil de la porte principale. | *b* Seuil de la porte principale. | *c* Pavé de l'église. | *d* Palier de l'escalier.

NOM ET DÉSIGNATION des points.	LATITUDE.	LONGITUDE	ÉLÉVATION au-dessus de la mer	
			des points de mire.	du sol.
	o ′ ″	o ′ ″	m	m
CREUSE.				
Guéret. Clocher de Saint-Pardoux ...	46.10.17	0.28. 9.O.	481,0	445,2
Aubusson. Clocher.	45.57.22	0.10. 3.O.	482,9	456,6
Bourganeuf. Cloch.	45.57.14	0.34.50.O.	483,5	448,8
Boussac. Clocher..	46.20 57	0. 7.26.O.	410,7	379,7
DORDOGNE.				
Périgueux. Sommet du clocher...	45.11. 4	1.36.54.O.	157,7	97,9
△*Bergerac.* Clocher à lanterne.........	44.51. 8	1.51.16.O.	61,9	32,5[a]
Nontron. Clocher, sommet	45.31 45	1.40 19.O.	236,4	207,9
Riberac. (Pavillon octogone près de) sommet	45.15.13	2. 0.59.O.	103,2	»
Sarlat. Sommet du clocher.........	44.53.22	1. 7.14.O.	183,0	137,0
DOUBS.				
Besançon. Boule du clocher en lanterne de la citadelle....	47.13.46	3.41.56.E.	391,5	{ 367,7[b] 251,0[c]
Pontarlier. Boule supérieure du cloch.	46.54. 9	4. 1.14.E.	887,1	837,8
△*Baume-les-Dames*..	47.22. 9	4. 1.20.E.	537,4	531,9[d]

a Pavé du chœur. | *b* Seuil de la chapelle de la citadelle. | *c* Seuil de la porte de l'église St-Pierre. | *d* Sol du plateau au nord de la ville.

NOM ET DÉSIGNATION des points.	LATITUDE.	LONGITUDE	ÉLÉVATION au-dessus de la mer	
			des points de mire.	du sol.
DOUBS. (Suite.)				
Montbéliard. Grosse boule de la tour S. du château......	47.30.36	4.27.56.E.	m 367,7	m 322,1[a]
DROME.				
△**Valence.** Sommet de la tour St-Jean.	44.56. 5	2.33.18.E.	154,5	128,5
Montélimart. Tour carrée...	44.33.32	2.24.51.E.	116,3	97,0[b] 64,9[c]
Die. Clocher......	44.45. 9	3. 2. 4.E.	443,1	»
Nyons. Clocher...	44.21.40	2.48.19.E.	300,1	276,6
EURE.				
Évreux. Boule de la flèche de la cathédrale...........	49. 1 30	1.11. 9.O.	139,1	66,5[d]
Louviers. Église...	49.12.48	1.10. 2.O.	»	16,0[e]
Les Andelys. Sommet de la flèche des petits Andelys....	49.14.34	0.56.13.O.	59,7	16,3[f]
Bernay. Église, sommet du clocher...	49. 5.32	1.44.17.O.	152,0	105,0[g]
Pont-Audemer. Égl.	49.21.22	1.49.18.O.	»	7 0[h]

a Sol du chemin qui longe le pied du château au sud et à l'est. | *b* Pied de la tour. | *c* Sol de la route impériale n° 7, altitude moyenne de la ville | *d* Pavé intérieur de la cathédrale, près de la porte latérale. | *e* Prairie contiguë sur l'Eure. | *f* Seuil de la porte d'entrée principale de l'église. | *g* Sol de la prairie. | *h* Prairie contiguë sur la Riste.

17

NOM ET DÉSIGNATION des points.	LATITUDE.	LONGITUDE	ÉLÉVATION au-dessus de la mer	
			des points de mire.	du sol.
EURE-ET-LOIR.				
□**Chartres.** Sommet du clocher neuf de la cathédrale.....	° ′ ″ 48.26.53	° ′ ″ 0.50.59.O.	m 270,8	m 157,7[a]
△*Châteaudun.* Sommet du clocher en pierre de St-Valérien............	48. 4.11	1. 0.20.O.	187,5	143,3
△*Dreux.* Sommet de la balustrade en pierre du télégraphe............	48.44.27	0.58.15.O.	161,5	136,4
Nogent - le -Rotrou. Clocher de l'église Saint-Hilaire	48.19.29	1.31.27.O.	145,9	105,0[b]
FINISTÈRE.				
Quimper. Cathéd. de Saint-Corentin, som. flèche nord..	47.59.47	6.26.26.O.	59,5	6,4[c]
□*Brest.* Centre du mouvement du télégraphe de la tour de l'église de St-Louis	48.23.22	6.49.42.O.	82,9	33,1[d]
△*Châteaulin.* Moulin, sommet	48.11.23	6.26.35.O.	150,1	141,6

a Sol de l'église. | *b* Prairie contiguë. | *c* Pavé des Sonneurs. | *d* Pavé de l'église.

NOM ET DÉSIGNATION des points.	LATITUDE.	LONGITUDE	ÉLÉVATION au-dessus de la mer	
			des points de mire.	du sol.
FINISTÈRE (Suite.)				
Morlaix. St-Martin, som. du clocher ..	48.34.38	6.10.16.O.	m 77,7	m 56,4
Quimperlé. St-Michel, som. du cloch.	47.52.18	5.53. 9.O.	73,0	30,0
GARD.				
△ **Nîmes.** Somm. des ruines de la tour Magne	43.50.36	2. 0.46.E.	142,8	{ 114,4[a] \\ 46,7[b]
Alais. Clocher. Sommet de la tour....	44. 7.26	1.44.22.E.	168,0	
Uzès. Tour de l'horloge, boule dorée.	44. 0.46	2. 4.59.E.	180,3	138,2[c]
LeVigan. Tour carrée	43.59.28	1.16. 6.E.	260,4	230,5
GARONNE (HAUTE-).				
Toulouse. Ancien observatoire	43.35.40	0.53.47.O.	»	»
△ — Sommet du clocher de St-Sernin.	43.36.33	0.53.44.O.	204,2	139,1
△ — Nouvel observ., la balustrade	43.36.47	0.52.31.O.	201,1	189,8[d]
Villefranche. Sommet du clocher...	43.23.56	0.37.13.O.	202,7	173,9

[a] Sol intérieur de la tour au pied de l'escalier neuf. | [b] Sol de la cathédrale. | [c] Pavé de la porte d'entrée de la tour. | [d] Le seuil.

NOM ET DÉSIGNATION des points.	LATITUDE.	LONGITUDE	ÉLÉVATION au-dessus de la mer	
			des points de mire.	du sol.
GARONNE (HAUTE-). (Suite.)	o ′ ″	o ′ ″	m	m
△*Muret.* Sommet du clocher	43.27.41	1. 0.41.O.	204,6	164,7
△ *St-Gaudens.* Sommet du clocher...	43. 6.29	1.36.49.O.	429,1	404,5
GERS.				
Auch. Cath. (tour nord), sommet...	43.38.50	1.45. 8.O.	207,3	166,0
△*Lectoure.* Clocher (balustrade).....	43.56. 5	1.42.51.O.	227,1	180,1
Mirande. .Clocher, sommet	43.30.58	1.56. 3.O.	208,3	166,2
Condom. Clocher, sommet	43.57.31	1.57.55.O.	127,6	84,1
Lombez. Clocher, sommet de la tour.	43.28.30	1.25.41.Ò.	208,1	165,9
GIRONDE.				
☐**Bordeaux.**Sommet de la boule de la flèche O. de la cathédrale.........	44.50.19	2.54.56.O.	87,4	6,6ᵃ
Blaye. Clocheton des Minimes, dans la citadelle..... .	45. 7.43	3. 0.15.O.	32,8	17,0
Lesparre. Clocher (sommet).:..... .	45.18.30	3.16.42.O.	28,8	»

a Pavé de l'église.

NOM ET DÉSIGNATION des points.	LATITUDE	LONGITUDE	ÉLÉVATION au-dessus de la mer	
			des points de mire.	du sol.
GIRONDE. (Suite.)	° ′ ″	° ′ ″	m	m
Lesparre. Tour....	45.18.30	3.16.52.O.	32,2	4,9
Libourne..	44.55. 2	2.35. 5.O.	38,4	»
△*Bazas.* Cloch.(sommet)........ ...	44.25.57	2.32.52.O.	133,2	79,2
La Réole. Clocher le plus au nord.....	44.35. 6	2.22.35.O.	75,8	44,0[a]
HÉRAULT.				
△**Montpellier.** Clocher N.-D., sommet de la galerie.	43.36.44	1.32.34.E.	73,0	44,3
— Clocher de la cathédrale, sommet de la galerie.....	43.36.18	1.32.13.E.	77,3	»
□*Béziers.* Sommet du signal établi sur le clocher de l'église de St-Nazaire.....	43.20.31	0.52.23.E.	117,9	69,7[b]
Lodève. Cath., tour, pied de la croix .	43.43.57	0.58.48.E.	231,6	174,7
□*Saint-Pons.* Sommet du signal du Roc en grenier près Saint-Pons	43.31.34	0.23.40.E.	1039,7	1035,3[c]
—Cathédrale, cloc., haut de la maçon.	43 29.22	0.25.18.E.	359,6	315,8

a Sol à partir du 1er degré de l'église. | *b* Pavé de l'église. | *c* Tête de la borne.

NOM ET DÉSIGNATION des points.	LATITUDE.	LONGITUDE	ÉLÉVATION au-dessus de la mer	
			des points de mire.	du sol.
ILLE-ET-VILAINE.				
□**Rennes.** Sommet du toit de la tour de Sainte–Mélaine	48. 6.55	4. 0.40.O.	m 90,8	m 53,6[a]
△*Fougères.*Som. de la lanterne du cloch. de St-Léonard...	48.21. 9	3.32.31.O.	177,6	136,7[b]
Montfort. Clocher, sommet........	48. 8.25	4.17.38.O.	69,9	44,4
△*Saint-Malo.* Télégr. plate-forme......	48.39 1	4.21.47.O.	52,7	14,2
Vitré. Clocher, som.	48. 7 32	3.32.29.O.	148,5	110,3
△*Redon.* Sommet de la flèche.........	47.39 5	4.25.19.O.	79,2	12,5
INDRE.				
△**Châteauroux.** Clocher	46.48.50	0.38.32.O.	193,2	158,3
△*Le Blanc.* Clocher.	46.37.47	1.16.42.O.	135,3	109,6
△ *Issoudun.* Sommet de la tour......	46.56.54	0.20.49.O.	176,0	148,9[c]
La Châtre. Clocher.	46.34.53	0.20.56.O.	257,9	226,7[d]
INDRE-ET-LOIRE.				
Tours. Sommet de la tour septentr. de la cathédrale.	47.23.47	1.38.35.O.	123,2	55,4

a Sol intérieur de la tour | *b* Seuil de la grande porte de la face occidentale de l'église. | *c* Sol intérieur. | *d* Sol près de l'église.

NOM ET DÉSIGNATION des points.	LATITUDE.	LONGITUDE	ÉLÉVATION au-dessus de la mer	
			des points de mire.	du sol.
INDRE-ET-LOIRE. (Suite.)			m	m
△ *Chinon*. Sommet de la tour de l'horloge	47.10. 7	2. 5.58.O.	111,2	82,4
△ *Loches*. Sommet de la grande tour . . .	47. 7.32	1.20.25.O.	141,5	89,6
ISÈRE.				
Grenoble. Point culminant O. de la Bastille	45.11.57	3.23.20.E.	500,7	483,5
—Clocher de Saint-Joseph.	45.11.12	3.23.36.E.	246,7	213,0 *a*
Latour-du-Pin. Egl. sur la hauteur, sommet du clocher	45.33.50	3. 6.44.E.	377,5	319,0 *b*
St-Marcellin. Sommet du clocher. . .	45. 9.18	2.59. 9.E.	324,1	287,4
Vienne. Église (la face Ouest).	45.31.28	2.32.11.E.	»	150,0 *c*
JURA.				
Lons-le-Saulnier. Sommet du cloch. des Cordeliers . . .	46.40.28	3.13.13.E.	294,2	257,7
Poligny. Base de la lanterne du clocher de St-Hippolyte.	46.50.16	3.22.27.E.	372,9	324,4

a Sol de la place St-André. | *b* Sol de la vallée contre la ville. | *c* Eaux du Rhône.

NOM ET DÉSIGNATION des points.	LATITUDE.	LONGITUDE	ÉLÉVATION au-dessus de la mer	
			des points de mire.	du sol
JURA (Suite.)			m	m
Saint-Claude. Sommet du clocher...	46.23.13	3.31.48.E.	484,6	436,6
△ *Dôle.* Sommet de la coupole supérieure du clocher.	47. 5.33	3. 9.29.E.	259,1	224,7
LANDES.				
△**Mont-de-Marsan.** Tour Est de l'église	43.53.38	2.50.18.O.	71,8	42,8
Saint-Sever. Sommet de la tour de l'église principale.	43.45.38	2.54.42.O.	129,0	100,1[a]
— Tour du collége, sommet.	43.45.35	2.54.34.O.	130,2	101,8
□*Dax.* Tour de Borda, près de Dax..	43.42.44	3.24. 5.O.	54,60[b] 41,95[c]	39,9[d]
LOIR-ET-CHER.				
□**Blois.** Sommet de la coupole supérieure de la tour de Saint-Louis...	47.35.20	1. 0. 3.O.	154,1	102,1
*Romorantin.*Cloch.; le sommet.	47.21.26	0.35.32.O.	135,3	85,4[e]
□*Vendôme* Sommet de la flèche de l'abbaye.	47.47.30	1.16. 7.O.	162,6	84,5

a Carrelage de l'église. | *b* Parapet de la tour. | *c* Cintre de la porte d'entrée. | *d* Seuil de la porte d'entrée. | *e* Sol extérieur.

NOM ET DÉSIGNATION des points.	LATITUDE.	LONGITUDE	ÉLÉVATION au-dessus de la mer	
			des points de mire.	du sol.
LOIRE.			m	m
Saint - Étienne. Sommet du clocher de l'hôpital.	45.26. 9	2. 3.20.E.	568,0	540,4[a]
Montbrison. Sommet du clocher...	45.36 22	1.43.45.E.	435,7	394,0[b]
Roanne. Sommet de la petite flèche de la tour carrée de la prison........	46. 2.26	1.44. 8.E.	309,8	285,8[c]
LOIRE (HAUTE-).				
Le Puy. Sommet du grand clocher de la cathédrale..	45. 2.46	1.32.55.E.	738,0	685,8
Yssengeaux. Somm. du toit de la tour N. de l'église neuve	45. 8.37	1.47.13.E.	892,1	860,3
Brioude. Sommet du clocher.......	45.17.39	1. 2.52.E.	477,9	447,0
LOIRE-INFÉRIEURE				
☐**Nantes.** Sommet du toit qui surmonte la tour sud de la cathédrale..	47.13. 8	3.53.18.O.	73,7	18,8
△—Tour de Launay, sommet........	47.12.38	3.54.50.O.	67,6	12,5
Ancenis. Sommet du clocher....	47.22. 1	3.30.47.O.	45,9	19,1

a Dalle au pied du jambage de droite de la porte d'entrée N.-E. du clocher. | *b* Dalles à l'entrée de l'église. | *c* Seuil de la porte d'entrée de la prison.

NOM ET DÉSIGNATION des points.	LATITUDE.	LONGITUDE	ÉLÉVATION au-dessus de la mer	
			des points de mire.	du sol.
LOIRE-INFÉRIEURE (Suite.)				
	° ′ ″	° ′ ″	m	m
Châteaubriant. Boule du cloch. S.-Nicolas	47.43.10	3.42.53.O.	101,6	62,2[a]
Paimbœuf. Sommet du clocher.......	47.17.17	4.22.23.O.	34,1	8,1
Saint-Nazaire. Sommet du clocher...	47.16.22	4.32.11.O.	43,6	7,9
LOIRET.				
☐**Orléans.** Sommet du clocher de Ste-Croix. ....:	47.54. 9	0.25.35.O.	196,3	116,3[b]
☐*Pithiviers.* Sommet de la flèche	48.10.28	0. 4.51.O.	185,6	119,9
Gien. Clocher à lanterne; la boule...	47.41. 9	0.17.40.E.	204,1	152,1
☐*Montargis.* Sommet de la tour.......	47.59.59	0.23.27.E.	145,3	116,4
LOT.				
△**Cahors.** Clocher de la cathéd.; sommet	44.26.52	0.53.41.O.	169,7	123,5[c]
△*Figeac.* Égl. du Puy, sommet du clocher	44.36.40	0.18. 6.O.	262,6	224,8
Gourdon. Église St-Pierre; tour sud, faîte.	44.44.15	0.57.18.O.	297,1	257,7[d]

a Pavé de l'église. | *b* Pavé de l'église. | *c* Seuil de la porte principale de la cathédrale, au niveau du sol de la place Royale. | *d* Sol sur lequel repose la première marche du perron de l'église.

NOM ET DÉSIGNATION des points.	LATITUDE.	LONGITUDE	ÉLÉVATION au-dessus de la mer	
			des points de mire.	du sol.
LOT-ET-GARONNE.			m	m
△**Agen**. Cloch. de la cathédrale; som. de la balustrade..	44.12.27	1.43. 6.O.	88,8	42,8
△*Marmande*.Clocher; som. de la balustr.	44.29.55	2.10.23.O.	56,9	24,5[a]
△ *Villeneuve-d'Agen*. Boule du clocheton de la tour de la porte Monflanguin.....	44.24.31	1.37.50.O.	88,3	55,3
Nérac. Clocher à lanterne du templ. protestant, somm.	44. 8.12	2. 0. 1.O.	80,8	59,4[b]
LOZÈRE.				
Mende.Flèch. nord de la cathédrale, som. sous la boule.	44.31. 4	1. 9.41.E.	816,8	739,5[c]
Florac. Clocher, sommet	44.19.29	1.15.21.E.	628,3	»
Marvejols Eglise ..	44.33.17	0.57. 5.E.	»	640,0[d]
MAINE-ET-LOIRE.				
☐**Angers**. Somm. de la flèche de la tour méridionale de la cathédrale.......	47.28.17	2.53.34.O.	121,8	47,0
Baugé. Somm. de la lanterne du cloch. de Saint-Jean....	47.32.32	2.26.34.O.	97,0	58,6

a Pavé de l'église. | *b* Pavé du corridor. | *c* Seuil de la porte ouest de la cathédrale. | *d* Sol de la prairie au bas de la ville.

NOM ET DÉSIGNATION des points.	LATITUDE.	LONGITUDE	ÉLÉVATION au-dessus de la mer	
			des points de mire.	du sol.
MAINE-ET-LOIRE.				
(Suite.)			m	m
Segré. Cl^{er}, la boule	47.41.14	3.12.35.O.	79,0	45,0
Beaupréau. Somm. du clocher.......	47.12. 7	3.19.46.O.	105,3	85,3
Saumur. Girouette du clocher.......	47.15.34	2.24.40.O.	106,3	77,0
MANCHE.				
Saint-Lo. Sommet de la flèche septentrionale.........	49. 6.59	3.25.55.O.	98,6	33,1^a
△*Coutances*. Sommet de la tour de plomb de la cathédrale..	49. 2.54	3.46.55.O.	146,7	91,9
Valognes. Sommet de la plus haute flèche..........	49.30.32	3.48.24.O.	75,7	30,7^b
Cherbourg. Sommet du pignon N. de la calle n° 4 du port.	49.39. 7	3.58.21.O.	33,8	5,0^c
△*Avranches*. Pied de l'échelle du télégraphe des champs	48.41. 6	3.42. 1.O.	124,8	103,5^d
Mortain. Faîte du clocher du collége.	48.38.50	3.16.35.O.	273,6	»
Cl^r de la paroisse..	»	»	245,7	215,0

a Seuil de la porte d'entrée principale de l'église N.-D. | *b* Seuil de la porte d'entrée principale de l'église. | *c* Arête supérieure des quais de l'avant-port militaire. | *d* Seuil de la principale porte d'entrée de l'église des Champs.

NOM ET DÉSIGNATION des points.	LATITUDE.	LONGITUDE	ÉLÉVATION au-dessus de la mer	
			des points de mire	du sol.
MARNE.				
Châlons-sur-Marne.			m	m
Somm. de la flèche septentrionale de la cathédrale.....	48.57.21	2. 1.18.E.	150,6	81,8ᵃ
Épernay. Sommet du cloch. de la chapelle St-Laurent..	49. 2.52	1.36.47.E.	92,3	81,3ᵇ
Reims. Sommet du toit pyramidal de la tour septentr. de la cathédrale..	49.15.15	1.41.49.E.	165,7	86,1ᶜ
Sainte-Menehould. Sommet du clocher en aiguille.......	49. 5.27	2.33.34.E.	197,9	138,2ᵈ
△ *Vitry-le-François*. Boule sur la lanterne de la tour septentrionale de la cathédrale	48.43.34	2.15. 0.E.	150,2	101,3ᵉ
MARNE (HAUTE.).				
△ **Chaumont.** Som. du clocher du collége.	48. 6.47	2.48.19.E.	356,4	324,0
☐ *Langres*. Somm. du toit de la tour méridionale de la cathédrale........	47.51.53	2.59.55.E.	528,0	475,3
Vassy. Sommet de la lanterne du cloch.	48.30. 2	2.36.48.E.	218,2	180,1ᶠ

a Sol du portail de la cathédrale. | *b* Seuil de la porte du cimetière. | *c* Sol de l'église au centre de la tour. | *d* Pavé de la place vis-à-vis la grande porte de l'Hôtel de Ville. | *e* Sol de la porte de l'escalier de la tour. | *f* Pavé du chœur de l'église.

NOM ET DÉSIGNATION des points.	LATITUDE.	LONGITUDE	ÉLÉVATION au-dessus de la mer	
			des points de mire.	du sol.
MAYENNE.			m	m
Laval. Som. du clr.	48°. 4'. 7"	3°. 6'.39".O.	108,7	74,7
Mayenne.Clocher de N.-D.; sommet de la lanterne......	48.18,17	2.57.18.O.	133,1	101,6[a]
△ *Château-Gonthier*. Tour Saint-Jean..	47.49.50	3. 2.34.O.	97,5	58,5
MEURTHE.				
Nancy.Centre de la boule du clocher..	48.41.31	3.51. o.E.	275,1	199,6
△*Château-Salins*.Pied de l'échelle du télégraphe........	48.5o.16	4. 7.57.E.	340,9	334,9
Lunéville.Tête de la statue de la tour méridionale.....	48.35.35	4. 9.22.E.	294,5	234,6[b]
Sarrebourg.Somm. du clocher.......	48.44. 8	4.42.58.E.	282,0	250,1
Toul.Sommet de la tourelle de Saint-Gengoult........	48.40.32	3.33.14.E.	255,7	216,o
MEUSE.				
Bar-le-Duc. Som. du clocher de l'église de St-Pierre.	48.46. 8	2.49.24.E.	270,8	239,4[c]
Commercy. Eglise.	48.45.54	3.15.18.E.	»	243,o[d]
△*Montmédy*. Boule dorée de la tour septentrionale....	49.31. 6	3. 1.32.E.	326,8	293,9

a Sol du chœur de l'église. [*b* Sol de la première marche du parvis.] *c* Pied de la tour contre la porte extérieure.] *d* Sol des prairies contiguës.

NOM ET DÉSIGNATION des points.	LATITUDE.	LONGITUDE	ÉLÉVATION au-dessus de la mer	
			des points de mire.	du sol.
MEUSE. (Suite.)			m	m
△ *Verdun*. Pied de l'échelle du télégr..	49. 9.20	2.59.29.E.	320,7	314,3
MORBIHAN.				
□ **Vannes**. St-Pierre.	47.39.30	5. 5.42.O.	65,6	18,1[a]
Pontivy. Clocher, pied de la croix..	48. 4. 5	5.18.15.O.	91,2	55,8
Lorient. Tour du port...........	47.44.45	5.41.30.O.	60,0[b]	20,0
□ *Ploërmel*. Sommet du parapet de la grosse tour......	47.55.57	4.44. 9.O.	109,4	76,1[c]
MOSELLE.				
Metz. Flèche de la cathédrale; la base de la petite flèche.	49. 7.14	3.50.23.E.	255,7	177,0[d]
Thionville. Tour de l'horloge; le coq.	49.21.30	3.49.53.E.	196,8	155,0[e]
Briey. Sommet du clocher.........	49.14.59	3.36. 8.E.	288,0	257,0[f]
Sarreguemines. Sommet du clocher...	49. 6.42	4.43.48.E.	236,2	202,7[g]
NIEVRE.				
△ **Nevers**. Clocher de la cathédrale, tour Saint-Cyr.......	46.59.15	0.49.14.E.	{265,6[h] / 255,6[i]}	200,8
Château-Chinon. La boule du clocher..	47. 3.57	1.35.51.E.	587,4	551,8[j]

a Dalles de la nef. | *b* Sommet de la cabane du guetteur. | *c* Pavé de l'église. | *d* Pavé intérieur à l'aplomb de la flèche. | *e* Seuil de la porte d'entrée de la tour, à la face S.-O. | *f* Seuil de la grande porte de l'église. | *g* Seuil de la porte de l'église. | *h* Sommet de la croix. | *i* Sommet de la tour. | *j* Pavé de l'église.

NOM ET DÉSIGNATION des points.	LATITUDE.	LONGITUDE	ÉLÉVATION au-dessus de la mer	
			des points de mire.	du sol.
NIÈVRE. (Suite.)			m	m
Clamecy. Sommet du clocher........	47.27.37	1.10.58.E.	211,8	157,5
Cosne. Sommet du clocher de St-Jacq.	47.24.40	0.35.19.E.	185,2	153,3
NORD.				
△**Lille.** Boule de la lanterne du dôme de la Madeleine..	50.38.44	0.43.37.E.	71,9	23,7
☐*Douai.* Tour de St-Pierre; le sommet.	50.22.15	0.44.41.E.	85,1	23,9
☐*Dunkerque.* Tour des pavillons; plate-forme de la tour.	51.2.11	0.2.23.E.	60,6	7,8
Hazebrouck. Sommet de la flèche..	50.43.12	0.11.55.E.	90,7	17,8
△*Avesne.* Sommet de la tour de l'église.	50.7.22	1.35.47.E.	230,2	172,0
△*Cambrai.* Tour de St-Géry; sommet de la boule......	50.10.39	0.53.40.E.	133,0	53,4
△*Valenciennes.* Sommet du beffroi....	50.21.29	1.11.12.E.	80,4	25,8
OISE.				
△**Beauvais.** Clocher de St-Pierre; le faîte de l'église...	49.26.0	0.15.19.O.	130,9	70,7
☐*Clermont.* Sommet du clocher.......	49.22.49	0.4.52.E.	160,6	118,8

NOM ET DÉSIGNATION des points.	LATITUDE.	LONGITUDE	ÉLÉVATION au-dessus de la mer	
			des points de mire.	du sol.
OISE. (Suite.)			m	m
△ *Compiègne*. Sommet du clocher de St-Jacques.........	49.25. 3	0.29.27.E.	91,0	47,9[a]
△ *Senlis*. La boule du clocher.........	49.12.27	0.14.57.E.	154,7	74,9
ORNE.				
△ **Alençon.** Som. du cloch. de N.-Dame	48.25.49	2.14.52.O.	179,4	136,0
Argentan. Sommet de la grosse boule du clocher de St-Germain........	48.44.43	2.21.24.O.	215,1	166,2[b]
△ *Domfront.* Sommet de la lanterne du cloch. de St-Julien	48.35.39	2.59. 7.O.	240,3	215,0
☐ *Mortagne.* Sommet de la coupole supérieure de la tour..	48.31.20	1.47.27.O.	301,3	258,8[c]
PAS-DE-CALAIS.				
△ **Arras.** Pied du lion du beffroi ...	50.17.31	0.26.26.E.	141,0	66,6
☐ *Béthune.* Som. du cloch. de St-Vaast.	50.31.58	0.18. 6.E.	82,4	31,4[d]
△ *Saint-Omer.* Pied de l'éch. du télégr.	50.44.53	0. 5. 3.O.	72,6	23,0[e]

a Pavé de l'église. | *b* Pavé de la rue. | *c* Repère tracé au-dessus de la porte de la tour. | *d* Pavé de l'église. | *e* Seuil de la porte principale de l'église.

NOM ET DÉSIGNATION des points.	LATITUDE.	LONGITUDE	ÉLÉVATION au-dessus de la mer	
			des points de mire.	du sol.
PAS-DE-CALAIS.			m	m
(Suite.)				
Saint-Pol. Eglise..	50.22.55	0. 0. 0.O.	»	90,0 *a*
Boulogne. Plate-forme supérieure de la tour à galerie de la ville haute	50.43.33	0.43.25.O.	91,8	58,2
△ *Montreuil.* Sommet du toit du beffroi.	50.27.54	0.34.24.O.	82,9	48,6
PUY-DE-DOME.				
△ **Clerm.-Ferrand.** Sommet de la plus grosse des 2 boules qui surmontent la coupole de la cathédrale........	45.46.46	0.44.57.E.	466,7	407,2
△ *Ambert.* Clocher ..	45.33. 4	1.24.12.E.	576,4 *b*	531,2
Issoire. Clocher...	45.32.37	0.54.50.E.	435,1	399,2
△ *Riom.* Clocher de Saint-Amable....	45.53.39	0.46.31.E.	401,6	357,6
Thiers. Tour de l'ancienne prison....	45.51.15	1.12.42.E.	425,3	399,9
PYRÉNÉES (BASSES.)				
△ **Pau.** Tour du château, sommet de l'escalier	43.17.44	2.42.48.O.	236,8	207,3 *c*
Oloron. Clocher (sommet)........	43.11.31	2.56.40.O.	296,1	272,1
Orthez. Clocher...	43.29.25	3. 6.48.O.	105,5	»

a Sol de la prairie. | *b* Base du toit de la tourelle. | *c* Pied de la tour, du côté de l'est.

NOM ET DÉSIGNATION des points.	LATITUDE.	LONGITUDE	ÉLÉVATION au-dessus de la mer	
			des points de mire.	du sol.
PYRÉNÉES (BASSES). (Suite.)			m	m
Bayonne. Sommet du clocher de la cathédrale......	43.29.29	3.48.57.O.	61,3	11,5ᵃ
Mauléon. Château, cheminée double sur la porte d'entrée............	43.13.13	3.13.29.O.	225,4	214,2
PYRÉNÉES (HAUT.-).				
△**Tarbes.** Cloch. des Carmes, pied de la croix..........	43.13.58	2.15.19.O.	357,1	311,7
— Clocher de la cathédrale, pied de la croix.........	48.14. 5	2.16. 8.O.	352,8	309,4
Argelez. Clocher, sommet du toit..	43. 0.11	2.26.29.O.	486,5	466,5
△*Bagnères de Bigorre.* Tour de l'hor. som. de la balustrade..	43. 3 54	2.11.22.O.	583,4	549,9
—Clocher de Saint-Vincent, sommet.	43. 3 57	2.11.17.O.	589,0	551,4
PYRÉNÉES-ORIENT.				
Perpignan. Som. du clocher de St-Jean, cathédrale .	42.42. 2	0.33.33.E.	79,8	30,7ᵇ
△— Clocher de la citadelle..........	42.41.39	0.33.3o.E.	92,6	59,8ᶜ

a Sol de la nef. | *b* Pavé des sonneurs. | *c* Partie supérieure de la marche supérieure de la porte du pavillon.

NOM ET DÉSIGNATION des points.	LATITUDE.	LONGITUDE	ÉLÉVATION au-dessus de la mer	
			des points de mire.	du sol.
PYRÉNÉES-ORIENT. (Suite.)			m	m
△ *Ceret.* Clocher....	42.29. 9	0.24.38.E.	200,6	170,8
Prades. Sommet du clocher principal.	42.37. 7	0. 5. 9.E.	385,1	348,1 *a*
RHIN (BAS-).				
☐ **Strasbourg**. Sommet de la flèche de la cathédrale.....	48.34.57	5.24.54.E.	286,2	144,1 *b*
Saverne. Sommet de la pyramide quadrangul^{re} du gros clocher.........	48.44.30	5. 1.42.E.	240,5	205,8 *c*
△ *Schélestadt.* La balustrade de la cathédrale....	48.15.39	5. 7.15.E.	230,2	178,3
Weissembourg. Egl.	49. 2.17	5.36.24.E.	»	164,0
RHIN (HAUT-).				
☐ **Colmar.** Cloch. de la cathéd.; base de la lanterne.......	48. 4.41	5. 1.20.E.	251,3	195,1
Mulhouse. Clocher, som. du petit dôme	47.44.51	5. 0.10.E.	287,1	»
Belfort. Angle occidental de la citadelle; le sommet	47.38.13	4.31.44.E.	428,6	{ 418,9 363,9 *d*
RHONE.				
△ **Lyon.** Milieu de la boule de N.-Dame-de-Fourvières....	45.45.45	2.29.10.E.	322,2	295,1 *e*

a et *b* Pavé de l'église. | *c* Seuil de la porte d'entrée. | *d* Parvis de l'église. | *e* Sol naturel.

NOM ET DÉSIGNATION des points.	LATITUDE.	LONGITUDE	ÉLÉVATION au-dessus de la mer	
			des points de mire.	du sol.
RHONE. (Suite.)				
Villefranche. Sommet du clocher situé au-dessus de la porte d'entrée de l'église principale.	45.59.21	2.22.56.E.	m 212,0	m 182,5 *a*
SAONE (HAUTE-).				
Vesoul. Sommet du clocher du collége.	47.37.26	3.49. 6.E.	257,6	234,9 *b*
△*Gray.* Sommet de la calotte de la lanterne supérieure du clocher......	47.26.48	3.15.22.E.	266,6	220,4 *c*
Lure. Sommet de la croupe méridion. de la sous-préfect.	47.41.14	4. 9.19.E.	315,4	294,4 *d*
SAONE-ET-LOIRE.				
△ **Mâcon.** Sommet de la tour de St-Vincent	46.18.24	2.29.55.E.	229,4	184,5
Autun. Sommet du cloch. de la cathéd.	46.56.43	1.57.47.E.	456,3	379,1 *e*
Charolles. Tour du château	46.26. 9	1.56.29.E.	328,0	302,1 *f*
Châlon-sur-Saône. Somm. de la boule du clocher de St-Pierre..........	46.46.51	2.31. 7.E.	228,3	178,4

a Parvis de l'église. | *b* Sol du pied de l'escalier du clocher. | *c* Sol de l'église. | *d* Seuil de la porte de la cave, à l'extrémité sud de la face principale. | *e* Pavé de la grande nef de l'église. | *f* Sol de la plate-forme sur laquelle est élevée la tour.

NOM ET DÉSIGNATION des points.	LATITUDE.	LONGITUDE	ÉLÉVATION au-dessus de la mer	
			des points de mire.	du sol.
SAONE-ET-LOIRE. (Suite.)			m	m
Louhans. Somm. de la boule du cloch.	46.37.44	2.53.10.E.	223,6	181,5[a]
SARTHE.				
□ **Le Mans.** Tour de St-Julien ; le pied de la croix........	48. 0.35	2. 8.19.O.	136,6	76,5
Mamers. Sommet du clocher St-Nicolas	48.21. 4	1.58. 1.O.	162,0	128,8
Saint-Calais. Sommet du clocher...	47.55.19	1.35.28.O.	150,9	103,0
△ *La Flèche.* Tour de l'horl. de l'éc. mil.	47.42. 4	2.24.47.O.	79,0	32,7[b]
SAVOIE.				
Chambéry. Tour du château.......	45.33.52	3.34.57.E.	325,0	"
Albertville. Clocher de Conflans......	45.40.17	4.33.42.E.	471,4	422,2
Moutiers. Cheminée des Salines.	45.29. 3	4.11.34.E.	518,0	480,0
Saint-Jean-de-Maurienne. T[r] de l'horl.	45.16.36	4. 0.34.E.	"	573,0
SAVOIE (HAUTE-):				
Annecy. Clocher de Saint-Maurice....	45.53 59	3.47.33.E.	"	454,0
Bonneville. Colonne de Charles-Félix..	46. 4.32	4. 4.12.E.	"	450,0
Saint-Julien. Cloch.	46. 8.35	3.44.46.E.	"	465,0
Thonon. Clocher de la Visitation	46.22.22	4. 8.44.E.	"	451,0

a Seuil de la porte d'entrée de l'église. { *b* Pavé du rez-de-chaussée.

NOM ET DÉSIGNATION des points.	LATITUDE.	LONGITUDE	ÉLÉVATION au-dessus de la mer	
			des points de mire.	du sol.
	° ′ ″	° ′ ″	m	m
SEINE.				
☐ **Paris**. Sommet de la lanterne du Panthéon.......	48.50.49	0. 0.35″.E.	143,9	60,6[a]
△ *Saint-Denis*. Boule de la flèche......	48.56.11	0. 1.21.E.	119,5	33,1[b]
Sceaux. Sommet du clocher.........	48.46.39	0. 2.25.O.	118,0	97,7[c]
SEINE-ET-MARNE.				
Melun. La boule du clocher de Saint-Barthélemy......	48.32.32	0.19.10.E.	102,6	69,8
Fontainebleau. Egl.	48.24.23	0.21.52.E.	»	79,0[d]
△ *Meaux*. Sommet du clocheton opposé à celui par lequel on entre sur la tour de la cathédrale..	48.57.40	0.32.31.E.	125,2	58,2
Coulommiers.Église.	48.48.52	0.44.56.E.	»	70,0[e]
△*Provins*. Balustrade de la lantérne du clocher de Saint-Quiriace	48.33.41	0.57.19.E.	182,0	136,1
SEINE-ET-OISE.				
△ **Versailles**. Boule du clocher de St-Louis...........	48.47.56	0.12.44.O.	183,6	123,0[f]

a Pavé intérieur. | *b* Pavé de l'église. | *c* Seuil de la grande porte de l'église. | *d* Sol de l'obélisque au rond point, au sud de la ville. | *e* Prairie contiguë. | *f* Première marche du parvis dans l'axe de l'église.

NOM ET DÉSIGNATION des points.	LATITUDE.	LONGITUDE	ÉLÉVATION au dessus de la mer	
			des points de mire.	du sol
SEINE-ET-OISE (Suite.)				
Mantes. Sommet de la tourelle de la tour occidentale de la cathédrale.....	o ′ ″ 48.59.28	o ′ ″ 0.37. 0.O.	m 93,1	m 59,1[a]
△ *Rambouillet.* Sommet du moulin de Rambouillet.....	48.38. 5	0.30.26.O.	181,8	169,0
Corbeil. Clocher de Saint-Spire	48.36.44	0. 8.45.E.	78,0	36,6[b]
△ *Pontoise.* Som. de la lant. du clocher	49. 3. 5	0.14.23.O.	93,0	48,1
△ *Étampes.* Télégraphe; le sommet..	48.26.49	0.11. 0.O	146,4	133,6[c]
SEINE-INFÉRIEURE.				
Rouen. Sommet de la flèche de la cathédrale........	49.26.29	1.14.32.O.	97,8	21,6[d]
Dieppe. La tour...	49.55.35	1.15.31.O.	50,6	»
Le Havre. Sommet du clocher.......	49.29.16	2.13.45.O.	41,5	4,8[e]
△ *Yvetot.* Sommet de la flèche........	49.37. 3	1.35. 2.O.	187,9	152,0
Neufchâtel. Sommet du clocher......	49.43.57	0.53.41.O.	139,3	92,2

a Parvis de l'église. | *b* Pavé devant la porte principale de l'église. | *c* Sol de la façade nord du bâtiment. | *d* Pied de la tour septentrionale de la façade. | *e* Dalles de la porte principale de l'église.

NOM ET DÉSIGNATION des points.	LATITUDE.	LONGITUDE	ÉLÉVATION au-dessus de la mer	
			des points de mire.	du sol.
SÈVRES (DEUX-)			m	m
△ **Niort**. Clocher de N.-D.; sommet..	46.19.23	2.48.12.O.	104,3	29,2
▢ *Bressuire*. Sommet du clocher.......	46.50.33	2.49.44.O.	240,5	184,7
△ *Melle*. Le collége, faîte de la petite coupole..........	46.13.20	2.28.53.O	157,7	139,1[a]
Parthenay. Sommet du clocher de St-Laurent.........	46.38.49	2.35.14.O.	201,4	172,2
SOMME.				
△ **Amiens**. Pied de la croix de la flèche de la cathédrale..	49.53.43	0. 2. 4.O.	135,7	36,0
Doullens. Milieu du pont de l'Authie à l'entrée de la ville.	50. 9 17	0. 0.14.E.	»	60,0[b]
△ *Montdidier*. Cloch.; sommet de la lanterne.	49 39. 0	0.13.50.E.	139,2	98,4
Péronne. Sommet du clocher de la paroisse.........	49.55.47	0.35.54.E.	94,2	53,5[c]
Abbeville. Clocher de N.-Dame, près d'Abbeville......	50. 7. 5	0.30.18.O.	61,6	22,4[d]

a Sol de la cour. | *b* Prairie adjacente. | *c* Dalles de l'église. | *d* Pavé de l'église.

NOM ET DÉSIGNATION des points.	LATITUDE.	LONGITUDE	ÉLÉVATION au-dessus de la mer	
			des points de mire.	du sol.
TARN.				
Alby. Tourelle ou clocheton de la cathédrale; le som.	43.55.44	0.11.43.O.	243,5	169,0
Castres. Clocher de la cathédrale.....	43.36.16	0. 5.45.O.	205,2	170,8
△ *Gaillac.* Clocher, sommet.........	43.54. 0	0.26.24.O.	170,6	137,2
Lavaur. Clocher de la cathéd.; la balustrade........	43.41.59	0.30.58.O.	177,1	138,0
TARN-ET-GARONNE				
Montauban. Sommet du clocher de l'église St–Jacques	44. 1. 6	0.59. 6.O.	149,9	97,1[a]
Moissac. Cl., som.	44. 6.22	1.15.11.O.	111,0	71,8
△ *Castel - Sarrazin.* Clocher, balustr. au pied de la petite flèche..........	44. 2.18	1.13.49.O.	111,0	81,8
— Clocheton sur une tour carrée ..	44. 2.32	1.14.45.O.	110,3	87,8
VAR.				
Draguignan. Tour de l'horl., sommet de la maçonnerie.	43.32.24	4. 7.47.E.	234,2	215,9[b]
Brignoles. Sommet du clocher.......	43.27.33	3.43.31.E.	266,6	229,6

a Place de Oules au N. de l'édifice. | *b* Seuil de la porte.

NOM ET DÉSIGNATION des points.	LATITUDE.	LONGITUDE	ÉLÉVATION au-dessus de la mer	
			des points de mire	du sol.
VAR (Suite).				
☐*Toulon*. Angle S.-E. de la cale couverte E	43. 7.20	3.35.22.E.	m 22,1	m 00,0[a]
— Ancienne cathédr., sommet de la tour.	43 7 17	3.35.51.E.	39,7	4,2
VAUCLUSE.				
Avignon. Télégr..	43.57.13	2.28.15.E.	62,1	54,9
— Palais des Papes, tour, clocher.. ..	43 57. 5	2.28.14.E.	84,6	»
Carpentras. Som. de la grande tour car.	44. 3.16	2.42.40.E.	134,3	102,5[b]
Apt. Ancienne cathédrale, sommet du toit pyramidal de la tour	43.52.34	3. 3.38.E.	250,7	222,6
Orange. Pied de l'échelle du télégr ..	44. 7.57	2.28.15.E.	110,8	104,6[c]
— Clocher....... ..	44. 8.18	2.28.15.E.	82,5	45,9
VENDÉE.				
☐**Napoléon-Vendée** Tour N. de l'église; som. de la balust.	46.40.17	3.45.46.O.	104,6	72,7
△*Fontenai*. Sommet du clocher de N.-D.	46.28. 4	3. 8.41.O.	101,7	22,8
Les Sables d'Olonne. Clocher	46.29.47	4. 7.27.O.	45,9	6,2

a Mer moyenne. | *b* Pied de la tour du côté du nord. | *c* Sol de la plate-forme sur laquelle est établi le télégraphe.

NOM ET DÉSIGNATION des points.	LATITUDE.	LONGITUDE	ÉLÉVATION au-dessus de la mer	
			des points de mire.	du sol.
VIENNE. (Suite.)				
□**Poitiers.** Sommet du clocher de St-Porchaire........	46.34.55	1.59.51.O.	147,1	118,0
Chatellerault. Clocher de S.-Jacques	46.48.50	1.47.40.O.	89,0	54,8
Civray. Cloc. somm.	46. 8 55	2. 2.25.O.	153,6	»
Loudun. Sommet de la flèche en pierre.	47. 0.36	2.15.16.O.	156,2	110,6
Montmorillon. Clocher du séminaire.	46.25.23	1.28.24.O.	161,3	127,0
VIENNE (HAUTE-).				
△**Limoges.** Sommet de l'église de St-Michel-des-Lions.	45.49.52	1. 4.48.O.	342,1	287,0[a]
Saint-Yrieix. Sommet du clocher...	45.30.57	1. 8. 7.O.	396,3	358,3
Bellac. Girouette N. d'une brasserie.	46. 7.23	1.17.20.O.	258,7	242,0
Rochechouart. Clocher, sommet....	45.49.27	1.30.59.O.	284,0	241,6
VOSGES.				
Épinal. Centre de la boule du clocher de l'hôpital.	48 10.24	4. 6.32.E.	365,8	341,5[b]
Mirecourt. Boule de la flèche........	48.18. 7	3.47.55.E.	324,7	279,5[c]

a Pavé de l'église. | *b* Sol intérieur de l'église. | *c* Sol de l'arcade avant la porte d'entrée.

NOM ET DÉSIGNATION des points.	LATITUDE.	LONGITUDE	ÉLÉVATION au-dessus de la mer	
			des points de mire.	du sol.
VOSGES (Suite.)				
Neufchâteau. Boule du clocher de St-Nicolas.........	48.21.18	3.21.44.E.	m 347,2	m 3o5,8[a]
Remiremont. Boule du clocher.......	48. 0.58	4.15.18.E.	457,7	403,4[b]
Saint-Dié. Boule du clocher de Saint-Martin..........	48.17. 4	4.36.47.E.	394,3	342,8[c]
YONNE.				
Auxerre. Sommet de la petite coupole sur la tour de Saint-Étienne....	47.47.54	1.14.10.E.	190,2	122,0
Avallon. Centre de la boule du clocher..	47.29.12	1.34.17.E.	3o4,5	262,7
Joigny. Sommet du clocher St-Jean..	47.59. 0	1. 3.43.E.	146,4	116,7
Sens. Sommet de la tour de la cathédrale..........	48.11.54	0.56.49.E.	148,7	76,4
Tonnerre. Clocher; sommet de la coupole de St-Pierre..	47.51.23	1.38. 6.E.	219,8	179,2[d]

a Sol du parvis, à l'aplomb de la clef de la porte d'entrée. |
b Sol de l'église. | *c* Sol de l'église, à l'aplomb de la boule. |
d Pavé de l'église.

POSITIONS GÉOGRAPHIQUES

DE

DIFFÉRENTS POINTS DU GLOBE.

Le tableau suivant comprend :

Les capitales des divers États ;
Les villes dans lesquelles la France entretient des consuls ;
Les chefs-lieux de nos colonies ;
Les villes importantes par leur population ;
Les villes ou lieux remarquables par leur industrie ou leur commerce, par leur situation géographique et par les souvenirs qui s'y rattachent ;
Les principaux caps ;
Les sommets des montagnes les plus élevées.

Les nombres qui se trouvent à la suite de la désigna tion des lieux donnent, en mètres, l'élévation du sol au-dessus du niveau de la mer ; quand les nombres sont renfermés entre deux parenthèses, ils indiquent la hauteur, non du sol, mais du sommet de l'édifice au-dessus de la mer.

La plupart des positions données dans ce tableau ont été empruntées à la *Connaissance des Temps*. Les autres positions, indiquées par un astérisque, présentent un peu moins de garantie ; mais on a cru devoir les donner en raison de l'importance des lieux.

TABLEAU DES POSITIONS GÉOGRAPHIQUES
de différents lieux du globe.

NOMS DES LIEUX.	LATITUDE.	LONGITUDE en degrés.	en temps
		o ′ ″	h m s
Adélie (Terre), (Terres australes), pte Géologie	66.34.35 S	137.50. 0 E	9.11.20
Aden (Arabie), île Sirah.	12.46.15 N	42.49.56 E	2.51.20
*Agra (Inde), 200m.....	27.10.26 N	75.41.30 E	5. 2.46
Aix-la-Chapelle (Prusse), maison de ville.......	50.46.34 N	3.44.17 E	0.14.57
Alep (Syrie).	36.11.25 N	34.45. 0 E	2.19. 0
Alexandrie (Égypte), nouveau phare..........	31.11.47 N	27.31.15 E	1.50. 5
Alger (Algérie), phare...	36.47.20 N	0.44.10 E	0. 2.57
Amsterdam (Hollande), clocher de l'Ouest.....	52.22.30 N	2.32.54 E	0.10 12
Ancône (Italie), ph., 47m.	43.37.29 N	11. 9.53 E	0.44.40
Andrinople (Turquie), vx sérail.	41.41.26 N	24.16.43 E	1.37. 7
Anvers (Belgique), cath..	51.13.15 N	2. 3.55 E	0. 8.16
Ararat (Mt), (Russie d'Asie), somm. prin. 5155m	39.42.24 N	41.57.30 E	2.47.50
Arkhangel (Russie), la Trinité................	64.32. 8 N	38.13.32 E	2.32.54
*Assomption (L'),(Parag.)	25.16.49 S	59.57.55 O	3.59.52
Astrakan (Russie), cath..	46.20.59 N	45.42.16 E	3. 2.49
Athènes (Grèce), Parthénon (174m).	37.58. 8 N	21.23.29 E	1.25.34
Auckland (N.-Zél.), ville.	36.51.24 S	172.26.38 E	10.29.47
*Ava (empire Birman)...	21.47. N	93.38. E	6.14.32
Bagdad (Turquie d'Asie).	33.19.50 N	42. 2.15 E	2.48. 9
Bahia (Brésil), fort S.-Marcello................	12.58.23 S	40.51.20 O	2.43.25

NOMS DES LIEUX.	LATITUDE.	LONGITUDE en degrés.	en temps
Baltimore (États-Unis), mont Washington...	39.17.48″N	78.57. 3″O	5.15.48
*Bangkok (roy. de Siam), palais du premier roi.	13.45.28 N	98. 8.49 E	6.32.35
Barcelone (Espag.), cath.	41.22.59 N	0. 9.43 O	0. 0.39
Basrah ou Bassorah (Turquie d'Asie).........	30.32. 0 N	45.31.14 E	3. 2. 5
Basse-Terre(Guadeloupe)	15.59.30 N	64. 4.22 O	4.16.17
Batavia (île de Java), signal du temps.......	6. 7.37 S	104.27.58 E	6.57.52
Beïrout (Cap), (Syrie)...	33.54.18 N	33. 7. 8 E	2.12.29
Belgrade (Turquie), Vracha près du fort......	44.47.57 N	18. 9.14 E	1.12.37
Bénarès (Inde), observ..	25.18.33 N	80.35.28 E	5.22.22
Berlin (Prusse), nouvel observatoire.........	52.30.17 N	11. 3.30 E	0.44.14
Bermudes (Iles), (Océan Atl.), fort Ste.-Catherine	32.23.13 N	66.58. 1 O	4.27.52
Berne (Suisse), observ...	46.57. 6 N	5. 6.11 E	0.20.25
*Bilbao (Espagne)......	43.16.31 N	5.17.25 O	0.21.10
*Birmingham (Anglet.)..	52.28. N	4.14. O	0.16.56
Bologne (Italie), observ..	44.29.47 N	9. 0.59 E	0.36. 4
Bombay (Inde), église...	18.56. 7 N	70.28.58 E	4.41.56
Bone (Algérie), l'hôpital.	36.53.58 N	5.25.41 E	0.21.43
Bonne-Espérance (Cap de), (Afrique), observ.	33.56. 3 S	16. 8.36 E	1. 4.34
Bornéo (Ile), entrée de la rivière Sambas......	1.11.40 N	106.43.50 E	7. 6.55
*Bosna-Séraï (Turquie).	45.34. N	16.10. E	1. 4.40
Boston (États-Unis), maison des États........	42.21.28 N	73.23.54 O	4.53.36
*Boukhara (Turkestan)...	39.33. N	60.50. E	4. 3.20
Bremen(Allemagne),tour S.-Ansgarius.......	53. 4.48 N	6.28. 6 E	0.25.52
Breslau (Prusse), observ.	51. 6.56 N	14.42.21 E	0.58.49
Bristol (Angleterre), cath.	51.27. 6 N	4.56. 9 O	0.19.45

| NOMS DES LIEUX. | LATITUDE. | LONGITUDE | |
		en degrés.	en temps
Brunswick (Allemagne), Saint-André........\.	52.16. 6″ N	8.11.16″ F	h m s 0.32.45
Bruxelles (Belgique),obs.	50.51.11 N	2. 2. 4 E	0. 8. 8
Bucharest (Turq.), église métropolitaine.......	44.25.39 N	23.46.12 E	1.35. 5
Buénos-Ayres (Confédération argentine).....	34.36.18 S	60.44.12 O	4. 2.57
Cadix (Espagne), nouvel observ. de S.-Fernando.	36.27.45 N	8.32.25 O	0.34.10
Cagliari (Sardaigne), tour San-Pancrazio.......	39.13.14 N	6.47.24 E	0.27.10
Caire (Le), (Égypte), tour des Janissaires......	30. 2. 4 N	28.55.12 E	1.55.41
Calcutta (Inde), fort William..............	22.33.11 N	86. 0. 3 E	5.44. 0
Candie (Ile de), (Turq.), château de La Canée..	35.28.40 N	21.40.10 E	1.26.41
Canton (Chine).........	23. 8. 9 N	110.56.30 E	7.23.46
Caracas (Venezuela).....	10.30.50 N	69.15. 0 O	4.37. 0
*Carlsruhe (duc.de Bade)	49. 0.10 N	6. 5. 0 E	0.24.20
Carthagène (Espagne)...	37.55.40 N	3.20. 0 O	0.13.20
Cassel (Hesse électorale).	51.18.58 N	7. 3.39 E	0.28.15
Cayenne (Guyane française), le fort.......	4.56.28 N	54.38.45 O	3.38.35
Chandernagor (Indefran.)	22.51.26 N	86. 1.48 E	5.44. 7
Charleston (États-Unis), Saint-Michel........	32 46 33 N	82.16. 1 O	5.29. 4
Chimborazo (Mt), (Équateur), 6530m........	1.29. 0 S	81.22.30 O	5.25.30
Christiania (Norvége)nvel observatoire........	59.54.44 N	8.23.15 E	0.33.33
*Churchill (Fort), (baie d'Hudson).....	58.44. N	96.34. O	6.26.16

NOMS DES LIEUX.	LATITUDE.	LONGITUDE	
		en degrés.	en temps
Chypre (Ile de), (Turquie d'Asie), Larnaca......	34.55.13 N	31.17.15 E	2. 5. 9
Cincinnati (États-Unis d'Amérique)........	39. 5.54 N	86.49.55 O	5.47.20
Civita-Vecchia (États de l'Église), phare.......	42. 5.25 N	9.26.57 E	0.37.48
Cologne (Prusse), cath..	56.56.29 N	4.37.28 E	0.18.30
Constantine (Algérie), la Casbah, 664ᵐ........	36.22.21 N	4.16.36 E	0.17. 6
Constantinople (Turq.), Sainte-Sophie........	41. 0.16 N	26.38.50 E	1.46.35
Copenhague (Dan.), obs.	55.40.53 N	10.14.48 E	0.40.59
Corfou (Grèce), île Vido..	39.38.20 N	17.35.45 E	1.10.23
Cork (Irlande), la douane.	51.53.48 N	10.47.54 O	0.43.12
Corogne (La), (Espagne), fort San-Antonio.....	43.22.33 N	10.42.50 O	0.42.51
Cracovie (Autriche), obs.	50. 3.50 N	17.37.26 E	1.10.30
Damas (Turquie d'Asie), grande mosquée......	33.30.31 N	33.57.59 E	2.15.52
Dantzig (Prusse), égl. par.	54.21. 4 N	16.19.22 E	1. 5.17
Darmstadt (Hesse ducale)	49.52.21 N	6.19.23 E	0.25.18
Delhi (Inde), station de Pyr-ghib, près de la ville	28.40.30 N	74.52. 8 E	4.59.29
Dresde (Saxe royale).....	51. 3.39 N	11.23.47 E	0.45.35
Dronthein (Norvége), ph.	63.27.10 N	8. 4.41 E	0.32.19
Dublin (Irlande), observ.	53.23.13 N	8.40.39 O	0.34.43
Édimbourg (Écosse), obs.	55.57.23 N	5.31. 3 O	0.22. 4
Elbrous (Mont), (Russie), sommet occid., 5642ᵐ.	43.21.31 N	40. 6. 5 E	2.40.24
Erzeroum (Turq. d'Asie), som. occidental, 1864ᵐ.	39.55.16 N	38.58. 8 E	2.35.53
Etna (Mᵗ), (Sicile), 3237ᵐ	37.43.31 N	12.40.45 E	0.50.43
Farewell (Cap), (Groenl.)	59.49.12 N	46.14. 4 O	3. 4.56
Fayal (Ile), (Açores), la Horta............	38.31.45 N	30.58.48 O	2. 3.55

NOMS DES LIEUX.	LATITUDE.	LONGITUDE	
		en degrés.	en temps
	o ′ ″	o ′ ″	h m s
Fer (Ile de), (Canaries), pointe O.............	27.45. o N	20.30. o O	1.22. 0
Florence (Italie), cathéd.	43.46.22 N	8.55.15 E	0.35.41
Fort–de–France (Martinique), le fort Saint-Louis	14.36. 7 N	63.24.24 O	4.13.38
Francfort–sur–le–Mein (Allemagne).........	50. 6.43 N	6.21. o E	0.25.24
Francisco (San–), (Californie), Presidio......	37.47.30 N	124.46.24 O	8.19. 6
*Gabon (Établ. franç. du) (Afr.occid.),blockhaus.	0.24. o N	7. 6. o E	0.28.24
Galatz (Turq. d'Europe), église Uspenski......	45.26.12 N	25.43.15 E	1 42.53
Gand (Belgique), clocher de Saint-Bavon.......	51. 3.12 N	1.23.27 E	0. 5.34
Gênes (Italie), phare....	44.24.16 N	6.34. 7 E	0.26.16
Genève (Suisse), Saint-Pierre, 4o6m.........	46.12. 4 N	3.48.46 E	0.15.15
Gibraltar (Espagne), ph. sur la pointe........	36. 6.23 N	7.41. 4 O	0.30.44
Glasgow (Écosse), S.-John	55.52. o N	6.36. 4 O	0.26.24
Gondar (Abyssin.), 227om	12.36 26 N	35. 9. 5 E	2.20.36
Greenwich (Angl.), obs..	51.28.38 N	2.20. 9 O	0. 9.21
*Guatemala (Centre Am.)	14.41. N	92.55. O	6.11.40
*Guaymas (Mexique)....	27.54. N	113.10. O	7.32.40
Hambourg (Allem.), obs.	53.33. 5 N	7.38.22 E	0.30.33
*Hang-Kao (Chine).....	30.33.51 N	111.59.46 E	7.27.59
Hanovre (Allemagne), tour du Marché.......	52.22.20 N	7.24. 9 E	0.29.37
Havane (La), (I. de Cuba), le Morro...........	23. 9.24 N	84.42.44 O	5.38.51
Haye (La), (Hollande), grand clocher........	52. 4.40 N	1.58.16 E	0. 7.53

NOMS DES LIEUX.	LATITUDE.	LONGITUDE en degrés.	en temps
Helsingoer (Elseneur), (Danemark), clocher..	56. 2.11 N	10.16.25 E	0.41. 6
*Hérat (Afghanistan)....	34.26. N	59.48. E	3.59.12
Himalaya ou Gaourich-nako, mont Everest (Asie), 8840ᵐ	27.59.17 N	84.34.55 E	5.38.20
Hobarton (Tasmanie),fort Mulgrave.	42.53.12 S	145. 0.22 E	9.40. 1
Hong-Kong (Chine), batterie Wellington.	12.16.29 N	111.49. 5 E	7.27.16
Honorourou (i.Sandwich)	21.18.12 N	160.15. 0 O	10.41. 0
Horn (Cap), (Amérique méridionale), sommet	55.58.40 S	69 36 24 O	4.38.26
*Hyderabad (Inde)......	17.18. N	76.10. E	5. 4.40
Irkoutsk (Sibérie), gymn.	52.17.16 N	101.55.57 E	6.47.44
Ispahan (Perse), 1344ᵐ..	32.39.34 N	49.24.22 E	3.17.27
Jassy (Turquie), Saint-Charalampia.........	47.10.24 N	25.15.45 E	1.41. 3
Jeddah (Arabie).......	21.28.20 N	36.55.13 E	2.27.41
Jersey (Ile), (Iles Britan.), tour d Auvergne.	49.12. 4 N	4.24. 5 O	0.17.36
Jérusalem (Syrie , Saint-Sépulcre, 779ᵐ.......	31.46.30 N	32.52.52 E	2.11.32
*Kaboul (Afghanist n)..	34.53 N	66.40. E	4.26.40
*Kandahar Afghanistan)	31.36. N	63.15. E	4.13. 0
Kasan (Russie, observ..	55.47.24 N	46.47. 4 E	3. 7. 8
*Kashmir ou Srinagger (Inde), 1566ᵐ	34. 4.36 N	72.28.21 E	4.49.53
Kharkow (Russie), cath .	49.59 25 N	33.53.51 E	2.15.35
Kœnigsberg (Prusse, obs.	54.42.50 N	18. 9 58 E	1.12.40
Krasnoyars (Sibérie) ...	56. 1. 2 N	90.33.22 E	6. 2.13
*Lahdack ou Leh (Thibet occidental), 3515ᵐ....	34. 8.21 N	74 54 27 E	4.59.38
*Lahore (Inde), 240ᵐ ...	31 34. 5 N	71.54.28 E	4.47.38

NOMS DES LIEUX.	LATITUDE.	LONGITUDE	
		en degrés.	en temps
*Lassa (Thibet chinois)..	30.48. N	89. 5. E	5 56.20
*Leeds (Angleterre).....	53.47.33 N	3.52. 0 O	0.15.28
Leipzig Saxe roy.), obs.	51.20.10 N	10. 3.15 E	0.40.13
Lima (Pérou), S.-Juan de Dios, 156ᵐ..........	12. 2.34 S	79.27.45 O	5.17.51
Limerick (Irlande), cath.	52.40. 4 N	10.57.32 O	0.43.50
Lisbonne (Portugal), obs.	38.42.24 N	11.28.45 O	0.45.55
Liverpool (Anglet.), obs.	53.24.48 N	5.20.10 O	0.21.21
Livourne (Italie), phare (53ᵐ)...............	43.32.36 N	7.57.33 E	0.31.50
Londres (Anglet.), St-Paul	51.30 49 N	2.25.57 O	0. 9.44
*Lucknow (Inde), obs., 158ᵐ.............	26.51.10 N	78.35.23 E	5.14.22
Madère (Ile), Funchal, fort San-José........	32.37.46 N	19.15.38 O	1.17. 3
Madras (Inde), observ...	13. 4. 9 N	77.54.10 E	3.11.37
Madrid (Espagne), obs..	40.24.30 N	6. 0.54 O	0.24. 4
Mahé (Inde), mât de pavillon sud...........	11.42. 0 N	73.10.51 E	4.52.43
Mahon (île Minorque), cap de la Mola.......	39.52.32 N	2. 0.30 E	0. 8. 2
Malaga (Espagne), phare.	36.43.30 N	6.46. 1 O	0.27. 4
Malte (Méditerr.), ancien palais du grand maître.	35.53.50 N	12.11. 6 E	0.48.44
Manchester (Angleterre), Sainte-Marie........	53.29. 0 N	4.34.58 O	0.18.20
Manheim (duc. de Bade), observatoire (98ᵐ)....	49.29.14 N	6. 7.42 E	0.24.31
Manille (île Luçon), cath.	14.35.26 N	118.38.39 E	7.54.35
Mascate (Arabie).	23.37.31 N	56.13.35 E	3.45. 2
Maurice (Ile), (Océan Indien), Port-Louis.....	20. 9.45 S	55.12. 0 E	3.40.48
Mayence (Hesse grand-ducale), Saint-Étienne.	49.59.44 N	5.56. 8 E	0.23.45
Mecque (La), Arabie.....	21.21 N	37.51 E	2.31.24

| NOMS DES LIEUX. | LATITUDE. | LONGITUDE | |
		en degrés.	en temps
	o ′ ″	o ′ ″	h m s
Melbourne (Australie), observatoire.........	37.49.53 S	142.38.33 E	9.30.34
Messine (Sicile), phare..	38.11.32 N	13.14.12 E	0.52.57
Mexico (Mexique), Saint-Augustin, 2277ᵐ.....	19 25.45 N	101.25.30 O	6.45.42
Milan (Italie), cath., 120ᵐ	45.27.35 N	6.51. 5 E	0.27.24
Mogador ou Souérah (Maroc).	31.30.30 N	12. 4.24 O	0.48.18
Moka, Arabie.	13.19. 1 N	40.59.36 E	2.43.58
Montévidéo (Urug.), cath.	34.54. 8 S	58.33.25 O	3.54.14
Moscou (Russie), obs. 142ᵐ	55.45.19 N	35.14. 4 E	2.20.56
*Mossoul (Turq. d'Asie).	36.19. N	40.49. E	2.43.16
Mourzouk (Fezzan), 450ᵐ	25.55.16 N	11.49.51 E	0.47.19
Munich (Bavière), tour N. de Notre-Dame, 515ᵐ.	48. 8.20 N	9.14.18 E	0 36 57
Nangasaki (Japon), pointe Minage.............	32.44.28 N	127.31.49 E	8 30. 7
Nankin (Chine)........	32. 4.40 N	116.27. 0 E	7.45.48
Naples (Italie), observ...	40.51.47 N	11.55.12 E	0.47.41
Nassau (Cap), (Nⁱˡᵉ Zemble)	76.33. 0 N	60.37.15 E	4. 2.29
*Newcastle (Angl.), pont.	54.58.42 N	3.55.39 O	0.15.43
New-York (États-Unis), City Hall.	40.42.43 N	76.20.12 O	5. 5 21
Nijneï-Novgorod (Russie), église du Kremlin. ...	56.19.44 N	41.40. 6 E	2.46.40
*Ningpo (Chine), pagode sud de la ville.	29.50 51 N	119.11.17 E	7 56.45
Nossi-bé (Ile), (Afrique), Hellville............	13.23.16 S	45.59.44 E	3. 3.59
Noukahiva (îles Marquises), port Anna-Maria.	8.55.13 S	142.26.49 O	9.29.47
Noumea (Nouvelle-Calédonie), mât de pavillon du fort.............	22.16.14 S	164. 6.53 E	10.56.27
Noutka-Sound (île Vancouver).............	49.35.15 N	128.57. 1 O	8.35.48

| NOMS DES LIEUX. | LATITUDE. | LONGITUDE | |
		en degrés.	en temps
	o ′ ″	o ′ ″	h m s
Nouvelle-Orléans (États-Unis), City Hall......	29.57.47 N	92.27.27 O	6. 9 50
Nuremberg(Bavière),tour ronde...............	49.27.30 N	8 44.26 E	0.34.58
Odessa (Russie), cathéd.	46.28.55 N	28.23.50 E	1.53.35
Okhotsk (Sibérie), nouveau port...........	59.21.17 N	140.57.10 E	9.23.49
Omsk (Sibérie).........	54.59. 8 N	70.57.48 E	4.43.51
Oran (Algérie), fort Ste Croix..............	35.42.40 N	2.59.39 O	0 11.59
Ostende(Belgique),cloch.	51.13.47 N	0.35. 3 E	0. 2.20
Ounalaska (îles Aleutiennes), port Illuluck.	53.52.25 N	168.52.25 O	11.15.30
*Padang (île Sumatra), centre de la ville....	0.59.20 S	97.58.51 E	6.31.55
Padoue(Ital.), Ste-Justine	45.23.45 N	9.32.40 E	0.38.11
Palerme (Sicile), observ.	38. 6.44 N	11. 1. 0 E	0.44. 4
Palma (île Majorque)...	39.34. 4 N	0.18.12 E	0. 1.13
Panama (États-Unis de Colombie), cathédrale.	8.57.16 N	81.50.22 O	5.27.21
Paz (La), (Bolivie), 3726m	16.29.57 S	70.29.25 O	4.41.58
Pernambuco (Brésil), fort Picaon.............	8. 3.27 S	37.12. 4 O	2.28.48
*Perth (Austr.), gouvernt	31.57.24 S	113.32.33 E	7.34.10
*Peishawer (Afghanistan)	33.59. N	69.10. E	4.36.40
Petropaulowskoï – Ostrog (Kamtchatka)........	53. 0.58 N	156.23.10 O	10.25.33
Philadelphie(États-Unis), École supérieure......	39.57. 7 N	77.29.54 O	5.10. 0
Plymouth (Angl.),hôpital	50.22.10 N	6.30.54 O	0 26. 4
Pointe de Galle (Ceylan), phare..............	6. 1.25 N	77.52.23 E	5.11.30
Pondichéry (Inde franç.).	11.55.41 N	77 29.22 E	5. 9.57
*Port-Adélaïde (Austral.).	34.55. S	136.16. E	9 5. 4

NOMS DES LIEUX.	LATITUDE.	LONGITUDE en degrés.	en temps
	o ′ ″	o ′ ″	h m s
Port-au-Prince (Haïti), fort de l'Ilet..........	18.33.24 N	74.41.30 O	4.58.46
Port-Maurice (Ital.), dôme	43.52.32 N	5.40.48 E	0.22.43
Port-Royal (Jamaïque), fort Saint-Charles.....	17.56. 8 N	79.10.32 O	5.16.42
Porto (Portugal), fort Saint-Jean-de-Foz.....	41. 8.54 N	10.57.33 O	0.43.50
Porto-Rico (Antilles),ville de San-Juan.........	18.29.10 N	68.28. 0 O	4.33.52
Portsmouth (Angl.), obs.	50.48. 5 N	3.26.21 O	0 13.45
Prague (Autriche), obs..	50. 5.19 N	12. 5.19 E	0.48.21
Puebla de los Angeles (Mexique), 2194ᵐ.....	19. 0.15 N	100.22.45 O	6.41.31
Québec (Canada), obs...	46.48.30 N	73.32.25 O	4.54.10
Quito (Équateur), 2908ᵐ.	0.14. 0 S	81. 5.30 O	5.24.22
Reïkiaviig (Islande).....	64. 8.26 N	24.15.40 O	1.37. 3
Réunion (Ile de la), Saint-Denis...............	20.51.43 S	53. 9.52 E	3.32.39
Richmond (États-Unis d'Amérique), Capitole.	37.32.17 N	79.47.52 O	5:19.11
Riga (Russie), cathédrale.	56.56.36 N	21.48.11 E	1.27.13
Rio-Janeiro (Brésil), observatoire impérial. ..	22.53.51 S	45.23.48 O	3. 1.33
Rome (États de l'Église), Saint-Pierre, 29ᵐ. ...	41.54. 6 N	10. 7. 3 E	0.40.28
Rotterdam (Hollande)...	51.55.19 N	2. 8.59 E	0. 8.36
Saigon (Cochinchine française), observatoire...	10.46.40 N	104.21.43 E	6.57.27
Saint-Jean (Terre-Neuve), batterie de Chain-Rock.	47.34. 2 N	55. 0.59 O	3.44. 1
Saint-Louis (Sénégal), ph.	16. 0.48 N	18.51.10 O	1.15.25
Saint-Pétersbourg (Russie), observatoire......	59.56.30 N	27.58.13 E	1.51.53

NOMS DES LIEUX.	LATITUDE.	LONGITUDE en degrés.	en temps
		o , "	h m s
Saint-Sébastien (Espag.), ancien phare........	43.19.17 N	4.20.52 O	0.17.23
Sainte-Hélène(Ile),(Océan Atlantique), observ...	15.55. 0 S	8. 2.53 O	0.32.12
Sainte-Marie (Madagascar), îlot Madame.....	17. 0. 5 S	47.36.36 E	3.10.28
Sainte-Marthe (États-Unis de Colombie)........	11.15. 4 N	76.34.38 O	5. 6.19
Salonique (Turq.), moulin au nord..........	40.38.47 N	20.36.58 E	1.22.28
San-Francisco (Californie), presidio........	37.47.30 N	124.46.24 O	8.19. 6
Santa-Fé de Bogota (États-Unis de Colombie), Plaza Major, 2661 m......	4.35.48 N	76.34. 8 O	5. 6.17
Santander (Esp.), le môle	43.27.52 N	6. 8. 3 O	0.24.32
Santiago I (îles du cap Vert), la Praya.......	14.53.54 N	25.52.15 O	1.43.29
Santiago(Chili),n.observ.	33 26.42 S	73. 0.45 O	4.52. 3
Santiago de Cuba (Morro)	19.57.36 N	78.14.35 O	5 12.58
*Scutari d'Albanie (Turquie)...............	42. 1. N	17. 8. E	1. 8.32
Sébastopol (Russie), cath.	44.36.51 N	31.11. 8 E	2. 4.45
Séville (Esp.), la Giralda.	37.22.44 N	8.21.23 O	0.33.26
Shang-Haï (Chine), consulat de France........	31.15. 0 N	119. 8.54 E	7.56.36
Sierra-Leone (Cap), (Afrique occidentale)......	8.29.55 N	15.39.24 O	1. 2.38
Singapour (Indo-Chine), fort Fullerton........	1.16.59 N	101.31.15 E	6.46. 5
Smyrne (Turquie d'Asie).	38.25.38 N	24.48. 6 E	1.39.12
*Spitzberg, baie de la Madeleine, presqu'île des Tombeaux..........	79.33.45 N	8.49.17 E	0.35.17
Stettin (Prusse), nouvelle École de navigation...	53.26.21 N	12.14.34 E	0.48.58

NOMS DES LIEUX.	LATITUDE.	LONGITUDE en degrés.	en temps
	° ′ ″	° ′ ″	h m s
Stockholm (Suède), obs.	59.20.31 N	15.43.33 E	1. 2.54
Stuttgard (Wurtemberg), cathédrale..........	48.46.36 N	6.50.28 E	0.27.22
Suez (Égypte).........	29.58.37 N	30.11. 4 E	2. 0.44
Sydney (Australie), obs.	33.51.41 S	148.53.18 E	9.55.33
Syra (Grèce), sommet...	37.28.56 N	22.35.13 E	1.30 21
Taïti (Ile), pointe Vénus.	17.29.21 S	151.49.19 O	10. 7.17
Tamatave (Madagascar), débarcadère.........	18.10.50 S	47.12.10 E	3. 8.49
Tampico (Mexiq.) la barre	22.15.30 N	100.12.15 O	6.40.49
Tanger (Maroc), consulat de France...........	35.46.57 N	8. 9. 5 O	0.32.36
Téhéran (Perse), 1229ᵐ..	35.40.44 N	49. 7.15 E	3.16.29
Ténériffe (I.), le pic, 3710ᵐ	28.16.21 N	18.58.59 O	1.15.56
*Tien-Tsing (Chine)....	39. 9. 0 N	114.48. 5 E	7.39.12
Tifflis (Russ. d'Asie), 457ᵐ	41.41.46 N	42.29. 3 E	2.49.56
Tombouctou (Afr. centr.)	18. 3.45 N	4. 5.10 O	0.16.21
Tomsk (Sibérie).......	56.29.26 N	82.37.33 E	5.30.30
Tornéa (Russie).......	65.50.50 N	21.53.30 E	1.27.34
Trébizonde (Turq. d'Asie)	41. 1. 0 N	37.24.37 E	2.29.38
Trieste (Autriche), horloge de la citad. (94ᵐ).	45.38.50 N	11.26.17 E	0.45.45
Tripoli (Afriq.), consulat.	32.53.40 N	10.51.18 E	0.43.25
Tunis (Afrique), pavillon de France...........	36.46.48 N	7.50.52 E	0.31.23
Turin (Italie), obs. nouv.	45. 4. 6 N	5.21.57 E	0.21.28
*Ummerapoora (empire Birman)............	21.55. N	93.47. E	6.15. 8
Valence (Espagne).....	39.28.45 N	2.44.46 O	0.10.59
Valparaiso (Chili), fort San-Antonio........	33. 1.55 S	73.57.22 O	4.55.49
Vanikoro (Ile), (Océan Pacifique), havre d'Ocili.	11.40.24 S	164.31.47 E	10.58. 7

NOMS DES LIEUX.	LALITUDE.	LONGITUDE	
		en degrés.	en temps
	o ′ ″	o ′ ″	h m s
Varsovie (Russie), observ.	52.13. 5 N	18.41.42 E	1.14.47
Venise (Italie), S.-Marc..	45.26. 2 N	10. 0. 7 E	0.40. 0
Vera-Cruz (Mexique), Saint-Jean d'Ulloa....	19.11.52 N	98.29. 0 O	6.33.56
Vérone (Italie), observ. .	45.26 8 N	8.38.50 E	0.34.35
Vienne (Autriche), Saint-Étienne, 167ᵐ......	48.12 33 N	14. 2.22 E	0.56. 9
Washington (États-Unis d'Amérique), Capitole.	38.53.20 N	79.20.33 O	5.17.22
Weimar (Saxe gr.-duc.)..	50.59.12 N	8.59.41 E	0.35.59
*Whydah (Dahomey). ..	6.18.54 N	0.15. 9 O	0. 1. 1
Yarkand (Chine).......	38.20 N	74.20 E	5 .1.20
Yedo (Japon), légation française..	35.36.46 N	137.24.53 E	9. 9.39
Zanzibar (Afrique orientale), consulat..	6. 8.55 S	36.58.17 E	2.27.53

TABLEAUX.

HAUTEURS

Des principales montagnes du Globe au-dessus du niveau de l'Océan.

EUROPE.

	mètres.
Mont Blanc (Alpes).	4815
Mont Rose (Alpes).	4636
Finster-aar-horn (Suisse).	4362
Jung-Frau (Suisse).	4180
Grand Pelvoux (Alpes).	3934
Ortler-Spitz (Tyrol).	3908
Mont Viso (Alpes).	3840
Mulahaçen (Espagne, Grenade).	3555
Col du Géant (Alpes).	3426
Maladetta, pic Est Néthou (Pyrénées).	3404
Mont Perdu (Pyrénées).	3351
Viguemale (Pyrénées).	3298
Etna, volcan (Sicile).	3237
Ruska-Poyano (Karpathes).	3021
Mont Budosch (Transylvanie).	2924
Mont Surul (Transylvanie).	2924
Olympe (Thessalie).	2906
Pic du Midi (Pyrénées).	2877
Canigou (Pyrénées).	2785
Grand Balkan (Hémus) (Turquie).	2705
Pic Lomnitz (Karpathes).	2701
Monte-Rotondo (Corse).	2672
Monte-d'Oro (Corse).	2652
Sneehatten (Norvége).	2500
Parnasse (Grèce).	2459
Taygète (Grèce).	2409
Monte-Velino (Apennins) (Abruzze).	2393
Mont Ziria (Cyllène) (Grèce).	2374
Mont Athos (Grèce).	2066
Mont Ossa (Grèce).	1972

Hauteurs des montagnes. [Suite.]

EUROPE.

	mètres.
Mont Ventoux (France)	1912
Mont Dore (France)	1886
Plomb du Cantal (France)	1858
Le Mezenc (Cévennes)	1754
Hélicon (Grèce)	1749
Sierra d'Estrella (Portugal)	1700
Mont Tendre (Jura)	1682
Puy-Mary (France)	1658
Mont Hussoko (Moravie)	1624
Schneekoppe (Bohême)	1608
Mont Adelat (Suède)	1578
Hekla, volcan (Islande)	1560
Snœfell-Iokul (Islande)	1559
Mont des Géants (Bohême)	1512
Puy-de-Dôme (France)	1465
Le Ballon (Vosges)	1429
Pointe - Noire (Spitzberg)	1372
Ben-Nevis (Ecosse)	1325
Vésuve, volcan	1198
Mont Parnasse (Spitzberg)	1194
Mont Erix (Sicile)	1187
Broken (Hartz)	1140
Sierra de Foya (Algarves)	1100
Snowdon (Pays de Galles)	1089
Shehallion (Écosse)	1039
Hymette (Grèce)	1027
Stromboli, volcan (îles Lipari)	901

ASIE.

métres.

Mont Everest, ou Gaourichnaka (Nepal, Himalaya)...................................... 8840
Kanchinjinga (Sikkim, Himalaya)............. 8582
Dhaulagiri (Népal, Himalaya).............. 8176
Juwahir (Kemaon, Himalaya)............... 7824
Choomalari (Thibet, Himalaya)............ 7298
Demavend, volcan (Perse)................. 6559
Hindu-Koh (Sommet au nord de Caboul, Afghanistan)........................ 6167
Elbrouz (Sommet Ouest, Caucase).......... 5642
Mont Ararat (Sommet principal).......... 5155
Kasbek (Caucase)... 5045
Klieutschewsk, volcan (Kamschatka) 4804
Fusi-No-Yama, volcan (Japon)............ 3793
Alaid, volcan (Kouriles)................. 3658
Belouka (Altaï)......................... 3372
Taurus (Sommet culminant, Asie Mineure).. 2987
Liban (Syrie)........................... 2906
Dodabetta, pic (Monts Nilgheri)......... 2670
Mont Pedrotallagalla (Ceylan)........... 2524
Mont Sinaï (Arabie)..................... 2285
Tandiamole (Gathes occidentales)........ 1762
Koniakofsky Kamen (Oural) 1645

AMÉRIQUE.

	mètres.
Aconcaga (Chili)	6834
Sahama, pic, volcan (Pérou)	6812
Chimborazo (République de l'Équateur)	6530
Sorata, pic Ancohun (Bolivie)	6487
Illimani, pic sud (Bolivie)	6445
Aréquipa, volcan (Pérou)	6190
Chipicani, volcan (Pérou)	6018
Cayambé (République de l'Équateur)	5954
Antisana, volcan (République de l'Équateur)	5833
Cotopaxi, volcan (République de l'Équateur)	5753
Montagne de Pichu–Pichu (Pérou)	5670
Mont Saint–Élie (Amérique russe)	5443
Pic d'Orizaba, volcan (Mexique)	5295
Popocatepetl, volcan (Mexique)	5250
Cerro de Potosi (Bolivie)	4923
Mont Brown (Montagnes Rocheuses)	4874
Sierra–Navada (Mexique)	4786
Montagne du Beautemps (Amérique russe)	4549
Coffre de Perote (Mexique)	4088
Lac Titicaca (Bolivie)	3915
Schischaldinskoï (îles Aleutiennes)	2729
Yanteles, volcan (Patagonie)	2447
Montagnes Bleues (Jamaïque)	2218
Mont Sarmiento (Terre de Feu)	2106
Montano del Cobre (Cuba)	2100
Mont Chaco (Haïti)	1829
Mont Itambe (Brésil)	1817
La Solfatare (Guadeloupe)	1485
Mont Giganta (Californie)	1402
Montagne Pelée (Martinique)	1351
Mont Jorullo, volcan (Mexique)	1300
Sierra Ventana (Buénos-Ayres)	1067

AFRIQUE.

	mètres.
Kilimanjaro (Afrique équatoriale).........	6096
Mont Woso (Haute Éthiopie).............	5060
Ras–Dajan (Haute Éthiopie).............	4620
Pic de Ténériffe, volcan (îles Canaries)......	3710
Mont Ambotismène (Madagascar)...........	3507
Atlas (Miltsin, Maroc.)...............	3475
Piton des Neiges (île de la Réunion)......	3067
Ile Fogo, volcan (Cap Vert)...........	2789
Mont du Pic (Açores)...............	2412
Mont Ruivo (Madère)...............	1847
Montagne de la Table (cap de Bonne-Espér.).	1163

OCÉANIE.

Mownna-Roa, volcan (île Owhyee, Sandwich).	4838
Singalan, volcan (Sumatra).............	4572
Mont Terror (South–Victoria, grand Océan austral).....................	4232
Mont Ophyr, volcan (Sumatra)...........	3950
Rindjani, volcan (îles de la Sonde)........	3768
Tobreonou (Otahiti)...............	3734
Semeru Gunong, volcan (Java)...........	3729
Sesarga, volcan (îles Salomon)..........	3658
Mont Edgecumbe (Nouvelle-Zélande)......	2935
Lombock, volcan (îles de la Sonde)........	2648
Tomboro, volcan (Sumbawa)...........	2316
Mont Koschiusko (Australie)...........	1981
Mont Seaview (Nouvelle-Galles du Sud).....	1829
Mont Lindsay (Australie).............	1737
Mont Humboldt (Van Diemen)...........	1682
Mont Dargal (Nouvelle-Galles du Sud)......	1673
Mont Bathurst (Nouvelle-Galles du Sud)....	1219
Assomption, volcan (îles Mariannes)........	639

Passages des **Alpes** qui conduisent d'Allemagne, de Suisse et de **France** en Italie.

	mètres.
Passage du mont Cervin	3410
du grand Saint-Bernard	2472
du col de Seigne	2461
de Furka	2439
du col Ferret	2321
du petit Saint-Bernard	2192
du Saint-Gothard	2075
du mont Cenis	2066
du Simplon	2005
du mont Genèvre	1937
du Splügen	1925
La poste du mont Cenis	1906
Le col de Tende	1795
Les Taures de Rastadt	1559
Passage du Brenner	1420

Passages des **Pyrénées**.

Port d'Oo	3002
Port Viel d'Estaube	2561
Port de Pinède	2499
Port de Gavarnie	2383
Port de Cavarère	2241
Passage de Tourmalet	2177

AMÉRIQUE.

Passages ou cols des deux Cordillères.

Passage de Paquani	4641
de Gualilas	4520
de Tolapalca	4290
des Altos de los Hüessos	4137

HAUTEURS

De quelques lieux habités du Globe.

	metres.
Maison de poste d'Apo (Pérou)............	4382
Maison de poste d'Ancomarca (Pérou) (*habitée seulement pendant quelques mois de l'année*).	4330
Village de Tacora (Pérou).................	4173
Ville de Calamarca (Bolivie)...............	4161
Métairie d'Antisana (République de l'Equateur)	4101
Potosi, ville (Bolivie).....................	4061
Puno, ville (Pérou).....................	3923
Oruro, ville (Bolivie)....................	3796
La Paz, ville (Bolivie)....................	3726
Micuipampa, ville (Pérou)................	3618
Quito, (capitale de la Républ. de l'Equateur).	2908
Caxamarca, ville (Pérou).................	2860
La Plata (capitale de la Bolivie)...........	2844
Santa-Fé de Bogota.....................	2661
Cuença, ville (République de l'Equateur)...	2633
Cochabamba, ville (Bolivie)...............	2548
Hospice du grand Saint-Bernard (seuil de l'entrée).....................	2474
Arequipa, ville (Pérou)..................	2393
Mexico................................	2277
Hospice du Saint-Gothard................	2075
Saint-Veran, village (Hautes-Alpes)........	2040
Breuil, village (vallée du mont Cervin).....	2007
Kars, ville (Turquie d'Asie)..............	1905
Maurin, village (Basses-Alpes)............	1902
Erzeroum, ville (Turquie d'Asie)..........	1864
Héas, village, la chapelle (Pyrénées)........	1497
Ispahan, ville (Perse)...................	1345
Gavarnie, village, l'auberge (Pyrénées)......	1335
Briançon, sol de l'église (Hautes-Alpes).....	1321
Barége, village, cour des Bains (Pyrénées)...	1241
Téhéran, ville (Perse)...................	1230
Saint-Ildefonse, palais (Espagne)..........	1155

Hauteurs de lieux habités. [Suite.]

	mètres.
Mont-Dore, bains (Auvergne)	1040
Pontarlier, sol du clocher (Doubs)	838
Jérusalem, sol du Saint-Sépulcre	779
Saint-Sauveur, terrasse des Bains (Pyrénées).	728
Luz, église (Pyrénées)	706
Tripolitsa (Grèce)	663
Madrid	608
Inspruck (Tyrol)	566
Lausanne, seuil du portail de la cathédrale (Suisse)	529
Munich, sol de Notre-Dame (Bavière)	515
Augsbourg, sol de Saint-Ulrich (Bavière)	491
Langres, sol de la cathédrale (Haute-Marne).	475
Salzbourg (Autriche)	452
Neufchâtel (Suisse)	438
Plombières (Vosges)	421
Genève, sol de l'Observatoire (Suisse)	408
Clermont-Ferrand, sol de la cathédrale (Puy-de-Dôme)	407
Lac de Genève	375
Freyberg (Saxe)	372
Ulm (Wurtemberg)	369
Ratisbonne (Bavière)	362
Brousse, ville (Turquie d'Asie)	305
Gotha	285
Dijon, sol de Saint-Bénigne (Côte-d'Or)	246
Turin	230
Prague (Bohême)	179
Châlon-sur-Saône, sol de Saint-Pierre (Saône-et-Loire)	178
Mâcon, étiage de la Saône (Saône-et-Loire)	170
Lyon, Rhône au pont de la Guillotière (Rhône).	163
Cassel (Allemagne)	158
Lima (Pérou)	156

mètres.

Moscou, sol de l'Observatoire (Russie)...... 142
Gottingue (Hanovre)........ 134
Vienne, Danube (Autriche)................. 133
Toulouse, seuil du nouvel Observatoire, 190^m, et la Garonne.................. 132
Bologne (Italie)......................... 121
Milan, sol de la cathédrale (Italie) 120
Dresde (Saxe)..... 90
Constantinople, colline de Péra. 88
Paris, Observatoire, 1er étage............. 65
Trébizonde (Turquie d'Asie)............... 58
Parme, sol de Saint-Jean (Italie). 49
Berlin, sol de l'ancien Observatoire........ 34
Rome, sol de Saint-Pierre................ 29

Hauteurs de la limite inférieure des neiges perpétuelles, sous diverses latitudes.

	mètres.
A 0° de latitude, ou sous l'équateur........	4800
A 20°.............................	4600
A 45°.............................	2550
A 65°.............................	1500

Hauteurs de quelques édifices
Au-dessus du sol.

La plus haute des pyramides d'Égypte.......	146
La tour de Strasbourg (le Munster), au-dessus du pavé........................	142
La tour de Saint-Etienne à Vienne..........	138
La coupole de Saint-Pierre de Rome, au-dessus de la place........................	132
La tour de Saint-Michel à Hambourg........	130
La flèche de l'église d'Anvers..............	120
La tour de Saint-Pierre à Hambourg........	119
La coupole de Saint-Paul de Londres.......	110
Le dôme de Milan, au-dessus de la place....	109
La tour des Asinelli à Bologne.............	107
La flèche des Invalides, au-dessus du pavé...	105
Le sommet du Panthéon, au-dessus du pavé..	79
La balustrade de la tour Notre-Dame, id....	66
La colonne de la place Vendôme...........	43
La plate-forme de l'Observatoire de Paris....	27
La mâture d'un vaisseau français de 120 canons au-dessus de la quille.............	73

LONGUEUR
Des principaux fleuves du globe.

EUROPE.

FLEUVES.	EMBOUCHURES.	LONGUEUR en kilomètres
Danube	Mer Noire	2800
Dniéper (Borysthène)	Mer Noire	1700
Dniester	Mer Noire	800
Don	Mer d'Azof	1500
Douro	Océan Atlantique	800
Dwina	Mer Blanche	1300
Ebre	Méditerranée	700
Elbe	Mer du Nord	1000
Garonne	Océan Atlantique	600
Guadalquivir	Océan Atlantique	600
Guadiana	Océan Atlantique	800
Loire	Océan Atlantique	1000
Niémen	Mer Baltique	600
Oder	Mer Baltique	900
Oural	Mer Caspienne	1500
Petchora	Océan Arctique	1300
Pô	Mer Adriatique	600
Pruth	Danube	600
Rhin	Mer du Nord	1200
Rhône	Méditerranée	800
Seine	Manche	700
Severn	Canal de Bristol	400
Tage	Océan Atlantique	900
Tamise	Manche	300
Vistule	Mer Baltique	1000
Volga	Mer Caspienne	3100

Longueur des fleuves. [Suite.]

AMÉRIQUE.

FLEUVES.	EMBOUCHURES.	LONGUEUR en kilomètres
Amazone (Maragnon).	Océan Atlantique....	5400
Arkansas............	Mississipi	2200
Mackensie..........	Océan Arctique......	3200
Mississipi	Golfe du Mexique....	3200
Missouri	Mississipi	3500
Ohio..............	Mississipi	1600
Orégon	Océan Pacifique......	1600
Orénoque	Océan Atlantique....	2400
Paraguay..........	Parana..............	1800
Parana............	La Plata............	3200
Plata (Rio de la)	Océan Atlantique	240
La Plata avec le Parana	Océan Atlantique	3440
Rio del Norte........	Golfe du Mexique....	2700
Saint-Francisco......	Océan Atlantique	2100
Saint-Laurent, du lac Ontario	Golfe de St-Laurent...	1900
Saint-Laurent avec le Saint-Louis	Golfe de St-Laurent...	3300
Tocantin, ou Para....	Océan Atlantique...	2300

AFRIQUE.

Gambie............	Océan Atlantique....	1300
Niger..............	Océan Atlantique....	3400
Nil avec le fleuve Blanc	Méditerranée	4400
Sénégal.	Océan Atlantique....	1600

[Suite.] **Longueur des fleuves.**

ASIE.

FLEUVES.	EMBOUCHURES.	LONGUEUR en kilomètres
Amour...............	Mer du Japon........	3800
Djihoun, ou Amou....	Mer d'Aral..........	1900
Euphrate............	Golfe Persique.......	2500
Gange	Golfe de Bengale.....	2400
Hoang-Ho (fl. Jaune).	Mer Orientale	4200
Iénisséi	Océan Arctique.......	3600
Iénisséi, selon Balby..	Océan Arctique.......	5000
Indus...............	Golfe d'Oman........	2600
Léna................	Océan Arctique.......	3700
Léna, selon Balby....	Océan Arctique......	4000
Méi-Kong...........	Mer de Chine.......	3500
Kolyna	Océan Arctique......	1300
Oby................	Océan Arctique	3300
Oby, selon Balby	Océan Arctique......	4000
Salouen.............	Mer des Indes........	2900
Sir-Daria, ou Si-Houn.	Mer d'Aral	1600
Tigre..	Euphrate............	1300
Yang-Tse-Kiang......	Mer Orientale	4600

TABLES DIVERSES.

Tables pour calculer les hauteurs par les observations barométriques,

Par M. MATHIEU.

Ces Tables, construites sur la formule de Laplace, sont assez étendues pour que l'on puisse calculer les hauteurs ou plutôt les différences de niveau jusqu'à près de neuf mille mètres.

Supposons que l'on ait observé aux stations

Inférieure
$$\begin{cases} \text{H, hauteur du baromètre;} \\ \text{T, températ. du baromètre;} \\ t, \text{ température de l'air.} \end{cases}$$

Supérieure
$$\begin{cases} h, \text{ hauteur du baromètre;} \\ \text{T', températ. du baromètre;} \\ t', \text{ température de l'air.} \end{cases}$$

La hauteur h du baromètre à la station supérieure, observée à la température T', se réduit à h' quand on la ramène à la température T du baromètre de la station inférieure. Or la dilatation du mercure est 0,00018002 pour un degré centigrade, celle du laiton de l'échelle barométrique est 0,00001878, et la différence de ces deux dilatations est

$$0,00016124 = \frac{1}{6200};$$

on a donc

$$h' = h\left(1 + \frac{T - T'}{6200}\right).$$

Désignons par s la hauteur de la station inférieure au-dessus du niveau de la mer et par L la latitude du lieu.

La différence de niveau Z entre les deux stations a pour valeur :

$$Z = 18336^m \log\frac{H}{h'} \times \left\{ \begin{array}{c} \left[1 + \dfrac{2\,(t+t')}{1000} \right] \\ (1 + 0,00265 \cos 2\,L) \\ \left(1 + \dfrac{Z + 15926}{6366198} + \dfrac{s}{3183099} \right) \end{array} \right\}.$$

C'est à cette formule que se ramène l'équation de la *Mécanique céleste*, en y introduisant le terme $\dfrac{s}{3183099}$, qui est relatif à la hauteur s de la station inférieure au-dessus de la mer.

Mais nous venons de trouver

$$h' = h \left(1 + \frac{T - T'}{6200} \right);$$

donc, en appelant $M = 0,4342945$ le module des logarithmes, nous aurons

$$\log h' = \log h + M \frac{T - T'}{6200},$$

puis

$$18336^m \log h' = 18336^m \log h + 1^m,2843\,(T - T'),$$

enfin

$$18336^m \log \frac{H}{h'} = 18336^m \log \frac{H}{h} - 1^m,2843\,(T - T'),$$

et nous pourrons, après la substitution, mettre l'équation ci-dessus sous la forme suivante :

$$Z = \left(18336^m \log \frac{H}{h} - 1^m,2843 \, (T - T') \right)$$

$$\times \left\{ \frac{\left[1 + \dfrac{2\,(t + t')}{1000} \right]}{\left(1 + 0,00265 \cos 2L + \dfrac{Z + 15926}{6366198} \right)} \left(1 + \dfrac{s}{3183099} \right) \right\}.$$

C'est d'après cette formule complète, avec toutes les données des observations, H, h, T, T', t et t', que les Tables barométriques suivantes ont été construites.

Après avoir calculé la première valeur approchée de Z

$$a = 18336^m \log \frac{H}{h} - 1^m,2843 \, (T - T')$$

et la seconde

$$A = a \, \frac{2\,(t + t')}{1000},$$

on aura

$$Z = A \left\{ \frac{\left(1 + 0,00265 \cos 2L + \dfrac{A + 15926}{6366198} \right)}{\left(1 + \dfrac{s}{3183099} \right)} \right\}.$$

La Table I donne en mètres les valeurs de $18336^m \log H$ et de $18336^m \log h$ pour les hauteurs barométriques depuis 265 jusqu'à 801 millimètres; seulement, toutes ces valeurs sont diminuées de la constante $44428^m,128$, ce qui n'altère pas la valeur du terme $18336^m \log \dfrac{H}{h}$ ou de la différence

$$18336^m \log H - 18336^m \log h.$$

La Table II donne la correction — $1^m,2843\,(T - T')$ dépendante de la différence $T - T'$ des températures du baromètre aux deux stations. Elle est généralement soustractive. Elle serait additive si $T - T'$ était négatif, si la température T' du baromètre, à la station supérieure, se trouvait plus forte que la température T à la station inférieure.

Si l'échelle du baromètre était divisée sur verre ou sur une monture en bois, la correction, qui serait alors — $1^m,43\,(T - T')$, s'obtiendrait directement par le calcul.

La Table III donne, pour une hauteur approchée A et la latitude L, la correction toujours additive

$$A \left\{ 0,00265 \cos 2L + \frac{A + 15926}{6366198} \right\}.$$

Le premier terme $A\,0,00265 \cos 2L$ provient de la variation de la pesanteur de la latitude de 45 degrés à la latitude L du lieu de l'observation. Il est positif de l'équateur à 45 degrés, et négatif de 45 degrés au pôle.

Le second terme $\dfrac{A + 15926}{6366198}\,A$ est dû à la diminution de la pesanteur dans la verticale entre les deux stations; il est toujours positif et plus grand que le premier. La somme de ces deux termes a donc l'avantage d'être toujours positive.

La petite correction $A\,\dfrac{s}{3183099}$ est due à la hauteur s de la station inférieure au-dessus de la mer. Cette hauteur est inconnue, mais on peut prendre, avec une approximation très-suffisante,

$$s = 18336^{\mathrm{m}} \log \frac{760}{\mathrm{H}}.$$

La correction devient alors

$$\mathrm{A}\, 0,00576 \log \frac{760}{\mathrm{H}}.$$

Elle est toujours additive et donnée par la Table IV. On l'obtient avec A et avec la hauteur H du baromètre à la station inférieure.

Marche du calcul.

On prend dans la Table I les deux nombres correspondants aux hauteurs barométriques observées H et h. De leur différence on retranche la correction $1^{\mathrm{m}},2843\,(\mathrm{T} - \mathrm{T}')$ que l'on trouve dans la Table II, avec la différence $\mathrm{T} - \mathrm{T}'$ des thermomètres des baromètres. On obtient ainsi la hauteur approchée a.

Alors on calcule la correction $a\,\dfrac{2(t + t')}{1000}$ pour la température de l'air, en multipliant la millième partie de a par la double somme des températures t et t'. Elle est de même signe que $t + t'$. On a une seconde hauteur approchée A.

Avec A et la latitude L du lieu, on cherche, dans la Table III, la correction toujours additive

$$\mathrm{A} \left\{ 0,00265 \cos 2\mathrm{L} + \frac{\mathrm{A} + 15926}{6366198} \right\},$$

qui provient de la variation de la pesanteur en latitude et de sa diminution dans la verticale entre les deux stations.

Quand la hauteur de la station inférieure sera un peu grande, ou quand la hauteur H du baromètre à cette station sera au-dessous de 750 millimètres, la Table IV donnera la correction additive $\mathrm{A}\, 0,00576 \log \dfrac{760}{\mathrm{H}}.$ Cette Table est à double entrée, mais la correction, toujours très-peu variable, pourra se prendre facilement à vue quand on voudra en tenir compte.

Type du calcul.

Mesure de la hauteur du mont Blanc, par MM. Bravais et Martins, le 29 août 1844. Latitude moyenne, 46 degrés.

A la station inférieure :

Hauteur du baromètre de l'observatoire de Genève.............. $H = 729^{mm},65$

Thermomètre du baromètre....... $T = 18°,6$

Thermomètre libre...'........... $t = 19°,3$

A la station supérieure, 1 mètre au-dessous de la cime :

Hauteur du baromètre.......... $h = 424^{mm},05$

Thermomètre du baromètre...... $T' = -4°,2$

Thermomètre libre............. $t' = -7°,6$

$$\text{Table I donne} \begin{cases} \text{pour } H = 729^{mm},65.... & 8069^{m}9 \\ \text{pour } h = 424^{mm},05.... & -3748,1 \end{cases}$$

Différence........... $4321,8$

Table II donne pour $T - T' = 22°,8...$ — $29,3$

Première hauteur approchée a.......... $4292,5$

Correction $\dfrac{a}{1000} \, 2\,(t + t') = 4,292 \times 23,4.$ + $100,4$

Seconde hauteur approchée A.......... $4392,9$

Table III donne pour A=4392,9 et L=46°. + $13,6$

Table IV donne pour H=729^{mm} et 4400^{m} + $0,4$

Différence de niveau des deux stations... $4406,9$

Cette différence de niveau étant augmentée de 408 mètres pour la hauteur de l'observatoire de Genève au-dessus de la mer et de 1 mètre pour la station supérieure, on trouve que le mont Blanc est élevé de $4815^{m},9$ au-dessus de la mer.

TABLE I.

Valeurs en mètres de 18336^m log H et de 18336^m log h diminuées de la constante 44428^m,128.

Argument : H ou h en millimètres.

H ou h	Mètres.	Différence.	H ou h	Mètres	Différence.
265	4,5		295	858,5	
266	34,5	30,0	296	885,5	27,0
267	64,4	29,9	297	912,3	26,8
268	94,1	29,7	298	939,1	26,8
269	123,8	29,7	299	965,8	26,7
270	153,4	29,6	300	992,4	26,6
271	182,8	29,4	301	1018,9	26,5
272	212,1	29,3	302	1045,3	26,4
273	241,3	29,2	303	1071,6	26,3
274	270,5	29,2	304	1097,8	26,2
275	299,5	29,0	305	1124,0	26,2
276	328,4	28,9	306	1150,1	26,1
277	357,2	28,8	307	1176,1	26,0
278	385,9	28,7	308	1202,0	25,9
279	414,5	28,6	309	1227,8	25,8
280	443,0	28,5	310	1253,5	25,7
281	471,3	28,3	311	1279,1	25,6
282	499,6	28,3	312	1304,7	25,6
283	527,8	28,2	313	1330,2	25,5
284	555,9	28,1	314	1355,6	25,4
285	583,9	28,0	315	1380,9	25,3
286	611,8	27,9	316	1406,1	25,2
287	639,6	27,8	317	1431,3	25,2
288	667,3	27,7	318	1456,4	25,1
289	694,9	27,6	319	1481,4	25,0
290	722,4	27,5	320	1506,3	24,9
291	749,8	27,4	321	1531,1	24,8
292	777,1	27,3	322	1555,9	24,8
293	804,3	27,2	323	1580,6	24,7
294	831,5	27,2	324	1605,2	24,6
295	858,5	27,0	325	1629,8	24,6

[Suite.] **TABLE I.**

H ou h	Mètres.	Différence.	H ou h	Mètres.	Différence.
325	1629,8		359	2422,1	
326	1654,2	24,4	360	2444,2	22,1
327	1678,6	24,4	361	2466,3	22,1
328	1702,9	24,3	362	2488,3	22,0
329	1727,2	24,3	363	2510,3	22,0
330	1751,3	24,1	364	2532,2	21,9
331	1775,4	24,1	365	2554,1	21,9
332	1799,4	24,0	366	2575,9	21,8
333	1823,4	24,0	367	2597,6	21,7
334	1847,3	23,9	368	2619,3	21,7
335	1871,1	23,8	369	2640,9	21,6
336	1694,8	23,7	370	2662,4	21,5
337	1918,5	23,7	371	2683,9	21,5
338	1942,1	23,6	372	2705,4	21,5
339	1965,6	23,5	373	2726,7	21,3
340	1989,1	23,5	374	2748,0	21,3
341	2012,5	23,4	375	2769,3	21,3
342	2035,8	23,3	376	2790,5	21,2
343	2059,0	23,2	377	2811,7	21,2
344	2082,2	23,2	378	2832,8	21,1
345	2105,3	23,1	379	2853,8	21,0
346	2128,4	23,1	380	2874,8	21,0
347	2151,4	23,0	381	2895,7	20,9
348	2174,3	22,9	382	2916,6	20,9
349	2197,1	22,8	383	2937,4	20,8
350	2219,9	22,8	384	2958,2	20,8
351	2242,6	22,7	385	2978,9	20,7
352	2265,3	22,7	386	2999,6	20,7
353	2287,9	22,6	387	3020,2	20,6
354	2310,4	22,5	388	3040,7	20,5
355	2332,9	22,5	389	3061,2	20,5
356	2355,3	22,4	390	3081,6	20,4
357	2377,6	22,3	391	3102,0	20,4
358	2399,9	22,3	392	3122,4	20,4
359	2422,1	22,2	393	3142,7	20,3

TABLE I.

H ou h	Mètres.	Différence.	H ou h	Mètres.	Différence.
393	3142,7		427	3803,4	
394	3162,9	20,2	428	3822,0	18,6
395	3183,1	20,2	429	3840,6	18,6
396	3203,2	20,1	430	3859,1	18,5
397	3223,3	20,1	431	3877,6	18,5
398	3243,3	20,0	432	3896,1	18,5
399	3263,3	20,0	433	3914,5	18,4
400	3283,2	19,9	434	3932,9	18,4
401	3303,1	19,9	435	3951,2	18,3
402	3322,9	19,8	436	3969,5	18,3
403	3342,7	19,8	437	3987,7	18,2
404	3362,5	19,8	438	4005,9	18,2
405	3382,2	19,7	439	4024,1	18,2
406	3401,8	19,6	440	4042,2	18,1
407	3421,4	19,6	441	4060,3	18,1
408	3440,9	19,5	442	4078,3	18,0
409	3460,4	19,5	443	4096,3	18,0
410	3479,9	19,5	444	4114,3	18,0
411	3499,3	19,4	445	4132,2	17,9
412	3518,6	19,3	446	4150,1	17,9
413	3537,9	19,3	447	4167,9	17,8
414	3557,2	19,3	448	4185,7	17,8
415	3576,4	19,3	449	4203,5	17,8
416	3595,6	19,2	450	4221,2	17,7
417	3614,7	19,2	451	4238,9	17,7
418	3633,8	19,1	452	4256,5	17,6
419	3652,8	19,1	453	4274,1	17,6
420	3671,8	19,0	454	4291,7	17,6
421	3690,7	19,0	455	4309,2	17,5
422	3709,6	18,9	456	4326,7	17,5
423	3728,4	18,9	457	4344,1	17,4
424	3747,2	18,8	458	4361,5	17,4
425	3766,0	18,8	459	4378,9	17,4
426	3784,7	18,8	460	4396,2	17,3
427	3803,4	18,7	461	4413,5	17,3
		18,7			

TABLE I.

H ou h	Mètres.	Différence.	H ou h	Mètres.	Différence.
461	4413,5		495	4980,1	
462	4430,8	17,3	496	4996,2	16,1
463	4448,0	17,2	497	5012,2	16,0
464	4465,1	17,1	498	5028,2	16,0
465	4482,3	17,2	499	5044,2	16,0
466	4499,4	17,1	500	5060,2	16,0
467	4516,5	17,1	501	5076,1	15,9
468	4533,5	17,0	502	5092,0	15,9
469	4550,5	17,0	503	5107,8	15,8
470	4567,5	17,0	504	5123,6	15,8
471	4584,4	16,9	505	5139,4	15,8
472	4601,3	16,9	506	5155,2	15,8
473	4618,1	16,8	507	5170,9	15,7
474	4634,9	16,8	508	5186,6	15,7
475	4651,7	16,8	509	5202,3	15,7
476	4668,5	16,8	510	5217,9	15,6
477	4685,2	16,7	511	5233,5	15,6
478	4701,9	16,7	512	5249,1	15,6
479	4718,5	16,6	513	5264,6	15,5
480	4735,1	16,6	514	5280,1	15,5
481	4751,7	16,6	515	5295,6	15,5
482	4768,2	16,5	516	5311,0	15,4
483	4784,7	16,5	517	5326,4	15,4
484	4801,2	16,5	518	5341,8	15,4
485	4817,6	16,4	519	5357,2	15,4
486	4834,0	16,4	520	5372,5	15,3
487	4850,4	16,4	521	5387,8	15,3
488	4866,7	16,3	522	5403,1	15,3
489	4883,0	16,3	523	5418,3	15,2
490	4899,3	16,3	524	5433,5	15,2
491	4915,5	16,2	525	5448,7	15,2
492	4931,7	16,2	526	5463,9	15,2
493	4947,9	16,2	527	5479,0	15,1
494	4964,0	16,1	528	5494,1	15,1
495	4980,1	16,1	529	5509,2	15,1

TABLE I.

H ou h	Mètres.	Différence.	H ou h	Mètres.	Différence.
529	5509,2		563	6005,1	
530	5524,2	15,0	564	6019,3	14,2
531	5539,2	15,0	565	6033,4	14,1
532	5554,2	15,0	566	6047,5	14,1
533	5569,1	14,9	567	6061,6	14,1
534	5584,1	15,0	568	6075,6	14,0
535	5599,0	14,9	569	6089,6	14,0
536	5613,8	14,8	570	6103,6	14,0
537	5628,7	14,9	571	6117,6	14,0
538	5643,5	14,8	572	6131,5	13,9
539	5658,3	14,8	573	6145,4	13,9
540	5673,0	14,7	574	6159,3	13,9
541	5687,8	14,8	575	6173,1	13,8
542	5702,5	14,7	576	6187,0	13,9
543	5717,2	14,7	577	6200,8	13,8
544	5731,8	14,6	578	6214,6	13,8
545	5746,4	14,6	579	6228,4	13,8
546	5761,0	14,6	580	6242,1	13,7
547	5775,6	14,6	581	6255,8	13,7
548	5790,2	14,6	582	6269,5	13,7
549	5804,7	14,5	583	6283,2	13,7
550	5819,2	14,5	584	6296,8	13,6
551	5833,6	14,4	585	6310,4	13,6
552	5848,1	14,5	586	6324,0	13,6
553	5862,5	14,4	587	6337,6	13,6
554	5876,9	14,4	588	6351,2	13,6
555	5891,2	14,3	589	6364,7	13,5
556	5905,6	14,4	590	6378,2	13,5
557	5919,9	14,3	591	6391,7	13,5
558	5934,2	14,3	592	6405,2	13,5
559	5948,4	14,2	593	6418,6	13,4
560	5962,6	14,2	594	6432,0	13,4
561	5976,8	14,2	595	6445,4	13,4
562	5991,0	14,2	596	6458,8	13,4
563	6005,1	14,1	597	6472,2	13,4

[Suite.]

TABLE I.

H ou h	Mètres.	Différence.	H ou h	Mètres.	Différence.
597	6472,2		631	6913,2	
598	6485,5	13,3	632	6925,8	12,6
599	6498,8	13,3	633	6938,4	12,6
600	6512,0	13,2	634	6951,0	12,6
601	6525,3	13,3	635	6963,5	12,5
602	6538,6	13,3	636	6976,1	12,6
603	6551,8	13,2	637	6988,6	12,5
604	6565,0	13,2	638	7001,1	12,5
605	6578,2	13,2	639	7013,5	12,4
606	6591,3	13,1	640	7026,0	12,5
607	6604,4	13,1	641	7038,4	12,4
608	6617,5	13,1	642	7050,8	12,4
609	6630,6	13,1	643	7063,2	12,4
610	6643,7	13,1	644	7075,6	12,4
611	6656,7	13,0	645	7088,0	12,4
612	6669,7	13,0	646	7100,3	12,3
613	6682,7	13,0	647	7112,6	12,3
614	6695,7	13,0	648	7124,9	12,3
615	6708,7	13,0	649	7137,2	12,3
616	6721,6	12,9	650	7149,5	12,3
617	6734,5	12,9	651	7161,7	12,2
618	6747,4	12,9	652	7173,9	12,2
619	6760,3	12,9	653	7186,1	12,2
620	6773,2	12,9	654	7198,3	12,2
621	6786,0	12,8	655	7210,5	12,2
622	6798,8	12,8	656	7222,6	12,1
623	6811,6	12,8	657	7234,7	12,1
624	6824,4	12,8	658	7146,8	12,1
625	6837,1	12,7	659	7258,9	12,1
626	6849,8	12,7	660	7271,0	12,1
627	6862,5	12,7	661	7283,1	12,1
628	6875,2	12,7	662	7295,1	12,1
629	6887,9	12,7	663	7307,1	12,0
630	6900,6	12,7	664	7319,1	12,0
631	6913,2	12,6	665	7331,1	12,0

TABLE I.

H ou h	Mètres.	Différence.	H ou h	Mètres.	Différence.
665	7331,1		699	7728,2	
666	7343,1	12,0	700	7739,6	11,4
667	7355,1	12,0	701	7751,0	11,4
668	7367,0	11,9	702	7762,3	11,3
669	7378,9	11,9	703	7773,6	11,3
670	7390,8	11,9	704	7784,9	11,3
671	7402,6	11,8	705	7796,2	11,3
672	7414,5	11,9	706	7807,5	11,3
673	7426,4	11,9	707	7818,8	11,3
674	7438,2	11,8	708	7830,1	11,3
675	7450,0	11,8	709	7841,3	11,2
676	7461,8	11,8	710	7852,5	11,2
677	7473,6	11,8	711	7863,7	11,2
678	7485,3	11,7	712	7874,9	11,2
679	7497,0	11,7	713	7886,1	11,2
680	7508,7	11,7	714	7897,3	11,2
681	7520,4	11,7	715	7908,4	11,1
682	7532,1	11,7	716	7919,6	11,2
683	7543,8	11,7	717	7930,7	11,1
684	7555,5	11,7	718	7941,8	11,1
685	7567,1	11,6	719	7952,9	11,1
686	7578,7	11,6	720	7963,9	11,0
687	7590,3	11,6	721	7975,0	11,1
688	7601,9	11,6	722	7986,0	11,0
689	7613,5	11,6	723	7997,0	11,0
690	7625,0	11,5	724	8008,0	11,0
691	7636,5	11,5	725	8019,0	11,0
692	7648,0	11,5	726	8030,0	11,0
693	7659,5	11,5	727	8041,0	11,0
694	7671,0	11,5	728	8051,9	10,9
695	7682,5	11,5	729	8062,8	10,9
696	7694,0	11,5	730	8073,7	10,9
697	7705,4	11,4	731	8084,6	10,9
698	7716,8	11,4	732	8095,5	10,9
699	7728,2	11,4	733	8106,4	10,9

TABLE I.

H ou h	Mètres.	Différence.	H ou h	Mètres.	Différence
733	8106,4	10,9	767	8467,5	10,4
734	8117,3	10,8	768	8477,9	10,3
735	8128,1	10,8	769	8488,2	10,4
736	8138,9	10,8	770	8498,6	10,3
737	8149,7	10,8	771	8508,9	10,3
738	8160,5	10,8	772	8519,2	10,3
739	8171,3	10,8	773	8529,5	10,3
740	8182,1	10,8	774	8639,8	10,3
741	8192,9	10,8	775	8550,1	10,3
742	8203,6	10,7	776	8560,4	10,3
743	8214,3	10,7	777	8570,6	10,2
744	8225,0	10,7	778	8580,9	10,3
745	8235,7	10,7	779	8591,1	10,2
746	8246,4	10,7	780	8601,3	10.2
747	8257,1	10,7	781	8611,5	10,2
748	8267,7	10,6	782	8621,7	10,2
749	8278,4	10,7	783	8631,9	10,2
750	8289,0	10,6	784	8642,0	10,1
751	8299,6	10,6	785	8652,2	10,2
752	8310,2	10,6	786	8662,3	1C 1
753	8320,8	10,6	787	8672,5	1C,2
754	8331,4	10,6	788	8682,6	1C.1
755	8341,9	10,5	789	8692,7	10.1
756	8352,4	10,5	790	8702,8	10,1
757	8363,0	10,6	791	8712,8	10.0
758	8373,5	10,5	792	8722,9	1C 1
759	8384,0	10,5	793	8732,9	10.0
760	8394,5	10,5	794	8743,0	1C,1
761	8404,9	10,4	795	8753,0	10,0
762	8415,4	10,5	796	8763,0	1C,0
763	8425,8	10,4	797	8773,0	10,0
764	8436,3	10,5	798	8783,0	10,0
765	8446,7	10,4	799	8793,0	10,0
766	8457,1	10,4	800	8802,9	9,9
767	8467,5	10,4	801	8812,8	9,9

TABLE II.

Correction. — $1^m,2843\,(T - T')$.　　Argument : $T - T'$.

T—T'.	Correct.	T—T'.	Correct.	T—T'.	Correct.	T—T'.	Correct.
o	m	o	m	o	m	o	m
0,0	0,0	6,0	7,7	12,0	15,4	18,0	23,1
0,2	0,3	6,2	8,0	12,2	15,7	18,2	23,4
0,4	0,5	6,4	8,2	12,4	15,9	18,4	23,6
0,6	0,8	6,6	8,5	12,6	16,2	18,6	23,9
0,8	1,0	6,8	8,7	12,8	16,4	18,8	24,1
1,0	1,3	7,0	9,0	13,0	16,7	19,0	24,4
1,2	1,5	7,2	9,2	13,2	17,0	19,2	24,7
1,4	1,8	7,4	9,5	13,4	17,2	19,4	24,9
1,6	2,1	7,6	9,8	13,6	17,5	19,6	25,2
1,8	2,3	7,8	10,0	13,8	17,7	19,8	25,4
2,0	2,6	8,0	10,3	14,0	18,0	20,0	25,7
2,2	2,8	8,2	10,5	14,2	18,2	20,2	25,9
2,4	3,1	8,4	10,8	14,4	18,5	20,4	26,2
2,6	3,3	8,6	11,0	14,6	18,8	20,6	26,5
2,8	3,6	8,8	11,3	14,8	19,0	20,8	26,7
3,0	3,9	9,0	11,6	15,0	19,3	21,0	27,0
3,2	4,1	9,2	11,8	15,2	19,5	21,2	27,2
3,4	4,4	9,4	12,1	15,4	19,8	21,4	27,5
3,6	4,6	9,6	12,3	15,6	20,0	21,6	27,7
3,8	4,9	9,8	12,6	15,8	20,3	21,8	28,0
4,0	5,1	10,0	12,8	16,0	20,5	22,0	28,3
4,2	5,4	10,2	13,1	16,2	20,8	22,2	28,5
4,4	5,7	10,4	13,4	16,4	21,1	22,4	28,8
4,6	5,9	10,6	13,6	16,6	21,3	22,6	29,0
4,8	6,2	10,8	13,9	16,8	21,6	22,8	29,3
5,0	6,4	11,0	14,1	17,0	21,8	23,0	29,5
5,2	6,7	11,2	14,4	17,2	22,1	23,2	29,8
5,4	6,9	11,4	14,6	17,4	22,3	23,4	30,1
5,6	7,2	11,6	14,9	17,6	22,6	23,6	30,3
5,8	7,4	11,8	15,2	17,8	22,9	23,8	30,6
6,0	7,7	12,0	15,4	18,0	23,1	24,0	30,8

La correction est soustractive quand T — T' est positif, et additive quand T — T' est négatif.

TABLE III.

Corr. toujours additive: $A \left\{ 0,00265 \cos 2L + \dfrac{A+15926}{6366198} \right\}$.

HAUT approchée A.	LATITUDE L.							
	0°	3°	6°	9°	12°	15°	18°	21°
m	m	m	m	m	m	m	m	m
100	0,5	0,5	0,5	0,5	0,5	0,5	0,5	0,4
200	1,0	1,0	1,0	1,0	1,0	1,0	0,9	0,9
300	1,6	1,6	1,6	1,5	1,5	1,5	1,4	1,4
400	2,1	2,1	2,1	2,0	2,0	1,9	1,9	1,8
500	2,6	2,6	2,6	2,5	2,5	2,4	2,4	2,3
600	3,2	3,1	3,1	3,1	3,0	2,9	2,8	2,7
700	3,7	3,7	3,6	3,6	3,5	3,4	3,3	3,2
800	4,2	4,2	4,2	4,1	4,0	3,9	3,8	3,7
900	4,8	4,8	4,7	4,6	4,6	4,5	4,3	4,1
1000	5,3	5,3	5,3	5,2	5,1	5,0	4,8	4,6
1100	5,9	5,8	5,8	5,7	5,6	5,5	5,3	5,1
1200	6,4	6,4	6,3	6,2	6,1	6,0	5,8	5,6
1300	7,0	6,9	6,9	6,8	6,7	6,5	6,3	6,1
1400	7,5	7,5	7,4	7,3	7,2	7,0	6,8	6,6
1500	8,1	8,1	8,0	7,9	7,7	7,5	7,3	7,1
1600	8,6	8,6	8,5	8,4	8,3	8,1	7,8	7,6
1700	9,2	9,2	9,1	9,0	8,8	8,6	8,4	8,1
1800	9,8	9,8	9,7	9,5	9,3	9,1	8,9	8,6
1900	10,4	10,3	10,2	10,1	9,9	9,7	9,4	9,1
2000	10,9	10,9	10,8	10,7	10,5	10,2	9,9	9,6
2100	11,5	11,5	11,4	11,2	11,0	10,8	10,4	10,1
2200	12,1	12,1	12,0	11,8	11,6	11,3	11,0	10,6
2300	12,7	12,6	12,5	12,4	12,1	11,8	11,5	11,1
2400	13,3	13,2	13,1	13,0	12,7	12,4	12,1	11,6
2500	13,9	13,8	13,7	13,5	13,3	13,0	12,6	12,2
2600	14,5	14,4	14,3	14,1	13,9	13,5	13,1	12,7
2700	15,1	15,0	14,9	14,7	14,4	14,1	13,7	13,2
2800	15,7	15,6	15,5	15,3	15,0	14,7	14,2	13,8
2900	16,3	16,2	16,1	15,9	15,6	15,2	14,8	14,3
3000	16,9	16,8	16,7	16,5	16,2	15,8	15,3	14,8
3500	20,0	19,9	19,8	19,5	19,2	18,7	18,2	17,6
4000	23,1	23,1	22,9	22,6	22,2	21,7	21,1	20,4
5000	29,7	29,6	29,4	29,0	28,5	27,9	27,2	26,3
6000	36,6	36,5	36,2	35,8	35,2	34,4	33,5	32,5
7000	43,8	43,7	43,4	42,9	42,2	41,3	40,2	39,0

[Suite.] **TABLE III.**

Corr. toujours additive : $A\left\{0,00265 \cos 2L + \dfrac{A+15926}{6366198}\right\}$.

HAUT. approchée A.	LATITUDE L.							
	21°	24°	27°	30°	33°	36°	39°	42°
m	m	m	m	m	m	m	m	m
100	0,4	0,4	0,4	0,4	0,4	0,3	0,3	0,3
200	0,9	0,9	0,8	0,8	0,7	0,7	0,6	0,6
300	1,4	1,3	1,2	1,2	1,1	1,0	0,9	0,9
400	1,8	1,7	1,7	1,6	1,5	1,4	1,3	1,1
500	2,3	2,2	2,1	2,0	1,8	1,7	1,6	1,4
600	2,7	2,6	2,5	2,4	2,2	2,1	1,9	1,7
700	3,2	3,1	2,9	2,8	2,6	2,4	2,2	2,0
800	3,7	3,5	3,3	3,2	3,0	2,8	2,5	2,3
900	4,1	4,0	3,8	3,6	3,4	3,1	2,9	2,7
1000	4,6	4,4	4,2	4,0	3,7	3,5	3,2	2,9
1100	5,1	4,9	4,7	4,4	4,1	3,8	3,5	3,2
1200	5,6	5,4	5,1	4,8	4,5	4,2	3,9	3,6
1300	6,1	5,8	5,5	5,2	4,9	4,6	4,2	3,9
1400	6,6	6,3	6,0	5,7	5,3	5,0	4,6	4,2
1500	7,1	6,8	6,4	6,1	5,7	5,3	4,9	4,5
1600	7,6	7,2	6,9	6,5	6,1	5,7	5,3	4,9
1700	8,1	7,7	7,4	7,0	6,5	6,1	5,6	5,2
1800	8,6	8,2	7,8	7,4	7,0	6,5	6,0	5,5
1900	9,1	8,7	8,3	7,8	7,4	6,9	6,4	5,8
2000	9,6	9,2	8,7	8,3	7,8	7,3	6,7	6,2
2100	10,1	9,7	9,2	8,7	8,2	7,7	7,1	6,5
2200	10,6	10,2	9,7	9,2	8,6	8,1	7,5	6,9
2300	11,1	10,7	10,2	9,6	9,1	8,5	7,8	7,2
2400	11,6	11,2	10,6	10,1	9,5	8,9	8,2	7,6
2500	12,2	11,7	11,1	10,5	9,9	9,2	8,6	7,9
2600	12,7	12,2	11,6	11,0	10,4	9,7	9,0	8,3
2700	13,2	12,7	12,2	11,5	10,8	10,1	9,4	8,6
2800	13,8	13,2	12,6	12,0	11,3	10,5	9,8	9,0
2900	14,3	13,7	13,0	12,3	11,7	11,0	10,2	9,4
3000	14,8	14,2	13,6	12,9	12,2	11,4	10,6	9,8
3500	17,6	16,9	16,1	15,3	14,4	13,5	12,6	11,6
4000	20,4	19,6	18,7	17,8	16,8	15,8	14,7	13,6
5000	26,3	25,3	24,2	23,1	21,8	20,5	19,2	17,8
6000	32,5	31,3	30,0	28,6	27,1	25,6	24,0	22,3
7000	39,0	37,6	36,1	34,5	32,8	30,9	29,1	27,1

Corr. toujours additive: $A \left\{ 0,00265 \cos 2L + \dfrac{A + 15926}{6366198} \right\}$.

HAUT. approchée A.	LATITUDE L.							
	42°	45°	48°	51°	54°	57°	60°	63°
m	m	m	m	m	m	m	m	m
100	0,3	0,2	0,2	0,2	0,2	0,1	0,1	0,1
200	0,6	0,5	0,5	0,4	0,3	0,3	0,2	0,2
300	0,9	0,8	0,7	0,6	0,5	0,4	0,4	0,3
400	1,1	1,0	0,9	0,8	0,7	0,6	0,5	0,4
500	1,4	1,3	1,2	1,0	0,9	0,8	0,6	0,5
600	1,7	1,6	1,4	1,2	1,1	0,9	0,8	0,6
700	2,0	1,8	1,6	1,4	1,3	1,1	0,9	0,7
800	2,3	2,1	1,9	1,7	1,4	1,2	1,0	0,9
900	2,7	2,4	2,1	1,9	1,6	1,4	1,2	1,0
1000	2,9	2,7	2,4	2,1	1,8	1,6	1,3	1,1
1100	3,2	2,9	2,6	2,3	2,0	1,8	1,5	1,2
1200	3,6	3,2	2,9	2,6	2,2	1,9	1,6	1,4
1300	3,9	3,5	3,2	2,8	2,5	2,1	1,8	1,5
1400	4,2	3,8	3,4	3,0	2,7	2,3	1,9	1,6
1500	4,5	4,1	3,7	3,3	2,9	2,5	2,1	1,8
1600	4,9	4,4	4,0	3,5	3,1	2,7	2,3	1,9
1700	5,2	4,7	4,2	3,8	3,3	2,9	2,5	2,1
1800	5,5	5,0	4,5	4,0	3,5	3,1	2,6	2,2
1900	5,8	5,3	4,8	4,3	3,8	3,3	2,8	2,4
2000	6,2	5,6	5,1	4,5	4,0	3.5	3,0	2,5
2100	6,5	5,9	5,4	4,8	4,2	3,7	3,2	2,7
2200	6,9	6,3	5,7	5,0	4,5	3,9	3,3	2,8
2300	7,2	6,6	5,9	5,3	4,7	4,1	3,5	3,0
2400	7,6	6,9	6,3	5,7	5,1	4,3	3,7	3,2
2500	7,9	7,2	6,5	5,9	5,2	4,5	3,9	3,3
2600	8,3	7,6	6,8	6,1	5,4	4,8	4,1	3,5
2700	8,6	7,9	7,1	6,4	5,7	5,0	4,3	3,7
2800	9,0	8,2	7,5	6,7	5,9	5,2	4,5	3,9
2900	9,4	8,6	7,8	7,0	6,2	5,5	4,7	4,1
3000	9,8	8,9	8,1	7,3	6,5	5,7	4,9	4,2
3500	11,6	10,7	9,7	8,8	7,8	6,9	6,0	5,2
4000	13,6	12,5	11,4	10,3	9,2	8,2	7,2	6,3
5000	17,8	16,4	15,0	13,7	12,3	11,0	9,8	8,7
6000	22,3	20,7	19,0	17,4	15,8	14,2	12,7	11,3
7000	27,1	25,2	23,3	21,4	19,5	17,7	15,9	14,3

TABLE IV.

Diminution de la pesanteur dans la verticale due à la hauteur *s* de la station inférieure.

Correction toujours additive. A $0,00576 \log \dfrac{760}{H}$.

HAUT. approchée A.	HAUTEUR DU BAROMÈTRE A LA STATION INFÉRIEURE.									
	460	490	520	550	580	610	640	670	700	730
m	m	m	m	m	m	m	m	m	m	m
100	0,1	0,1	0,1	0,1	0,1	0,1	0,0	0,0	0,0	0,0
200	0,3	0,2	0,2	0,2	0,1	0,1	0,1	0,1	0,0	0,0
300	0,4	0,3	0,3	0,2	0,2	0,2	0,1	0,1	0,1	0,0
400	0,5	0,4	0,4	0,3	0,3	0,2	0,2	0,1	0,1	0,0
500	0,6	0,5	0,5	0,4	0,3	0,3	0,2	0,2	0,1	0,1
600	0,8	0,7	0,6	0,5	0,4	0,3	0,3	0,2	0,1	0,1
700	0,9	0,8	0,7	0,6	0,5	0,4	0,3	0,2	0,1	0,1
800	1,0	0,9	0,8	0,6	0,5	0,4	0,3	0,3	0,2	0,1
900	1,1	1,0	0,9	0,7	0,6	0,5	0,4	0,3	0,2	0,1
1000	1,3	1,1	0,9	0,8	0,7	0,6	0,4	0,3	0,2	0,1
1200	1,5	1,3	1,1	1,0	0,8	0,7	0,5	0,4	0,2	0,1
1400	1,8	1,5	1,3	1,1	0,9	0,8	0,6	0,4	0,3	0,1
1600	2,0	1,8	1,5	1,3	1,1	0,9	0,7	0,5	0,3	0,2
1800	2,3	2,0	1,7	1,5	1,2	1,0	0,8	0,6	0,4	0,2
2000	2,5	2,2	1,9	1,6	1,4	1,1	0,9	0,6	0,4	0,2
2200	2,8	2,4	2,1	1,8	1,5	1,2	0,9	0,7	0,5	0,2
2400	3,0	2,6	2,3	1,9	1,6	1,3	1,0	0,8	0,5	0,2
2600	3,3	2,9	2,5	2,1	1,8	1,4	1,1	0,8	0,5	0,3
2800	3,5	3,1	2,7	2,3	1,9	1,5	1,2	0,9	0,6	0,3
3000	3,8	3,3	2,8	2,4	2,0	1,6	1,3	0,9	0,6	0,3
4000	5,0	4,4	3,8	3,2	2,7	2,2	1,7	1,3	0,8	0,4
5000		5,5	4,7	4,0	3,4	2,8	2,1	1,6	1,0	0,5
6000				4,9	4,1	3,3	2,6	1,9	1,2	0,6
7000							3,0	2,2	1,4	0,7
8000									1,6	0,8

CONVERSION

En millimètres des hauteurs de baromètres anglais et français exprimées en pouces.

BAROMÈT. ANGLAIS.		BAROMÈT. ANGLAIS.		BAROM. FRANÇAIS.	
pouc. dix.	mm	pouc. dix.	mm	pouc. lig.	mm
24 0	609,59	27 4	695,95	26 0	703,82
1	612,13	5	698,49	1	706,07
2	614,67	6	701,03	2	708,33
3	617,21	7	703,57	3	710,59
4	619,75	8	706,11	4	712,84
5	622,29	9	708,65	5	715,10
6	624,83	28 0	711,19	6	717,36
7	627,37	1	713,73	7	719,61
8	629,91	2	716,27	8	721,86
9	632,45	3	718,81	9	724,12
25 0	634,99	4	721,35	10	726,38
1	637,53	5	723,89	11	728,63
2	640,07	6	726,43	27 0	730,89
3	642,61	7	728,97	1	733,15
4	645,15	8	731,51	2	735,40
5	647,69	9	734,05	3	737,66
6	650,23	29 0	736,59	4	739,91
7	652,77	1	739,13	5	742,17
8	655,31	2	741,67	6	744,42
9	657,85	3	744,21	7	746,68
26 0	660,39	4	746,75	8	748,94
1	662,93	5	749,29	9	751,19
2	665,47	6	751,83	10	753,45
3	668,01	7	754,37	11	755,70
4	670,55	8	756,91	28 0	757,96
5	673,09	9	759,45	1	760,22
6	675,63	30 0	761,99	2	762,47
7	678,17	1	764,53	3	764,73
8	680,71	2	767,07	4	766,98
9	683,25	3	769,61	5	769,24
27 0	685,79	4	772,15	6	771,49
1	688,33	5	774,69	7	773,75
2	690,87	6	777,23	8	776,01
3	693,41	7	779,77	9	778,26

COMPARAISON
Des thermomètres Fahrenheit et centigrade.

Fahrenh.	Centigrade.	Fahrenh.	Centigr.	Fahrenh.	Centigr.
— 4°	— 20°00	33°	0°56	70°	21°11
— 3	— 19,44	34	1,11	71	21,67
— 2	— 18,89	35	1,67	72	22,22
— 1	— 18,33	36	2,22	73	22,78
0	— 17,78	37	2,78	74	23,33
1	— 17,22	38	3,33	75	23,89
2	— 16,67	39	3,89	76	24,44
3	— 16,11	40	4,44	77	25,00
4	— 15,56	41	5,00	78	25,56
5	— 15,00	42	5,56	79	26,11
6	— 14,44	43	6,11	80	26,67
7	— 13,89	44	6,67	81	27,22
8	— 13,33	45	7,22	82	27,78
9	— 12,78	46	7,78	83	28,33
10	— 12,22	47	8,33	84	28,89
11	— 11,67	48	8,89	85	29,44
12	— 11,11	49	9,44	86	30,00
13	— 10,56	50	10,00	87	30,56
14	— 10,00	51	10,56	88	31,11
15	— 9,44	52	11,11	89	31,67
16	— 8,89	53	11,67	90	32,22
17	— 8,33	54	12,22	91	32,78
18	— 7,78	55	12,78	92	33,33
19	— 7,22	56	13,33	93	33,89
20	— 6,67	57	13,89	94	34,44
21	— 6,11	58	14,44	95	35,00
22	— 5,56	59	15,00	96	35,56
23	— 5,00	60	15,56	97	36,11
24	— 4,44	61	16,11	98	36,67
25	— 3,89	62	16,67	99	37,22
26	— 3,33	63	17,22	100	37,78
27	— 2,78	64	17,78	101	38,33
28	— 2,22	65	18,33	102	38,89
29	— 1,67	66	18,89	103	39,44
30	— 1,11	67	19,44	104	40,00
31	— 0,56	68	20,00	105	40,56
32	— 0,00	69	20,56	106	41,11

COMPARAISON
des thermomètres Réaumur et Centigrade.

Réaumur.	Centigr.	Réaumur.	Centigr.	Centigr.	Réaumur.	Centigr.	Réaumur.
0	0	35	43,75	0	0	35	28,0
1	1,25	36	45,00	1	0,8	36	28,8
2	2,50	37	46,25	2	1,6	37	29,6
3	3,75	38	47,50	3	2,4	38	30,4
4	5,00	39	48,75	4	3,2	39	31,2
5	6,25	40	50,00	5	4,0	40	32,0
6	7,50	41	51,25	6	4,8	41	32,8
7	8,75	42	52,50	7	5,6	42	33,6
8	10,00	43	53,75	8	6,4	43	34,4
9	11,25	44	55,00	9	7,2	44	35,2
10	12,50	45	56,25	10	8,0	45	36,0
11	13,75	46	57,50	11	8,8	46	36,8
12	15,00	47	58,75	12	9,6	47	37,6
13	16,25	48	60,00	13	10,4	48	38,4
14	17,50	49	61,25	14	11,2	49	39,2
15	18,75	50	62,50	15	12,0	50	40,0
16	20,00	51	63,75	16	12,8	51	40,8
17	21,25	52	65,00	17	13,6	52	41,6
18	22,50	53	66,25	18	14,4	53	42,4
19	23,75	54	67,50	19	15,2	54	43,2
20	25,00	55	68,75	20	16,0	55	44,0
21	26,25	56	70,00	21	16,8	56	44,8
22	27,50	57	71,25	22	17,6	57	45,6
23	28,75	58	72,50	23	18,4	58	46,4
24	30,00	59	73,75	24	19,2	59	47,2
25	31,25	60	75,00	25	20,0	60	48,0
26	32,50	62	77,50	26	20,8	61	48,8
27	33,75	64	80,00	27	21,6	62	49,6
28	35,00	66	82,50	28	22,4	63	50,4
29	36,25	68	85,00	29	23,2	64	51,2
30	37,50	70	87,50	30	24,0	65	52,0
31	38,75	72	90,00	31	24,8	70	56,0
32	40,00	74	92,50	32	25,6	75	60,0
33	41,25	76	95,00	33	26,4	80	64,0
34	42,50	78	97,50	34	27,2	90	72,0
35	43,75	80	100,00	35	28,0	100	80,0

DENSITÉS DES GAZ,

Celle de l'air à 0° et 0m,76 étant prise pour unité.

NOMS DES GAZ.	DENSIT. trouv.	DENS. calcul.	NOMS des observateurs.
Air	1,000	"	
Oxygène................	1,10563	"	Regnault.
Hydrogène.............	0,06926	"	Regnault.
Hydrog. carb. des marais.	0,555	0,559	Thomson.
Méthylène	"	0,490	"
Hydrogène bicarboné (gaz oléfiant).............	0,978	0,980	Th. de Saussure.
Hydrogène bicarboné de Faraday	1,920	1,960	Faraday.
Hydrogène phosphoré...	1,214	1,193	Dumas.
Hydrogène arsénié......	2,695	2,695	Dumas.
Chlore............	2,470	"	Gay-Lussac et Th.
Oxyde de chlore ou acide hypochlorique........	"	2,340	"
Acide hypochloreux de Balard.............	"	2,980	"
Azote.................	0,97137	"	Regnault.
Protoxyde d'azote......	1,520	1,525	Colin.
Bioxyde d'azote........	1,0388	1,036	Bérard.
Cyanogène.	1,806	1,818	Gay-Lussac.
Chlorure de cyanogène..	"	2,116	Gay-Lussac.
Ammoniaque..........	0,596	0,591	Biot et Arago.
Oxyde de carbone	0,957	"	Cruikshanck.
Acide carbonique.......	1,52901	"	Regnault.
Acide chlorocarbonique .	"	3,399	"
Acide sulfureux	2,234	"	Thenard.
Oxyde de sélénium	"	"	"
Acide chlorhydrique	1,247	1,26	Biot et Arago.
— bromhydrique....	"	2,731	"

DENSITÉS DES GAZ.

(Suite.)

NOMS DES GAZ.	DENSIT. trouv.	DENS. calcul.	NOMS des observateurs.
Acide iodhydrique.	4,443	4,350	Gay-Lussac.
— sulfhydrique......	1,191	"	Gay-Lussac et Thenj
— sélénhydrique	"	2,795	Bineau.
— tellurhydrique....	"	4,490	Bineau.
— fluoborique.......	2,371	"	John Davy.
— fluosilicique......	3,573	"	John Davy.
— chloroborique	3,420	"	Dumas.
Monhydrate de méthyl...	1,617	1,601	Dumas et Peligot.
Chlorhydrate de méthyl.	1,731	1,737	Dumas et Peligot.
Fluorhydrate de méthyl.	1,186	1,170	Dumas et Peligot.

DENSITÉS DES VAPEURS,

Celle de l'air à 0° et 0^m,76 étant prise pour unité, et les vapeurs étant ramenées par le calcul à 0° et 0^m,76.

NOMS DES VAPEURS.	DENSIT. trouv.	DENSIT. calcul.	NOMS des observateurs.
Air.................	1,000	"	"
Brome	5,540	5,39	Mitscherlich.
Iode.................	8,716	8,70	Dumas.
Soufre	2,21	"	H.Deville et Proost
Phosphore...........	4,420	4,32	Dumas.
Arsenic..............	10,600	10,36	Mitscherlich.
Mercure.............	6,976	6,97	Dumas.
Acide arsénieux........	13,850	13,30	Mitscherlich.
— sulfurique anhydre.	3,000	2,76	Id.
— sélénieux........	4,030	"	Id.
— hypoazotique......	1,720	"	Id.
— azotique quadrihyd.	1,270	"	Bineau.
Chlorure de soufre jaune.	4,70	4,65	Dumas.
Chlorure de soufre rouge.	3,70	"	Id.
Protochlorure de phosph.	4,87	4,79	Id.
Chlorure d'arsenic.......	6,30	6,25	Id.
Iodure d'arsenic........	16,10	15,64	Mitscherlich.
Protochlorure de mercure.	8,35	8,20	Id.
Bichlorure de mercure...	9,80	9,42	Id.
Protobromure de mercure.	10,14	9,67	Id.
Bibromure de mercure...	12,16	12,37	Id.
Biiodure de mercure.....	15,60	15,68	Id.
Sulf. de mercure (cinabre).	5,5	5,4	Id.
Protochlor. d'antimoine..	7,8	"	Id.
Protochlorure de bismuth.	11,1	10,99	Jacquelain.
Peroxychlorure de chrome {	5,52 / 5,90	5,5	Bineau, Walter.
Bichlorure d'étain.......	9,199	8,99	Dumas.
Chlorure solide de cyanog.	6,39	"	Bineau.
Bromure de cyanogène...	3,61	"	Id.
Chlorure de silicium.....	5,939	5,959	Dumas.

21.

DENSITÉS DES VAPEURS.
(Suite.)

NOMS DES VAPEURS.	DENSIT. trouv.	DENSIT. calcul.	NOMS des observateurs.
Camphre.............	5,468	5,314	Dumas.
Essence de térébenthine..	4,763	4,765	Id.
Benzine..............	2,77	2,73	Mitscherlich.
Naphtaline	4,528	4,492	Dumas.
Liqueur des Hollandais..	3,443	3,45	Gay-Lussac.
Sulfure de carbone......	2,644	"	Id.
Ether acétique.........	3,067	3,066	Dumas et Boullay.
— oxalique........	5,087	5,081	Id. id.
— benzoïque...	5,409	5,240	Id. id.
Esprit-de-bois..........	1,120	1,110	Dumas et Peligot.
Sulfate de méthylène....	4,565	4,370	Id. id.
Acétate de méthylène....	2,563	2,57	Id. id.
Huile de pomme de terre.	3,147	3,07	Dumas.
Acétone...............	2,019	2,02	Id.
Mercaptan.....	2,326	2,16	Bunsen.
Aldéhyde.............	1,532	1,53	Liebig.
Essence d'amand. amères.	"	3,708	Wöhler et Liebig.
Hydrure de salicyle......	4,27	4,26	Piria.
Essence de cannelle......	"	4,62	Dumas et Peligot.
— de cumin	5,20	5,1	Gerh. et Cahours.
Acide acétique.	2,77	2,78	Dumas.
— benzoïque	4,27	4,26	Id.
— valérique	3,68	3,55	Dumas et Stas.
— cyanhydrique	0,947	0,936	Gay-Lussac.
Cacodyle.....	7,1	7,28	Bunsen.
Oxyde de cacodyle..	7,55	7,83	Id.
Cyanure de cacodyle....	4,63	4,54	Id.
Chlorure de cacodyle . .	4,56	4,80	Id.
Eau.................	0,6235	0,624	Gay-Lussac.
Chlohydrate d'ammoniaq.	0,93	"	H.Deville etTroost
Cyanhydrate d'ammoniaq.	0,77	"	Id.
Sulfhydrate d'ammoniaq.	1,18	"	Id.
Bisulfhydrate d'ammon...	0,90	"	Id.

DENSITÉS DES LIQUIDES,

Celle de l'eau à 4 degrés étant prise pour unité.

Eau distillée......	1,000
Mercure (à 0°)	13,596
Brome......	2,966
Acide sulfur. au maximum de concentration..	1,841
Acide hyposulfurique......	1,347
— azotique fumant......	1,451
— azotique quadrihydraté......	1,42
— azotique du commerce......	1,22
— hypoazotique......	1,451
— chlorhydrique liquide concentré......	1,208
— acétique monohydraté......	1,068
— acétique au maximum de densité......	1,079
— oléique......	0,898
— cyanhydrique......	0,696
Sulfure de carbone......	1,263
Protochlorure de soufre......	1,680
Alcool absolu......	0,792
Alcool au maxim. de dens. (hyd. de Rudberg).	0,927
Ether......	0,715
— chlorhydrique......	0,874
— acétique......	0,868
Esprit-de-bois......	0,798
Huile de pomme de terre......	0,818
Acétone......	0,792
Mercaptan......	0,840
Essence de térébenthine......	0,869
— de citron......	0,847
Aldéhyde......	0,790
Essence d'amandes amères......	1,043
Huile de spiræa......	1,173
Essence de cumin......	0,969
— de cannelle......	1,010
Eau de la mer......	1,026
Lait......	1,03
Vin de Bordeaux......	0,994
Vin de Bourgogne......	0,991
Huile d'olive......	0,915

RAPPORT DU POIDS DE L'AIR AU POIDS DE L'EAU.

Pour établir une liaison entre les Tables de pesanteurs spécifiques qui précèdent, nous ajouterons que, d'après les recherches les plus récentes, le poids de l'air atmosphérique sec à Paris, à la température de la glace fondante et sous la pression de $0^m,76$, est, à volume égal, $\dfrac{1}{773,28}$ de celui de l'eau distillée.

Poids du litre d'air.

A Paris, à 60 mètres au-dessus du niveau de la mer, à la température zéro et sous la pression 76^c, M. Regnault a trouvé que le litre d'air atmosphérique pèse $1^{gr},293187$. On en conclut $1^{gr},292743$ pour le poids du litre d'air sous le parallèle de 45 degrés et au niveau de la mer. Mais à la température centigrade t, sous la pression p, à la latitude L et à la hauteur h au-dessus du niveau de la mer, le rayon de la Terre étant R, le poids du décimètre cube d'air ou du litre d'air est donné par la formule

$$1^{gr},292743\,\frac{p}{(1+t.0,00366)76}(1-0,00265\cos 2\,\mathrm{L})\left(1-\frac{2h}{\mathrm{R}}\right).$$

DENSITÉS DES SOLIDES,

Celle de l'eau à 4 degrés étant prise pour unité.

CORPS SIMPLES.

NOMS DES SOLIDES.		DENSITÉ.	NOMS des observateurs
Aluminium	fondu......	2,56	H. S^{te}-Cl. Deville.
	laminé......	2,67	Id.
Antimoine.............		6,72	D'Elhuyart.
Argent fondu..........		10,47	Children.
Arsenic...............		5,67	Hérapath.
Baryum...............		"	"
Bismuth..............		9,82	D'Elhuyart.
Bore adamantin...........		2,69	Wöhler et H. Deville.
Cadmium..............		8,69	Hérapath.
Cœsium..............		"	"
Calcium..............		1,58	Fernet.
Carbone.	Anthracite.....	1,34 à 1,46	Regnault.
	Diamant.......	3,50 à 3,53	Dumas.
	Graphite.......	2,09 à 2,24	Dufrénoy.
Cérium..............		5,50	Wœhler.
Chrome..............		5,90	D'Elhuyart.
Cobalt fondu..............		7,81	Hérapath.
Cuivre	fondu..........	8,85	D'Elhuyart.
	laminé..........	8,95	Id.
Didyme..............		"	"
Erbium..............		"	"
Etain...............		7,29	Hérapath.
Fer	fondu...........	7,20	Id.
	forgé...........	7,79	Id.
Glucinium..............		2,10	Debray.

DENSITÉS DES SOLIDES.

(Suite.)

NOMS DES SOLIDES.	DENSITÉ.	NOMS des observateurs.
Indium	7,11	Richter.
Iode	4,95	Gay-Lussac.
Iridium fondu	21,15	H. Deville et Debray.
Lanthane	"	"
Lithium	0,59	Bunsen.
Magnésium	1,74	Id.
Manganèse	8,01	Hérapath.
Mercure solide à — 40°	14,39	Rivot.
Molybdène	8,60	Hérapath.
Nickel { fondu	8,28	Id.
Nickel { forgé	8,67	Id.
Niobium	"	"
Or { fondu	19,26	Children.
Or { forgé	19,36	Id.
Osmium	23,00	H. Deville et Debray
Palladium	11,80	Id.
Phosphore	1,77	H. Deville.
Platine { fondu	21,15	H. Deville et Debray.
Platine { laminé	23,00	Id
Plomb	11,35	D'Elhuyart.
Potassium	0,86	Gay-Lussac et Thenard.
Rhodium	11,00	H. Deville et Debray.
Rubidium	1,52	Bunsen.
Ruthénium	11,30	H. Deville et Debray.
Sélénium	4,30	Leroyer et Dumas.
Silicium { cristallisé	2,65	H. Deville.
Silicium { graphitoïde	2,49	Id.

DENSITÉ DES SOLIDES.

(Suite.)

NOMS DES SOLIDES.		DENSITÉ.	NOMS des observateurs.
Sodium		0,97	Gay-Lussac et Thenard.
Soufre {	octaédrique	2,07	Ch S^{te}-Cl. De- ville.
	prismatique	1,96 à 1,99	Id.
Strontium		2,54	Bunsen.
Tantale		"	"
Tellure		6,24	D'Elhuyart.
Terbium		"	"
Thallium		11,862	Lamy.
Thorium		"	"
Titane		5,30	D'Elhuyart.
Tungstène		17,60	Id.
Uranium		18,33 à 18,40	Peligot.
Vanadium		"	"
Yttrium		"	"
Zinc		7,19	Hérapath.
Zirconium		4,14	Troost.

DENSITÉ DES MINÉRAUX

celle de l'eau, entre 10 et 16 degrés, étant prise
pour unité.

CORPS SIMPLES ET ALLIAGES NATURELS.	DENSITÉ.	NOMS des observateurs.
Antimoine d'Allemont. . . .	6,62 à 6,72	Kengott.
Argent.	10,10 à 11,10	Miller.
Arsenic.	5,67 à 5,93	Dana.
Bismuth.	9,727	Id.
Carbone. { Anthracite.	1,34 à 1,46	Regnault.
Diamant.	3,50 à 3,53	Dumas.
Graphite	2,09 à 2,24	Dufrénoy.
Cuivre.	8,940	Dana.
Étain.	7,178	Phillips.
Fer météorique.	7,30 à 7,80	Dana.
Iridium osmié.	21,118	G. Rose.
Mercure.	13,59	
Mercure ar- { Amalgame. . . .	13,755	Haidinger.
gental... { Arquérite	10,800	Domeyko.
Or.	15,60 à 19,34	G. Rose.
Or argental (électrum) de l'Altaï.	14,550	Id.
Or palladié du Brésil	18,870	Damour.
Platine avec ses alliages naturels.	17,11 à 17,86	G. Rose.
Platin-iridium.	22,60 à 23,00	Swanberg.
Plomb.	11,445	Dana.
Sélénium du Mexique.	4,320	Del Rio.
Soufre de Sicile.	2,070	Ch. Ste-Cl. Deville.
Tellure de Nagyag.	6,189	Damour.

MINÉRAUX.	DENSITÉ.	NOMS des observateurs.
ACIDES ET OXYDES.		
Acide arsénieux............	3,698	Dumas.
Acide borique (sassoline) ..	1,480	Dana.
Acide silicique { Quartz. ...	2,655	Damour.
Agate.....	2,58 à 2,62	Id.
Acide silicique hydraté (opale)	2,03 à 2,10	Id.
Acide titanique. { Anatase...	3,880	Id.
Brookite..	4,137	Id.
Rutile....	4,277	Id.
Alumine (corindon)........	3,99 à 4,02	Id.
Alumine hy- { Diaspore.....	3,368	Id.
dratée. .... { Gibbsite.....	2,385	Sillimann.
Hydrargillite.	2,435	Damour.
Antimoine { Exitèle........	5,566	Dana.
oxydé... { Sénarmontite...	5,22 à 5,30	Rivot.
Bismuth oxydé............	4,361	Busson.
Cuivre oxydé. { Mélaconise..	5,14 à 5,39	Teschemacher
Ziguéline...	5,992	Haidinger.
Étain oxydé (cassitérite).....	6,30 à 7,10	Dana.
Fer chromé...............	4,32 à 4,50	Id.
Fer oligiste...............	5,24 à 5,28	Rammelsberg
Fer oxydulé (aimant).	4,94 à 5,18	Id.
Fer oxydé { Gothite........	4.04 à 4,40	Dana.
hydraté. { Limonite.......	3,60 à 4,00	Id.
Franklinite..............	5,091	Haidinger.
Glace à 0 degré..........	0,918	Brunner.
Magnésie cristallisée (périklase).................	3,674	Damour.
Magnésie hydratée, brucite..	2,350	Haidinger.
Manganèse { Acerdèse.......	4,20 à 4,40	Turner.
Braunite.......	4,750	Damour.
oxydé. .. { Hausmannite...	4,722	Id.
Pyrolusite......	4,82 à 4,97	Turner.
Plomb oxydé { Litharge.....	7,90	Delafosse.
Minium.....	8,94	Dufrénoy.

MINÉRAUX	DENSITÉ	NOMS des observateurs.
ACIDES ET OXYDES (suite).		
Urane oxydé (pechblende)...	6,01 à 8,07	Damour.
Urane oxydé hydraté	3,90 à 4,20	Breithaupt.
Zinc oxydé de New-Jersey...	5,573	Damour.
CARBURES.		
Asphalte.................	1,063	Regnault.
Élatérite (bitume élastique)..	0,90 à 1,23	Hatchett.
Guyaquillite..............	1,092	Johnston.
Hartite..................	1,046	Haidinger.
Hatchettine..............	0,916	Johnston.
Houille.	1,27 à 1,36	Regnault.
Idrialine................	1,40 à 1,60	Schrotter.
Ixolite..................	1,008	Haidinger.
Jayet.	1,30 à 1,32	Regnault.
Konlite.	0,880	Schrotter.
Lignite.................	1,25 à 1,35	Regnault.
Mellite..................	1,55 à 1,60	Dana.
Middletonite.............	1,600	Johnston.
Naphte..................	0,70 à 0,84	Dana.
Ozocérite...............	0,94 à 0,97	Magnus.
Piauzite	1,220	Haidinger.
Rétinasphalte............	1,135	Hatchett.
Scheererite.	0,650	Prinsep.
Succin (ambre)...........	1,06 à 1,11	Damour.
Walchovite............ ...	1,00 à 1,07	Haidinger.

MINÉRAUX.	DENSITÉ.	NOMS des observateurs.
SULFURES.		
Antimoine sulfuré (stibine)..	4,620	Mohs.
Antimoine oxysulfuré (kermès).....................	4,45 à 4,60	H. Rose.
Argent sulfuré (argyrose)...	7,241	Damour.
Argent et fer sulfurés (sternbergite).................	4,215	Haidinger.
Arsenic (jaune (orpiment)..	3,480	Id.
sulfuré) rouge (réalgar)....	3,642	Breithaupt.
Bismuth sulfuré (bismuthine) de Norvége	6,403	Scheerer.
Cadmium sulfuré (greenockite)...................	4,999	Breithaupt.
Cobalt sulfuré.............	5,45	Dana.
Cuivre sulfuré. (Chalkosine.	5,784	Damour.
) Digénite...	4,56 à 4,68	Breithaupt.
Cuivre et fer (Chalkopyrite..	4,167	Damour.
sulfurés.. (Philippsite du Cornwall.....	5,054	Id.
Étain sulfuré de Cornwall...	4,467	Id.
(blanc (sperkise)	4,91 à 4,99	Id.
Fer sulfuré (jaune (pyrite)..	5,022	Id.
(magnétique....	4,619	Id.
Manganèse (Alabandine. ...	4,045	Id.
sulfuré.. (Hauérite.......	3,463	Hauer.
Molybdène sulfuré.........	4,941	Damour.
Nickel sulfuré (millérite)....	5,650	Rammelsberg
Plomb sulfuré (galène)......	7,26 à 7,60	Damour.
Zinc sul- (Blende tranparente d'Espagne..... ..	4,095	Id.
furé. .. (Würtzite........	3,980	Friedel.
Zinc oxysulfuré (woltzine)...	3,660	Fournet.

MINÉRAUX.	DENSITÉ.	NOMS des observateurs.
SULF-ANTIMONIURES.		
Boulangérite............	5,75 à 5,97	Dana.
Bournonite..	5,75 à 5,83	Damour.
Brongniardite............	5,950	Id.
Cuivre gris (panabase)......	4,62 à 4,93	Id.
Freislébénite d'Espagne.....	5,922	Id.
Haidingérite (berthiérite)...	4,00 à 4,30	Berthier.
Jamesonite du Cornwall.....	5,613	Damour.
Miargyrite.................	5,20 à 5,40	H. Rose.
Plagionite.................	5,400	G. Rose.
Polybasite.................	6,214	H. Rose.
Psaturose(sprodglaserz).....	6,272	Damour.
Pyrargyrite d'Andréasberg...	5,861	Id.
Ullmannite	6,45 à 6,50	Rammelsberg
Zinkénite du Harz..........	5,346	Damour.
SULF-ARSÉNIURES.		
Cobalt gris (cobaltine)......	6,26 à 6,37	Id
Dufrénoysite..............	5,549	Id.
Enargite..................	4,36	Id.
Glaucodot.................	5,97 à 6,00	Breithaupt.
Mispickel.................	5,22 à 6,07	Damour.
Nickelglanz du Harz........	6,090	G. Rose.
Proustite du Harz..........	5,500	Damour.
Tennantite du Cornwall.....	4,737	Id.
SULFO-TELLURURES.		
Blattererz.................	6,680	Folbert.
Bornine (joséite) du Brésil...	7,91 à 8,71	Damour.
Bornine des États-Unis......	7,551	Id.
Tétradymite de Hongrie.....	7,410	Id.
SÉLÉNIURES.		
Arg.sél. (naumannite) du Harz	8,000	G. Rose.
Mercure sélénié (onofrite)...	7,10 à 7,37	H. Rose.
Merc. et plomb sélén. du Harz	7,80 à 7,87	Id.
Plomb sélénié (clausthalie)..	7,697	Stromeyer.

MINÉRAUX.		DENSITÉ.	NOMS des observateurs.
TELLURURES.			
Argent telluré (hessite).....		8,30 à 8,90	G. Rose.
Müllerine.................		8,330	Petz.
Sylvanite (tellure graphique).		8,280	Id.
Plomb telluré (altaïte)......		8,159	G. Rose.
ARSÉNIURES.			
Cobalt arsénié.	Placodine...	7,99 à 8,06	Breithaupt.
	Skuttérudite	6,74 à 6,84	Haidinger.
	Smaltine...	6,410	Rammelsberg
Cuivre arsénié (domeykite)..		8,264	Damour.
Fer arsénié...............		7,00 à 7,40	Dana.
Nickel arsénié.	Chloanthite......	6,40 à 6,50	Breithaupt.
	Kupfernickel.....	7,723	Damour.
	Rammelsbergite..	7,10 à 7,19	Breithaupt.
ANTIMONIURES.			
Argent antimonié.........		9,440	Haüy.
Nickel antimonié..........		7,541	Breithaupt.
FLUORURES.			
Cryolithe du Groenland.....		2,963	Damour.
Fluocérite............. ..		4,700	Berzélius.
Fluorine.		3,14 à 3,19	Kengott.
Yttrocérite................		3,447	Berzélius
CHLORURES.			
Chlorure d'ammoniac, sel ammoniac..............		1,528	Dana.
Chlorure d'argent.........		5,31 à 5,43	Domeyko.
Chlorure de cuivre (atacamite)		3,700	Breithaupt.
Chlorure de mercure (calomel)		6,482	Haidinger.
Chlorure de plomb....	Cotunnite. ...	5,238	Kobell.
	Mendipite....	7,00 à 7,10	Berzélius.
Chlorocarbonate de plomb (phosgénite).............		6,00 à 6,10	Breithaupt.
Oxychlorure de plomb (matlockite).................		7,210	Rammelsberg
Chlorure de potass. (sylvine).		1,90 à 2,00	Dana.
Chlorure de sod. (sel gemme).		2,257	Id.

MINÉRAUX.	DENSITÉ.	NOMS des observateurs.
BROMURES.		
Brome d'argent...........	5,80 à 6,00	Dana.
IODURES.		
Iodure d'argent...........	5,67	Damour.
Iodo-chlorure de plomb....	5,700	Domeyko.
ALUMINATES.		
Cymophane du Brésil.......	3,72 à 3,74	Damour.
Dysluite..................	4,550	Dana.
Gahnite..................	4,10 à 4,60	Id.
Pléonaste.................	3,575	Id.
Spinelle........	3,55 à 3,61	Damour.
BORATES.		
Boracite..................	2,91 à 2,97	Id.
Borate de soude (borax)....	1,716	Dana.
Hydroboracite............	1,90 à 2,00	Hess.
SILICATES ANHYDRES.		
Achmite..................	3,251	Damour.
Ædelforsite...............	2,580	Hisinger.
Ægirine de Brevig.........	3,442	Damour.
Allanite du Groenland......	3,786	Id.
Amphi-bole.. ⎰ Actinote........	3,04 à 3,09	Id.
Arfwedsonite du Groenland......	3,430	Id.
Hornblende......	3,128	Id.
Trémolite........	2,93 à 3,08	Id.
Amphigène...............	2,481	Id.
Andalousite d'Espagne.....	3,142	Id.
Anhophyllite de Norvége....	3,130	Id.
Anthophyllite.............	"	"
Cancrinite rose de Finlande..	2,459	Id.
Castor...................	2,405	Id.

MINÉRAUX.	DENSITÉ.	NOMS des observateurs.
SILICATES ANHYDRES (suite).		
Cérine.....................	3,77 à 3,80	Des Cloizeaux.
Cordiérite................	2,55 à 2,59	Damour.
Diallage du Piémont........	3,260	Regnault.
Disthène du mont St-Gothard	3,672	Damour.
Émeraude.................	2,67 à 2,75	Id.
Enstatite de Reyssac........	3,303	Id.
Épidote { manganésifère....	3,404	Breithaupt.
Épidote { vert du Dauphiné..	3,460	Damour.
Enclase...................	3,083	Id.
Eudialyte du Groenland.....	2,88 à 2,90	Id.
Eukolite de Norvége........	3,007	Id.
Feldspath. { Albite.........	2,630	Id.
Feldspath. { Orthose........	2,50 à 2,59	Id.
Feldspath. { Oligoklas......	2,63 à 2,67	Id.
Feldspath. { Labradorite.....	2,70 à 2,72	Id.
Feldspath. { Anorthite......	2,750	Id.
Fibrolite..................	3,19 à 3,21	Id.
Gadolinite { d'Hittéroë.....	4,332	Id.
Gadolinite { d'Itterby.......	4,232	Id.
Gehlénite.................	2,90 à 3,01	Des Cloizeaux.
Grenat { almandin.........	3,92 à 4,20	Damour.
Grenat { chromifère (ouwarowite)...........	3,42 à 3,51	Erdmann.
Grenat { ferrifère (mélanite).	3,832	Damour.
Grenat { grossulaire........	3,54 à 3,62	Id.
Grenat { manganésien......	4,153	Id.
Grenat { noir de Frascati...	3,764	Id.
Grenat { pyrope...........	3,66 à 3,72	Id.
Haüyne...................	2,488	Id.
Helvine...................	3,166	Gmelin.
Humboldtilite.............	2,94 à 3,00	Damour.
Hyperstène du Labrador....	3,36 à 3,42	Id.
Idocrase..................	3,29 à 3,40	Id.
Ilvaïte...................	3,95 à 4,02	Id.

MINÉRAUX.	DENSITÉ.	NOMS des observateurs.
SILICATES ANHYDRES (suite).		
Jade néphrite.............	2,96 à 3,06	Damour.
Jadéite.................	3,28 à 3,35	Id.
Lapis-Lazuli.............	2,50 à 3,04	Id.
Latrobite................	2,720	Gmélin.
Mâcle...................	2,86 à 2,93	Damour.
Néphéline de la Somma. ...	2,56 à 2,64	DesCloizeaux.
Obsidienne..............	2,30 à 2,54	Damour
Péridot.................	3,33 à 3,35	Id.
Pétalite d'Utö...........	2,42 à 2,58	Id.
Phénakite,..............	2,960	Id.
Pollux.................	2,901	Pisani.
Prehnite.................	2,63 à 2,65	Damour.
Pyroxène. { Augite de l'Etna	3,324	Id.
Diopside.......	3,300	Id.
Hedenbergite ...	3,500	DesCloizeaux.
Rhodonite de Sibérie.......	3,639	Damour.
Saphirine du Groenland. ...	3,473	Id.
Sarcolite...............	2,54 à 2,93	Rammelsberg
Saussurite..............	3,38 à 3,42	Damour.
Sillimanite..............	3,236	Id.
Sodalite................	2,38 à 2,42	Id.
Staurotide du m^t St-Gothard.	3,732	Id.
Topaze.................	3,51 à 3,58	Id.
Tourmaline.............	3,04 à 3,12	Id.
Triphane...............	3,14 à 3,18	Id.
Tscheffkinite de l'Oural.....	4,550	G. Rose
Wernerite. { Couzéranite....	2,760	Damour.
Dipyre.......	2,650	Id.
Meïonite.......	2,730	Id.
Paranthine. ...	2,684	Id.
Wichtine de Finlande......	2,984	Id.
Willemite...............	4,007	DesCloizeaux.
Wollastonite............	2,80 à 2,90	Id.
Zircon.................	4,04 à 4,67	Damour.
Zoïzite................	3,325	Id.

MINÉRAUX.	DENSITÉ.	NOMS des observateurs.
SILICATES HYDRATÉS.		
Agalmatolite............	2,14 à 2,59	Damour.
Allophane...............	1,85 à 2,02	Des Cloizeaux.
Analcime de Chypre... ...	2,248	Damour.
Anthosidérite...........	3,000	Hausmann.
Apophyllite.............	2,35 à 2,40	Damour.
Aspasiolite.............	2,764	Scheerer.
Bowénite.....	2,60 à 2,80	Smith et Brush
Brewstérite.............	2,448	Damour.
Calamine................	3,35 à 3,50	Des Cloizeaux.
Carpholite.............	2,935	Id.
Cérérite............	5,012	Damour.
Chabasie...............	2,093	Id.
Chlorophœite...........	1,81 à 2,02	Des Cloizeaux.
Christianite...........	2,17 à 2,20	Id.
Clinochlore............	2,65 à 2,77	Id.
Cronstedtite...........	3,350	Damour.
Damourite..............	2,792	Delesse.
Delessite..............	2,890	Id
Dioptase...............	3,278	Damour.
Edingtonite...........	2,710	Haidinger.
Epistilbite...........	2,249	Des Cloizeaux.
Euklase...............	3,083	Damour.
Faujassite............	1,923	Id.
Gismondine............	2,265	Marignac.
Gmélinite de Chypre....	2,075	Damour.
Halloysite............	1,92 à 2,12	Des Cloizeaux.
Harmotome d'Écosse.....	2,431	Damour.
Heulandite de Féroë....	2,203	Id.
Hisingérite..........	3,045	Berzélius
Kæmmererite...........	2,620	Hausmann.
Kérolithe............	2,30 à 2,40	Breithaupt.
Laumonite............	2,28 à 2,41	Des Cloizeaux.
Lévyne d'Islande......	2,211	Damour.
Magnésite............	1,20 à 1,60	Des Cloizeaux.
Malakon..............	3,96 à 4,05	Damour.
Mésotype.............	2,245	Id.

MINÉRAUX.	DENSITÉ.	NOMS des observateurs.
SILICATES HYDRATÉS (suite).		
Okénite......................	2,277	Damour.
Orthite......................	3,41 à 3,65	DesCloizeaux.
Ottrélite....................	3,250	Damour..
Pektolite....................	2,74 à 2,88	DesCloizeaux.
Pennine.....................	2,659	Id.
Picrosmine..................	2,59 à 2,66	Haidinger.
Pinite d'Auvergne..........	2,69 à 2,76	Damour.
Prehnite....................	2,91 à 2,95	Id
Pyrophyllite................	2,785	DesCloizeaux.
Pyrosmalite................	3,00 à 3,20	Hisinger.
Ripidolithe.................	2,78 à 2,96	DesCloizeaux.
Serpentine.................	2,50 à 2,66	Damour.
Skolézite de Féroë.........	2,260	Id.
Sismondine.................	3,565	Delesse.
Stéatite....................	2,65 à 2,80	DesCloizeaux.
Stilbite de Féroë..........	2,160	Damour.
Talc laminaire du Tyrol....	2,713	Id.
Thomsonite d'Écosse.......	2,383	Id
Thorite { brune..........	4,190	Id.
{ jaune (orangite)..	4,55 à 5,22	Id.
Thuringite................	3,15 à 3,19	Smith.
Tritomite.................	4,16 à 4,66	Berlin.
Uranophane...............	2,60 à 2,70	Websky.
Villarsite.................	2,978	Dufrénoy.
Wolkonskoïte.............	2,20 à 2,30	Kokscharow.

MINÉRAUX.	DENSITÉ.	NOMS des observateurs.
SILICIO-BORATES.		
Axinite d'Oisans............	3,292	Damour.
Botryolithe...............	2,88 à 2,90	Rammelsb.
Danburite................	2,970	Brush.
Datholite................	2,79 à 2,99	Damour.
Tourmaline	3,04 à 3,12	Id.
SILICIO-FLUORURES.		
Chondrodite de Finlande ...	3,199	Haidinger.
Leucophane...............	2,974	Esmark.
Mélinophane..............	3,000	Scheerer.
Mica....................	2,71 à 3,13	DesCloiseaux
Pycnite.................	3,49 à 3,54	Id.
Topaze..................	3,51 à 3,58	Damour.
SILICIO-TANTALATES.		
Æschinite	4,90 à 5,14	Hermann.
Wohlérite................	3,410	Scheerer.
SILICIO-TITANATES.		
Mosandrite...............	3,019	Damour.
OErstedtite..............	3,629	Forchhammer
Schorlomite	3,862	Shepard.
Sphène du mont Saint-Gothard.................	3,515	Damour.
Warwickite...............	3,355	Id.
Yttrotitanite..	3,690	Erdmann.

MINÉRAUX.	DENSITÉ.	NOMS des observateurs.
CARBONATES.		
Alstonite..................	3,706	Johnston.
Arragonite de Bohême......	2,935	Damour.
Baryte carbonatée (withérite.)	4,277	Id.
Barytocalcite	3,665	Id.
Chaux carbonatée (calcaire).	2,70 à 2,73	Id.
Cuivre car- { bleu (azurite)..	3,50 à 3,83	Phillips.
bonaté. . { vert (malachite)	3,928	Damour.
Dolomie..................	2,83 à 2,94	Id.
Fer carbonaté (sidérose)....	3,83 à 3,88	Id..
Gay-Lussite	1,92 à 1,99	Boussingault.
Magnésie carbonatée (giobertite)	2,99 à 3,15	Damour.
Manganèse carbonaté........	3,55 à 3,66	Id..
Mesitinspath..............	3,380	Id.
Parisite..................	4,350	Bunsen.
Plomb carbonaté (céruse)...	6,574	Damour.
Plomb sulfato- { Calédonite .	6,400	Brooke.
carbonaté.... { Lanarkite ..	6,30 à 7,00	Dana.
{ Leadhillite.	6,20 à 6,50	Id.
Soude carbonatée. { Natron..	1,423	Id.
{ Uraô ...	2,110	Klaproth.
Strontiane carbonatée	3,60 à 3,71	Dana.
Zinc carbonaté. { Smithsonite.	4,30 à 4,45	Damour.
{ Zinconise...	3,600	Smithson.
NITRATES.		
Potasse nitratée...........	1,937	Dana.
Soude nitratée.	2,290	Hayes.

MINÉRAUX.	DENSITÉ.	NOMS des observateurs.
SULFATES.		
Sulfates alu- mineux.... { Alun potass .	1,900	Naumann.
Alunite......	2,77 à 2,79	Damour.
Alunogène. ..	1,60 à 1,80	Dana.
Webstérite...	1,660	Stromeyer.
Baryte sulfatée (barytine)...	4,48 à 4,72	G. Rose.
Chaux sulfatée. { Anhydrite..	2,90 à 2,96	Danu.
Gypse......	2,330	Dufrénoy.
Cuivre sulfaté.. { Brochantite.	3,80 à 3,91	Dana.
Cyanose....	2,213	Id.
Fer sulfaté. { Mélantérite....	1,832	Id.
Néoplase......	2,039	Berzélius.
Jarosite.......	3,256	Breithaupt.
Glaubérite....	2,64 à 2,85	Dana.
Magnésie sulfatée (epsomite).	1,751	Id.
Plomb sulfaté (anglésite)...	6,26 à 6,30	Id.
Potasse sulfatée...........	1,731	Id.
Soude sul- fatée..... { anhydre (thé- nardite.......	2,730	Kersten.
hydratée (exan- thalose)......	1,481	Dana.
Strontiane sulfatée (célestine)	3,92 à 3,96	Beudant.
Zinc sulfaté...............	1,91 à 2,10	Dana.
ARSÉNIATES.		
Chaux arsé- niatée .... { Berzéliite......	2,520	Kühn.
Pharmakolite..	2,64 à 2,73	Dana.
Cobalt arséniaté (érythrine).	2,948	Id.
Cuivre ar- séniaté .. { Aphanèse	4,312	Damour.
Euchroïte	3,389	Breithaupt.
Kupferglimmer .	2,659	Damour.
Liroconite......	2,964	Id.
Olivénite.......	4,378	Id.

MINÉRAUX.		DENSITÉ.	NOMS des observateurs.
ARSÉNIATES (suite).			
Fer arsé-niaté ..	Arséniosidérite ...	3,520	Dufrénoy.
	Pharmakosidérite	2,90 à 3,00	Dana.
	Pittizite.........	2,20 à 2,50	Id.
	Scorodite	3,11 à 3,18	Damour.
Nickel arséniaté............		4,982	Rammelsb.
Plomb arsé-niaté......	Hédyphane...	5,40 à 5,50	Kersten.
	Mimetèse.....	7,19 à 7,21	Rammelsb.
ANTIMONIATES.			
Bleinière.................		4,60 à 4,76	Hermann.
Roméine.................		4,714	Damour.
PHOSPHATES.			
Alluaudite.............		3,468	Damour.
Amblygonite des États-Unis.		2,999	Id.
Callaïs.................		2,50 à 2,52	Id.
Chaux phos-phatée.....	Apatite du cap de Gates...	3,235	G. Rose.
	Hydroapatite.	3,100	Damour.
	Talkapatite ..	2,750	Hermann.
Childrénite.............		3,247	Rammelsb.
Cuivre phos-phaté.....	Dihydrite ...	4,00 à 4,40	Dana.
	Libethénite..	3,60 à 3,80	Id.
	Trombolite..	3,40	Breithaupt.
Fer phos-phaté..	Delvauxine......	1,850	Dumont.
	Dufrénite........	3,20 à 3,40	Karsten.
	Vivianite........	2,720	Struve.
Kakoxène		3,380	Steinmann.
Klaprothine du Tyrol.......		3,057	Fuchs.
Manganèse phosphaté	Hétérosite.....	3,39 à 3,52	Dufrénoy.
	Hureaulite	3,18 à 3,20	Damour.
	Triplite.......	3,372	Id.
Monazite.............		5,00 à 5,09	Damour.
Plomb gomme d'Huelgoët...		3,50 à 3,53	Id.
Plomb phosphaté (pyromor-phite).............		6,59 à 7,05	Dana.

MINÉRAUX.	DENSITÉ.	NOMS des observateurs.
PHOSPHATES (suite).		
Struvite.....................	1,65 à 1,70	Ulex.
Triphylline..................	3,561	Œsten.
Turquoise de Perse.........	2,52 à 2,80	Damour.
Turquoise osseuse de Simorres	3,06 à 3,11	Id.
Urane phos- (Autunite.....	4,10 à 4,47	Id.
phaté .... (Chalkolite....	3,617	Id.
Wagnérite...................	2,98 à 3,07	Rammelsberg
Wawellite...................	2,361	Haidinger.
Yttria phosphaté (xénotime) du Brésil...............	4,318	Damour.
Zwieselite..................	3,970	Fuchs.
CHROMATES.		
Plomb chro- (Crocoïse......	5,90 à 6,10	Berzélius.
maté...... (Mélanochroïte.	5,750	Hermann.
Vauquelinite...............	5,50 à 5,78	Berzélius.
CHROMITES.		
Fer chromé.................	4,32	Damour.
VANADATES.		
Dechenite.................	5,810	Bergmann.
Descloizite................	5,839	Damour.
Euzinkite..................	4,945	Nessler.
Vanadinite................	6,66 à 7,23	Dana.
Volborthite	3,46 à 3,86	Credner.
MOLYBDATES.		
Plomb molybdaté (mélinose).	6,950	Smith.
TUNGSTATES.		
Chaux tungstatée..........	6,076	Haidinger.
Plomb tungstaté...........	7,90 à 8,13	Kerndt.
Volfram de Saint-Léonhard.	7,360	Damour.
Volfram tantalifère de Chanteloube................	7,141	Id.

MINÉRAUX.	DENSITÉ.	NOMS des observateurs
TITANATES.		
Euxénite.	4,61 à 4,76	Scheerer.
Fer titané. { Chrichtonite....	4,727	Marignac.
{ Ilménite.	4,895	Breithaupt.
{ Washingtonite..	4,963	Shepard.
Perowskite de Zermatt......	4,039	Damour.
Polymignite.	4,77 à 4,85	Berzélius.
TANTALATES.		
Æschinite...............	4,90 à 5,14	Id.
Fergusonite.:...	5,838	Allan.
Pyrochlore de Miask....... .	4,320	G. Rose.
Tantalite de Chanteloube...	7,651	Damour
Yttrotantalite	5,882	Ekeberg.
NIOBATES.		
Fer niobé (baïérine) de Chanteloube............. '....	5,60 à 5,73	Damour.
Samarskite de l'Oural......	5.535	Id.
AÉROLITHES TOMBÉS A		
Alais (1806).	1,70	Rumler.
Chantonnay (1812)....	3,67	Id.
Chassigny (1815)...........	3,57	Damour.
Juvenas (1821).............	3,11	Rumler.
Château-Renard (1841).	3,54	Id.
Près d'Utrecht (1843).......	3,61	Baumhauer.
Klein-Wenden (1843).......	3,701	Rammelbs.
Montrejeau (1859)..........	3,57	Damour.
FER MÉTÉORIQUE		
De Caille (Var)............	7,64	Rumler.
De Lenarto	7,79	Wehrle.
Du Cap.	7,544	Baumgartner.
Du Pérou..............	7,355	Id.
D'Alabama	7,265	Shepard.
De Black-Mountain.........	7,261	Id.

PIERRES TRANSPARENTES EMPLOYÉES DANS LA JOAILLERIE.	DENSITÉ	NOMS des observat.
Andalousite hyaline du Brésil...	3,159	Damour.
Cordiérite (saphir d'eau).......	2,581	Id.
astérie...	3,998	Id.
bleu (saphir orient).	3,998	Id.
incolore (saphir blanc).........	3,990	Id.
Corindon — jaune (topaze orientale)...........	3,997	Id.
rouge (rubis orient.)	4,023	Id.
violet (améthyste orientale).......	4,005	Id.
vert sombre.......	3,995	Id.
Cymophane (chrysolithe orientale) du Brésil.............	3,737	Id.
Diamant du Brésil.............	3,524	Id.
Disthène bleu...............	3,671	Id.
verte de la Nouvelle Grenade........	2,695	Id.
verte d'Égypte.....	2,748	Id.
vert d'eau (aigue-marine),........	2,705	Id.
Émeraude — jaune pâle (béryl). incolore de l'île d'Elbe..	2,696 / 2,708	Id. / Id.
incolore du Limousin	2,677	Id.
Euclase vert d'eau du Brésil....	3,083	Id.
jaune-orangé (spessartine) du Brésil......	4,153	Id.
jaune-orangé (essonite, hyacinthe) de Ceylan.	3,627	Id.
Grenat — jaune-brun (grenat de Bohème)...........	4,161	Id.
rouge	3,952 à 4,198	Id.
violet (grenat syrien)..	3,922 à 4,200	Id.
vermeil (pyrope)......	3,665 à 3,715	Id.
Idocrase verte du Piémont......	3,387	Id.

PIERRES TRANSPARENTES EMPLOYÉES DANS LA JOAILLERIE.	DENSITÉ	NOMS des observat.
Opale — incolore du Mexique...	2,029	Damour.
Opale — laiteuse (girasol).....	2,048 à 2,103	Id.
Opale — jaune de miel (opale de feu) du Mexique......	2,076	Id.
Opale — chatoyante (opale noble) du Mexique.........	2,031	Id.
Opale — chatoyante (opale noble) de Hongrie.........	2,087	Id.
Péridot (olivine)...............	3,330 à 3,350	Id.
Quartz — incolore.............	2,655	Id.
Quartz — laiteux (girasol).......	2,654	Id.
Quartz — jaune (topaze d'Espag.).	2,652	Id.
Quartz — enfumé..............	2,655	Id.
Quartz — rose.................	2,655	Id.
Quartz — vert d'eau...........	2,653	Id.
Quartz — violet (améthyste).....	2,655	Id.
Spinelle — rouge (rubis spinelle)..	3,593	Id.
Spinelle — rouge-orangé........	3,561	Id.
Spinelle — bleu..............	3,610	Id.
Topaze — incolore...........	3,583	Id.
Topaze — bleuâtre............	3,559	Id.
Topaze — rose (topaze brûlée)...	3,527	Id.
Topaze — jaune (topaze du Brésil)	3,510	Id.
Tourmaline — incolore de l'île d'Elbe	3,045	Id.
Tourmaline — rose de Sibérie.....	3,040 à 3,056	Id.
Tourmaline — bleue............	3,125	Id.
Tourmaline — verte............	3,074	Id.
Tourmaline — vert-jaunâtre.......	3,049	Id.
Zircon.....................	4,040 à 4,675	Id.

PIERRES TRANSLUCIDES OU OPAQUES EMPLOYÉES DANS LA JOAILLERIE.	DENSITÉ	NOMS des observat.
Agate { blanche (calcédoine)....	2,619	Damour.
bleue (saphirine)......	2,599	Id.
brune (sardoine)......	2,596	Id.
rouge (cornaline)	2,585 à 2,591	Id.
verte (chrysoprase).....	2,55 à 2,62	Id.
Hyperstène	3,419	Id.
Jade { blanc (jade oriental).....	2,969	Id.
grisâtre.....	3,003	Id.
vert sombre	3,017	Id.
Jadéite { blanc-grisâtre (jade perlé)...........	3,344	Id.
gris-bleuâtre........	3,336	Id.
vert-émeraude (jade impérial)........	3,338	Id.
Jaspe { brun tigré.....	2,567	Id.
œillé de Sibérie........	2,681	Id.
onyx, rouge et vert, de Sibérie......	2,760	Id.
rouge	2,596	Id.
vert.......	2,621	Id.
vert ponctué (jaspe sanguin)...............	2,602	Id.
zonaire (caillou d'Egyp.)	2,520	Id.
Labradorite de la côte du Labrador.......	2,720	Id.
Lazulite { en cristaux..........	2,506	Id.
en roche (lapis-lazuli).	2,807 à 3,040	Id.
Malachite de Sibérie....	3,920 à 4,000	Id.
Marcassite (pyrite jaune).......	5,000 à 5,022	Id.
Obsidienne aventurinée, du Mexique................	2,364	Id.
Oligoklas aventuriné (pierre du Soleil)................	2,670	Id.

PIERRES TRANSLUCIDES OU OPAQUES EMPLOYÉES DANS LA JOAILLERIE.	DENSITÉ	NOMS des observat.
Orthose { aventuriné (pierre du Soleil)	2,560	Damour.
opalin de Norvége	2,570	Id
opalin de Ceylan (pierre de Lune)	2,594	Id.
vert (pierre des Amazones)	2,570	Id.
Prehnite vert-pomme du Cap de Bonne-Espérance.	2,63 à 2,65	Id.
Quartz { aventuriné	2,652	Id.
fibreux (œil de chat)	2,645	Id.
prase	2,677	Id.
Rhodonite (manganèse silicaté, rose) de Sibérie	3,639	Id.
Silex résinite	2,040 à 2,230	Id.
Spath satiné (calcaire fibreux)	2,727	Id.
Succin (ambre)	1,061 à 1,112	Id.
Turquoise { orientale (turquoise de vieille roche)	2,520 à 2,820	Id.
osseuse (turquoise de nouv. roche)	3,063 à 3,115	Id.

MATÉRIAUX POUR LES CONSTRUCTIONS, L'ORNEMENT OU LA STATUAIRE.

SUBSTANCES DIVERSES.	DENSITÉ.	NOMS des observateurs.
MARBRES ET ALBATRES CALCAIRES.		
Albâtre de Berengeilb, en Bolivie..............	2,714	Damour.
— de Californie..........	2,691	Id.
— fleuri (antique).........	2,728	Id.
— onyx d'Algérie.........	2,75 à 2,78	Id.
— oriental..............	2,726	Id.
Marbre statuaire de St-Béat (Pyrénées).........	2,714	Id.
— — de Carrare.........	2,71 à 2,72	Id.
— — de Chypre (sommet du Machera)......	2,700	Id.
— — de Paros..........	2,70 à 2,71	Id.
— — Pentélique.........	2,716	Id.
— — compacte (marbre ivoire) de Skyros.	2,708	Id.
— — de Syra...........	2,704	Id.
— — magnésien (dolomie) de Paros......	2,83 à 2,84	Id.
— — — — de Syra.......	2,837	Id.
— — — — de Thasos....	2,844	Id.
Marbre bleu turquin........	2,713	Id.
— Campan..............	2,72 à 2,74	Id.
— fleur de pêcher.........	2,718	Id.
— jaune de Sienne........	2,67 à 2,70	Id.
— lumachelle de Castracani	2,746	Id.
— — noir des Pyrénées....	2,69 à 2,70	Id.
— portor..............	2,722	Id.
— gris, saccharoïde du Mt Taygète..........	2,646	Id.
— vert et blanc (vert de mer) d'Italie............	2,656	Id.

SUBSTANCES DIVERSES.	DENSITÉ.	NOMS des observateurs.
MARBRES ET ALBÂTRES CALCAIRES (suite).		
Marbre vert, rouge et blanc (vert d'Égypte)......	2,660	Damour.
Marbre brèche (vert antique).	2,683	Id.
— — noir et blanc (petit antique).........	2,725	Id.
— — (médous jaune) de la vallée de Campan.	2,706	Id.
— — à fond rouge (antique)	2,683	Id.
— — (brocatelle d'Espagne)	2,693	Id.
— — rouge antique.......	2,70 à 2,71	Id.
— — ruiniforme (pierre de Florence).........	2,659	Id.
— — sérancolin.........	2,699	Id.
CALCAIRES EMPLOYÉS DANS LES CONSTRUCTIONS.		
Calcaire grossier de Mont-rouge, en poudre	2,60 à 2,68	Id.
— — — en morceaux secs.	1,94 à 2,06	Id.
Calcaire compacte (pierre de Chagny)..........	2,676	Id.
— — (pierre d'Istrie)......	2,699	Id.
Calc. coquillier avec quartz, mica et chlorite (d'Argovie)	2,62 à 2,64	Id.
Calcaire avec quartz, mica et chlorite (mollasse de Berne), en poudre.............	2,631	Id.
— — — — (—) en morceaux secs..........	2,20 à 2,26	Id.
— — — — (mollasse de Schaffhouse, en poudre.	2,621	Id.
— — — — (—) en morceaux secs..........	2,36 à 2,41	Id.
Calcaire lithographique.....	2,65 à 2,67	Id.

SUBSTANCES DIVERSES.	DENSITÉ.	NOMS des observateurs.
ALBATRES GYPSEUX.		
Albâtre blanc de Saint-Claude	2,310	Damour.
— jaune de miel (albâtre de Florence)............	2,317	Id.
— rose pâle d'Ehrendingen, en Argovie..........	2,298	Id.
— gris cendré (fragm. d'un bas-relief de Ninive)..	2,301	Id.
Anhydrite bleu clair de Sülz (Würtemberg)........	2,964	Id.
— blanc, saccharoïde......	2,939	Id.
Gypse de Montmartre (pierre à plâtre), en poudre..	2,26 à 2,28	Id.
— — (—) en morceaux..	2,17 à 2,20	Id.
BASALTES.		
Basalte prismé de Mozun (Puy-de-Dôme)............	2,83 à 2,86	Id.
— de Chaix, avec péridots et apatite (Puy-de-Dôme).	2,78 à 2,83	Id.
— du col de l'Esclinet (Ardèche)............	2,995	Id
— du mont Drevain (Saône-et-Loire)..........	3,07 à 3,09	Id.
— d'Islande.............	2,945	Id.
— des îles Sandwich......	3,080	Id.
— du Kaiserstuhl........	2,931	Delesse.
— du pic de Fogo........	2,971	Ch. Deville.
DIORITES.		
Diorite orbiculaire de Corse.	2,798	Damour.
— gris noirâtre de St-Servan	3,01 à 3,06	Id.
— — des Basses-Pyrénées..	2,985	Id.
— — de Douarnenez (Finistère)............	2,92 à 3,09	Id.
— gris verdâtre du Morbihan	3,059	Id.
— — de Lisens (Tyrol)....	3,103	Id.

SUBSTANCES DIVERSES.	DENSITÉ.	NOMS des observateurs.
DIORITES (suite).		
Diorite blanc moucheté de vert (Argovie)........	2,973	Damour.
— à reflets bronzés(antique)	2,951	Id.
GRANITS.		
Granit rose d'Égypte........	2,661	Damour.
— gris clair de Cherbourg..	2,742	Id.
— gris noirâtre de Cherb⁹..	2,676	Id.
— de la Roche-Berny (Côte-d'Or).............	2,632	Delesse.
— de Vire (Calvados)......	2,730	Id.
— de Saint-Brieuc (Côtes-du-Nord)...........	2,751	Id.
GRÈS.		
Grès blanc de Fontainebleau (pour le pavage)......	2,55 à 2,60	Damour.
— cristallisé de Fontaine-bleau (grès calcarifère)	2,629	Id.
— blanc lustré de Saulx-les-Chartreux..........	2,634	Id.
— bigarré des Vosges, en morceaux..........	2,19 à 2,25	Id.
— — — en poudre.......	2,622	Id.
— rouge compacte de Nor-mandie............	2,649	Id.
— rouge de Russie (frag-ment du tombeau de Napoléon Ier)........	2,653	Id.
PORPHYRES.		
Porphyre rouge (antique)...	2,76 à 2,77	Damour.
— vert sombre de Suède...	2,791	Id.
— brun, à petits cristaux rouges...,.....,...	2,636	Id.

SUBSTANCES DIVERSES.	DENSITÉ.	NOMS des observateurs.
PORPHYRES (suite).		
Porphyre brun, à cristaux blancs et jaunes, de Suède...............	2,630	Damour.
— brun, à cristaux blancs, roses et verts, de Suède	2,651	Id.
— rouge, avec cristaux de feldspath opalin, de Fréjus...............	2,614	Id.
— de Rennas............	2,623	Delesse.
— d'Oberstein............	2,680	Id.
— de Ternuay (Vosges)....	2,83 à 2,86	Id.
— de Lessines (Belgique)...	2,744	Damour.
— vert (serpentin antique) de la haute Égypte....	2,92 à 2,94	Id.
SCHISTES.		
Ardoise d'Angers..........	2,87 à 2,90	Damour.
Schiste verdâtre, rubané (Tarn-et-Garonne).........	2,748	Id.
— gris d'ardoise de Ternuay (Vosges)........	2,743	Delesse.
— rouge...............	2,647	Damour.
— coticule (pierre à aiguiser)	2,666	Id.
— — (—) calcarifère....	2,676	Id.
SERPENTINES ET PIERRES OLLAIRES.		
Pierre ollaire gris olivâtre de Chiavenna..........	2,552	Damour.
Serpentine blanche de l'Inde.	2,612	Id.
— noir olivâtre, grenatifère (Saône-et-Loire).....	2,490	Id
— noire et verte des côtes de Syrie............	2,566	Id. Id.
— vert glauque, marbrée de jaune (côtes de Syrie).	2,576	Id.

SUBSTANCES DIVERSES.	DENSITÉ.	NOMS des observateurs.
SERPENTINES ET PIERRES OLLAIRES (suite).		
Serpentine vert foncé, translucide (serpentine noble)	2,63 à 2,66	Damour.
— — — de la côte de Labrador.............	2,595	Id.
— jaune pâle de Snarum..	2,516	Id.
— noire de la Roche-l'Abeille (Haute-Vienne).	2,545	Id.
— vert jaunâtre de l'île de Chypre.............	2,488	Id.
— gris noirâtre de l'île de Chypre.............	2,600	Id.
— brune, marbrée de rouge sanguin (Irlande).....	2,569	Id
— jaune pâle, calcarifère, d'Easton (Pensylvanie)	2,582	Id.
STÉATITES.		
Stéatite blanc verdâtre de Chine..............	2,822	Damour
— blanc grisâtre (Nouvelle-Calédonie)...........	2,81 à 2,85	Id.
— vert olivâtre de l'Inde..	2,793	Id.
SYÉNITES.		
Syénite rose d'Égypte.......	2,630	Brard.
— de Servance (Hte-Saône).	2,700	Delesse.

SUBSTANCES DIVERSES.	DENSIT.	NOMS DES OBSERVATEURS.
VERRES.		
Verre à vitres..........	2,527	Chevandier et Wertheim.
— à glaces...........	2,463	*Id.*
— commun à base de soude...........	2,451	*Id.*
— fin , base de soude.	2,436	*Id.*
— commun, base de potasse...........	2,460	*Id.*
— fin, base de potasse.	2,454	*Id.*
— opalin...........	2,525	*Id.*
Cristal................	3,330	*Id.*
Crown ordinaire........	2,447	Wertheim
— de M. Feil........	2,629	*Id.*
— de Clichy........	2,657	*Id.*
Flint de Guinand	3,589	*Id.*
— lourd.............	4,056	*Id.*
— Faraday..........	4,358	
— —	5,431	Matthiessen.
Silicate plombique......	5,331	*Id.*
— sesquiplombique.	5,895	*Id.*
— biplombique	6,620	*Id.*
— triplombique....	6,720	*Id.*
Borate de plomb........	5,709	*Id.*
Verre soluble..........	1,250	Fuchs.
KAOLIN ET PORCELAINE.		
Kaolin................	2,21 à 2,26	Brongniart.
Porcelaine de Sèvres dégourdie......	2,619	*Id.*
Porcelaine de Sèvres cuite.	2,242	
Porcelaine de Berlin dégourdie	2,613	*Id.* G. Rose.
Porcelaine de Berlin cuite	2,452	*Id.*
— de Chine.........	2,384	Baumgartner.
— de Saxe..........	2,493	*Id.*

SUBSTANCES DIVERSES.	DENSIT.	NOMS DES OBSERVATEURS.
ACIERS ET ALLIAGES.		
Acier { doux.........	7,833	Brisson
forgé..........	7,840	Id.
trempé.........	7,816	Id.
wootz........	7,665	Id.
fondu étiré.....	7,717	Wertheim
— recuit....	7,719	Id.
Plomb 69, étain 31.....	10,073	Id.
Plomb 62, bismuth 38..	11,037	Id.
Plomb 75, antimoine 25.	10,101	Id.
Plomb 75, zinc 25.....	9,430	Id.
Plomb 74, argent 26....	10,743	Id.
Plomb 96, or 4........	11,301	Id.
Plomb 87, platine 13...	12,207	Id.
Etain 33, bismuth 67...	8,683	Id.
Etain 21, antimoine 79..	7,215	Id.
— 60, — 40..	7,051	Id.
Etain 77, zinc 23.....	7,362	Id.
— 63, — 37......	7,146	Id.
Etain 61, cuivre 39....	8,332	Id.
— 48, — 52....	8,531	Id.
Etain 94, argent 6.....	7,494	Id.
Zinc 77, cuivre 23.....	7,301	Id.
— 50, — 50.....	8,265	Id.
Argent 90, cuivre 10...	10,121	Id.
— 62, — 38...	9,603	Id.
Cuivre 90, aluminium 10	7,7	Henri Deville.
Bronze des canons......	8,441 à 9,235	Baumgartner.
Bronze antique........	9,200	Clarke.
Bronze de tamtam.....	8,813	Wertheim.
— trempé.........	8,686	Id.
Cuivre jaune..........	8,427	Id.
Tombac.............	8,655	Id.
Maillechort	8,615	Id.
Métal de Darcet.......	9,795	Id.

SUBSTANCES DIVERSES.	DENSIT.	NOMS DES OBSERVATEURS.
BOIS.		
Acajou de Honduras.....	0,560	Ebbels et Tredgold.
— d'Espagne........	0,852	Id.
— de Cuba	0,563	Karmarsch.
— de Saint-Domingue	0,755	Id.
Acacia vert...........	0,820	Ebbels et Tredgold.
— à 20 pour 100 d'humidité.......	0,717	Chevandier et Wertheim
Aune...............	0,555	Ebbels et Tredgold.
— à 20 p. 100 d'humidité	0,601	Chevandier et Wertheim.
Arbousier...	1,035	Paccinotti et Peri.
	0,720	Ebbels et Tredgold.
Bouleau...........	0,738	Karmarsch.
— à 20 p. 100 d'humid.	0,812	Chevandier et Wertheim
Buis de France.........	0,91	Brisson.
— de Hollande	1,32	Id.
Cèdre du Liban, sec.....	0,486	Ebbels et Tredgold.
	0,575	Karmarsch.
Cyprès, un an de coupe.	0,664	Ch. Dupin.
Chêne de démolition....	0,732	Id.
Chêne........	0,610	Karmarsch.
— anglais..........	0,934	Barlow.
— du Canada.......	0,872	Id.
— de 60 ans (le cœur).	1,17	Brisson.
— à glands pédon-culés, 20 pour 100 d'humidité.......	0,808	Chevandier et Wertheim.
— à glands sessiles, id.	0,872	Id.
Charme, 20 pour 100 d'humidité.............	0,756	Id.
Ébène	1,125	Paccinotti et Peri.
— noir............	1,187	Karmarsch.
— vert	1,210	Id.
Érable.............	0,645	Id.
— 20 p. 100 d'humid.	0,674	Chevandier et Wertheim.
Frêne...........	0,845	Brisson.
— 20 p. 100 d'humid.	0,697	Chevandier et Wertheim.
Grenadier...........	1,35	Brisson.

SUBSTANCES DIVERSES.	DENSIT.	NOMS DES OBSERVATEURS.
BOIS (suite).		
Hêtre.................	0,852	Brisson.
— un an de coupe....	0,750	Karmarsch.
— à 20 p. 100 d'humid.	0,659	Ch. Dupin.
	0,823	Chevandier et Wertheim.
If....................	0,807	Brisson.
Mélèze..............	0,744	Karmarsch.
Mûrier d'Espagne.......	0,543	Barlow.
Noyer vert...........	0,89	Brisson
— brun	0,920	Ebbels et Tredgold.
Olivier..............	0,685	*Id.*
Orme...............	0,676	Karmarsch.
— vert............	0,553	Barlow.
— à 20 p. 100 d'hum.	0,763	Ebbels et Tredgold.
Peuplier............	0,723	Chevandier et Wertheim.
— blanc...........	0,387	Karmarsch
— à 20 p. 100 d'hum.	0,511	Ebbels et Tredgold.
Pin blanc...........	0,477	Chevandier et Wertheim.
— rouge...........	0,553	Barlow.
— du Nord...........	0,657	*Id.*
— laryx de choix......	0,738	*Id.*
— sylvestre à 20 p. 100	0,640	Ebbels et Tredgold.
d'humidité.......	0,559	Chevandier et Wertheim.
Platane..............	0,648	Ebbels et Tredgold
Poirier..............	0,732	Karmarsch.
Pommier.............	0,734	*Id.*
Prunier.............	0,872	*Id.*
Bois de rose...........	1,031	*Id.*
Sapin blanc d'Ecosse....	0,529	Ebbels et Tredgold.
— — d'Angleterre.	0,555	*Id.*
— jaune.............	0,657	Brisson.
— à 20 p. 100 d'hum.	0,493	Chevandier et Wertheim.
Satin...............	0,964	Karmarsch.
Saule...............	0,487	Musschenbroek.
Sorbier	0,673	Paccinotti et Peri.
Sycomore	0,590	Ebbels et Tredgold.
Teak	0,860	Barlow.

SUBSTANCES DIVERSES.	DENSIT.	NOMS DES OBSERVATEURS.
BOIS (suite).		
Tilleul.................	0,604	Brisson.
Tremble à 20 p. 100 d'hum.	0,602	Chevandier et Wertheim.
Liége	0,240	Brisson.
Moelle de sureau	0,076	Ulysse Bouchet.
CHARBONS DE BOIS.		
1° *En poudre.*		
Chêne	1,53	Werther.
Peuplier	1,45	*Id.*
Saule...	1,55	*Id.*
Tilleul................	1,46	*Id.*
Aune.................	1,49	*Id.*
2° *En morceaux.*		
Noyer.................	0,625	Marcus Bull.
Chêne blanc..........	0,421	*Id.*
Frêne....	0,547	*Id.*
Hètre................	0,518	*Id.*
Charme...............	0,455	*Id.*
Pommier..............	0,455	*Id.*
Cerisier..............	0,411	*Id.*
Orme.................	0,357	*Id.*
Bouleau	0,364	*Id.*
Pin jaune............	0,333	*Id.*
Cèdre......	0,238	*Id.*
Châtaignier	0,279	*Id.*
Peuplier	0,245	*Id.*
Poudre à canon	2,085	Grassi.
— à fusil..........	2,189	*Id.*

SUBSTANCES DIVERSES DU RÈGNE VÉGÉTAL.

Caoutchouc	0,989	Brisson.
Gutta-percha..........	0,966	Wertheim.

SUBSTANCES DIVERSES.	DENSIT.	NOMS DES OBSERVATEURS.
Gomme adragante.......	1,316	Brisson.
— myrrhe	1,360	Id.
— sang de dragon..	1,204	Id.
— sandarac.......	1,092	Id.
— mastic........	1,074	Id.
Résines : Benjoin.......	1,092	Id.
Gaïac.	1,205	Id.
Jalap........	1,218	Id.
Colophane.	1,07	Id.
Succin transparent......	1,078	Breithaupt
— opaque.........	1,086	Id.
Amidon...............	1,529	Grassi.
Fécule...............	1,502	Id.
Coton	1,949	Id.
Lin.................	1,792	Id.

SUBSTANCES DIVERSES DU RÈGNE ANIMAL.

Os................	1,799 à 1,997	Wertheim.
Cartilage...........	1,088	Krause.
Cristallin..........	1,079	Id.
Tendon............	1,105 à 1,132	Wertheim.
Nerf.............	1,040	Id.
Beurre...........	0,942	Brisson.
Graisse de mouton......	0,924	Id.
— de porc.......	0,937	Id.
Laine	1,614	Grassi.
Cire............	0,963	Berzélius.
Blanc de baleine.......	0.943	Chevreul.
Perles	2,684 à 2,750	Musschenbroek.
Corail	2,689	Id.
Corps humain.........	1,066	Valentin.

DILATATION LINÉAIRE DES SOLIDES

Pour 1 degré dans l'intervalle de zéro à **100** degrés.

NOMS DES SUBSTANCES.	DILATAT.	AUTEURS.
	(*) 0,0000	
.Acier	10750	Ellicot.
	10791	Laplace et Lavoisier.
	11040	Berthoud.
	11600	De Luc.
	11301	Struve.
	11899	Troughton.
Acier { poule	11500	Smeaton.
de la Styrie.........	11520	Horner.
de Schafhouse......	11120	*Id.*
huntsman...........	10740	*Id.*
Acier trempé.............	12250	Smeaton.
	13750	Berthoud.
Acier recuit..{ à 37°,5.....	13690	Laplace et Lavoisier.
à 81°,2......	12396	*Id.*
Alliage { Zinc 8 p., étain 1 p. (forgé).........	26917	Smeaton.
Plomb 2, étain 1, (soudure blanc.).	25053	*Id.*
De miroir de télescope.........	19333	*Id.*
Des caractèr. d'imprimerie	20352	Daniell.
Aluminium.................	22239	Winnerl.
Antimoine.................	10833	Smeaton.
Argent. ....{	19512	Daniell.
	19780	Ellicot.
	20826	Troughton.

(*) Mettez 0,0000 avant chaque nombre décimal de la colonne : ainsi pour l'acier prenez 0,0000107ʰ0.

DILATATION LINÉAIRE DES SOLIDES
pour **1** degré dans l'intervalle de zéro à **100** degrés.

NOMS DES SUBSTANCES.	DILATAT.	AUTEURS.
	0,0000	
Argent { de coupelle.......	19097,	Laplace et Lavoisier.
Argent { au titre de Paris....	19087	Id.
Bismuth...	13917	Smeaton.
Bois de sapin............ {	03520	Struve.
Bois de sapin............ {	04959	Kater.
Briques { ordinaires......	05502	Adie.
Briques { dures..........	04928	Id.
Bronze..................	18492	Daniell.
Bronze { Cuivre jaune 16 p., étain 1 p.......	19083	Smeaton.
Bronze { Cuivre rouge 8 p., étain 1 p......	18167	Id.
Cadmium, d'après sa dilatation cubique...........	31300	H. Kopp,
Charbon de bois { de sapin...	10000	Heinrich.
Charbon de bois { de chêne..	12000	Id.
Chaux carbonatée { suiv. l'axe principal.........	28600	Mitscherlich.
Chaux carbonatée { perpendiculairement à cet axe..	-05600	Id.
Ciment romain.	14349	Adie.
Cuivre jaune..	18230	Ellicot
Cuivre jaune { fondu	18750	Smeaton.
Cuivre jaune { anglais en barre....	18930	Roy.
Cuivre jaune { de Hambourg......	18550	Id.
Cuivre jaune { du Tyrol, en planche.	19030	Horner
Cuivre jaune { en fil.............	18850	Herbert.
Cuivre jaune { laiton..........	18782	Laplace et Lavoisier.
Cuivre jaune { laiton en fil.......	19333	Smeaton.
Cuivre jaune { cuivre 2 p., zinc 1, soudure........	20583	Id.
Cuivre jaune { cuivre 3 p., zinc 1 p.	21444	Daniell.

DILATATION LINÉAIRE DES SOLIDES

pour **1** degré dans l'intervalle de zéro à **100** degrés.

NOMS DES SUBSTANCES.	DILATAT.	AUTEURS.
	0,0000	
Cuivre rouge...............	17840	Borda
	17173	Laplace et Lavoisier.
	17100	Ellicot.
	17182	Dulong et Petit.
Cuivr rouge { entre 0 et 300 degrés......	18832	*Id.*
forgé........	17000	Smeaton
Étain { fin...............	22833	*Id.*
de Falmouth......	21730	Laplace et Lavoisier.
des Indes.........	19376	*Id.*
Fer...................	11560	Borda.
	11680	Horner.
	11808	Daniell.
	11821	Dulong et Petit
Fer { entre 0 et 300 degrés..	14684	*Id.*
doux forgé..........	12205	Laplace et Lavoisier.
rond passé à la filière.	12350	*Id.*
fil de..............	14401	Troughton.
Fonte de fer............	09850	Navier
	10716	Daniell.
	11100	Roy.
	11245	Adie.
Glace { entre — 27°,5 et — 1°,25.........	51270	Pohrt.
	51813	Moritz.
	52356	Schumacher
Glace entre — 20° et —7°...	52833	Plucker et Geissler.
Granit......	·08685	Bartlett.
Granit { rouge de Peterhead.	08968	Adie.
gris d'Aberdeen....	07894	*Id.*

DILATATION LINÉAIRE DES SOLIDES

pour 1 degré dans l'intervalle de zéro à 100 degrés.

NOMS DES SUBSTANCES.	DILATAT.	AUTEURS.
	0,0000	
Gypse, suivant la longueur du prisme.	14010	Angstrom.
Marbre blanc.	10720	Dunn et Sang.
Marbre blanc de Carrare.	08487	Destigny.
Marbre noir.	04260	Dunn et Sang.
Marbre noir { de Galway	04452	Id.
de Saint-Béat.	04181	Destigny.
de Solst.	05685	Id.
Or	14010	Ellicot.
Or { de départ	14661	Laplace et Lavoisier.
recuit.	15136	Id.
non recuit.	15515	Id.
Palladium.	10000	Wollaston.
Phosphore.	14245	Ermann.
Pierre à bâtir { de Vernon-s-Seine.	04303	Destigny.
de Saint-Leu.	06489	Id.
de Caithness.	08947	Adie.
de Arbroath.	08985	Id.
Pierre calcaire { blanche.	02510	Vicat.
verte, de Ratho.	08089	Adie.
Pierre { schisteuse, de Penrhyn.	10376	Id.
grès de Liver-Roch.	11743	Id.
Platine.	08565	Borda.
	08842	Dulong et Petit.
Platine entre o et 3oo degrés.	09183	Id.
Plomb. {	28484	Laplace et Lavoisier.
	28667	Smeaton.
	28820	Ellicot.
	27856	Daniell.

DILATATION LINÉAIRE DES SOLIDES
pour **1** degré dans l'intervalle de zéro à **100** degrés.

NOMS DES SUBSTANCES.	DILATAT.	AUTEURS.
	0,0000	
Spath fluor................	20700	H. Kopp.
Terre cuite..............	04573	Adie.
Verre blanc — Tubes de baromètre.	08333	Smeaton.
Verre blanc — Tubes............	07755	Roy
Verre blanc — Verge pleine........	08083	*Id.*
Verre blanc — Tubes (moyenne)....	09170	Horner
Verre blanc — Verges pleines (moy.)	09220	*Id.*
Verre blanc — Tubes (moyenne)...	08969	Laplace et Lavoisier.
Verre blanc — Règle de..........	08613	Dulong et Petit.
Verre blanc — Entre 0 et 200 degrés	09225	*Id.*
Verre blanc — Entre 0 et 300 degrés	10108	*Id.*
Verre blanc — Glaces de St.-Gobain.	08909	Laplace et Lavoisier.
Verre blanc — Flint anglais.....	08167	*Id.*
Verre blanc — Flint français......	08720	*Id.*
Zinc fondu................	29417 / 29680	Smeaton. / Horner.
Zinc — Allongé au marteau de $\frac{1}{12}$........	31083	Smeaton.
Zinc — Règle de..........	34066	Struve.

DILATATION CUBIQUE DU VERRE
pour **1** degré dans l'intervalle de zéro à **100** degrés.

NOMS DES SUBSTANCES.	DILATAT.	AUTEURS.
	0,0000	
Verre blanc { base de soude......	25839	Dulong et Petit.
	25800	Despretz
base de potasse.....	22850	Rudberg.
base de soude et pot.	25470	Magnus.
de Wurtzbourg (moy)	26744	Muncke.
en tube..........	26480	Regnault.
Verre blanc { le même soufflé en boule, 1° de 46 millim. de diam......	25920	*Id.*
2° de 33 millim. de diamètre........	25140	*Id.*
Verre vert { en tube...........	22990	*Id.*
le même soufflé en boule de 36 millim. de diam.........	21320	*Id.*
Verre de Suède { en tube........	23630	*Id.*
le même soufflé en boule de 34 millim. de diamètre.	24410	*Id.*
Verre infusible { français, en tube.	21420	*Id.*
le même soufflé en boule de 32 millim. de diamètre.	22420	*Id.*
Verre ordinaire............ {	24310	*Id.*
à27580	*Id.*
Cristal ordinaire { en tube........	21010	*Id.*
le même soufflé en boule de 39 millim. de diamètre.	23300	*Id.*
Cristal de Choisy-le-Roi..... {	21440	*Id.*
à24420	*Id.*
19026	Isidore Pierre.
à26025	*Id.*

DILATATION CUBIQUE DU VERRE,
Suivant M. REGNAULT.

NOM DU VERRE.	INTERVALLE.	DILATATION moyenne pour 1 degré.
Cristal de Choisy-le-Roi.	de o à 50°	0,0000227
	o 100	0,0000228
	o 150	0,0000230
	o 200	0,0000231
	o 250	0,0000232
	o 300	0,0000233
	o 350	0,0000234
Verre ordinaire........	de o à 50	0,00002687
	o 100	0,00002761
	o 150	0,00002835
	o 200	0,00002908
	o 250	0,00002982
	o 300	0,00003056
	o 350	0,00003131

DILATATION DES GAZ
sous une pression constante et voisine de la pression normale,
Suivant M. REGNAULT.

NOMS DES GAZ.	DILATATION MOYENNE pour 1 deg. entre 0 et 100 degrés.
Acide carbonique..................	0,003710
Acide sulfureux....................	0,003903
Air atmosphérique................	0,003670
Azote............................	0,003670
Cyanogène	0,003877
Hydrogène........................	0,003661
Oxyde de carbone................	0,003669
Protoxyde d'azote................	0,003719

DILATATION DES LIQUIDES.

Augmentation ou diminution de volume de zéro à $\pm t$ degrés : $at + bt^2 + ct^3$.

NOMS DES LIQUIDES.	DENSITÉ à 0 degré	VALEURS extrém. de t.	COEFFICIENT.			AUTEURS.
			a^*	b	c	
Alcool..........	0,81510	—33° à 78°	1048601	17510	0134	Is. Pierre.
Chloroforme	1,52523	0.... 63	+11071459	+46647	—1743	Id.
Chlorure(bi) d'étain.	2,26712	—20... 112	11328008	09117	0758	Id.
— de zinc(dissol.).	1,36320	15... 100	05435	1320		Frankenheim.
Eau..........	1,00000	0... 25	—0061045	+77183	—3734	H. Kopp.
	Id.	25... 50	—0065415	+77587	—3541	Id.
	Id.	50... 75	0059160	31849	0728	Id.
	Id.	75... 100	0086450	31892	0245	Id.
Esprit-de-bois......	0,82074	—38... 70	11855697	15649	0911	Is. Pierre.
Essence de térébenth.	0,89020	0... 150	08474	1248		Frankenheim.
Éther sulfurique....	0,73581	—15... 38	15132448	23592	4005	Is Pierre.
Éther sulfureux....	1,10634	0... 60	09934793	10904	0154	Id.
Liqueur des Holland.	1,28034	—25... 85	11189324	10469	1034	Id.
Mercure..........	13,596	0... 350	01790066	00252		Regnault.
Sulfure de carbone..	1,29312	—35... 60	1398038	13706	1912	Is. Pierre.

(*) Mettez deux zéros avant le nombre décimal a, cinq avant b et sept avant c. Ainsi pour Alcool on trouve
$a = 0,0010486301$; $b = 0,000017510$; $c = 0,0000000000134$.

TABLEAU DES DILATATIONS LINÉAIRES
produites par la chaleur dans divers corps cristallisés.

D'APRÈS M. FIZEAU.

NOMS DES SUBSTANCES.		COEFFICIENT de dilatation $\alpha_{\theta=40°}$	VARIATION du coefficient $\dfrac{\Delta\alpha}{\Delta\theta}$
Étain oxydé (Cassitérite).	1ʳᵉ direction	0,00000392	1.19
	2ᵉ direction	0,00000321	0.76
Acide titanique (Rutile).	1ʳᵉ direction	0,00000919	2.25
	2ᵉ direction	0,00000714	1.10
Acide titanique (Anatase)	1ʳᵉ direction	0,00000819	3.11
	2ᵉ direction	0,00000468	2.95
Diamant....................		0,00000118	1.44*
Quartz (Cristal de roche)	1ʳᵉ direction	0,00000781	2.05*
	2ᵉ direction	0,00001419	2.38*
Corindon (Alumine)....	1ʳᵉ direction	0,00000619	2.05
	2ᵉ direction	0,00000543	2.25
Acide antimonieux (Senarmontite).		0,00001963	0.57
Acide arsénieux octaédrique.		0,00004126	6.79
Fer oligiste.............	1ʳᵉ direction	0,00000829	1.19
	2ᵉ direction	0,00000836	2.62
Fer oxydulé (Magnétite).........		0,00000846	2.89
Franklinite................		0,00000806	0.94
Zinc oxydé (Spartalite).	1ʳᵉ direction	0,00000316	1.86
	2ᵉ direction	0,00000539	1.23
Magnésie (Périclase).		0,00001043	2.67
Cuivre oxydulé.		0,00000093	2.10*
Plomb sulfuré (Galène).		0,00002014	0.54*
Zinc sulfuré (Blende)......		0,00000670	1.28*
Pyrite cubique (Fer sulfuré jaune).		0,00000907	1.43*
Cobalt gris (Cobaltine)...........		0,00000893	1.93
Cobalt arsenical (Smaltine)......		0,00000913	0.83
Cuivre gris (d'Alais).............		0,00000922	2.07
Cuivre gris (de Schwatz).........		0,00000871	2.25
Mang. sulf. (Alabandine de Nagyag)		0,00001519	2.17
Bisulfure de manganèse (Hauérite)		0,00001111	8.89
Sesqui-sulfure de cobalt (Linnæite de Müssen).................		0,00001037	1.59

TABLEAU des Dilatations linéaires. [Suite.]

NOMS DES SUBSTANCES.		COEFFICIENT de dilatation $\alpha_{\theta=40°}$	VARIATION du coefficient $\dfrac{\Delta\alpha}{\Delta\theta}$
Sulfo-antimon. de nickel (Ullmannite de Siegen)..............		0,00001112	— 0.15
Cuivre panaché (Phillipsite)......		0,00001714	1.70
Pyrite magnétique.....	1re direction	0,00000235	8.64
	2e direction	0,00003120	— 1.65
Sulfo-antimon. d'argent (Argent rouge)......	1re direction	0,00000091	10.52
	2e direction	0,00002012	— 2.31
Dolomie de Traverselle..	1re direction	0,00002060	3.68
	2e direction	0,00000415	1.93
Chaux carbonatée (Spath d'Islande).........	1re direction	0,00002621	1.60
	2e direction	—0,00000540	0.87
Aragonite...........	1re direction	0,00003460	3.37
	2e direction	0,00001719	3.68
	3e direction	0,00001016	0.64
Chaux fluatée (Spath fluor)......,		0,00001911	2.88*
Spinelle (Rubis balais)...........		0,00000596	2.43
Spinelle (Pléonaste).............		0,00000601	1.78
Spinelle (Gahnite)..............		0,00000589	1.73
Spinelle (Kreittonite)...........		0,00000583	1.77
Cymophane (Chrysobéryl). Plan des axes optiques bissecteur de l'angle du prisme de 119° 46'............	1re direction	0,00000602	2.20
	2e direction	0,00000516	1.22
	3e direction	0,00000601	1.01
Émeraude (Béryl)......	1re direction	—0,00000106	1.14*
	2e direction	0,00000137	1.33*
Phénakite...........	1re direction	0,00000360	2.20
	2e direction	0,00000292	1.34
Feldspath orthose (de Wehr). Plan des axes optiques normal au plan de symétrie....	1re direction	0,00001695	0.77
	2e direction	— 0,00000163	1.56
	3e direction	—0,00000036	1.30
Zircon.	1re direction	0,00000443	1.41
	2e direction	0,00000233	1.91

NOTE EXPLICATIVE.

$\alpha_{\theta\,=\,40°}$. Accroissement de l'unité de longueur pour $1°$ situé au point $40°$ de l'échelle centigrade du thermomètre, ou accroissement moyen pour $1°$ lorsque la moyenne θ entre les températures extrêmes est $40°$.

$\dfrac{\Delta\,\alpha}{\Delta\,\theta}$. Variation du coefficient lorsque le degré moyen θ est plus élevé de $1°$. Les nombres marqués d'un astérisque doivent être les plus exacts.

1re *direction.* Suivant l'axe principal pour les cristaux doués d'un axe principal de symétrie, et suivant la bissectrice de l'angle aigu formé par les axes optiques, pour les cristaux transparents à deux axes optiques.

2e *direction.* Normalement à l'axe principal pour les cristaux doués d'un axe principal de symétrie, et suivant la bissectrice de l'angle obtus formé par les axes optiques, pour les cristaux transparents à deux axes optiques.

3e *direction.* Normalement au plan des axes optiques pour les cristaux transparents à deux axes optiques.

Exemple numérique. Dilatation, suivant l'axe, d'un cristal de quartz d'une longueur $l = 25^{mm}$ lorsque la température varie de $t = 12°$ à $t' = 48°$.

L'échauffement $t' - t = 36°$; le degré moyen $\theta = \dfrac{t' + t}{2} = 30°$; il est inférieur de $10°$ au degré moyen $\theta = 40°$ adopté dans le tableau. Il faut alors multiplier par 10 la variation du coefficient (dernière colonne) et *retrancher* le produit obtenu, de la valeur du coefficient α donnée dans le tableau, pour avoir le coefficient α' correspondant au degré moyen $\theta = 30°$ (si le degré moyen était supérieur à $40°$, le produit en question devrait être ajouté); on a ainsi

$$\alpha' = 0,00000781 - 1.77 \times 10 = 0,00000763.3,$$

et la dilatation linéaire cherchée sera

$$l\,\alpha'(t'-t) = 0^{mm},00687.$$

Si la longueur l de la substance a été mesurée à une température un peu différente de la température inférieure t, la différence qui en résulterait dans le calcul est négligeable.

Remarque. Les valeurs du tableau peuvent être introduites dans la formule ordinaire

$$l_t = l_0\,(1 + at + bt^2),$$

en observant que l'on a

$$a = \alpha_{\theta=0} \quad \text{et} \quad b = \frac{1}{2}\frac{\Delta\alpha}{\Delta\theta}.$$

Dilatation cubique. Elle s'obtient au moyen de la dilatation linéaire de la manière suivante :

$1°$ Pour les substances à une seule dilatation, on prend

$$\alpha^{cub} = 3\,\alpha^{lin};$$

$2°$ Pour les cristaux à deux dilatations principales

$$\alpha^{cub} = \alpha_1^{lin} + 2\,\alpha_2^{lin};$$

$3°$ Pour les cristaux à trois dilatations principales

$$\alpha^{cub} = \alpha_1^{lin} + \alpha_2^{lin} + \alpha_3^{lin}.$$

Dans le cas de très-grandes dilatations (acide arsénieux) et de grands intervalles de températures ($200°$), ces formules cessent d'être applicables, les termes négligés comme étant du second ordre devenant alors sensibles.

TENSION DE LA VAPEUR D'EAU,
suivant M. Regnault.

TEMPÉRATURE de la vapeur saturée	TENSION	
	en millimètres.	en atmosphères.
0	4,60	0,006
10	9,16	0,012
20	17,39	0,023
30	31,55	0,042
40	54,91	0,072
50	91,98	0,121
60	148,79	0,196
70	233,09	0,306
80	354,64	0,466
90	525,45	0,691
100	760,00	1,000
110	1075,37	1,415
120	1491,28	1,962
130	2030,28	2,671
140	2717,63	3,576
150	3581,23	4,712
160	4651,62	6,120
170	5961,66	7,844
180	7546,39	9,929
190	9442,70	12,425
200	11688,96	15,380
210	14324,80	18,848
220	17390,36	22,882
230	20926,40	27,535

VITESSE DU SON.

La vitesse du son dans l'air atmosphérique a été déterminée en 1822, par ordre du Bureau des Longitudes, entre Villejuif et Montlhéry. On a trouvé pour cette vitesse une valeur de $337^m,2$ par seconde, à la température de $+10^o$. Cette vitesse augmente de $0^m,626$ pour chaque degré d'accroissement de la température.

D'après Sturm et Colladon, la vitesse du son dans l'eau, à la température de $+8^o,1$, est de 1435 mètres par seconde.

Dans la fonte, la vitesse du son est égale à $10\frac{1}{2}$ fois la vitesse dans l'air.

VITESSE DE LA LUMIÈRE

(mesurée directement, sans l'intervention des phénomènes astronomiques).

D'après M. Fizeau (1849) :

315 000 (*) kilomètres par seconde.

D'après M. L. Foucault (1862) :

298 000 kilomètres par seconde.

M. L. Foucault, en combinant ce dernier nombre avec la valeur de *l'aberration*, fixée à $20'',445$ par W. Struve, a trouvé pour la parallaxe du Soleil $8'',86$.

(*) Détermination approximative.

ÉVALUATION DES TEMPÉRATURES ÉLEVÉES,
suivant **M. Pouillet.**

COULEUR DU PLATINE.	TEMPÉRATURE CORRESPONDANTE.
Rouge naissant.	$525°$
Rouge sombre.	700
Cerise naissant.	800
Cerise.	900
Cerise clair.	1000
Orangé foncé.	1100
Orangé clair.	1200
Blanc.	1300
Blanc soudant.	1400
Blanc éblouissant.	1500

POINTS DE FUSION ET D'ÉBULLITION (1).

NOMS DES SUBSTANCES.	TEMPÉRATURE	
	de fusion.	d'ébullition. (2)
Acide acétique concentré........	17°	120°
— azotique anhydre..........	29,5	5o
— azotique monohydraté	—5o	86
— azotique quadrihydraté.....		123
— benzoïque................	120	24o*
— butyrique................	<— 9	157
— carbonique...............		— 78
— chlorhydrique du p. sp. 1.110.		110
— chlorique................		137,5
— cyanhydrique	—13,8	26,2
— fluorhydrique	<—4o	3o
— formique		1o5,3
— hypoazotique.............	— 9	25
— hypochloreux.............		20
— iodhydrique...............		128
— margarique	6o	
— nitrobenzoïque...........	47	3oo
— perchlorique concentré.....		200
— periodique........	13o	
— stéarique................	7o	
— succinique	185	245
— sulfhydrique	—85*	
— sulfocyanhydrique.........	—12	1o2,5
— sulfureux	—78,9	— 10

(1) Un astérisque indique un nombre qui ne doit être considéré que comme une valeur approchée; le signe < indique une température inférieure et le signe > une température supérieure à celle qui est inscrite a côté du signe.
(2) Ebullition sous une pression voisine de la pression normale.

[Suite.] POINTS DE FUSION ET D'ÉBULLITION.

NOMS DES SUBSTANCES.	TEMPÉRATURE	
	de fusion.	d'ébullition.
Acide sulfurique anhydre	25°	$32^{*\circ}$
— sulfurique monohydraté	— 34	326
— sulfurique bihydraté..	7^{*}	
Acier.....................	1300 à 1400	
Alcool absolu	$< - 90$	78,3
— 1 p. et 1 p. d'eau..	— 21	
Alcool { huile de pommes amylique { de terre.	— 23	131,8
Alcool méthylique (esp.-de-bois)		66,3
Aldéhyde.......		20,8
Alliage 3 éq. de plomb 1 d'étain	289	
— 1 1	241	
— 1 2	196	
— 1 3	186	
— 1 4	189	
— 1 5	194	
— 2 9 et 1 de zinc	168	
— 5 part. plomb, 3 étain, 8 bismuth (métal de Darcet)...........	94	
Aluminium	600^{*}	
Ammoniaque anhydre.......	— 80^{*}	— 35
Antimoine ....\...........	440	
Argent....................	1000^{*}	
Arsenic...................	210	
Azote (protoxyde de)........		— 88
Azotate d'argent.............	198	
Baume de copahu...........		212
Benzine.................	7	80,8
Beurre.	30	
Bismuth...	265	
Brome....................	— 7,5	63

NOMS DES SUBSTANCES.	TEMPÉRATURE	
	de fusion.	d'ébullition.
Bromure (proto) de phosphore....		175,3
— de silicium.............		153,4
Bronze......................	900*	
Cadmium.	500*	
Camphre de Bornéo.............	195	215
— du Japon...	175	205
Caoutchouc.................	> 120	
Carbonate de pot. (dissol. saturée).		135
— de soude. Id.		104,6
Chlorhydrate d'ammoniaque.. Id		114,2
Chlorate de potasse.............	334	
Chlore liquide.................		— 40
Chlorure d'arsenic.............	< —29	132
— de baryum (dissol. saturée).		104,4
— de calcium. Id.		179,5
— de cyanogène (gazeux)....	—16	— 12
— — (solide).....	140	190
— d'élaïle (liq. des Holland.).		84,9
— (bi) d'étain (liq. de Libavius)		115,4
— d'iode.................	17 5*	22,5*
— de manganèse...........		— 15
— (proto) de phosphore.....	< —36	78,3
— (per) de phosphore.......	148	148
— de potassium (dissolut. du)		
p. sp. 1,048 à 18°,8		102,0
1,096.......		104,0
1,144.......		106,0
1,192.......		108,1
— de silicium.		59
— de sodium (dissol. saturée).		108,4
— de soufre (Cl S²)..........		138
— (Cl S)..........		64

NOMS DES SUBSTANCES.	TEMPÉRATURE	
	de fusion.	d'ébullition.
Chlorure (bi) de titane...........		136°
— de zinc.............	250*	
Cire jaune.....................	76,2	
— blanche...................	68,7	
Colophane.....................	135	
Créosote......................		203
Cuivre........................	1050*	
— jaune.	1015*	
Cyanogène.	—40	— 18
Eau oxygénée.................	<—30	
— de mer...................	— 2,5	103,7
Essence d'amandes amères......		176
— d'anis.	18	220*
— de citron..............		167
— de moutarde.		145
— de térébenthine........	—10	156,8
Étain.........................	235	
Éther sulfurique...............	<—32	35,5
— acétique.......,..........	<—36	74,1
— benzoïque................		209
— bromhydrique............	<—32	40,7
— butyrique...............		115
— chlorhydrique............	<—32	11
— formique................	<—32	52,9
— iodhydrique.............	<—32	70
— oxalique................		183
Fer doux français.	1500*	
— martelé anglais...........	1600*	
Fonte de fer..................	1050 à 1200	
Graisse de mouton.	51	

[Suite.]   POINTS DE FUSION ET D'ÉBULLITION.

NOMS DES SUBSTANCES.	TEMPÉRATURE	
	de fusion.	d'ébullition.
Huile de lin...................	— 20°	387°,5
— d'olive...................	2,5	
— de palme.............	29	
— de ricin...............	— 18	265*
Iode........................	107	176
Lithium.....................	180	
Mercure.....................	— 39,5	350
Naphtaline..................	78	210
Nitrobenzine................	3	213
Or.........................	1250*	
— au titre de la Monnaie.........	1180*	
Palladium...................	1700*	
Paraffine...................	43,7	370*
Pétrole.....................		106
Phosphore..................	44,2	290
Platine.....................	>1700	
Plomb......................	335	
Potassium..................	55	700*
Potasse caustique (dissol. saturée)..		175
Sélénium...................	217	700*
Sodium....................	90	700*
Soufre....................	114,5	400
Spermaceti................	49	
Stéarine..................	61	
Succin...................	288	
Sucre de canne............	160	
— de raisin.............	160	
Suif.....................	33	
Sulfure de carbone............		48
Tellure..................	525*	
Urée....................	120	
Zinc....................	450*	1300*

TABLEAU DES INDICES DE RÉFRACTION.

Nᵒˢ	CORPS MONORÉFRINGENTS.	DENSITÉ.	TEMPÉRATURE
	FLINT		°
1	de Faraday....................	4,135	18,5
2	de Chance, pour microscope. ...	3,702	18,5
3	de Daguet............+........	3,678	26,5
4	de Feil, nᵒ 1..................	3,597	29,2
5	de Feil, nᵒ 2..................	3,540	26,5
	CROWN		
6	de Saint-Gobain........	2,530	25,5
7	de Feil, nᵒ 1...............	2,559	27,0
8	de Feil, nᵒ 2..................	2,548	28,7
9	de Chance, pour microscope.....	2,385	16,5
10	de Chance, pour appareils......	2,402	13,0

INDICES POUR SEPT RAIES DU SPECTRE.

Nᵒˢ	B	C	D	E	F	G	H
1	1,6732	1,6752	1,6815	1,6894	1,6982	1,7108	1,7223
2	1,6437	1,6457	1,6513	1,6586	1,6651	1,6779	1,6895
3	1,6199	1,6217	1,6267	1,6306	1,6390	1,6510	1,6615
4	1,6087	1,6106	1,6153	1,6216	1,6271	1,6380	1,6476
5	1,6081	1,6098	1,6145	1,6206	1,6262	1,6370	1,6467
6	1,5239	1,5248	1,5274	1,5308	1,5337	1,5392	1,5439
7	1,5226	1,5235	1,5262	1,5296	1,5325	1,5379	1,5426
8	1,5205	1,5215	1,5240	1,5275	1,5303	1,5357	1,5404
9	1,5127	1,5137	1,5163	1,5194	1,5220	1,5274	1,5318
10	1,5119	1,5128	1,5154	1,5185	1,5214	1,5252	1,5311

TABLEAU DES INDICES DE RÉFRACTION.

Nos	CORPS MONORÉFRINGENTS.	DENSITÉ.	TEMPÉRATURE
	FLINT LÉGER		
1	de Feil, n° 1..................	3,209	28,0
2	de Feil, n° 2..................	3,168	24,5
3	de Chance; appareils de physique.	3,207	14,0

INDICES POUR SEPT RAIES DU SPECTRE.

Nos	D	E	F	G	H	L	M
1	1,5834	1,5887	1,5933	1,6022	1,6102	1,6141	1,6182
2	1,5790	1,5841	1,5887	1,5974	1,6051	1.6087	1,6127
3	1,5751	1,5802	1,5855	1,5939	1,6006	1,6044	1,6084

Dans le tableau de la page précédente, 429, on trouve les indices de cinq flints et de cinq crowns qui sont employés dans la construction des instruments d'optique pour l'astronomie et pour divers appareils de physique.

On donne ici, page 430, les indices de trois flints légers employés dans la construction des objectifs photographiques. Ces indices, qui vont des raies D à M, comprennent les raies L et M des rayons chimiques.

TABLEAU DES INDICES DE RÉFRACTION.

CORPS MONORÉFRINGENTS.	INDICE de réfraction.	PARTIE du spectre.
Acide arsénieux................	1,748	Rouge (²).
	1,745	Jaune (²).
Agate blonde..................	1,5373	Rouge (¹).
Air.........................	1,000294	
Albumine....................	1,360	
Alcool méthylthallique..........	1,675	Raie D (³).
Alun........................	1,488	
	1,458	
	1,441	
Amphigène transparente de Frascati	1,507	Rouge (²).
Analcime limpide de Sicile.......	1,487	Rouge (²).
Azotate de plomb.............	1,758	
Blende jaune clair d'Espagne......	2,341	Rouge (²).
	2,369	Jaune (²).
Boracite.....................	1,667	Jaune (²).
Cristallin { entier..............	1,384	(⁴).
enveloppe extérieure .	1,377	(⁴).
enveloppe moyenne...	1,379	(⁴).
enveloppe centrale...	1,399	(⁴).
Diamant incolore..............	2,414	Rouge (²).
	2,428	Vert (²).
— brun..................	2,487	
Eau.........................	1,336	
Glace Saint- { ancienne.. 1,505 à	1,510	
Gobain... { nouvelle.. 1,525 à	1,540	
Grenat almandine d'un beau rouge.	1,772	Rouge (¹).
— essonite (kanelstein).......	1,740	Rouge (²).
Humeur de l'œil { aqueuse........	1,337	(⁴).
vitrée.	1,339	(⁴).
Hyalite sans action sur la lumière polarisée.....................	1,4374	Rouge (¹).
Hydrophane sèche..............	1,266	Rouge (¹).
	1,387	
	1,406	

(1) De Senarmout.   (2) Des Cloizeaux.   (3) Lamy.   (4) Brewster.

TABLEAU DES INDICES DE RÉFRACTION.

CORPS MONORÉFRINGENTS.	INDICE de réfraction.	PARTIE du spectre.
Hydrophane imbibée d'eau........	1,406 1,439 1,446	Rouge (1).
— artificielle imbibée....	1,260	Rouge (1).
Obsidienne enfumée du Mexique...	1,482 1,485	Rou.li.(2). Jaune (2).
Opale incolore à peine laiteuse....	1,442	Rouge (2).
— incolore chatoyante de Guatemala.................	1,446	Rouge (2).
— de feu jaune foncé de Guatemala.................	1,450	Rouge (2).
Pollux de l'île d'Elbe.	1,517	Jaune (2).
Quartz fondu.................	1,449 1,457	Rouge (1).
— résinite blond rosé.	1,442	Rouge (2).
Sel ammon., chlorure d'ammonium	1,6422	Jaune (5).
Sel gemme.................	1,5429 1,5437	Raie D (6).
Senarmontite (oxyde d'antimoine octaédrique)................	2,073 2,087	Rouge (2). Jaune (2).
Spath fluor vert dichroïte........	1,433 1,435	Rouge (2). Jaune (2).
Spinelle d'un joli rose...........	1,7121 1,7155	Rou.li.(2). Jaune (2).
Sulfure de carbone (à 10 dég. cent.).	1,633	Raie D (3).
Silvine, chlorure de potassium ...	1,4825	Raie D (5).
Tabaschir de l'Inde, sec..........	1,119	Rouge (2).
— imbibé d'eau	1,364	Rouge (2).
Verre antique de Pompo- verdâtre	1,519	Jaune (2).
niana, près Hyères (Var) jaunâtre	1,512	Jaune (2).
Verre de thallium (dens. = 4,1)...	1,690	Raie D (6).
Ziguéline (cuivre oxydulé).	2,849	Rou.li.(4).
Vide....................	1,000	

(1) De Senarmont. (2) Des Cloizeaux. (3) Verdet. (4) Fizeau. (5) Grailich. (6) Lamy.

TABLEAU DES INDICES DE RÉFRACTION.

SENS de la double réfraction.	CORPS BIRÉFRINGENTS A UN AXE.	INDICE DE RÉFRACTION		Raie du spectre.	AUTEURS
		Ordinaire	Extraord.		
(*) +	Quartz incolore..	1,54090 1,54181 1,544:8 1,54751 1,54965 1,55425 1,55817	1,54990 1,55085 1,55328 1,55631 1,55894 1,56365 1,56772	B C D E F G H	Rudberg.
—	Apatite	1,64607 1,64998 1,65332 1,65953	1,64172 1,64543 1,64867 1,65468	D E F G	Heusser.
—	Spath d'Islande..	1,65308 1,65452 1,65850 1,66360 1,66802 1,67617 1,68330	1,48391 1,48455 1,48635 1,48868 1,49075 1,49453 1,49780	B C D E F G H	Rudberg.

(*) Le cristal à un axe dont l'axe cristallographique principal coïncide avec l'axe de plus petite élasticité est dit cristal *attractif* ou *positif* et désigné par le signe + ; quand la coïncidence a lieu avec l'axe de plus grande élasticité, le cristal est *répulsif* ou *négatif* et désigné par le signe —.

TABLEAU DES INDICES DE RÉFRACTION.

SENS de la double réfraction.	CORPS BIRÉFRINGENTS A UN AXE.	INDICE DE RÉFRACTION		PARTIE du spectre.
		Ordin.	Extraor.	
+	Apophyllite de Naalsoë	1,5317	1,5331	Rouge ([1]).
+	Calomel, protochlorure de mercure...	1,96	2,60	Rouge ([2]).
+	Cinabre (mercure sulfuré), pouvoir rotatoire 16 fois celui du quartz............	2,816 / 2,854	3,142 / 3,199	Rou.li.([1]). / Rouge ([1]).
+	Dioptase.............	1,667	1,723	Vert.
+	Glace, indice moyen..	1,3095		Jaune.
+	Greenockite (cadmium sulfuré)...........	2,688		([3]).
+	Parisite de la Nouvelle-Grenade	1,569	1,670	Rouge ([2]).
+	Phénakite de Framont	1,6508 / 1,6540	1,6673 / 1,6697	Rou.li.([1]). / Jaune ([1]).
+	Phosgénite de Monte-Poni.	2,114	2,140	Orangé([4]).
+	Schéelite (chaux tungstatée) de Framont.	1,918 / 1,919	1,934 / 1,935	Rouge ([1]).
+	Sulfate de lanthane...	1,564	1,569	Rouge ([1]).
+	Sulfate de potasse hex.	1,493	1,501	Rouge ([2]).
+	Zircon hyacinthe de Ceylan............	1,92	1,97	Rouge ([2]).
—	Anatase.............	2,554	2,493	([3]).
—	Argent rouge...	3,084	2,881	Rouge ([5]).
—	Arséniate d'ammon...	1,576 / 1,579	1,523 / 1,525	Rouge ([2]).
—	Arséniate de potasse..	1,564	1,515	Rouge ([1]).
—	Azotate de soude.....	1,586	1,336	Jaune ([1]).
—	Corindon............	1,769	1,762	([3]).

(1) Des Cloizeaux. (2) De Senarmont. (3) Miller. (4) Sella.
(5) Fizeau.

TABLEAU DES INDICES DE RÉFRACTION.

SENS de la double réfraction.	CORPS BIRÉFRINGENTS A UN AXE.	INDICE DE RÉFRACTION		PARTIE du spectre.
		Ordin.	Extraor.	
—	Corindon saphir, bleu pâle................	1,7676 1,7682	1,7594 1,7598	Rouge [1].
—	Corindon rubis d'un beau rouge........	1,7674	1,7592	Rouge [1].
—	Dipyre incolore de Pouzac...........	1,558	1,543	Rouge [1].
—	Dolomie de Traverselle	1,6117	1,5026	Jaune [3].
—	Émeraude parfaitem. pure, d'un très-beau vert...............	1,5841	1,5780	Vert [1].
—	Émeraude gercée, d'un vert pâle.........	1,5796	1,5738	Vert [1].
—	Émeraude incol. parfaitement limpide, de l'île d'Elbe......	1,577	1,572	Vert [1].
—	Émeraude béryl.....	1,5751	1,5707	Vert [2].
—	Émeraude béryl de Sibérie, parfaitement pure et transpar., d'un vert très-pâle.	1,582	1,576	Vert [1].
—	Érythrite (érythroglucine).............	1,5444	1,5210	Jaune [1].
—	Hédyphane; arséniate de plomb blanc....	1,467	1,463	Rouge [1].
—	Idocrase verte d'Ala..	1,719 1,722	1.717 1,720	Jaune [1].
—	Meïonite de la Somma.	1,594 1,597	1,558 1,561	Jaune [1].
—	Mélinophane........	1,611	1,592	Rouge [1].

(1) Des Cloizeaux.   (2) Heusser.   (3) Fizeau.

TABLEAU DES INDICES DE RÉFRACTION.

SENS de la double réfrac- tion.	CORPS BIRÉFRINGENTS A UN AXE.	INDICE DE RÉFRACTION.		PARTIE du spectre.
		Ordin.	Extraor.	
—	Mellite (mellate d'alumine)............	1,541 1,550	1,518 1,525	Jaune (¹).
—	Mimetèse (phosphate de plomb) jaune clair............	1,474	1,465	Rouge (¹).
—	Néphéline de la Somma	1,539 1,542	1,534 1,537	Jaune (¹).
—	Paranthine incol. d'Arendal..........	1,566	1,545	Rouge (¹).
—	Pennine de Zermatt..	1,577	1,576	Rouge (¹).
—	Phosphate d'ammon..	1,512 1,519	1,476 1,477	Rouge (²).
·	Phosphate de potasse..	1,505 1,510	1,465 1,472	Rouge (²).
—	Proustite du Mexique.	2,9789 3,0877	2,7113 2,7924	Rou.li.(⁴). Jaune (⁴).
—	Sulfate cérosocérique.	1,564 1,569	1,560 1,565	Rouge (¹).
—	Tartrate d'antimoine et de strontiane....	1,6827	1,5874	Rouge (¹).
—	Tourmaline incolore..	1,6366	1,6193	Raie D.
—	— Id.	1,6479	1,6262	Vert (³).
—	— bleue....	1,6435	1,6222	Rouge (²).
—	— verte........	1,6408	1,6203	Rouge (²).
—	— mi-partie bleue et verte.......	1,6444	1,6240	Rouge (¹).
—	— vert bleuâtre...	1,6415	1,6230	Rouge (²).
—	Wulfénite (plomb molybdaté)..........	2,402	2,304	Rouge (¹).

(1) Des Cloizeaux. (2) De Senarmont. (3) Heusser.
(4) Fizeau et Des Cloizeaux.

TABLEAU DES INDICES DE RÉFRACTION.

SENS de la double réfrac- tion.	CORPS BIRÉFRINGENTS A DEUX AXES.	INDICE DE RÉFRACTION			Raies du spectre.
		Maximum	Moyen.	Minimum	
(*) +	Baryte sulfatée. (¹)	1,64415 1,64521 1,64797 1,65167 1,65484 1,66060 1,66560	1,63370 1,63476 1,63745 1,64093 1,64393 1,64960 1,65436	1,63258 1,63362 1,63630 1,63972 1,64266 1,64829 1,65301	B C D E F G H
+	Topaze blanche du Brésil (²)..	1,61791 1,61880 1,62109 1,62408 1,62652 1,63123 1,63506	1,61049 1,61144 1,61375 1,61668 1,61914 1,62365 1,62745	1,60840 1,60935 1,61161 1,61452 1,61701 1,62154 1,62539	B C D E F G H
—	Aragonite (²). .	1,68061 1,68203 1,68589 1,69084 1,69515 1,70318 1,71011	1,67631 1,67779 1,68157 1,68634 1,69053 1,69836 1,70509	1,52749 1,52820 1,53013 1,53264 1,53479 1,53882 1,54226	B C D E F G H

(*) Le cristal dont la ligne moyenne, c'est-à-dire la bissectrice de l'angle aigu des deux axes, coïncide avec l'axe de plus petite élasticité optique, ou le cristal positif, est désigné par le signe +. Quand la coïncidence a lieu avec l'axe de plus grande élasticité, elle est indiquée par le signe —.

(1) Heusser. (2) Rudberg.

TABLEAU DES INDICES DE RÉFRACTION.

Sens de la double réfraction.	CORPS BIRÉFRINGENTS A DEUX AXES.	INDICE DE RÉFRACTION			PARTIE du spectre.
		Maximum	Moyen.	Minimum	
+	Acétate de plomb. . .		1,576		Jaune ([1]).
+	Anglésite de Monte-	1,8924	1,8795	1,8740	Rouge ([1]).
+	Poni.	1,8970	1,8830	1,8770	Jaune ([1]).
+	Anthophyllite de Kongsberg.		1,635		Rouge ([1]).
+	Asparagine.	1,619	1,581	1,549	Jaune ([1]).
+	Bronzite de Kupfer-berg.		1,668		Rouge ([1]).
+	Calamine (silicate de zinc hydraté)	1,635	1,618	1,615	Jaune ([1]).
+	Célestine (strontiane sulfatée).		{1,623 {1,625		Rouge([1]). Jaune ([1]).
+	Chlorure de baryum;	{1,657	1,641	1,628	Rouge ([1]).
	Ba Cl + 2 Aq.	{1,660	1,646	1,635	Jaune ([1]).
+	Chlorure de cuivre; Cu Cl + 2 Aq.		{1,681 {1,685		Rouge([1]). Jaune ([1]).
+	Comptonite de Bo-hême.		1,503		Rouge ([1]).
+	Cymophane du Brésil	1,7565	1,7484	1,7470	Jaune ([1]).
+	Diaspore de Hongrie.		1,722		Jaune ([1]).
+	Diopside d'Ala.	1,7026	1,6798	1,6727	Jaune ([1]).
+	Euclase du Brésil. . . .	1,6710	1,6553	1,6520	Jaune ([1]).
+	Gypse.	1,52975	1,52267	1,52056	Jaune ([2]).
+	Harmotome d'Écosse.		1,516		Rouge ([1]).
+	Hyposulfate de soude		1,490	1,484	Jaune ([1]).
+	Karsténite(anhydrite)	1,614	1,576	1,571	([3]).
+	Mésotype d'Auvergne.	1,4887	1,4797	1,4768	Rouge ([1]).
+	Péridot vert de Torre del Greco	1,697	1,678	1,661	Jaune ([1]).

(1) Des Cloizeaux.   (2) Angström.   (3) Miller.

TABLEAU DES INDICES DE RÉFRACTION.

Sens de la double réfraction.	CORPS BIRÉFRINGENTS A DEUX AXES.	INDICE DE RÉFRACTION.			PARTIE du spectre.
		Maximum	Moyen.	Minimum	
+	Sel de Seignette potassique (dextro-tartrate de soude et de potasse)	1,4930	1,4910	1,4900	Rouge [1].
		1,4957	1,4930	1,4917	Jaune [1].
+	Sillimanite..		1,66		Rouge [1].
+	Soufre.	2,240	2,038	1,958	Jaune [2].
+	Sphène		1,903		Rouge [1].
+	Staurotide du Saint-Gothard............		1,7526		Rouge [1].
+	Struvite............		1,502		Jaune [2].
+	Sulf. de fer; couperose		1,470		Jaune [1].
+	Sulfate de potasse à deux axes.......	1,4970	1,4935	1,4920	Rouge [1].
+	Sulfate de strychnine à 12 équival. d'eau..			1,594	Rouge [1].
+	Tartrate d'antimoine et de chaux, avec azotate de chaux..	1,6196	1,5855	1,5811	Jaune [1].
+	Thénardite d'Espagne		1,470 1,483		Rouge [1]. Bleu [1].
+	Topaze incolore parfaitement pure du Brésil....	1,6224 1,6236	1,6150 1,6174	1,6120 1,6149	Jaune [1]. Vert [1].
+	Topaze jaune du Brésil..............	1,6401		1,6325	[3].
+	Topaze jaune pâle de Schneckenstein ...	1,62320 1,62740	1,61644 1,62071	1,61400 1,61835	Rouge [1]. Vert [1].
+	Zoïsite grise de Sterzing.		1,70		Rouge [1].

(1) Des Cloizeaux.   (2) Cornu.   (3) Brewster.

TABLEAU DES INDICES DE RÉFRACTION.

Sens de la double réfraction.	CORPS BIRÉFRINGENTS A DEUX AXES.	INDICE DE RÉFRACTION.			PARTIE du spectre.
		Maximum	Moyen.	Minimum	
—	Acide oxalique......		1,499		(1).
—	Amphibole actinote du Saint-Gothard.		1,626		Rouge (1).
—	Amphibole trémolite grise...........		1,620		Rouge (2).
			1,622		Jaune (2).
—	Andalousite transparente du Brésil....	1,643	1,638	1,632	Rouge (2).
—	Antigorite..........		1,574		Rouge (2).
—	Autunite...........		1,572		Rouge (2).
—	Axinite du Dauphiné	1,6810	1,6779	1,6720	Rouge (2).
		1,6954	1,6918	1,6850	Bleu (2).
—	Azotate de potasse...	1,5052	1,5046	1,3330	(1).
—	Borax.............	1,473	1,470	1,447	Jaune (2).
—	Chromate jaune de potasse...........		1,722		Rouge (3).
—	Codéine...........		1,5435		Jaune (4).
—	Cordiérite de Bodenmais.......	1,546	1,541	1,535	Orangé (2).
—	— de Ceylan....	1,543	1,542	1,537	Orangé (2).
—	— de Haddam...	1,5627	1,5614	1,5523	Orangé (2).
—	— de Orijärfvi...	1,5400	1,5375	1,5337	Orangé (2).
—	Dextrotartrate d'ammoniaque........		1,579		Rouge (2).
			1,581		Jaune (2).
—	Disthène du Saint-Gothard...........		1,720		Rouge (2).
—	Epidote verte de la Caroline du nord..		1,748		Rouge (2).
—	— verte de Suisse..		1,720		Rouge (2).
—	Epistilbite.........		1,51		Rouge (2).

(1) Miller.   (2) Des Cloizeaux.   (3) De Senarmont.   (4) Grailich.

TABLEAU DES INDICES DE RÉFRACTION.

Sens de la double réfraction.	CORPS BIRÉGRINGENTS A DEUX AXES.	IEDICE DE RÉFRACTION.			PARTIE du spectre.
		Maximum	Moyen.	Minimum	
—	Feldspath adulaire parfaitement transparent du Saint-Gothard.........	1,5260	1,5237	1,5190	Jaune (¹).
—	Feldspath vitreux limpide de Wehr....	1,5240 1,5355	1,5239 1,5354	1,5170 1,5265	Rouge (¹). Bleu (¹).
—	Formiate de strontiane....	1,5380	1,5210	1,4838	Jaune (²).
—	Hypersthène chatoyant du Labrador		1,69		Rouge (¹).
—	Malachite cristallisée.		1,88		Rouge (¹).
—	Phosphate de soude..		1,40		(²).
—	Plomb carbonaté....	2,0745	2,0728	1,7980	Jaune (¹).
—	Sel de Seignette ammoniacal (lévo et dextrotartrate de soude et d'ammoniaque).........		1,4925		Rouge (⁴).
—	Sucre de canne.....		1,57		(³).
—	Sulfate d'igasurine..		1,608		Jaune (¹).
—	Sulfate de magnésie		1,4817		(³).
—	Sulfate de soude (sel de Glauber)......		1,44		(²). (⁴).
—	Sulfate de zinc.....		1,483 1,486		(⁴).
—	Urao...............		1,50 1,51		Rouge (¹). Bleu (¹).

(1) Des Cloizeaux. (2) Schrauf. (3) Miller. (4) De Senarmont.

DÉCLINAISON ET INCLINAISON DE L'AIGUILLE AIMANTÉE.

Au mois de juin 1865, on a posé, sous le sol du jardin de la Maternité, des tuyaux de conduite pour le gaz d'éclairage : ces tuyaux, qui passent à trois mètres environ du pilier en pierre qui servait de support aux boussoles de déclinaison et d'inclinaison, exercent une influence très-sensible sur les aiguilles, et il n'est plus possible de compter désormais sur l'exactitude des résultats qui se déduiraient des observations magnétiques faites dans de telles conditions.

Nous rapportons ici les observations qui ont été faites de 1854 à 1864.   L.

DATES.	DÉCLINAISON.	INCLINAISON.
1854. Septembre 2.....	20.10,8 NO	66.25′
1858. Octobre 31.....	19.41,4	66.16
1859. Novembre 16.....	19.43,0	66.15,1
1860. Novembre 5.....	19.32,8	66.11
1861. Octobre 26.....	19.26,3	66. 7
1863. Octobre 22.....	19. 6,2	66. 1
1864. Octobre 21.....	18.57,7	66. 3

NOTICE

SUR LA

CONSTITUTION DE L'UNIVERS,

par M. Delaunay.

———◦———

Si nous nous reportons par la pensée à l'époque des premiers habitants de la Terre, nous nous figurerons sans peine les impressions qu'ils éprouvaient à la vue des objets dont ils étaient entourés. Pour eux, la Terre devait présenter une surface plate s'étendant dans toutes les directions, jusqu'à des distances dont ils n'avaient pas d'idée; le Soleil, la Lune, les étoiles devaient leur sembler être de simples luminaires destinés à les éclairer.

Les dimensions de cette Terre supposée plate ont dû grandir peu à peu dans l'esprit de ses habitants, à mesure qu'ils se sont déplacés sur sa surface, et qu'ils en ont exploré de plus grandes étendues. Mais bientôt, en y réfléchissant, ils ont dû reconnaître que la Terre ne pouvait pas s'étendre indéfiniment dans toutes les directions.

Ils voyaient régulièrement, chaque jour, le Soleil se lever d'un côté et se coucher du côté opposé. Le point de l'horizon d'où le Soleil semblait sortir de terre à l'orient n'était pas toujours le même, pour un observateur restant en un même lieu : tantôt ce point d'émergence de l'astre s'avançait de jour en jour vers le nord ; tantôt au contraire il se déplaçait en allant vers le sud. Le coucher du Soleil à l'occident présentait des circonstances toutes pareilles.

La Lune faisait comme le Soleil, se levant à l'orient, se couchant à l'occident, et cela en des points de l'horizon qui occupaient successivement des positions diverses.

Parmi les étoiles enfin, ils en voyaient un grand nombre se lever et se coucher comme le Soleil et la Lune ; mais, contrairement à ce qui se passait pour ces deux astres principaux, chaque étoile se levait et se couchait toujours aux mêmes points de l'horizon, si l'observation en était faite en un même lieu de la Terre. D'ailleurs, en considérant l'ensemble des étoiles qui présentaient ces apparences de levers et couchers alternatifs, ils voyaient ces levers et ces couchers s'effectuer indistinctement sur tout le contour de l'horizon, savoir, les levers dans la moitié orientale, et les couchers dans la moitié occidentale de ce cercle auquel la partie visible de la Terre semblait se terminer de toutes parts.

Les astres qui reparaissaient chaque jour en se levant à l'est, étaient bien évidemment les mêmes que ceux qui avaient disparu précédem-

ment en se couchant à l'ouest. Ces astres avaient
donc dû passer sous la Terre dans l'intervalle
de temps compris entre leur coucher et leur lever. Il en résultait nécessairement que la Terre
ne devait pas s'étendre, dans la direction de
l'horizon, jusqu'à la distance où se trouvaient
les astres eux-mêmes. Il devait y avoir à cette
distance, et tout autour de la Terre, un passage
complétement libre, que traversaient ces astres
dans leurs pérégrinations journalières.

A cette idée d'une étendue limitée de la Terre,
l'observation attentive des mouvements des
astres, faite en divers points de la surface terrestre, a dû bientôt joindre l'idée de la rondeur
de cette surface. Les grands voyages d'exploration, entrepris pour arriver à la connaissance
des diverses parties de la Terre, n'ont pas man-
qué de confirmer cette rondeur, et l'on est arrivé peu à peu à reconnaître que la Terre est
ronde comme une boule, qu'elle n'est autre chose
qu'un globe isolé de toutes parts, et ne reposant
sur rien.

Ce globe terrestre sur lequel nous sommes
placés, et dont chacun de nous ne peut apercevoir d'un coup d'œil qu'une portion excessivement petite, a des dimensions énormes relativement à celles de notre corps. Au premier abord,
le Soleil, la Lune et les étoiles nous paraissent
fort peu de chose à côté de la Terre. En ne ju-
geant que par les premières apparences, nous
sommes portés à comparer les étoiles aux flammes
de nos lampes, ou aux becs de gaz qui éclairent

les rues de nos villes. C'est en se fiant à un premier jugement de ce genre qu'on a pu dire que *le Soleil n'est pas plus gros qu'un tonneau.* Les Grecs croyaient être très-généreux en disant que *le Soleil est grand comme le Péloponèse.*

Il y a là une étrange illusion de nos sens, que la science a fait disparaître depuis longtemps. Un objet quelconque, soumis à nos regards, nous présente une apparence qui dépend à la fois de sa grandeur propre, et de la distance à laquelle il se trouve de nous. Si nous ne pouvons ni toucher cet objet, ni l'atteindre par un moyen quelconque, sa distance nous reste inconnue, et il en résulte que nous pouvons porter le jugement le plus erroné sur ses dimensions véritables. Les distances auxquelles nous supposons instinctivement placés le Soleil, la Lune, les étoiles, sont tellement petites relativement à leurs distances réelles, que les dimensions de ces astres s'en trouvent rapetissées dans un rapport énorme. A mesure que l'on a imaginé et mis en pratique des moyens de plus en plus exacts pour évaluer ou apprécier la grandeur des distances qui nous séparent des astres, on a dû modifier les idées erronées que l'on s'était faites sur leurs dimensions; et on a été conduit à reconnaître que le globe terrestre, qui est si grand par rapport à nous, est au contraire extrêmement petit à côté de la plupart des astres qui peuplent le firmament.

Le rôle de la Terre s'est trouvé ainsi amoindri peu à peu. Après avoir été regardée pendant longtemps comme le corps principal de l'univers, celui pour lequel tout avait été créé, elle s'est vue détrônée de la position qu'on lui supposait d'abord au centre du monde, et réduite à ne constituer qu'un des corps secondaires du système solaire, une de ces planètes qui circulent régulièrement autour du Soleil, et que nous savons maintenant être si nombreuses.

L'examen des conditions dans lesquelles se trouvent les autres planètes et des circonstances que présentent leurs surfaces, montre que ces planètes peuvent être habitées aussi bien que la Terre.

D'ailleurs les étoiles qui brillent de toutes parts dans le ciel ne sont autre chose que des soleils de dimensions diverses, et parmi lesquels notre Soleil n'est certainement pas le plus grand. Il est extrêmement probable que chacun de ces soleils est accompagné d'un cortége de planètes qui circulent autour de lui; et il est tout naturel d'admettre que ces planètes peuvent être habitées aussi bien que celles qui font partie de notre système.

Tous ces soleils sont à des distances immenses les uns des autres. Les dimensions de notre système solaire ne sont rien à côté de ces distances; et la Terre, qui nous avait paru si grande tout d'abord, n'est pour ainsi dire qu'un point dans ce système solaire. Qu'on juge par là du peu de place que chacun de nous occupe dans cette immensité!

Mais l'intelligence de l'homme n'est pas effrayée de tant de grandeur. A force d'observations patientes, de rapprochements ingénieux, d'études et de méditations de tout genre, elle est parvenue à démêler les lois qui régissent les mouvements de tous ces corps; elle a trouvé le moyen d'évaluer la quantité de matière que renferme chacun d'eux (1); elle est allée même, dans ces derniers temps, jusqu'à soumettre cette matière à une véritable analyse chimique, de manière à indiquer les corps simples qui entrent dans la composition de chaque astre. Si l'imagination reste confondue en présence de la grandeur de l'univers, elle ne l'est pas moins devant les résultats merveilleux auxquels la science humaine est parvenue dans l'étude de sa constitution.

Je me propose, en écrivant cette Notice, de faire connaître les importantes conquêtes que les savants ont faites tout récemment dans ce vaste et admirable champ d'exploration ouvert à leur activité. Je traiterai : 1° de l'*Analyse spectrale* et de son application à la recherche de la composition chimique des corps cé-

---

(1) La détermination des masses du Soleil et des planètes, conséquence directe de la découverte de la grande loi de la gravitation universelle, est un des résultats qui ont le plus frappé l'imagination du public. Pour caractériser le génie de Newton, sur son tombeau, on n'a trouvé rien de mieux que de le représenter occupé à comparer le poids du Soleil à ceux des diverses planètes à l'aide d'une sorte de balance romaine.

lestes (1) ; 2° des météores et des étoiles filantes.
Une troisième et dernière Partie sera consacrée
à résumer les notions acquises sur la constitution de l'univers.

§ Ier.

ANALYSE SPECTRALE.

A l'exception du Soleil d'où nous recevons à
la fois de la lumière et de la chaleur, la présence
des astres ne se manifeste à nos sens que par
la lumière qu'ils nous envoient. Nous jugeons
ainsi de la position que chacun d'eux occupe
dans l'espace à chaque instant, et en outre de sa
forme et des particularités que présente sa surface, s'il n'est pas trop éloigné de nous. Là semblaient devoir se borner pour, toujours les indications fournies par la lumière venant des astres.
Qui eût pu prévoir que, par l'examen minu-
tieux de cette lumière, en analysant les divers
rayons dont elle est formée, on parviendrait à y
trouver des traces nettes et irrécusables, non-
seulement de l'état physique, mais même de la
composition chimique des corps qui nous envoient ces rayons? C'est cependant ce qui a eu
lieu, ainsi que nous allons l'expliquer. Nous entrerons dans tous les détails nécessaires pour
qu'on se fasse une idée nette de cette nouvelle
méthode de recherche mise par les physiciens à

---

(1) Cette première Partie seule est insérée dans le
présent *Annuaire*.

la disposition des astronomes, et aussi pour que l'on voie bien la part qui revient à chacun d'eux dans l'établissement de cette méthode, qui constitue une des plus remarquables découvertes des temps modernes.

Spectre solaire.

En tête des noms des savants que nous avons à citer pour établir l'histoire de la découverte de l'*analyse spectrale*, nous trouvons le grand nom de Newton. C'est en effet à cet homme de génie que nous sommes redevables de la connaissance du *spectre solaire*; point de départ de toutes les recherches que nous avons à passer en revue. Rappelons d'abord en quoi consiste le spectre solaire.

Supposons que nous soyons placés dans une chambre obscure, c'est-à-dire dans une chambre dont toutes les ouvertures aient été hermétiquement fermées par des volets pleins, de manière à empêcher toute lumière du dehors de pénétrer à l'intérieur. Si l'on vient à percer un petit trou dans une plaque mince faisant partie d'un des volets et recevant directement la lumière du Soleil sur sa face extérieure, la lumière solaire pénétrera par le trou à l'intérieur de la chambre, et ira tomber sur la paroi opposée ou sur le sol. Dans le trajet, ce rayon de lumière sera rendu visible par les poussières qui sont toujours répandues dans l'air en quantité plus ou moins grande, et qui se trouveront éclairées. On aura ainsi un pinceau de lumière en forme de cône, ayant pour sommet le trou percé dans le volet, trou que nous supposons assez petit pour pouvoir l'assimiler à un point; la surface de ce pinceau conique sera formée par les rayons de lumière venant des divers points du contour circulaire du Soleil, et pénétrant par le trou à l'intérieur de la chambre obscure. Si l'on vient à placer un écran sur le trajet de ce cône lumineux, de manière à intercepter sa marche, la lumière formera sur l'écran une image du Soleil, qui sera plus ou moins grande, suivant que l'écran sera placé plus ou moins loin du trou; cette image sera circulaire, si l'écran est placé et dirigé perpendiculairement à l'axe du pinceau lumineux.

Cela posé, concevons que, sur le trajet du pinceau de lumière, nous placions un prisme de verre à section triangulaire (1), de manière que la lumière tombe obliquement sur une des faces de ce prisme, et qu'ensuite, après l'avoir traversé, elle en sorte par la face voisine inclinée

_____

(1) Il n'y a que deux des faces du prisme qui soient utilisées dans cette expérience. La troisième peut être remplacée par une surface de forme quelconque, sans que l'expérience en soit nullement altérée. Aussi, au lieu d'un prisme à section triangulaire, prend-on souvent un morceau de verre, ou de toute autre substance transparente, sur lequel on a taillé et poli seulement deux faces planes, obliques l'une par rapport à l'autre; la pièce ainsi obtenue conserve le nom de prisme.

d'une certaine quantité sur la première. La lumière se réfractera en traversant le prisme; elle éprouvera une première réfraction en pénétrant à son intérieur, puis une seconde réfraction en en sortant de l'autre côté. Si les deux faces d'entrée et de sortie étaient parallèles entre elles, ces deux réfractions successives se feraient en sens contraire l'une de l'autre, et avec une même intensité; de sorte que le rayon émergent reprendrait exactement la direction du rayon incident. Mais en raison de l'obliquité relative des deux faces d'entrée et de sortie, les effets de ces deux réfractions successives ne se détruisent plus, et peuvent même s'ajouter l'un à l'autre, si l'incidence a lieu dans des conditions convenables. Il en résulte que la présence du prisme détermine un changement de direction dans la marche du pinceau lumineux. Ce pinceau, que l'on ne cesse pas de voir dans toute sa longueur, grâce à la présence des poussières de l'air, semble avoir été brisé au point où il traverse le prisme, et replié suivant une direction qui fait un angle notable avec le prolongement de sa direction primitive.

Si maintenant on vient intercepter de nouveau ce pinceau lumineux en le faisant tomber d'aplomb sur un écran, après son passage à travers le prisme, on pourrait s'attendre à voir sur l'écran, comme précédemment, une image circulaire du Soleil. Il n'en est rien. Au lieu d'une image circulaire et blanche, on voit une image allongée présentant, dans les différentes parties de sa longueur, des couleurs diverses et vives, qui rappellent exactement celles de l'arc-en-ciel. Bien que, dans cette image, il paraisse y avoir un passage insensible d'une couleur à la suivante, une véritable dégradation de teintes, on y distingue cependant sans aucune peine sept couleurs principales dont les noms, mis dans l'ordre où elles se présentent, forment le vers suivant :

Violet, indigo, bleu, vert, jaune, orangé, rouge.

C'est Newton qui a observé le premier ce curieux et important phénomène de la transformation d'une image blanche et ronde du Soleil en une image allongée et diversement colorée, par la simple interposition d'un prisme de verre sur le passage des rayons lumineux. Cette image allongée et colorée a reçu le nom de *spectre solaire*.

Pour expliquer ce phénomène, Newton suppose que la lumière du Soleil est composée de sept lumières différentes dont la réunion constitue la lumière blanche et dont les réfrangibilités ne sont pas les mêmes. Ces sept lumières sont colorées et présentent respectivement les sept couleurs dont les noms ont été donnés ci-dessus. Lorsqu'un pinceau de lumière blanche, c'est-à-dire de lumière composée, vient tomber sur un prisme, chacune des lumières simples qui entrent dans sa composition traverse le prisme en s'y réfractant à sa manière : il doit donc y avoir, de l'autre côté du prisme, sept pinceaux réfrac-

tés, un pinceau rouge, un pinceau orangé, etc.
Si la réfrangibilité était la même pour les diverses lumières composantes, ces sept pinceaux réfractés suivraient exactement le même chemin; et par leur ensemble ils formeraient un pinceau unique de lumière blanche comme avant leur passage à travers le prisme. Mais, en raison de la différence de réfrangibilité des diverses lumières composantes, les sept pinceaux réfractés suivent chacun une route particulière; partant des mêmes points du prisme, ils vont en divergeant; et si on les reçoit sur un écran, ils y produisent séparément, l'un une image rouge du Soleil, le suivant une image orangée de cet astre, le troisième une image jaune, etc. : de sorte que l'on voit sur l'écran, à la suite les unes des autres, la série de ces images diversement colorées, ce qui donne lieu à l'image allongée et multicolore que nous nommons *spectre solaire*. L'extrémité rouge du spectre est due aux rayons qui sont le moins réfrangibles, et l'extrémité violette à ceux qui le sont le plus.

Si les choses se passaient exactement comme nous venons de le dire, le spectre serait formé par la juxtaposition de sept cercles diversement colorés, présentant chacun une teinte uniforme, et empiétant les uns sur les autres d'une certaine quantité. La couleur de chacune des lumières composantes se montrerait franchement, sans aucun mélange et avec uniformité, sur les parties de l'écran où cette lumière arriverait seule; les parties où il y aurait superposition de deux ou trois cercles de couleurs différentes, présenteraient une teinte mixte, également uniforme, mais intermédiaire entre les teintes composantes, dans tout l'espace où cette superposition aurait lieu; les bords de la bande allongée, produits par la juxtaposition des sept cercles colorés, présenteraient d'ailleurs des ondulations correspondant à ces divers cercles. L'examen du spectre montre immédiatement qu'il n'en est pas réellement ainsi. Ses deux bords sont rectilignes, sans aucune trace d'ondulation; et les teintes de ses diverses parties ne présentent aucun passage brusque de l'une à l'autre, mais bien un changement progressif et insensible dans toute son étendue. L'apparence du spectre est la même que si, au lieu de sept lumières composantes, il y en avait une infinité, présentant tous les degrés de refrangibilité possibles, depuis la réfrangibilité des rayons rouges de l'une des extrémités, jusqu'à celle des rayons violets de l'extrémité opposée.

Pour voir le spectre solaire, il n'est pas nécessaire d'opérer comme nous venons de le dire, c'est-à-dire de faire tomber sur un écran les rayons lumineux qui se sont réfractés en passant à travers le prisme; on peut placer son œil derrière ce prisme, de manière à recevoir directement les rayons de lumière qui le traversent. En d'autres termes, on peut regarder la petite ouverture par laquelle la lumière venant du dehors pénètre à l'intérieur de la chambre obscure, en plaçant devant son œil le prisme destiné à décomposer la lumière. On voit ainsi une image de cette ouverture, qui est allongée et diversement colorée, absolument comme le spectre que l'on produisait précédemment en recevant la lumière sur l'écran. Dans ce cas, au lieu de faire arriver dans l'œil des rayons de lumière venant directement du Soleil, ce qui fatiguerait trop l'organe de la vue, on opère sur la lumière diffuse ; c'est-à-dire que, de l'intérieur de la chambre obscure, on regarde l'ouverture destinée au passage de la lumière, dans la direction de corps extérieurs éclairés par la lumière du jour, tels par exemple que des nuages blancs.

Raies du spectre.

Nous avons dit que Newton regardait la lumière blanche comme formée par la réunion de sept lumières simples, présentant respectivement les sept couleurs signalées dans le spectre solaire. Quelques-unes de ces lumières composantes pouvaient d'ailleurs être considérées elles-mêmes comme résultant du mélange ou de la superposition d'autres lumières : ainsi en mêlant du jaune et du bleu, on fait du vert ; en mêlant du bleu et du rouge, on fait du violet, etc. On pouvait se demander si dans la lumière blanche on ne trouverait pas, en définitive, que trois lumières composantes, savoir : le rouge, le jaune et le bleu. N'y trouverait-on pas au contraire un nombre beaucoup plus grand de lumières simples composantes, comme la continuité du spectre solaire semble l'indiquer? Pour résoudre ces questions, il fallait tâcher, dans la production du spectre, d'éviter la superposition des images dues aux diverses lumières composantes. Dans le premier mode d'observation indiqué, on voit sur l'écran où tombe le pinceau de lumière réfractée une suite d'images circulaires du Soleil empiétant les unes sur les autres, et donnant lieu par leur ensemble à une image unique, allongée et diversement colorée. Dans le second mode d'observation, qui consiste à regarder, à travers un prisme, l'ouverture par laquelle la lumière diffuse du jour pénètre dans la chambre obscure, on voit directement une suite d'images de cette ouverture, qui empiètent également les unes sur les autres, et produisent de même une image allongée et diversement colorée de cette ouverture lumineuse. Si l'on s'arrangeait de manière que l'image produite par chacune des lumières composantes fût très-étroite, on devait avoir l'espoir d'empêcher par là la superposition partielle des diverses images les unes sur les autres. Or il était facile d'y arriver en adoptant le second mode d'observation du spectre, et donnant à l'ouverture par laquelle la lumière du dehors pénètre dans la chambre obscure, la forme d'une fente de peu de largeur. En se plaçant à une assez grande distance de cette fente étroite, pour la regarder, on devait la voir comme une simple ligne lumineuse; et dès lors, en plaçant devant son œil un prisme dont les arêtes soient parallèles à cette ligne, on devait parvenir à voir distinctement les diverses images de cette ligne produites par les différentes lumières simples qui entrent dans la composition de la lumière blanche.

Ce n'est qu'en 1802, un siècle après la découverte du spectre solaire par Newton, que la première tentative fut faite pour arriver ainsi à isoler complétement dans ce spectre les parties dues à chacune des lumières composantes; elle est due à Wollaston qui fait connaître en ces termes le résultat auquel il est parvenu (1) :

..... « Je ne puis terminer ces observations
» sur la dispersion, sans remarquer que les cou-
» leurs dans lesquelles un rayon de lumière
» blanche peut être décomposé par réfraction
» me paraissent être, non pas au nombre de
» sept, comme on le voit habituellement dans
» l'arc-en-ciel, ni de trois comme quelques
» personnes l'ont imaginé; mais que, en em-
» ployant un pinceau de lumière très-étroit, on
» peut voir quatre divisions principales dans le
» spectre prismatique, avec un degré de netteté
» qui, je crois, n'a pas encore été décrit ni ob-
» servé.

» Si un rayon de la lumière du jour est intro-
» duit dans une chambre obscure, par une fente
» large d'un vingtième de pouce, et reçu dans
» l'œil à la distance de 10 à 12 pieds, à travers

---

(1) *Method of examining refractive and dispersive powers.* (*Transactions philosophiques de la Société Royale de Londres,* année 1802.)

» un prisme de flint-glass, *exempt de stries*,
» tenu près de l'œil, on voit le rayon séparé en
» quatre couleurs seulement, savoir : rouge,
» vert jaunâtre, bleu et violet.

» La ligne qui termine le côté rouge du
» spectre est un peu confuse, ce qui paraît dû
» en partie au manque de force dans l'œil pour
» concentrer la lumière rouge. La ligne entre
» le rouge et le vert, dans une certaine posi-
» tion du prisme, est parfaitement distincte; il
» en est de même des deux lignes qui limitent
» le violet. Mais la limite du vert et du bleu
» n'est pas si clairement marquée que le reste;
» et il y a aussi deux autres lignes noires dis-
» tinctes, placées de part et d'autre de cette
» limite, dont chacune, dans une épreuve im-
» parfaite, peut être prise par erreur pour la
» ligne de séparation de ces couleurs.

» La position du prisme qui sépare le mieux
» les couleurs est celle pour laquelle la lumière
» incidente fait des angles à peu près égaux
» avec deux de ses côtés. J'ai trouvé alors que
» les espaces que les couleurs occupent (en les
» prenant dans l'ordre indiqué ci-dessus) sont
» à peu près comme les nombres 16, 23, 36,
» 25. »

Après avoir dit que des prismes creux rem-
plis de divers liquides lui ont donné le même
arrangement des quatre couleurs, et avec les
mêmes proportions de chacune d'elles, l'auteur
ajoute :

« A la chandelle on observe des effets diffé-

» rents. Lorsqu'une ligne très-étroite de la lu-
» mière bleue de la partie inférieure de la
» flamme est examinée seule, de la même ma-
» nière, à travers un prisme, le spectre, au lieu
» de présenter une série de lumières de diffé-
» rentes couleurs contiguës, se montre divisé
» en cinq images à distance l'une de l'autre.
» La première est large, rouge, terminée par
» une ligne brillante de jaune; la deuxième et
» la troisième sont toutes deux vertes; la qua-
» trième et la cinquième sont bleues, et la se-
» conde de ces deux dernières paraît corres-
» pondre avec la séparation du bleu et du violet
» dans le spectre solaire.

» Lorsque l'objet observé est une ligne bleue
» de lumière électrique, j'ai trouvé le spectre
» également séparé en plusieurs images; mais
» le phénomène est un peu différent du précé-
» dent. Toutefois il est superflu de décrire en
» détail des apparences qui varient suivant l'é-
» clat de la lumière, et que je ne puis entre-
» prendre d'expliquer. »

On peut dire que Wollaston n'a fait qu'entre-
voir le phénomène qu'il cherchait. Il était réservé à Fraünhofer de l'apercevoir dans toute
sa splendeur. En 1815, ce célèbre opticien de
Munich, ne connaissant nullement la tentative
faite treize ans auparavant par Wollaston, chercha
aussi de son côté à séparer les unes des autres
les diverses images partielles dont l'ensemble
constitue le spectre solaire. Comme le physicien anglais, il regarda à distance, à travers

un prisme, une fente étroite par laquelle pénétrait la lumière du jour ; mais au lieu d'observer à l'œil nu l'effet produit par le prisme sur la lame mince de lumière que la fente lui envoyait, il se servit d'une lunette pour en mieux discerner toutes les particularités. Il vit alors le spectre solaire traversé, non pas par quatre ou cinq lignes noires seulement, mais par un nombre considérable de raies fines parallèles, plus ou moins nettes, réparties irrégulièrement dans toute la longueur du spectre : il y en avait plus de six cents. En se servant successivement de plusieurs prismes, qui différaient les uns des autres, soit par la nature même de la substance transparente dont ils étaient formés, soit seulement par l'angle compris entre les deux faces que le faisceau de lumière traversait, Fraünhofer reconnut que la même lumière du jour donnait lieu à des spectres présentant exactement les mêmes systèmes de raies. Il en conclut que ces raies étaient indépendantes du prisme à l'aide duquel il les obtenait, et qu'elles tenaient à la nature même de la lumière du Soleil. Il se mit alors à déterminer avec le plus grand soin les positions relatives d'un grand nombre d'entre elles, et dressa une carte du spectre solaire sur laquelle il en figura 354. Cette carte est devenue classique et a servi de base à toutes les recherches ultérieures dont le spectre solaire a été l'objet. Pour y fixer un certain nombre de points de repères destinés à faciliter l'indication des diverses parties du spectre, Fraünhofer fit choix

26.

Violet.

H

Indigo.

G

Bleu.

F — Vert.

b

E

Jaune.

D

Orangé.

C

B — Rouge.

a

A

de quelques raies bien visibles et les désigna par des lettres. Les physiciens ont adopté ces désignations, et s'en servent continuellement pour la description des spectres lumineux qu'ils obtiennent dans diverses circonstances. On voit ci-contre comment ces raies principales de Fraünhofer sont placées relativement aux différentes parties du spectre solaire.

Fraünhofer reconnut d'ailleurs que les spectres provenant de la lumière des étoiles, de flammes diverses, de l'électricité, donnent des raies disposées d'une manière différente ; il remarqua que la lumière électrique donne des raies brillantes, tandis que tous les autres foyers de lumière donnent des raies obscures.

Ce phénomène remarquable des raies du spectre lumineux, une fois signalé au monde savant, devint l'objet de recherches nombreuses et variées, que nous allons analyser.

Raies brillantes.

Les raies brillantes du spectre, observées pour la première

fois dans l'examen de la lumière électrique, sont produites par la lumière qui vient d'un corps gazeux incandescent.

En 1822, Brewster cherchait à obtenir une source de lumière homogène pour éclairer les très-petits objets qu'il examinait au microscope. Il voulait se soustraire à l'inconvénient provenant de la décomposition d'une lumière non homogène, par les lentilles du microscope, inconvénient qui consistait principalement en ce que les irisations dues à cette décomposition nuisaient à la netteté des détails. Il essaya pour cela de faire passer la lumière solaire à travers des milieux colorés, tels que des plaques de verre de teintes diverses; ces milieux ne se laissaient traverser que par une partie des rayons composant la lumière blanche qu'ils recevaient, et l'examen du spectre formé par la lumière qui avait pour ainsi dire filtré à travers leur substance lui permettait de juger du degré d'homogénéité qu'elle présentait. Peu satisfait du résultat fourni par l'emploi de ces milieux colorés, Brewster chercha s'il ne pourrait pas obtenir une lumière homogène par la combustion de quelque substance inflammable. Après divers essais et diverses combinaisons, il en vint à faire brûler de l'alcool contenant du sel marin ou chlorure de sodium en dissolution, et il reconnut que la flamme produisait une lumière jaune d'une grande homogénéité : le spectre auquel elle donnait lieu se réduisait presque uniquement à deux raies brillantes très-voisines l'une de l'autre (1).

Peu de temps après, M. John Herschel, dans une lettre à Brewster, fait connaître le résultat de l'examen auquel il s'est livré sur les flammes de l'alcool contenant en dissolution diverses autres substances, telles que les chlorures de strontium, de calcium, de baryum, de mercure, de cuivre, le nitrate de cuivre, etc. Sa lettre contient la description des lignes brillantes observées dans les spectres de ces diverses flammes (2).

En 1826, Fox Talbot publie dans le *Journal de Brewster* (3) des recherches intéressantes sur les flammes colorées. Il indique d'abord un moyen de rendre plus intense la lumière jaune due à la combustion de l'alcool salé ; ce moyen consiste à mettre de l'alcool pur dans la lampe, et à se servir d'une mèche de coton préalablement trempée dans une solution de sel, puis séchée. Après être entré dans quelques détails sur les propriétés de la flamme d'une pareille lampe, il ajoute : « L'origine de cette lumière » homogène me paraît difficile à expliquer. J'ai » trouvé que le même effet a lieu lorsque la

---

(1) *Transactions philosophiques d'Édimbourg*, t. IX, année 1822.

(2) *Ibidem.*

(3) T. V, avril–octobre 1826.

» mèche de la lampe est trempée dans le mu-
» riate (sel marin), le sulfate, ou le carbonate
» de *soude,* tandis que le nitrate, le chlorate,
» le sulfate et le carbonate de potasse s'accor-
» dent à donner à la flamme une teinte d'un
» blanc bleuâtre. Les rayons jaunes indique-
» raient donc la présence de la *soude;* ils se
» montrent toutefois fréquemment là où la pré-
» sence de la soude ne peut nullement être sup-
» posée. » Après avoir indiqué plusieurs circonstances dans lesquelles cette lumière jaune
se produit, et avoir parlé d'autres flammes donnant lieu à des effets différents, Fox Talbot dit :
« Le feu rouge des théâtres, examiné de la
» même manière, donne un très-beau spectre,
» avec beaucoup de lignes brillantes ou de
» maxima de lumière. Dans le rouge, ces lignes
» sont nombreuses et serrées, avec des espaces
» sombres entre elles, outre une raie extérieure
» grandement séparée du reste, et due proba-
» blement au nitre qui entre dans la composi-
» tion. Il y a une ligne brillante dans l'orangé,
» une dans le jaune, trois dans le vert, une très-
» brillante dans le bleu, et beaucoup d'autres
» qui sont plus faibles. La ligne brillante dans
» le jaune est occasionnée, sans doute, par la
» combustion du soufre, et les autres peuvent
» être attribuées à l'antimoine, la strontiane, etc.,
» qui entrent dans cette composition. Par exem-
» ple la raie orangée peut être l'effet de la
» strontiane, puisque M. Herschel a trouvé dans
» la flamme du muriate de strontiane une raie

» de cette couleur. Si cette opinion était exacte
» et applicable aux autres raies définies, un coup
» d'œil jeté sur le spectre prismatique d'une
» flamme pourrait suffire pour y indiquer la
» présence de substances qui autrement n'y au-
» raient été découvertes qu'à l'aide d'une ana-
» lyse chimique laborieuse. »

On voit dans ce passage du Mémoire de Fox
Talbot les premières traces du rôle important
que l'on a fait jouer plus tard aux lignes brill-
lantes du spectre, comme caractère distinctif
des substances contenues dans les flammes qui
les produisent.

Le même savant publie plus tard, en 1834 (1),
un nouveau fait très-remarquable, venant à l'appui des idées qu'il avait émises précédemment.
« La lithine et la strontiane, dit-il, sont deux
» corps caractérisés par la belle teinte rouge
» qu'ils communiquent à la flamme. Le premier
» de ces deux corps est très-rare, et je suis re-
» devable à mon ami M. Faraday de l'échantil-
» lon que j'ai soumis à l'analyse prismatique.
» Il est difficile de distinguer à l'œil nu le rouge
» de lithine du rouge de strontiane. Mais le
» prisme développe entre eux la distinction la
» plus marquée qu'il soit possible d'imaginer.
» La flamme de la strontiane montre un grand
» nombre de raies rouges bien séparées les unes
» des autres par des intervalles sombres, une

(1) *Philosophical Magazine*, t. IV, p. 112.

» raie orangée qu'il y a à peine lieu de men-
» tionner, et une raie bleue brillante bien dé-
» finie. La lithine montre une seule raie rouge.
» D'où je n'hésite pas à conclure que l'analyse
» optique peut distinguer les plus petites quan-
» tités de ces deux substances l'une de l'autre,
» avec autant de certitude, sinon plus, que
» toute autre méthode connue.... »

Nous avons dit que la première observation
des raies brillantes du spectre avait été faite par
Fraünhofer, dans la lumière électrique. M. Wheatstone a repris l'examen de cette lumière et en
a fait l'objet de nombreuses et importantes recherches. Il a communiqué les résultats auxquels
il est parvenu, à la réunion de l'Association Britannique pour l'avancement des sciences, en
1835; voici le résumé de sa communication, tel
qu'on le trouve dans le Rapport de l'Association :

« 1° Le spectre de l'étincelle électro-magné-
» tique tirée du mercure se compose de sept
» raies seulement, bien définies, et séparées les
» unes des autres par des intervalles sombres ;
» ces raies visibles sont deux lignes orangées
» très-rapprochées, une ligne verte brillante,
» deux lignes d'un vert bleuâtre près l'une de
» l'autre, une ligne pourpre très-brillante; et
» enfin une ligne violette. Les observations ont
» été faites avec un télescope muni d'un appa-
» reil de mesure ; et, pour amener l'étincelle à
» paraître invariablement à la même place, on
» a employé une disposition spéciale de l'appa-
» reil électro-magnétique.

» 2° Les étincelles tirées de la même manière
» du zinc, du cadmium, de l'étain, du bismuth
» et du plomb, à l'état fondu, donnent des résul-
» tats semblables ; mais le nombre, la position
» et la couleur des lignes varient dans chaque
» cas ; les apparences sont si différentes que, par
» ce mode d'examen, les métaux peuvent être
» facilement distingués les uns des autres. Une
» table, qui accompagne ce Mémoire, montre la
» position et la couleur de ces lignes pour les
» divers métaux employés. Les spectres du zinc
» et du cadmium sont caractérisés par la présence,
» dans chacun d'eux, d'une ligne rouge qui ne
» se rencontre dans aucun des autres métaux.

» 3° Lorsque l'étincelle d'une pile voltaïque
» est tirée des mêmes métaux, toujours à l'état
› fondu, elle présente précisément les mêmes
» apparences.

» 4° L'étincelle voltaïque a été tirée du mer-
» cure, successivement, dans le vide ordinaire
» de la machine pneumatique, dans le vide ba-
» rométrique, dans le gaz acide carbonique, etc.
» et les mêmes résultats ont été obtenus que
» lorsque l'expérience se faisait dans l'air ou
» dans le gaz oxygène. Donc, la lumière ne pro-
» vient pas de la combustion du métal. Le pro-
» fesseur Wheatstone a aussi examiné, à l'aide
» du prisme, la lumière qui accompagne la com-
» bustion ordinaire des métaux dans le gaz oxy-
» gène et par d'autres moyens, et il a trouvé
» que les apparences étaient totalement diffé-
» rentes de celles indiquées ci-dessus.

» 5° Fraünhofer ayant trouvé que l'étincelle
» électrique ordinaire, examinée à l'aide du
» prisme, présente un spectre traversé par de
» nombreuses lignes brillantes, le professeur
» Wheatstone a examiné le phénomène avec
» différents métaux, et a trouvé que ces lignes
» brillantes diffèrent en nombre et en position
» pour chaque métal différent employé. Lorsque
» l'étincelle est produite entre des boules de
» métaux différents, on voit en même temps les
» lignes appartenant à chacun d'eux.

» 6° Des phénomènes particuliers observés
» dans l'étincelle voltaïque produite entre diffé-
» rents fils métalliques mis en rapport avec une
» puissante batterie, sont décrits dans le Mé-
» moire, qui se termine par une revue des di-
» verses théories mises en avant pour expliquer
» l'origine de la lumière électrique. Le profes-
» seur Wheatstone conclut de ses recherches
» que la lumière électrique résulte de la volati-
» lisation et de l'incandescence (non de la com-
» bustion) de la matière pondérable du conduc-
» teur lui-même, conclusion qui a beaucoup de
» rapport avec celle à laquelle Fusinjeri est
» arrivé par ses expériences sur le transport de
» la matière pondérable dans les décharges élec-
» triques. »

Les résultats auxquels M. Wheatstone est
ainsi parvenu sont de même nature que ceux qui
avaient été obtenus par MM. Brewster, J. Herschel et Fox Talbot, dans leurs recherches sur la
lumière des flammes colorées par différentes

substances; ils ne s'en distinguent que par le moyen employé pour réduire à l'état de vapeurs incandescentes les divers corps soumis à l'expérience.

En 1836 (1), Fox Talbot revient sur l'examen spectral des flammes chimiques et insiste sur l'importance de cet examen, dans lequel on doit s'occuper de mesurer avec soin les positions relatives des lignes, tant brillantes qu'obscures, que l'on voit dans les divers spectres. « Les » rayons définis émis par certaines substances, » dit-il, tels, par exemple, que les rayons jaunes » des sels de soude, possèdent un caractère fixe » et invariable, qui est analogue jusqu'à un cer- » tain point aux proportions fixes dans lesquelles » tous les corps se combinent, suivant la théorie » atomique. On peut s'attendre donc à ce que » les recherches optiques, conduites avec soin, » viennent jeter quelque nouveau jour sur la » chimie. » Il donne ensuite quelques indications sur les spectres qu'il a obtenus avec des sels de cuivre, l'acide borique et le nitrate de baryte; soit en enflammant du chlorate de potasse auquel il avait mêlé une certaine quantité de ces substances, soit en en saupoudrant la mèche d'une lampe à alcool et dirigeant sur cette mèche un courant d'oxygène; puis il dit : « Quant à la » mesure exacte des lignes, elle exige l'emploi » d'un appareil très-supérieur. J'ai quelquefois

---

(1) *Philosophical Magazine*, t. IX.

» fait ces mesures approximativement en fixant
» une échelle divisée transversalement à l'ouver-
» ture linéaire par laquelle la lumière du corps
» brûlant était observée. Cette ouverture était
» alors étalée par le prisme en un spectre pa-
» rallèle à l'échelle, à l'aide de laquelle il pou-
» vait alors être mesuré. Une objection se pré-
» sentera peut-être à l'esprit du lecteur, c'est
» que l'échelle se trouve ainsi tout autant ré-
» fractée que la lumière elle-même, et, par
» conséquent, ne peut servir de mesure à cette
» dernière réfraction. Mais cette difficulté a été
» évitée par un simple artifice qui consiste à
» éclairer l'échelle avec une lumière homogène. »
Disons tout de suite qu'un moyen de mesure
plus commode a été substitué depuis à celui dont
parle Fox Talbot : ce nouveau moyen consiste à
placer latéralement une échelle divisée, de manière que cette échelle, convenablement éclairée,
puisse être vue par simple réflexion sur la face
du prisme la plus voisine de la lunette qui sert
à observer le spectre. On voit ainsi à la fois le
spectre par réfraction à travers le prisme, et
l'échelle par réflexion sur la surface de ce
prisme ; et à l'aide d'un mouvement donné à l'é-
chelle, on peut amener une de ses divisions à
coïncider avec telle raie du spectre que l'on veut
prendre comme point de repère.

Fox Talbot termine la Note dont il est question
par les indications suivantes relatives aux spectres de diverses flammes galvaniques : « L'ar-
» gent en feuilles, mis en déflagration par le

» galvanisme, donne un spectre avec beaucoup
» de raies définies, parmi lesquelles deux raies
» rouges me paraissent posséder à peu près la
» même teinte, bien qu'elles diffèrent en réfran-
» gibilité. L'or en feuilles et le cuivre en feuilles
» fournissent chacun un beau spectre montrant
» des raies particulières bien définies. L'effet du
» zinc est encore plus intéressant : j'ai observé
» dans ce cas une forte raie rouge, trois raies
» bleues, outre un plus grand nombre de raies
» des autres couleurs. Ces expériences ont été
» faites dans le laboratoire de l'Institution Royale
» (de Londres) en juin 1834. »

Dans une communication faite à la réunion de
l'Association Britannique, tenue à Cambridge en
1845, M. W.-A. Miller fait connaître les résultats
qu'il a obtenus en observant les spectres de diverses flammes colorées, telles que les flammes
de l'alcool contenant en dissolution des chlorures
de cuivre, de calcium, de baryum, de sodium, de
manganèse, etc.; de l'acide borique, du nitrate
de strontiane, etc. (1)

Jusque-là, le mode d'observation suivi pour
examiner les spectres produits par diverses espèces de lumières, était le même que celui qui
avait servi à Fraünhofer pour étudier la lumière
solaire. On se plaçait dans une chambre obscure
où la lumière soumise à l'expérience pénétrait
par une fente étroite; on recevait cette lumière

---

(1) *Philosophical Magazine*, t. XXVII.

sur une des faces d'un prisme placé à une assez grande distance de la fente pour que les rayons incidents, partis d'un quelconque des points de celte fente, fussent à peu près parallèles entre eux ; enfin, on recueillait ces rayons de lumière après leur passage à travers le prisme, dans une lunette destinée à observer les effets de la réfraction opérée par ce prisme. En 1847, ce mode d'observation reçut une modification importante. On introduisit une lentille convergente entre la fente et le prisme, afin de rendre exactement parallèles entre eux les rayons de lumière partis d'un point quelconque de la fente. L'avantage que présente l'emploi de cette lentille ne tient pas tant à ce qu'on obtient ainsi exactement un parallélisme de rayons qui n'était obtenu auparavant qu'à peu près, qu'à ce que cela permet de diminuer beaucoup la distance de la fente au prisme, d'établir entre eux un tuyau à l'intérieur duquel passe la lumière soumise à l'examen, et, par suite, de supprimer la nécessité de s'installer à l'intérieur d'une chambre obscure. L'appareil tout entier destiné à l'étude spectrale d'une lumière prend ainsi des dimensions restreintes ; il peut être transporté, installé, manié avec une très-grande facilité. Cet appareil, désigné sous le nom de *spectroscope*, se compose des trois parties suivantes, que l'on monte habituellement sur un même support, sur un même pied : 1° un tuyau de lunette portant à la place de l'oculaire une fente étroite, et muni d'un objectif dont le foyer principal est occupé par la fente même ; 2° un prisme réfringent placé tout près de cet objectif ; 3° enfin une lunette véritable, dont l'objectif se trouve tout près du prisme. La première lunette, celle dont l'oculaire est remplacé par une simple fente, se nomme *collimateur ;* son axe fait un certain angle avec l'axe de la seconde lunette, afin que les rayons de lumière qui pénètrent dans l'appareil par la fente du collimateur, et qui sont réfractés dans leur passage à travers le prisme, puissent parcourir la seconde lunette dans toute sa longueur, traverser son oculaire, et arriver ainsi à l'œil de l'observateur. Cet angle, que l'axe de la lunette fait avec l'axe du collimateur, peut d'ailleurs varier à volonté, afin que l'œil puisse recevoir les rayons de différentes réfrangibilités, c'est-à-dire observer les diverses parties du spectre.

La première idée de l'introduction du collimateur dans un appareil destiné à étudier l'action refringente d'un prisme sur la lumière, paraît due à M. W. Swan, ainsi qu'on le voit dans son Mémoire relatif à des *Expériences sur la réfraction ordinaire du spath d'Islande,* lu à la Société Royale d'Édimbourg, le 19 avril 1847 (1).

Profitant de l'appareil ainsi perfectionné, Masson reprit les expériences de M. Wheatstone et étudia les spectres de l'étincelle électrique produite par différentes sources (1851 à 1853). Il

---

(1) *Transactions philosophiques d'Édimbourg,* t. XVI.

employa des piles, la machine électrique avec ou sans condensateur, et des appareils d'induction seuls ou avec condensateurs. Ayant comparé les spectres électriques produits en faisant varier la nature des sources, des pôles et des milieux gazeux, il crut reconnaître que les métaux polaires exerçaient seuls quelque influence sur le nombre, la position et la nature des raies brillantes de ces spectres (1). Il dessina avec beaucoup de soin les spectres électriques d'un grand nombre de métaux.

Bientôt après (1855), MM. Angström (2) et Alter (3) montrèrent que, contrairement aux conclusions de Masson, les raies brillantes des spectres électriques sont dues à la fois aux métaux entre lesquels les étincelles se produisent, et aux gaz que ces étincelles traversent.

En 1857, M. Swan (4) étudia avec un grand soin la position des raies brillantes qu'on aperçoit dans le spectre produit par le noyau intérieur de la flamme de la lampe à gaz de Bunsen (gaz d'éclairage mêlé à une grande quantité d'air) et retrouva les mêmes raies dans les spectres des flammes de plusieurs autres carbures d'hydrogène.

---

(1) *Annales de Chimie et de Physique*, 3e série, t. XXXI et XLV.

(2) *Annales de Poggendorff*, t. XCIV.

(3) *Sillimann Journal*, t. XVIII et XIX.

(4) *Transactions philosophiques d'Édimbourg*, t. XXI.

A peu près à la même époque (1857), Plücker commença une série d'importantes recherches sur les spectres de la lumière électrique traversant des gaz très-raréfiés ; bientôt il fit connaître les raies dues spécialement à un certain nombre de gaz (1).

Ainsi, peu à peu on était arrivé à l'idée que tous les corps, à l'état de gaz incandescent, donnent lieu à des spectres formés d'un certain nombre de raies brillantes. Les physiciens se préoccupaient naturellement des moyens à employer pour étudier les spectres produits par toutes les substances connues. Pour donner une idée nette des conditions diverses dans lesquelles cette étude peut être abordée, nous ne saurions mieux faire que de reproduire ce qu'en disent MM. Plücker et Hittorf dans un Mémoire lu à la Société Royale de Londres en 1864 (2).

« Pour obtenir les spectres de tous les corps » élémentaires, on peut faire usage, soit d'une » flamme, soit d'un courant électrique. Pour cet » objet, la flamme est préférable, en raison de » son facile emploi ; aussi fut-elle immédiatement » introduite dans le laboratoire du chimiste. » Mais son usage est plus limité, les métaux des » alcalis étant à peu près les seules substances » qui, introduites dans la flamme, donnent des » spectres montrant des lignes brillantes bien

---

(1) *Annales de Poggendorff*, t. CIV, CV et CVII.

(2) *Transactions philosophiques*, année 1865.

» définies. Dans le cas du plus grand nombre
» de substances élémentaires, la température
» de la flamme est trop faible, même lorsqu'elle
» est alimentée par l'oxygène, au lieu d'air. Ou
» bien ces substances ne sont pas réduites en
» vapeur par le moyen de la flamme, ou bien, si
» elles y sont réduites, la vapeur n'atteint pas
» la température nécessaire pour devenir lumi-
» neuse au point de nous montrer ses raies
» caractéristiques par l'analyse prismatique. Le
» courant électrique, dont le pouvoir calorifique
» peut être augmenté indéfiniment par l'aug-
» mentation de son intensité, est seul capable
» de produire les spectres particuliers de tous
» les corps élémentaires.

» En appliquant le courant électrique, nous
» pouvons employer deux procédés différents.
» Dans l'un des deux, la substance dont on veut
» examiner le spectre est en même temps, par
» le moyen du courant, transformée en vapeur
» et rendue lumineuse. Dans l'autre, la substance
» est, ou bien à l'état gazeux, ou bien convertie
» préalablement à cet état, à l'aide d'une lampe,
» et le courant électrique la rend incandescente
» en la traversant.

» Le premier procédé est le moins parfait;
» mais nous sommes obligés d'y recourir dans le
» cas de tous les corps élémentaires qui sont
» tels que, ni par eux-mêmes, ni combinés avec
» d'autres substances, ils ne peuvent être vapo-
» risés sans altérer le verre le moins fusible. Si
» la substance à examiner est un métal, les ex-

» trémités des fils conducteurs sont faites avec
» ce métal et placées à une petite distance l'une
» de l'autre. Lorsque la forte étincelle d'une
» grande bouteille de Leyde, chargée par un
» puissant appareil d'induction de Ruhmkorff,
» vient à traverser l'espace compris entre les
» deux extrémités des fils conducteurs, de pe-
» tites parties du métal s'en détachent et sont
» volatilisées : passées à l'état gazeux, elles
» conduisent le courant électrique d'un point à
» l'autre, et montrent, pendant qu'elles sont
» chauffées par ce courant, les lignes spectrales
» caractéristiques du métal. Dans toutes les ex-
» périences faites de cette manière, l'air ou un
» autre gaz permanent occupe l'espace compris
» entre les deux extrémités des fils. Il s'ensuit
» que le gaz interposé conduisant partiellement
» le courant électrique qui le traverse, on ob-
» tient en même temps deux spectres, celui du
» métal et celui du milieu gazeux interposé.
» Cet inconvénient est d'autant plus grand que,
» dans beaucoup de cas, le nombre des lignes
» brillantes constituant le spectre du gaz est
» considérable ; il est le moindre dans le cas de
» l'hydrogène, dont le spectre, s'il apparaît dans
» ces conditions, est à peu près continu. Si la
» substance soumise à l'expérience n'est pas un
» métal ou du charbon, les extrémités des fils
» métalliques sont recouvertes par elle. Alors,
» nous obtenons à la fois le spectre de la subs-
» tance non conductrice et celui du métal qu'elle
» recouvre.

« On obtient les spectres les plus beaux et
» les plus convenables pour être examinés en
» détail, quand la substance est à l'état gazeux
» avant que la décharge électrique vienne la
» traverser. Les tubes spectraux, pour renfer-
» mer le gaz, déjà proposés et employés par
» l'un de nous (M. Plücker), ont été adoptés
» dans la plupart des cas, avec quelques modi-
» fications, pour nos plus récentes recherches.
» Nos tubes consistent généralement en une
» partie moyenne capillaire de 3o à 4o milli-
» mètres de longueur, et de $1\frac{1}{2}$ à 2 millimètres
» de diamètre, formant un canal étroit de com-
» munication entre deux boules plus larges
» dans lesquelles pénètrent les électrodes de
» platine en traversant le verre. Un petit tube,
» partant d'une de ces boules, sert à établir la
» communication avec l'appareil à faire le vide.
» Cet appareil, fait entièrement de verre, sans
» aucun métal, est accompagné d'un système
» additionnel de tubes de verre, avec robinets
» de verre, par le moyen desquels le tube
» spectral est très-facilement rempli du gaz à
» examiner: la tension du gaz est réglée et me-
» surée à l'aide d'un manomètre adapté à l'ap-
» pareil. Si la substance soumise à l'examen est
» liquide ou solide à la température ordinaire,
» le tube destiné à la recevoir est fait d'un
» verre difficilement fusible; après avoir intro-
» duit dans ce tube une petite quantité de la
» substance, on en retire les dernières traces
» d'air, puis on le ferme ; enfin on place le tube

» devant la fente du spectroscope, et on le
» chauffe avec une lampe pour réduire en va-
» peur la substance qu'il renferme, et au besoin
» la maintenir à l'état gazeux, en ayant soin de
» régler sa densité. »

Dans le Mémoire d'où nous avons extrait ce qui précède, MM. Plücker et Hittorf font connaître un fait singulier et de la plus haute importance, qu'ils ont découvert en opérant comme il vient d'être dit : « Il existe un certain nombre » de substances élémentaires, qui, lorsqu'elles » sont différemment chauffées, fournissent deux » espèces de spectres de caractères tout à fait » différents, n'ayant aucune raie ni aucune bande » commune. De plus, le passage d'une espèce ». de spectre à l'autre ne se fait nullement d'une » manière continue, mais a lieu brusquement; » on peut, en réglant convenablement la tempé- » rature, reproduire successivement chacun de » ces spectres, dans tel ordre que l'on veut. » L'hydrogène, l'azote, le soufre et le sélénium sont dans ce cas.

De l'ensemble des recherches que nous venons d'analyser, il résulte que les corps gazeux, à l'état incandescent, produisent des spectres présentant une suite de raies brillantes spéciales à chacun d'eux. Les corps solides ou liquides, au contraire, rendus lumineux par une température très-élevée, ne donnent jamais lieu qu'à des spectres continus, sans aucune apparence de raies brillantes. On peut le constater en observant, par exemple, la lumière très-vive d'un morceau de chaux placé dans la flamme de l'hydrogène en combustion ; ou bien encore celle du charbon en ignition, même lorsque le charbon est à l'état de division extrême, tel qu'on le voit dans la flamme d'une lampe ou dans celle du gaz d'éclairage.

Les physiciens expliquent les phénomènes lumineux en les regardant comme dus aux vibrations d'un fluide extraordinairement peu dense, répandu partout, et doué d'une grande élasticité, fluide qu'ils désignent sous le nom d'*éther*. Lorsqu'un corps émet de la lumière, c'est que ses molécules sont dans un état particulier de vibration ; ce mouvement vibratoire se transmet à l'éther, se propage ainsi de tous côtés dans l'espace, et arrive à l'intérieur de l'œil, où il produit la sensation de la lumière. Cet état particulier de vibration des molécules des corps pondérables présente de grandes variétés : la durée des vibrations, tout en étant toujours excessivement courte, peut varier beaucoup. Or cette durée des vibrations est liée intimement au degré de réfrangibilité de la lumière qui en résulte : la réfrangibilité est d'autant plus grande que le mouvement vibratoire transmis à l'œil par l'éther est plus rapide.

Lorsque la lumière émise par un corps donne lieu à un spectre qui se réduit à une seule raie brillante, c'est que tous les rayons de cette lumière possèdent un seul et même degré de réfrangibilité : les molécules du corps lumineux vibrent donc toutes exactement de la même manière, c'est-à-dire qu'elles emploient toutes le même temps à effectuer une vibration complète. Si le spectre est formé de deux raies brillantes, c'est que les molécules du corps lumineux sont animées en même temps de deux modes de vibrations de durées différentes : soit qu'une portion des molécules vibre d'une manière, et l'autre portion de l'autre manière; soit, au contraire, que chaque molécule possède à la fois les deux mouvements vibratoires distincts. On comprendra de même comment il peut se faire que le spectre formé par la lumière qn'émet un corps incandescent se compose de trois, quatre, cinq,... raies brillantes. Si un corps lumineux donne lieu à un spectre continu, présentant une succession de teintes diverses, sans aucune apparence de raie brillante distincte, c'est que les molécules de ce corps possèdent des vibrations de toutes les durées possibles, entre celle qui correspond à l'extrémité la moins réfrangible du spectre et celle qui correspond à l'extrémité la plus réfrangible.

Il existe une grande analogie entre les phénomènes de la lumière dont nous nous occupons ici, et ceux du son qui est dû, comme on sait, aux vibrations de l'air atmosphérique. Lorsqu'un corps sonore est mis en vibration, son mouvement vibratoire se transmet à l'air et arrive ainsi à notre oreille. La durée des vibrations de ce corps sonore est intimement liée à la *hauteur* du son qui en résulte : le son est d'autant plus *aigu* que la durée des vibrations est plus courte, d'autant plus *grave* que cette durée est plus longue. Un corps doué d'un seul mouvement vibratoire bien déterminé donne lieu à un son unique. Deux corps pareils, animés en même temps de mouvements vibratoires déterminés, mais différents l'un de l'autre par la durée des vibrations, nous font entendre à la fois deux sons distincts. Un seul corps, tel qu'une corde élastique tendue entre deux points fixes, peut indifféremment être animé d'un mouvement vibratoire simple, ou bien posséder simultanément plusieurs mouvements vibratoires distincts : ce corps fera entendre un son unique dans le premier cas, plusieurs sons à la fois dans le second cas. Un corps élastique dont les diverses parties vibrent chacune à sa manière, sans qu'il y ait de rapport entre les durées de leurs vibrations diverses, fait entendre un ensemble de sons différents les uns des autres, qui se mêlent en produisant un bruit confus.

Cette analogie entre les phénomènes du son et de la lumière, où l'on voit la durée des vibrations originelles donner lieu, d'une part à la hauteur plus ou moins grande du son produit, d'une autre part au degré plus ou moins grand de réfrangibilité, et par suite à la couleur propre de la lumière occasionnée, nous est d'une très-grande utilité pour bien comprendre ce qui se passe dans les phénomènes lumineux si variés dont nous nous occupons.

D'après cela nous voyons que les gaz sont dans un état favorable à la production de vibrations moléculaires d'une nature déterminée, donnant lieu par conséquent à l'émission de rayons de lumière d'une réfrangibilité et d'une couleur également déterminées. Leurs molécules, beaucoup plus éloignées les unes des autres que celles des corps solides ou liquides, sont soustraites à l'action de ces espèces de liens qui les maintiennent rapprochées dans ces derniers corps; elles sont libres de prendre les mouvements vibratoires qui conviennent à leur nature particulière. Les molécules des corps solides et liquides, au contraire, en raison de leur plus grand rapprochement, se gênent mutuellement dans leurs mouvements vibratoires, et la lumière qu'ils émettent contient des rayons correspondant à un très-grand nombre, sinon à une infinité, de durées différentes de vibrations; de sorte que ces rayons, en se réfractant inégalement dans leur passage à travers le prisme, donnent lieu à un spectre étalé et diversement coloré, sans aucune apparence de discontinuité.

Ces résultats auxquels les recherches des physiciens ont déjà conduit relativement à la nature de la lumière émise par les différents corps, sont évidemment de la plus haute importance. Indépendamment des conséquences qui en ont été déjà tirées pour reconnaître dans un corps lumineux la présence de telle ou telle substance élémentaire, conséquences que nous nous proposons de développer ici, il est clair qu'il y a là un moyen d'aborder l'étude de la nature intime des corps. Telle substance simple, amenée à l'état de gaz incandescent, produit un spectre formé de quelques raies brillantes seulement ; telle autre substance, réputée simple comme la première, donne au contraire un spectre contenant un grand nombre de pareilles raies : n'y a-t-il pas lieu de soupçonner que la seconde est moins simple qu'on ne l'avait supposé? D'un autre côté, ne doit-il pas y avoir une relation nette et précise entre les diverses vibrations lumineuses dont une même molécule est animée en même temps, comme cela a lieu, par exemple, pour les vibrations sonores simultanées d'une même corde élastique? S'il en est ainsi, l'examen des positions relatives des diverses raies brillantes produites par une certaine substance à l'état de gaz incandescent, peut faire voir si ces raies sont toutes dues aux vibrations de chacune des molécules de la substance considérée, ou bien si cette substance doit être regardée comme se décomposant en plusieurs parties dont chacune occasionne une portion seulement du système général de raies produites. Qui peut prévoir les conséquences auxquelles conduiront ces considérations et d'autres du même genre? Il y a là évidemment toute une mine à exploiter, et une mine dont la richesse est incalculable.

Raies obscures.

Les raies obscures du spectre lumineux sont celles qui se sont présentées les premières à l'attention des physiciens. Tandis que les raies

brillantes dont nous venons de parler ne s'é-
taient d'abord montrées qu'exceptionnellement,
sans qu'on y fît beaucoup attention; dans le
spectre de l'étincelle électrique; les raies obscures avaient apparu, peu nombreuses d'abord
à Wollaston, puis en grand nombre à Fraünhofer, comme constituant un caractère essentiel
du spectre solaire. On peut dire toutefois, qu'en
se présentant ainsi aux yeux des célèbres physiciens qui viennent d'être nommés, elles n'ont
pas complétement répondu à leur attente. En
regardant de loin une fente lumineuse de peu de
largeur, à travers un prisme dont les arêtes étaient
parallèles à la longueur de la fente, ils avaient
l'espoir, ainsi que le dit nettement Wollaston,
de séparer complétement les unes des autres
les diverses lumières simples dont se compose
la lumière blanche du Soleil. Ils devaient voir
ainsi autant d'images distinctes de cette fente,
qu'il y avait de lumières élémentaires dans la
lumière solaire; et comme chacune de ces images
devait être mince comme la fente elle-même, ils
devaient voir, en définitive, un certain nombre
de raies brillantes séparées par des espaces obscurs en forme de bandes. C'est le contraire qui
arriva : ils virent des raies obscures séparées
les unes des autres par des espaces lumineux
formant des bandes colorées de diverses largeurs.
Ce n'est qu'en opérant sur certaines lumières
artificielles qu'on est parvenu ultérieurement à
réaliser l'idée primitive de Wollaston et de
Fraünhofer, c'est-à-dire à décomposer une lu-

mière donnée en un nombre limité de lumières
simples représentées chacune par une image
mince de la fente lumineuse, ou en d'autres
termes par une raie brillante du spectre.

Les nombreuses raies obscures du spectre
solaire avaient été observées avec soin par
Fraünhofer, et dessinées au nombre de 354 sur
une carte du spectre. Ces raies étaient autant
de points fixes auxquels on pouvait rapporter à
volonté les expériences et les mesures relatives
au pouvoir réfringent de diverses substances
transparentes; et c'est surtout en vue de faciliter les opérations de ce genre que Fraünhofer
avait pris le soin de construire la carte dont
nous venons de parler. Quant à la nature et à
l'origine de ces raies, on ne savait absolument
rien, si ce n'est qu'elles appartiennent en propre
à la lumière introduite dans la chambre obscure,
lorsque Brewster fit une expérience capitale qui
ouvrit la voie pour l'explication du phénomène.
Voici comment il en parle dans le Mémoire qu'il
présenta à ce sujet à la Société Royale d'Édimbourg (avril 1833) (1). Après avoir donné quelques indications sur les résultats qu'il avait obtenus en faisant passer la lumière solaire à
travers divers milieux colorés tant liquides que
solides, et observant les modifications qui en
résultaient pour le spectre, il ajoute : « Mon
» attention se dirigea sur l'action des corps ga-

---

(1) *Transactions philosophiques d'Édimbourg*, t. XII.

» zeux, et le premier essai que je tentai fut fait
» avec le *gaz acide nitreux* (acide hypoazotique).
» Le résultat de cette expérience me présenta
» un phénomène si extraordinaire dans son as-
» pect, portant si fortement sur les théories ri-
» vales de la lumière, étendant si loin les res-
» sources de l'optique pratique, et touchant de
» si près à la racine de la science atomique,
» que je suis persuadé qu'elle ouvrira un champ
» de recherches inépuisable aux savants des
» siècles à venir. » Brewster rappelle alors la
découverte du spectre solaire par Newton, celle
des raies du spectre par Fraünhofer après que
Wollaston les avait simplement entrevues, l'o-
pinion de Fraünhofer qui regardait ces raies
comme ayant leur origine dans la nature même
de la lumière du Soleil; puis il dit : « Tel était
» l'état de la question lorsque je fis l'expérience
» dont il s'agit, sur le gaz acide nitreux. En
» examinant avec un prisme de cristal de roche,
» dont l'angle réfringent était aussi grand que
» possible (environ 78 degrés), la lumière d'une
» lampe transmise à travers une petite épais-
» seur de gaz, dont la couleur était d'un jaune
» très-pâle, je fus surpris de voir le spectre
» traversé par des centaines de lignes ou bandes
» beaucoup plus distinctes que celles du spectre
» solaire. Ces lignes sont très-tranchées et très-
» noires dans le violet et le bleu, plus faibles
» dans le vert, et extrêmement faibles dans le
» jaune et dans le rouge. En augmentant l'é-
» paisseur du gaz, les lignes deviennent de plus

» en plus distinctes dans le jaune et le rouge,
» et elles s'élargissent dans le bleu et le violet,
» l'absorption générale s'avançant à partir de
» l'extrémité violette, pendant qu'une absorp-
» tion spéciale grandissait de chaque côté des
» lignes fixes du spectre. Il ne me fut pas facile
» d'obtenir une épaisseur de gaz suffisante pour
» développer les lignes à l'extrémité rouge ; mais
» je trouvai que la chaleur produit le même
» pouvoir absorbant que l'augmentation d'é-
» paisseur, et en amenant à une haute tempé-
» rature un tube qui contenait une épaisseur
» de gaz d'un demi-pouce, je parvins à rendre
» très-visibles les lignes et bandes de la partie
» rouge..... Lorsque le gaz est liquéfié, il ne
» produit aucune des lignes fixes dont je viens
» de parler, et n'exerce pas d'autre action sur
» le spectre qu'un liquide quelconque de la
» même couleur orangée. »

Cette belle expérience de Brewster montre
que les raies obscures du spectre sont dues à
l'absorption de certains rayons lumineux d'une
réfrangibilité déterminée, par le passage de la
lumière à travers un gaz. La manière dont l'illustre physicien écossais en parle avant de la
décrire témoigne suffisamment de la haute importance qu'il y attachait à juste titre. Il n'hé-
sita pas, d'après elle, à regarder les raies obscures du spectre solaire comme des raies
d'absorption dues, en partie au moins, au passage de la lumière du Soleil à travers l'atmosphère de cet astre. Comparant le spectre solaire

au spectre de la lumière artificielle qui avait traversé une certaine épaisseur d'acide nitreux, Brewster reconnut immédiatement des ressemblances et des différences dans les systèmes de raies de ces deux spectres. Pour établir cette comparaison d'une manière plus précise, il juxtaposa les deux spectres, en faisant passer en même temps les deux espèces de lumières par la fente de la chambre obscure, l'une dans la partie supérieure de cette fente, l'autre dans la partie inférieure. « De cette manière, dit-il, les » raies de l'un des spectres se trouvent en re-» gard de celles de l'autre spectre, comme les » divisions d'un vernier et celles du limbe du » cercle auquel le vernier est adapté, et leur » coïncidence ou leur non-coïncidence peut être » reconnue d'un seul coup d'œil. » Ce mode de comparaison de deux spectres a été adopté par tous les physiciens.

L'intérêt nouveau qui s'attachait ainsi au phénomène des raies du spectre solaire engagea Brewster à reprendre l'étude attentive de ces raies et à les dessiner avec plus de détails encore que Fraünhofer ne l'avait fait, en employant pour cela des moyens d'observation plus puissants que ceux dont s'était servi le physicien de Munich. La longueur du spectre dessiné par Fraünhofer est de $0^m,394$. Brewster put étudier le spectre un peu au delà des limites auxquelles Fraünhofer s'était arrêté; de sorte que, à la même échelle, le spectre de Brewster aurait une longueur de $0^m,432$. Mais ce dernier spectre

étant dessiné à une échelle quatre fois plus
grande, eut en réalité une longueur de $1^m,727$;
et certaines parties, dessinées à part à une
échelle encore trois fois plus grande, correspondaient à une longueur de $5^m,182$ pour le
spectre entier. Tandis que la carte de Fraünhofer ne contenait que 354 raies du spectre solaire, les dessins de Brewster montraient ce
spectre divisé en plus de 2000 parties distinctes
et faciles à reconnaître (1). Les indications fournies par ces dessins, revues et complétées par
des observations ultérieures, n'ont été publiées
que 27 ans plus tard, dans un Mémoire présenté
en commun par MM. Brewster et J.-H. Gladstone, à la Société Royale de Londres (2).

Le même Mémoire de Brewster d'où nous
avons tiré tout ce qui précède, renferme une
autre découverte importante, celle de l'action
absorbante exercée par l'atmosphère de la Terre
sur la lumière du Soleil, action qui se manifeste
dans le spectre solaire par la présence d'un certain nombre de raies ou bandes obscures. « Dans
» le cours des observations faites en hiver, dit
» Brewster, j'observai dans le rouge et dans le
» vert des raies et bandes distinctes qui disparais-
» saient totalement aux autres époques de l'année.
» Une comparaison soigneuse de ces observations

---

(1) *Transactions philosophiques d'Édimbourg*, t. XII.

(2) *Transactions philosophiques*, année 1860.

» m'a bientôt montré que *les raies et bandes dont*
» *il s'agit dépendent de la proximité du Soleil à*
» *l'horizon, et sont produites par l'action absor-*
» *bante de l'atmosphère de la Terre....* Les raies
» atmosphériques, comme on peut les appeler,
» ont leur maximum de visibilité lorsque le So-
» leil descend sous l'horizon. Leur étude est
» donc très-difficile dans un climat où cet astre,
» même dans un jour serein, se couche presque
» toujours dans les nuages; mais comme j'ai
» profité de tous les moments favorables à l'ob-
» servation, j'ai pu exécuter un dessin assez
» exact du spectre atmosphérique. » Brewster
entre ensuite dans quelques détails sur la position qu'occupent les principales raies ou bandes
atmosphériques dans l'ensemble du spectre solaire.

Peu de temps après que Brewster eut fait
connaître sa belle expérience des raies d'absorption dues au passage de la lumière à travers
le gaz acide nitreux, W.-H. Miller et Daniell la
répétèrent en remplaçant l'acide nitreux par
d'autres gaz ou vapeurs colorés, tels que le
chlore, le brome, l'iode, etc.; ils obtinrent des
résultats analogues mais non identiques à celui
de Brewster, et constatèrent ainsi que les raies
d'absorption varient avec la nature des gaz employés. Plus tard, en 1845, M. W.-A. Miller,
dans un Mémoire dont nous avons déjà parlé
pour ses expériences sur les flammes colorées,
étendit encore les recherches relatives à l'action

absorbante de divers corps gazeux sur certaines parties de la lumière qui les traverse (1).

D'après les découvertes de Brewster, les raies obscures du spectre solaire paraissaient devoir être attribuées à deux causes distinctes : les unes à l'absorption de certains rayons lumineux par l'atmosphère du Soleil, les autres à une absorption pareille dans l'atmosphère de la Terre.

L'idée d'attribuer une partie des raies du spectre à une absorption élective dans l'atmosphère solaire a été combattue par M. Forbes, ainsi qu'on le voit dans le passage suivant d'une lettre adressée à Arago, en juin 1836 : « Vous » savez qu'il y a transversalement dans le » spectre solaire, un grand nombre de lignes ou » d'espaces entièrement noirs. Ainsi il manque, » dans la lumière de cet astre, des rayons de » certains degrés de réfrangibilité. Ces rayons » ne sont absorbés, ni par le prisme, ni par l'at- » mosphère terrestre. Sir D. Brewster suppose » que cette perte de rayons s'opère dans l'at- » mosphère du Soleil. Dans cette hypothèse, les » rayons provenant du bord du Soleil, ayant à » traverser une plus grande épaisseur d'atmo- » sphère, devraient, décomposés par le prisme, » présenter plus de lignes ou des lignes plus » larges que les rayons émanant du centre. La » dernière éclipse de Soleil (éclipse annulaire

---

(1) *Philosophical Magazine*, t. XXVII.

» du 15 mai 1836) m'a donné le moyen de me
» procurer un spectre engendré exclusivement
» par les rayons du bord du Soleil; or j'ai re-
» connu sans équivoque que ce spectre est
» parfaitement identique à celui qui résulte de
» l'ensemble de la lumière de l'astre. Consé-
» quemment les rayons manquants ne sont pas
» perdus dans l'atmosphère solaire (1). » La
même objection a été reproduite en 1847 par
M. Matthiessen, et fondée sur des observations
analogues faites pendant la durée de l'éclipse du
9 octobre de cette année (2). Ajoutons enfin
que M. Janssen a fait, à la demande du Bureau
des Longitudes, des observations du même genre
à Trani (Italie), lors de l'éclipse annulaire du
6 mars 1867, avec des instruments bien plus
parfaits que ceux dont pouvaient disposer
MM. Forbes et Matthiessen, et que le résultat
a été le même. « Plusieurs grands spectroscopes,
» dit-il, reliés entre eux, suivaient le Soleil.
» Une bonne image de l'éclipse tombait sur les
» fentes. J'avais choisi dans mes cartes plusieurs
» groupes incontestablement solaires, et, les
» cartes sous les yeux (des cartes faites à loisir
» depuis longtemps), je suivais ces groupes.
» Les raies choisies sont des raies grises, sur
» lesquelles, par conséquent, une augmentation
» d'intensité était facile à constater. Or, pen-

---

(1) *Comptes rendus de l'Académie des Sciences,* t. **II.**
(2) *Ibidem,* t. **XXV.**

» dant toute la durée de l'éclipse, avant, pendant,
» après la centralité, je n'ai pu saisir une aug-
» mentation *sensible* et nettement accusée d'in-
» tensité. Ainsi, la lumière envoyée par les bords
» de la photosphère, pour une région d'une
» demi-minute d'épaisseur angulaire, ne pré-
» sente pas, au point de vue de l'absorption
» élective, une composition moyenne sensible-
» ment différente de celle du centre (1). »

Ce genre de considérations mis en avant par
M. Forbes était parvenu à ébranler l'opinion de
Brewster, au sujet des raies d'absorption dues
à l'atmosphère du Soleil, car il dit, dans le Mémoire qu'il publia en commun avec M. Gladstone
en 1860 (2), que les raies du spectre solaire
pourraient bien avoir *toutes* leur origine dans
l'atmosphère de la Terre. Cependant les travaux
ultérieurs dont nous avons encore à rendre
compte ne peuvent plus laisser de doute sur ce
point : une partie des raies obscures du spectre
solaire doivent être attribuées certainement à
l'action absorbante de l'atmosphère du Soleil.
Seulement, dans l'explication de la manière dont
cette action absorbante s'exerce, on devra nécessairement tenir compte des résultats négatifs
obtenus par MM. Forbes, Matthiessen et Janssen,
relativement à la différence qu'ils cherchaient

---

(1) *Comptes rendus de l'Académie des Sciences,*
t. LXIV.

(2) *Transactions philosophiques,* année 1860.

entre la lumière du centre du Soleil et celle de ses bords.

Quant aux raies d'absorption dues au passage de la lumière du Soleil à travers l'atmosphère de la Terre, raies que nous désignerons, avec M. Janssen, sous le nom de *raies telluriques,* Brewster se confirma de plus en plus dans l'opinion qu'il avait émise à ce sujet dans son Mémoire de 1833. Dans une communication faite à l'Académie des Sciences, le 13 mai 1850, il disait :

« Cette assertion, que l'atmosphère de la Terre
» joue un rôle très-important pour modifier le
» spectre solaire, ne peut admettre l'ombre d'un
» doute. Ayant eu l'occasion d'examiner ce
» spectre à toutes les heures de la journée, et
» à toutes les hauteurs du Soleil dans nos
» latitudes, j'ai observé les différents effets de
» l'absorption atmosphérique, et j'ai fait des
» dessins sans art et à la hâte des différentes
» bandes qu'elle produit. Ces bandes sont ter-
» minées par les lignes définies du spectre et
» sont quelquefois excessivement larges, res-
» semblant à celles que produit le gaz nitreux.
» Ces lignes, dans certains états de l'atmosphère,
» se convertissent en larges bandes noires, et il
» y a un espace considérable, correspondant à la
» partie la plus lumineuse du spectre, qui est
» presque entièrement absorbée au moment où
» le Soleil s'abaisse au milieu d'un brillant
» rideau de lumière rouge. »

Dans ces dernières années, M. Janssen s'est attaché spécialement à cette question des raies

d'absorption dues au passage de la lumière solaire à travers l'atmosphère de la Terre, dans
le but de faire disparaître les doutes qui pouvaient encore rester dans les esprits à ce sujet.
Il a repris tout d'abord (1862) l'examen de ces
bandes obscures qui, d'après l'indication de divers observateurs, apparaissaient seulement le
soir et le matin, et s'évanouissaient aussitôt que
le Soleil atteignait une certaine hauteur au-
dessus de l'horizon. « Il est incontestable, dit-il,
» que s'il existe dans le spectre solaire des raies
» dues à une absorption élective des gaz de l'at-
» mosphère terrestre, ces raies doivent y exister
» d'une manière permanente et présenter seule-
» ment des variations d'intensité en rapport avec
» l'épaisseur de la couche d'air traversée. Je me
» suis donc attaché à construire un appareil qui
» permît de décider la question de l'existence
» ou de la non-existence de ces raies pour les
» plus grandes altitudes du Soleil. Le spectro-
» scope que j'ai construit à cet effet produit
» l'effet de cinq prismes de flint lourd, et
» possède un pouvoir considérable de dispersion.
» Une seconde fente, disposée en avant et à
» quelques décimètres de la fente ordinaire,
» permet de modérer à volonté l'intensité lumi-
» neuse, et donne par là une netteté beaucoup
» plus grande aux images. A l'aide de cet in-
» strument, j'ai pu suivre, depuis le lever du
» Soleil jusqu'à son coucher, et d'instants en
» instants, des groupes de raies toujours
» visibles, variant seulement d'intensité, suivant

28.

» que semble l'exiger la hauteur de l'atmo-
» sphère (1). » Il est impossible de se refuser à
l'évidence. Ces raies visibles pendant toute la
journée, et variant d'intensité avec la hauteur
du Soleil, sont bien réellement des raies d'absorption produites par le passage de la lumière
solaire à travers l'atmosphère terrestre, c'est-à-
dire des raies telluriques. De toutes les raies
d'absorption provenant de notre atmosphère,
les plus fortes seulement peuvent être ainsi
aperçues lorsque le Soleil est à une grande hauteur au-dessus de l'horizon ; les autres, trop
faibles dans le milieu du jour, ne sont visibles
que le matin et le soir. Il résulte de ces observations, dans lesquelles M. Janssen est parvenu
à résoudre en raies fines et nettes les bandes
obscures dont parle Brewster, et à voir distinctement environ 3 000 raies dans toute l'étendue du spectre solaire, que l'atmosphère de la
Terre agit sur la lumière aussi énergiquement
que l'atmosphère du Soleil, quoique d'une
manière différente. Ces deux atmosphères se
partagent pour ainsi dire le spectre : mais les
raies telluriques situées dans le rouge, l'orangé
et le jaune sont dix fois plus nombreuses que
les raies solaires de ces régions; tandis que, dans
le vert, le bleu, le violet, ce sont les raies d'origine solaire qui dominent de beaucoup. Quelques-

---

(1) *Comptes rendus de l'Académie des Sciences,*
t. LIV.

unes des principales raies telluriques du spectre
solaire se sont également montrées dans le
spectre de Sirius, lorsque cette belle étoile était
observée très-près de l'horizon (1).

M. Janssen ayant répété ses observations au
sommet du Faulhorn (montagne de l'Oberland
bernois), à 2 683 mètres au-dessus du niveau de
la mer, y a constaté une diminution générale de
tous les groupes de raies telluriques, ce qui est
une conséquence naturelle de la position élevée
où il se trouvait. Il a remarqué, au contraire,
que les raies d'origine solaire conservaient leur
intensité, et gagnaient même en netteté. Les raies
telluriques y éprouvent, pendant le cours d'une
journée, des variations d'intensité beaucoup plus
marquées que dans la plaine, et il a pu reconnaître
ainsi l'origine tellurique de groupes importants
pour lesquels la distinction était restée dou-
teuse (2).

D'un autre côté, M. Janssen voulut encore
contrôler par une expérience directe la réalité
du rôle attribué à l'atmosphère de la Terre dans
la production des raies dites telluriques. Cette
belle expérience fut faite en 1864, près du lac
de Genève. A Nyon, sur les bords du lac, et à
21 kilomètres de Genève, on alluma pendant la
nuit un grand feu de bois de sapin; puis on ob-

---

(1) *Comptes rendus de l'Académie des Sciences,*
t. LVI et LXIII.

(2) *Ibidem,* t. LX.

serva la lumière de la flamme au spectroscope,
de près d'abord, et ensuite de loin, à 21 kilomètres de distance : continu dans le premier
cas, le spectre devint au contraire discontinu
dans le second, et des bandes telluriques s'y
manifestèrent avec évidence (1).

Restait à savoir à quels éléments de l'atmosphère terrestre cette action absorbante devait
être attribuée. L'étude attentive du spectre solaire avait porté M. Janssen à penser que la
vapeur d'eau répandue dans l'air y avait une
part importante. Il avait reconnu en effet que,
pour les mêmes hauteurs du Soleil, certaines
raies du spectre de cet astre étaient d'autant plus
accusées que l'air était plus humide ; d'ailleurs,
dans ses observations sur le Faulhorn, il avait
pu voir, par des jours de sécheresse extrême, ces
mêmes raies s'évanouir presque complétement
du spectre. Une expérience instituée en vue de
décider la question le confirma pleinement dans
ces prévisions sur le rôle important de la vapeur
d'eau. Un tube de fer de 37 mètres de longueur
fut rempli de vapeur à une pression de plusieurs
atmosphères ; et la lumière fournie par une rampe
de 16 becs de gaz disposés suivant l'axe du tube
fut observée au spectroscope après son passage
à travers cette colonne de vapeur : le spectre se
présenta avec cinq bandes obscures, dont deux

---

(1) *Comptes rendus de l'Académie des Sciences,*
t. LX.

bien marquées, rappelant le spectre solaire vu dans le même instrument vers le coucher du Soleil. Ce spectre, considéré dans son ensemble, était très-sombre dans la partie la plus réfrangible, tandis qu'il était brillant dans les régions du rouge et du jaune; de sorte que la vapeur d'eau, tout en absorbant énergiquement certains rayons rouges et jaunes, est, en somme, très-transparente pour la plupart de ces rayons, tandis que son action absorbante s'exerce d'une manière générale sur les rayons bleus et violets. Il en résulte que cette vapeur serait de couleur orangé-rouge par transmission, et d'autant plus rouge que la lumière en traverserait une plus grande épaisseur, ce qui explique la couleur rouge du ciel que l'on observe toujours plus ou moins, au lever comme au coucher du Soleil (1).

D'après l'ensemble des travaux que nous venons d'analyser, les raies obscures du spectre solaire sont des raies d'absorption dues à l'action des gaz que traverse la lumière émise par le Soleil avant de nous arriver. L'atmosphère de la Terre, surtout en raison de la vapeur d'eau qu'elle renferme, joue un rôle important dans cette absorption; mais elle est loin de produire à elle seule toutes les raies qu'on voit dans le spectre solaire : celles de ces raies dont son

---

(1) *Comptes rendus de l'Académie des Sciences,* t. LXIII.

action ne peut rendre compte proviennent du Soleil lui-même. Ainsi, le spectre solaire contient deux systèmes de raies bien distincts : les raies telluriques et les raies solaires. Chacun de ces systèmes renferme un très-grand nombre de raies. Ce qui permet de les distinguer les unes des autres, c'est la constance d'aspect des raies solaires, et la variabilité des raies telluriques avec la hauteur du Soleil au-dessus de l'horizon et aussi avec le degré plus ou moins grand d'humidité de l'air atmosphérique.

Quand on veut étudier la nature intime de la lumière solaire, pour y chercher des indications sur la constitution de l'astre qui l'envoie, on laisse de côté, bien entendu, les raies telluriques, et on ne représente sur les dessins du spectre que les raies qui n'ont pas leur origine dans notre atmosphère.

Si l'on décompose la lumière solaire en la faisant passer successivement à travers plusieurs prismes, et qu'on observe l'effet de cette décomposition à l'aide d'une lunette d'un fort grossissement, « on voit, dit M. Kirchhoff, le réseau » des raies se décomposer en un nombre de plus » en plus considérable de groupes tellement » caractéristiques que l'œil peut les reconnaître » et les distinguer facilement les uns des autres. » On peut comparer avec justesse ces groupes » aux constellations dans lesquelles il est si » facile de distinguer chacune des étoiles qui en » font partie. Dans le dessin du spectre solaire » donné par Fraünhofer et dans celui qu'ont

» récemment exécuté, sur une plus grande
» échelle, MM. Brewster et Gladstone, il n'y a
» qu'un très-petit nombre de ces groupes de
» raies qu'on puisse reconnaître (1). » Parlant de
bandes sombres que l'on aperçoit dans certaines
parties du spectre et que l'on peut avoir l'espoir
de résoudre en raies distinctes par l'emploi
d'instruments plus puissants encore, M. Kirchhoff
ajoute : « La résolution de ces bandes confuses
» me paraît présenter le même intérêt que la
» résolution des nébuleuses du firmament, et la
» connaissance exacte du spectre solaire ne me
» semble pas offrir une importance moindre
» que l'étude des étoiles fixes (2). »

N'oublions pas de remarquer, comme conséquence directe des expériences dont nous avons
parlé sur la faculté d'absorption des gaz pour
certaines parties des rayons lumineux qui les traversent, que cette faculté d'absorption varie d'intensité dans un rapport considérable quand on
passe d'un gaz à un autre. Ainsi, tandis que,
d'après l'expérience faite par Brewster en 1833,
il suffit d'*une petite épaisseur* de gaz acide nitreux pour donner lieu à un spectre *traversé par
des centaines de raies beaucoup plus distinctes
que celles du spectre solaire*, nous voyons une

(1) *Mémoires de l'Académie de Berlin,* année 1861
(traduction de M. Grandeau, *Annales de Chimie et de
Physique,* 3ᵉ série, t. LXVIII).

(2) *Ibidem.*

masse de vapeur d'eau, à une forte pression, ne produire, sous une épaisseur de 37 mètres, que cinq bandes obscures, dont deux seulement bien marquées.

Correspondance des raies obscures et des raies brillantes. — Renversement du spectre.

La double raie brillante de lumière jaune trouvée par Brewster comme constituant presque à elle seule le spectre de la flamme de l'alcool salé, se voit avec plus ou moins d'intensité dans les spectres produits par les diverses lumières artificielles. Fraünhofer a fait la remarque importante que cette double raie brillante occupe dans le spectre exactement la même place que la raie D du spectre solaire, raie qui est également formée de deux raies noires distinctes se confondant l'une avec l'autre lorsqu'on n'emploie qu'un instrument de faible puissance. En d'autres termes, ces doubles raies, brillante et obscure, correspondent à des rayons lumineux de même réfrangibilité.

Plus tard, Brewster étendit la remarque de Fraünhofer à d'autres raies du spectre, comme on le voit dans la Note suivante, insérée au Rapport de l'Association Britannique pour l'avancement des sciences, réunie à Manchester en juin 1842 : « Ayant connaissance de la belle dé-» couverte de Fraünhofer relative aux phéno-» mènes de la raie D dans le spectre prisma-» tique, dit sir David Brewster, j'ai reçu de

» l'Établissement de cet homme éminent, à Mu-
» nich, un prisme splendide fait pour l'Associa-
» tion Britannique, et un des plus grands, peut-
» être, qui aient jamais été faits ; et en exami-
» nant avec ce prisme le spectre du nitre en
» déflagration, je fus surpris de trouver la raie
» rouge, découverte par M. Fox Talbot, accom-
» pagnée de beaucoup d'autres raies, et de voir
» que cette raie rouge extrême occupe exacte-
» ment la place de la raie A dans le spectre de
» Fraünhofer ; je fus également surpris de voir
» une raie brillante correspondant à la raie B
» de Fraünhofer. En fait, toutes les raies obs-
» cures de Fraünhofer étaient reproduites dans
» le spectre par une lumière rouge brillante. Les
» raies A et B renversées dans le spectre du
» nitre en déflagration étaient toutes deux dou-
» bles ; et en examinant un spectre solaire dans
» des circonstances favorables, je trouvaï des
» bandes correspondant à ces doubles raies. Je
» suis très-anxieux de voir s'il y a quelque
» chose d'analogue dans d'autres flammes , et il
» me semblerait que c'est une propriété qui ap-
» partient presque à toute flamme. » En rappelant ces observations dans une Note communiquée à l'Académie des Sciences en 1850 (1),
Brewster ajoute : « J'ai observé aussi des bandes
» brillantes bien définies par la combustion du

---

(1) *Comptes rendus de l'Académie des Sciences,*
t. XXX.

» *nitrate de strontiane* dans la flamme de l'al-
» cool, dans la partie du spectre qui est entre
» D et E; mais quoiqu'*elles paraissent* coïnci-
» der avec certaines lignes et bandes du spectre
» solaire, je n'ai pas pu mettre cette coïncidence
» présumée hors de toute incertitude. Je n'ai au-
» cun doute que, dans la combustion de différents
» sels ou métaux, de semblables lignes brillantes
» ne doivent s'observer coïncidant avec d'autres
» des principales raies du spectre ordinaire. »

Les choses en étaient là, c'est-à-dire qu'on
avait constaté que quelques raies brillantes produites par certaines flammes colorées occupent
dans le spectre exactement la même place que
quelques-unes des raies obscures du spectre solaire, lorsqu'un fait capital vint établir une cor-
rélation plus intime entre ces deux espèces de
raies et montrer que la coïncidence constatée
tient à une propriété essentielle et très-remarquable des substances gazeuses.

Le fait dont nous parlons a été observé pour
la première fois par Foucault, en 1849, dans ses
expériences sur l'arc de lumière électrique produit entre deux cônes de charbon. « J'ai fait tom-
» ber, dit-il, sur l'arc lui-même une image so-
» laire formée par une lentille convergente, ce
» qui m'a permis d'observer à la fois superposés
» le spectre électrique et le spectre solaire; je
» me suis assuré de la sorte que la double ligne
» brillante de l'arc coïncide exactement avec la
» double ligne noire de la lumière solaire (double
» raie D de Fraünhofer). Ce procédé d'investi-

» gation m'a fourni matière à quelques obser-
» vations inattendues. Il m'a d'abord prouvé
» l'extrême transparence de l'arc qui ne porte
» à la lumière solaire qu'une ombre légère; il
» m'a montré que cet arc, placé sur le trajet
» d'un faisceau de lumière solaire, absorbe les
» rayons D, en sorte que ladite raie D de la lu-
» mière solaire se renforce considérablement
» quand les deux spectres sont exactement su-
» perposés. Quand, au contraire, ils débordent
» l'un sur l'autre, la raie D apparaît plus noire
» qu'à l'ordinaire dans la lumière solaire et se
» détache en clair dans le spectre électrique, ce
» qui fait qu'on juge facilement de leur parfaite
» coïncidence. Ainsi, l'arc nous offre un milieu
» *qui émet pour son propre compte les rayons* D,
» *et qui, en même temps, les absorbe lorsque ces*
» *rayons viennent d'ailleurs.* Pour faire l'expé-
» rience d'une manière plus décisive encore, j'ai
» projeté sur l'arc l'image réfléchie d'une des
» pointes incandescentes de charbon, qui, comme
» tous les corps solides en ignition, ne donne pas
» de raies, et dans ces circonstances la raie D
» m'est apparue comme dans la lumière solaire. »

Le fait important signalé par Foucault dans
un cas seulement a été établi d'une manière
générale par M. Kirchhoff dans un beau Mémoire dont nous avons déjà cité ci-dessus un
passage (1). Après avoir rappelé la curieuse ob-

---

(1) *Mémoires de l'Académie de Berlin,* année 1861;
et *Annales de Chimie et de Physique,* 3e série, t. LXVIII.

servation de Foucault, l'illustre physicien de Heidelberg dit : « Foucault, ni aucun autre sa-
» vant, n'ont cherché à expliquer ou à étendre
» ces observations qui ont ainsi passé inaper-
» çues pour la plupart des physiciens. Elles
» m'étaient inconnues lorsque nous avons, Bun-
» sen et moï, commencé, en 1859, nos recher-
» ches sur les spectres des flammes colorées. »
Il indique les moyens qu'il a employés pour constater la coïncidence de la double raie jaune caractéristique du sodium avec la double raie D de Fraünhofer, puis il ajoute : « Je fis passer un
» rayon solaire direct à travers la flamme du so-
» dium placée en avant de la fente, et je vis, à mon
» grand étonnement, apparaître, avec une inten-
» sité extraordinaire, les raies D. Je remplaçai
» la lumière solaire par la lumière de Drummond
» (morceau de chaux rendu incandescent par la
» combustion de l'hydrogène), dont le spectre,
» comme celui de tout corps solide ou liquide,
» porté à l'incandescence, ne présente pas de
» raies obscures. En faisant passer cette lumière
» au travers d'une flamme convenable chargée
» de sel marin, les raies obscures se substi-
» tuèrent immédiatement aux raies brillantes du
» sodium. En employant, au lieu d'un cylindre
» en chaux, un fil de platine rendu incandes-
» cent par une flamme et porté à une tempéra-
» ture voisine de son point de fusion par l'ac-
» tion d'un courant électrique, j'observai le
» même fait.

» Ces phénomènes s'expliquent aisément dans

» l'hypothèse qu'une flamme chargée de sodium
» exerce une absorption sur les rayons de même
» réfrangibilité que ceux qu'elle émet, et qu'elle
» est complétement transparente, au contraire,
» pour tous les autres rayons. Cette hypothèse
» est d'autant plus admissible que l'on a observé
» depuis longtemps une semblable absorption
» exercée à basse température par certaines va-
» peurs, telles que l'acide hypoazotique (acide
» nitreux de Brewster) et la vapeur d'iode. Ce
» qui suit montrera comment cette hypothèse
» explique ces phénomènes.

» Vient-on à placer, en avant du fil de platine
» incandescent dont on observe le spectre, une
» flamme de sodium, l'éclat des parties voisines
» des raies du sodium n'est pas modifié, ce qui
» doit être dans l'hypothèse précédente; mais
» les raies elles-mêmes changent, et cela pour
» deux motifs. D'abord la lumière émise par le
» fil de platine perd une certaine partie de son
» intensité primitive par l'absorption qu'exerce,
» sur une certaine étendue, la flamme du so-
» dium. D'autre part, la lumière de la flamme
» du sodium s'ajoute à la lumière du fil. Il est
» évident que, lorsque le fil de platine émet une
» lumière d'une intensité suffisante, la perte de
» lumière causée par l'absorption de la flamme
» doit l'emporter sur l'accroissement de lumière
» dû à cette même flamme; les raies du sodium
» doivent alors paraître plus obscures que les par-
» ties du spectre qui les avoisinent, et peuvent,
» si l'absorption est assez considérable, paraître

» tout à fait noires par contraste avec leur voi-
» sinage, bien que leur intensité lumineuse dé-
» passe nécessairement encore celle de la flamme
» de sodium considérée isolément.

» L'absorption de la flamme du sodium sera
» d'autant plus visible que son pouvoir éclai-
» rant sera plus faible, c'est-à-dire que sa tem-
» pérature sera plus basse. » L'auteur du Mémoire cite ici diverses expériences qui confirment
ces vues. Puis il continue ainsi :

« La flamme du sodium se distingue de toutes
» les autres flammes colorées par la grande in-
» tensité des raies de son spectre. Après elle,
» sous ce rapport, vient la flamme du lithium.
» La raie rouge de ce métal peut être presque
» aussi facilement renversée que les raies bril-
» lantes du sodium.... Le renversement des
» raies brillantes des autres métaux s'obtient
» moins facilement; cependant nous avons été
» assez heureux, Bunsen et moi, pour renverser
» les raies les plus brillantes du potassium, du
» strontium, du calcium et du baryum, en fai-
» sant détoner devant la fente du spectroscope,
» à travers laquelle passaient les rayons solaires,
» un mélange de chlorates de ces corps avec du
» sucre de lait.

» On peut tirer des faits qui précèdent la
» conclusion que chaque gaz incandescent affai-
» blit, par absorption, exclusivement les rayons
» doués de même réfrangibilité que ceux qu'il
» émet; en d'autres termes, que le spectre de
» chaque gaz incandescent doit être renversé

» lorsque ce gaz est traversé par des rayons de
» même réfrangibilité émanés d'une source lu-
» mineuse suffisamment intense et donnant par
» elle-même un spectre continu. »

Les importants résultats indiqués dans la cita-
tion qui précède, ont été communiqués à l'Académie de Berlin le 27 octobre 1859.

Comment se fait-il que les gaz jouissent de
cette singulière propriété d'absorber, dans une
lumière quelconque, précisément les rayons de
même réfrangibilité que ceux qu'ils sont capables d'émettre lorsqu'ils sont rendus incandes-
cents? On peut s'en rendre compte en considérant que, suivant la théorie admise par tous
les physiciens, les phénomènes lumineux sont
dus à certaines vibrations moléculaires des corps
qui émettent la lumière. Euler avait mis en
avant cette idée qu'*un corps absorbe toutes les
séries d'oscillations dont il peut lui-même être
animé*. Dans un Mémoire publié en 1855 (1),
M. Angström, après avoir rappelé cette idée
d'Euler, ajoute : « Il s'ensuit que le même corps,
» lorsqu'il est chauffé au point de devenir lumi-
» neux, doit émettre précisément les rayons qu'il
» absorbe aux températures ordinaires. » Un
peu plus loin il dit encore : « L'analogie entre
» le spectre solaire et le spectre électrique est
» plus ou moins complète, lorsque l'on fait
» abstraction de tous les plus petits détails.

---

(1) *Annales de Poggendorff*, vol. XCIV.

» Considérés dans leur ensemble, ils produisent
» cette impression que l'un d'eux est l'inverse
» de l'autre. Aussi, suis-je convaincu que l'ex-
» plication des raies obscures du spectre solaire
» embrasse celle des raies brillantes du spectre
» électrique. »

Dès que M. Kirchhoff eut établi le fait capital désigné sous le nom de *renversement du
spectre*, M. Stokes en donna l'explication suivante (1) : « Nous savons qu'une corde tendue,
» qui rend un son déterminé lorsqu'on l'ébranle,
» est mise facilement en vibration par des vi-
» brations aériennes de même période que le son
» dont il s'agit. Supposons maintenant qu'une
» portion de l'espace contienne un grand nom-
» bre de cordes pareilles et soit, en conséquence,
» l'analogue d'un *milieu élastique*. Il est évident
» que toutes les fois qu'on ébranlera un pareil
» milieu, on obtiendra le son propre aux cordes
» qui le composent ; et, d'autre part, que si l'on
» produit ce même son à quelque distance, les
» vibrations incidentes mettront les cordes en
» mouvement, et par conséquent s'éteindront
» elles-mêmes en traversant le milieu, sans quoi
» il y aurait création de force vive. L'applica-
» tion de cette comparaison aux phénomènes
» optiques n'a pas besoin d'être développée. »

---

(1) *Philosophical Magazine*, 4ᵉ série, t. XIX.

*Méthode d'analyse chimique fondée sur l'examen
du spectre lumineux.*

L'idée de faire servir les caractères spéciaux
des spectres lumineux produits sous l'influence
des différents corps, pour distinguer ces corps
les uns des autres et reconnaître la présence de
chacun d'eux dans un composé complexe, s'est
présentée tout naturellement à l'esprit de ceux
qui se sont occupés d'étudier la diversité de
composition de ces spectres.

C'est ainsi que Fox Talbot, à l'occasion de ses
recherches sur les flammes colorées, publiées
en 1826 (1), termine son Mémoire par cette remarque significative : « Si cette opinion était
» exacte et applicable aux autres raies définies,
» *un coup d'œil jeté sur le spectre prismatique*
» d'une flamme pourrait suffire pour y indiquer
» la présence de substances qui autrement n'y
» auraient été découvertes qu'à l'aide d'une ana-
» lyse chimique laborieuse. »

Plus tard, en 1834, Fox Talbot revient sur
cette même idée dans sa Note relative à la différence des spectres des flammes colorées par la
lithine et la strontiane (2) ; il dit : « *L'analyse*
» *optique peut distinguer les plus petites quan-*
» *tités de ces deux substances* l'une de l'autre

(1) *Voir* plus haut page 464.
(2) *Voir* plus haut page 466.

» avec autant de certitude, sinon plus, que toute
» autre méthode connue. »

Brewster, en 1833, dans son beau Mémoire
sur les actions absorbantes du gaz acide nitreux
et de l'atmosphère de la Terre, après avoir rappelé ses expériences de 1822, déclare que : « Le
» premier et le principal objet de ses recherches
» a été la découverte d'un principe général d'a-
» nalyse chimique dans lequel *les corps simples*
» *et composés seraient caractérisés par leur*
» *action sur des parties définies du spectre* (1). »

M. Wheatstone, en 1835, après avoir parlé
de la diversité des systèmes de raies brillantes
que produisent les étincelles électriques tirées
successivement de plusieurs métaux, dit : « Les
» apparences sont si différentes, que, par ce
» mode d'examen, *les métaux peuvent être faci-*
» *lement distingués les uns des autres* (2). »

L'idée de fonder une méthode d'analyse chimique sur l'examen du spectre lumineux se fixa
de plus en plus dans l'esprit des physiciens.
Enfin, cette méthode fut définitivement établie
en 1860, dans un beau Mémoire de MM. Kirchhoff et Bunsen (3). Elle ne tarda pas à porter ses
fruits : elle signala son entrée dans la science
par la découverte de deux nouveaux métaux.

----

(1) *Transactions philosophiques d'Édimbonrg*, t. XII.
(2) *Voir* plus haut page 468.
(3) *Annales de Poggendorff*, t. CX (traduction dans
les *Annales de Chimie et de Physique*, t. LXII).

En examinant au spectroscope une flamme qui contenait à l'état de vapeur une substance extraite de la Lépidolite de Saxe, MM. Kirchhoff et Bunsen y remarquèrent la présence de raies brillantes qu'ils n'avaient jamais vues dans leurs nombreuses observations du spectre : il y en avait deux très-vives dans le rouge et deux autres moins vives dans le violet. Convaincus que ces raies tenaient à la présence de quelque corps inconnu jusque-là, ils cherchèrent à l'isoler. En opérant plusieurs décompositions successives sur la substance en question, et s'aidant chaque fois de l'examen du spectre lumineux pour savoir dans quels produits partiels de ces décompositions le corps inconnu devait être cherché, ils parvinrent à le dégager complétement. Le corps ainsi découvert est un métal dont les propriétés sont analogues à celles du potassium; il fut nommé *Rubidium*, pour rappeler les belles raies rouges que contient son spectre et qui ont servi à le faire connaître.

Un autre métal, qui par ses propriétés se rapproche du potassium et du rubidium, le *Cæsium*, a été découvert de la même manière dans les eaux mères des salines de Durkheim. Son spectre est caractérisé par deux raies bleues, voisines l'une de l'autre et très-éclatantes, raies que l'on a voulu également rappeler par le nom attribué à ce nouveau métal.

MM. Kirchhoff et Bunsen ont fait connaître la découverte de ces deux métaux, en 1861, dans un Mémoire faisant suite à celui dont nous avons parlé plus haut (1).

Une troisième découverte du même genre a été faite peu de temps après, en 1862. M. Crookes, en examinant le spectre lumineux de certains résidus, y remarqua une raie verte nettement tranchée qui lui parut n'appartenir à aucun corps connu. Il l'attribua à un élément nouveau qu'il désigna sous le nom de *Thallium*, et qu'il parvint bientôt à isoler. M. Lamy, n'ayant pas connaissance de ce fait, découvrit la même raie verte dans le spectre des boues des chambres de plomb servant à la fabrication de l'acide sulfurique par la combustion des pyrites : il isola aussi le thallium, et put faire connaître ses propriétés qui le rapprochent du plomb par ses caractères physiques et du potassium par ses affinités (2).

En 1863, un autre métal, l'*Indium*, a encore été trouvé de la même manière par MM. Reich et Richter dans la blende de Freyberg. Son spectre est caractérisé par deux raies bien nettes, l'une intense d'un bleu foncé (indigo) ; l'autre plus faible dans la région violette. Ce métal présente une certaine analogie avec le zinc.

---

(1) *Annales de Poggendorff*, t. CXIII (traduction dans les *Annales de Chimie et de Physique*, t. LXIV).

(2) *Comptes rendus de l'Académie des Sciences*, t. LIV.

La méthode d'analyse dont nous venons de
faire connaître les brillants débuts, méthode
connue sous le nom d'*Analyse spectrale*, est
douée d'une sensibilité extrêmement grande, du
moins en ce qui concerne un certain nombre de
corps. Cette sensibilité se manifeste surtout pour
le sodium, qui, comme nous le savons, est caractérisé par une double raie jaune très-brillante, correspondant à la double raie obscure D
de Fraünhofer. La double raie brillante, de couleur jaune, se montre dans presque toutes les
lumières artificielles : Fraünhofer l'a vue dans
les diverses flammes qu'il a observées; elle se
présente comme une anomalie dans le spectre,
d'ailleurs continu, d'un morceau de chaux rendu
incandescent, pour disparaître au bout de quelque temps d'incandescence. M. Swann, qui l'a
toujours remarquée dans le spectre des flammes
de substances hydrocarburées qu'il a étudiées
en 1857 (1), n'hésite pas à l'attribuer à la présence du sodium qu'on peut supposer contenu, à
l'état de chlorure, soit dans les poussières de
l'air, soit dans les matières combustibles elles-
mêmes; et, à cette occasion, il signale l'extrême
sensibilité de ce genre d'observation pour mani-
fester la présence des quantités les plus minimes
de sodium dans les substances soumises à l'é-
preuve spectrale. MM. Kirchhoff et Bunsen rapportent, dans leur Mémoire de 1860, une expé-

---

(1) *Transactions philosophiques d'Édimbourg*, t.XXI.

rience caractéristique à ce sujet : « Nous avons
» fait détoner, disent-ils, 3 milligrammes de
» chlorate de soude mélangés avec du sucre de
» lait, dans l'endroit de la salle le plus éloigné
» possible de l'appareil, tandis que nous obser-
» vions le spectre de la flamme non éclairante
» d'une lampe à gaz ; la pièce dans laquelle s'est
» faite l'expérience mesure environ 60 mètres
» cubes. Après quelques minutes, la flamme, se
» colorant en jaune fauve, présenta, avec une
» grande intensité, la raie caractéristique du
» sodium, et cette raie ne s'effaça complétement
» qu'après dix minutes. »

M. Lamy signale une sensibilité analogue relativement au thallium : « La plus légère parcelle
» de thallium, dit-il, ou d'un de ses sels, fait
» apparaître la ligne verte avec un tel éclat
» qu'elle semble blanche ; un cinquante-millio-
» nième de gramme peut encore, d'après mes
» évaluations, être aperçu dans un composé. »

Jusqu'ici nous n'avons parlé que des raies brillantes du spectre, comme pouvant servir d'indice
à la présence de certaines substances dans des
matières amenées à l'état de gaz incandescent.
Les raies obscures peuvent jouer un rôle analogue. En effet, par suite de la découverte du
renversement du spectre, nous savons que les
raies obscures dues à l'absorption de la lumière
par un gaz quelconque, occupent dans le spectre
exactement la même place que les raies brillantes
produites par le même gaz rendu incandescent.
L'examen de ces raies obscures, dans le spectre

d'une lumière qui a traversé une matière gazeuse, peut donc nous faire connaître immédiatement les raies brillantes que le même gaz
rendu lumineux introduirait dans le spectre ; et,
par suite, nous pouvons en tirer exactement les
mêmes conséquences que si ces raies brillantes
avaient été directement observées.

Dans les expériences de laboratoire, où l'on
est libre d'agir de diverses manières sur la matière que l'on veut soumettre à l'analyse spectrale, on peut employer à volonté l'un ou l'autre
des deux procédés qui viennent d'être indiqués,
c'est-à-dire observer, soit les raies brillantes
produites par cette matière amenée à l'état de
gaz incandescent, soit les raies d'absorption que
la même matière à l'état de gaz introduit dans
le spectre d'une lumière étrangère qui vient la
traverser. On se réglera naturellement, dans
chaque cas, sur la facilité plus ou moins grande
que présentera l'emploi de l'un ou de l'autre de
ces procédés. Mais il n'en est plus ainsi lorsqu'on n'est pas libre d'agir sur la matière à
analyser, et qu'on doit se contenter de la prendre
dans l'état où elle se présente naturellement à
nous, comme cela arrive pour la matière des
astres : alors les deux procédés indiqués servent
l'un et l'autre, suivant les cas, soit isolément,
soit simultanément, en raison de la nature des
raies, brillantes ou obscures, qui se présentent
dans le spectre de la lumière émise naturellement par le corps à analyser. Dans ce dernier
cas, le corps peut être analysé à distance, et

son éloignement plus ou moins grand n'entrave en aucune manière l'emploi du singulier et merveilleux mode d'analyse dont nous nous occupons.

Reportons-nous à l'analogie dont nous avons parlé plus haut, entre les phénomènes du son et ceux de la lumière, qui sont dus les uns et les autres à des vibrations transmises, dans un cas, à notre oreille par l'air atmosphérique, dans l'autre cas, à notre œil par l'éther; et nous y trouverons le moyen d'établir une comparaison qui contribuera certainement à faire mieux comprendre la véritable nature de ce nouveau et si curieux mode d'investigation. Il arrive quelquefois que l'on entend un bruit confus, puis que, les circonstances aidant et en prêtant l'oreille, on finit par reconnaître dans ce bruit l'ensemble des sons produits par un orchestre : on peut alors, par une propriété spéciale de notre organe de l'ouïe, distinguer les uns des autres les divers sons que l'on entend, juger de la hauteur de chacun d'eux, et même, jusqu'à un certain point, reconnaître l'espèce particulière d'instrument à l'aide duquel il est produit. Dans l'analyse spectrale, nous faisons quelque chose d'analogue. La lumière qu'un corps envoie directement dans notre œil y produit une sensation semblable à celle d'un bruit confus dans notre oreille; mais le prisme nous permet d'analyser cette sensation, d'en distinguer nettement les diverses parties constituantes, et de remonter ainsi jusqu'à la nature même du corps vibrant auquel est due chacune de ces parties.

Nous allons passer en revue les résultats aussi intéressants qu'inattendus auxquels on est déjà parvenu dans l'application de ce nouveau moyen de recherches à l'étude de la composition chimique des corps célestes.

Analyse spectrale du Soleil.

Le Soleil est naturellement le premier astre auquel l'analyse spectrale ait été appliquée. Sa lumière ne produisant dans le spectre que des raies obscures, cette analyse n'a pu être abordée qu'après la découverte de la correspondance remarquable qui existe entre les raies obscures et les raies brillantes, c'est-à-dire après que la loi du renversement du spectre fut connue. Dès que M. Kirchhoff eut établi cette importante loi, il en fit immédiatement l'application à la lumière du Soleil : aussi est-ce à lui, et à lui seul, que revient l'honneur de cet emploi si extraordinaire des phénomènes optiques, qui permet de soumettre à une véritable analyse chimique des corps aussi prodigieusement éloignés de nous que le sont les astres.

Pour procéder à l'analyse spectrale du Soleil, M. Kirchhoff établit avec le plus grand soin une suite de comparaisons entre la position des raies obscures du spectre solaire et celle des raies brillantes produites par diverses substances amenées à l'état de gaz incandescent. A cet effet, il introduisait en même temps dans son spectroscope, par deux parties différentes de la fente de l'appareil, la lumière du Soleil et celle à laquelle il voulait la comparer : les deux spectres se produisant ainsi à côté l'un de l'autre, il était facile de juger de la coïncidence des raies obscures de l'un avec les raies brillantes de l'autre. Les résultats de ces observations sont consignés dans deux planches qui accompagnent son Mémoire. Quant aux conséquences que M. Kirchhoff en a tirées, nous ne saurions mieux faire pour les indiquer que de reproduire ce qu'il en dit lui-même (1) :

« Fraünhofer, dit-il, a observé que les deux » raies obscures du spectre solaire, qu'il a dési- » gnées par la lettre D, coïncident avec les » deux raies brillantes qu'on sait aujourd'hui » être les raies du sodium. Brewster a trouvé » dans la flamme d'un mélange de charbon ou de » soufre avec du salpêtre, quelques raies bril- » lantes coïncidant avec d'autres raies obscures » du spectre solaire. On constatera un grand » nombre de coïncidences semblables en jetant » un coup d'œil sur les planches I et II placées » à la fin de ce Mémoire.

» Il est particulièrement remarquable de voir » que, dans toutes les parties des spectres où » j'ai découvert des raies brillantes du fer, » existent des raies obscures très-marquées. En » raison de la précision des moyens d'observa-

(1) *Mémoires de l'Académie de Berlin*, année 1861 ; et *Annales de Chimie et de Physique*, 3e série, t. LXVIII.

» tion que j'ai mis en usage, j'ai tout lieu de
» croire que la coïncidence des raies du fer avec
» les raies solaires est au moins aussi certai-
» nement établie que l'est la coïncidence des
» raies du sodium avec les raies D.... Il y a
» dans les planches I et II 60 raies du fer qui
» paraissent coïncider avec des raies obscures. »
Ici M. Kirchhoff montre que la probabilité pour
que la coïncidence relative à ces 60 raies soit
un simple effet du hasard est extraordinairement petite ; puis il ajoute : « La probabilité
» diminue encore considérablement par cela
» que plus une raie de fer est brillante, plus la
» raie correspondante du spectre solaire est
» obscure.... Il doit par conséquent exister une
» cause qui produise ces coïncidences. Cette
» cause, en parfait accord avec ce qui précède,
» est la suivante : le fait observé s'explique en
» admettant que les rayons lumineux qui donnent
» le spectre solaire ont traversé des vapeurs de
» fer dans lesquelles ils ont éprouvé l'absorp-
» tion que devaient exercer sur eux ces va-
» peurs.... Cependant les vapeurs de fer pour-
» raient exister, soit dans l'atmosphère du Soleil,
» soit dans celle de la Terre. Mais il est impos-
» sible d'admettre l'existence dans notre atmo-
» sphère de vapeurs de fer en quantité suffisante
» pour produire, dans le spectre solaire, des
» raies d'absorption aussi marquées que les raies
» correspondant au fer ; et cela serait d'autant
» plus difficile à admettre que ces raies n'éprou-
» vent pas un changement notable lorsque le

» Soleil s'approche de l'horizon. Rien, au con-
» traire, ne s'oppose à l'hypothèse de l'existence
» de semblables vapeurs dans l'atmosphère du
» Soleil, à laquelle nous sommes obligés d'attri-
» buer une température si élevée. D'après cela,
» les observations du spectre solaire me parais-
» sent démontrer la présence de vapeurs du fer
» dans l'atmosphère de cet astre, avec une cer-
». titude aussi grande que celle qu'après tout on
» peut atteindre dans les sciences naturelles.

» Après avoir démontré ainsi la présence d'*un*
» élément terrestre dans l'atmosphère du Soleil,
» et avoir, par elle, expliqué un grand nombre
» des raies de Fraünhofer, il y avait de grandes
» raisons de penser qu'il existe encore dans
» cette atmosphère d'autres corps terrestres
» qui, par l'absorption qu'ils exercent, produi-
» sent d'autres raies obscures. Notamment il
» était vraisemblable que des corps très-abon-
» damment répandus à la surface de la Terre,
» et se distinguant en même temps par les raies
» brillantes que donnent leurs spectres, pou-
» vaient, à la manière du fer, être reconnus
» dans l'atmosphère du Soleil : c'est en effet le
» cas du calcium, du magnésium et du sodium.
» Sans doute le nombre des raies brillantes du
» spectre de chacun de ces métaux est très-petit;
» mais ces raies, de même que celles du spectre
» solaire avec lesquelles elles paraissent coïnci-
» der, sont d'une telle netteté, que leurs coïn-
» cidences peuvent être observées avec une
» rigueur extrême. Une circonstance particu-

» lière aide encore ici l'observation : les raies
» de ces métaux se présentent par groupes dont
» les coïncidences peuvent être constatées plus
» rigoureusement encore que les coïncidences
» de raies isolées. Les raies du chrôme forment
» également un groupe très-bien caractérisé,
» correspondant à un groupe également très-net
» de raies obscures. Je crois pouvoir, d'après
» cela, affirmer la présence du chrôme dans
» l'atmosphère solaire.

» Il m'a paru intéressant de rechercher si l'on
» rencontre dans l'atmosphère solaire le nickel
» et le cobalt qui accompagnent toujours le fer
» dans les masses météoriques. Les spectres de
» ces deux métaux sont caractérisés, comme
» celui du fer, par le nombre extraordinaire de
» leurs raies. Mais les raies du nickel, et plus
» encore celles du cobalt, sont beaucoup moins
» brillantes que celles du fer ; je n'ai pu, pour
» cette raison, déterminer leur position à beau-
» coup près avec l'exactitude que j'ai apportée
» dans l'étude des raies du fer. Les raies les
» plus brillantes du nickel me paraissent toutes
» coïncider avec des raies du spectre solaire ;
» cette coïncidence existe pour quelques-unes
» des raies du cobalt ; elle n'a pas lieu pour
» d'autres aussi brillantes que les premières. Je
» crois pouvoir conclure de mes observations
» que le nickel est visible dans l'atmosphère du
» Soleil ; quant au cobalt, je ne me prononce
» pas pour le moment.

» Le baryum, le cuivre et le zinc paraissent

» exister dans l'atmosphère du Soleil, mais en
» petite quantité; aux plus brillantes des raies
» de ces métaux correspondent des raies très-
» visibles du spectre solaire; cela n'a pas lieu
» pour les raies les plus faibles de ces métaux.

   » D'après mes observations, les autres mé-
» taux que j'ai essayés, or, argent, mercure,
» aluminium, cadmium, étain, plomb, antimoine,
» arsenic, strontium et lithium, ne sont pas
» visibles dans l'atmosphère solaire.... Avec les
» moyens que j'ai mis en usage, on ne découvre
» pas dans l'atmosphère solaire la présence du
» silicium. »

Les importants résultats signalés ainsi au
monde savant par M. Kirchhoff ont vivement
attiré l'attention. Des recherches nouvelles ont
été entreprises pour confirmer et étendre les
découvertes de l'illustre physicien de Heidelberg.
Il avait constaté, ainsi que nous venons de le
voir, la coïncidence de 60 raies brillantes du fer
gazeux avec le même nombre de raies obscures
du spectre solaire. Depuis, ce nombre de coïncidences, pour le fer seul, a été singulièrement
augmenté par MM. Angström et Thalen, qui ont
trouvé une correspondance aussi exacte que
possible entre plus de 460 raies brillantes du fer
gazeux, et autant de raies obscures du spectre
solaire (1). On comprend sans peine quel appui

---

(1) *Comptes rendus de l'Académie des Sciences*,
t. LXIII.

considérable ces nouvelles constatations sont ve-
nues donner aux idées de M. Kirchhoff.

En même temps, MM. Angström et Thalen ont
reconnu que deux autres corps doivent être
ajoutés à la liste de ceux dont l'examen du spectre solaire avait déjà signalé la présence dans
l'atmosphère du Soleil : ces deux corps sont
l'hydrogène et le manganèse.

Il résulte de cet examen du spectre solaire que
les raies C et F correspondent à l'hydrogène,

D (raie double)..... au sodium,
E et G........... au fer,
H............... au calcium,
b (raie triple)...... au magnésium.

M. Kirchhoff savait très-bien que l'idée d'une
atmosphère environnant le Soleil et produisant
par absorption élective une partie des raies
obscures que l'on voit en si grand nombre dans
le spectre solaire, paraît être en opposition avec
le résultat de la comparaison faite au spectroscope entre la lumière venant du centre du
disque du Soleil et celle qui vient de ses bords.
Il rappelle dans son Mémoire l'objection faite à
ce sujet par MM. Forbes et Matthiessen, et
cherche à montrer que le résultat des observations de ces deux savants physiciens n'est pas
en contradiction absolue avec l'existence d'une
atmosphère transparente autour du Soleil. Nous
ne nous arrêterons pas sur ce point qui ne peut
manquer d'être éclairci par des observations
ultérieures. Le beau travail de M. Kirchhoff ne
permet pas de révoquer en doute l'existence

d'une atmosphère autour du Soleil. Mais quelle est l'épaisseur de cette atmosphère ? S'étend-elle, comme quelques-uns le pensent, jusqu'à la limite de la vaste et belle auréole lumineuse que l'on voit autour du Soleil pendant les éclipses totales de cet astre ? Ou bien n'a-t-elle, suivant d'autres, qu'une épaisseur extrêmement faible ? Les protubérances roses ou violacées qui ont tant frappé l'attention des observateurs dans les éclipses totales de Soleil, peuvent-elles, par l'examen spectral de leur lumière, donner des indications capables de fixer les esprits au sujet de ce point en litige ? Toutes ces questions, et d'autres encore que l'on peut être amené à se poser à cette occasion, ne pourront être résolues qu'à l'aide d'observations faites spécialement en vue d'atteindre ce but. C'est pour contribuer, autant que possible, à leur solution que plusieurs savants, munis de tous les instruments nécessaires, ont été envoyés récemment, les uns dans l'Inde anglaise, les autres dans la presqu'île de Malacca, pour y faire des observations pendant la remarquable éclipse totale de Soleil du 18 août 1868. La durée de la phase de totalité, qui dans cette éclipse a dû aller dans certaines localités jusqu'à près de sept minutes ($6^m 46^s$), était on ne peut plus favorable pour qu'on se livrât à l'examen de ces diverses questions relatives à l'atmosphère du Soleil (1).

_____

(1) *Voir* plus loin le post-scriptum relatif aux résultats déjà connus de ces expéditions.

Analyse spectrale de la Lune et des planètes.

Fraünhofer, après avoir découvert les raies obscures du spectre fourni par la lumière du Soleil, avait voulu voir si la lumière des autres astres produirait un spectre présentant les mêmes particularités. Il était parvenu à soumettre à cet examen la lumière de la Lune, celle des principales planètes, et aussi celle de quelques-unes des étoiles les plus brillantes. Il avait pu constater ainsi certaines conformités de composition et aussi certaines différences bien accusées entre les lumières venant de ces divers astres et celle du Soleil. Les remarquables résultats auxquels on est finalement arrivé par l'examen spectral de la lumière du Soleil ont naturellement conduit à reprendre ces observations de Fraünhofer, pour en tirer toutes les conséquences que le nouvel état de la science permet d'en déduire. Il a fallu, pour cela, modifier les appareils d'observation employés pour la lumière solaire, et les compléter par l'adjonction de nouvelles pièces, en raison des faibles dimensions apparentes de la plupart des astres à observer, et aussi de la quantité plus ou moins petite de lumière qu'ils nous envoient comparativement à celle que nous recevons du Soleil. Nous n'entrerons pas dans le détail de ces diverses modifications, qui ont eu pour résultat de rendre, non-seulement possible, mais encore très-facile l'observation des spectres lumineux d'un grand nombre d'astres,

même très-faibles. Nous nous contenterons de
dire que l'on se sert d'objectifs ou de miroirs
concaves à larges ouvertures, pour concentrer
une grande quantité de lumière de l'astre dans
le petit espace où se forme son image, et que,
daus le cas des étoiles dont les images se présentent comme de simples points lumineux, on
a soin d'étaler la lumière de ces images dans un
sens perpendiculaire à la longueur du spectre
que l'on veut produire, sans quoi ce spectre se
réduirait à une simple ligne diversement colorée, ce qui ne permettrait guère d'y apercevoir
des raies transversales.

Les divers corps, planètes ou satellites, qui
font partie de notre système solaire, et qui ne
sont lumineux que parce qu'ils sont éclairés par
le Soleil, doivent donner lieu à des spectres
ayant une grande analogie avec le spectre solaire. La lumière qui forme ces spectres émanant du Soleil et nous arrivant finalement après
avoir traversé l'atmosphère de la Terre, on doit
y trouver toutes les raies d'absorption que présente le spectre solaire lui-même; mais ils doivent présenter en outre les raies d'absorption
spéciales dues au passage de cette lumière à travers l'atmosphère des corps (planètes ou satellites) qui nous la renvoient. L'examen des spectres lumineux dont il s'agit doit donc nous fournir des indications sur les atmosphères de ces
corps réflecteurs. Nous allons passer en revue
les divers résultats auxquels cet examen a conduit.

Dans le cours des années 1862, 1863, 1864, MM. W. Huggins et W.-A. Miller ont examiné avec le plus grand soin, à l'aide du spectroscope, les diverses parties de la surface de la Lune éclairée par le Soleil. La quantité de lumière reçue de ces diverses parties variait beaucoup en intensité ; mais il ne s'y est pas manifesté la plus petite différence avec la lumière directe du Soleil, soit sous le rapport de l'intensité relative des raies du spectre, soit par l'apparition ou la disparition de quelques raies. En un mot, le résultat de cette analyse spectrale de la lumière réfléchie par la Lune a été complétement négatif relativement à l'existence d'une atmosphère sur la surface de notre satellite (1). Une étude du même genre, faite par M. Janssen, l'a conduit à la même conclusion (2).

Le 4 janvier 1865, M. Huggins a fait une observation d'une autre nature qui l'a conduit à un résultat analogue. La Lune, par son mouvement sur la voûte céleste, est venue passer sur l'étoile ε de la constellation des *Poissons*. Au moment où l'étoile a été occultée par le bord obscur de la Lune, M. Huggins a observé attentivement le spectre formé par la lumière de cette étoile. S'il y avait une atmosphère autour de la Lune, elle refracterait la lumière venant de l'étoile au moment de l'occultation, et permettrait ainsi à l'ob-

(1) *Transactions philosophiques*, année 1864.

(2) *Actes de l'Académie des Nuovi Lincei*, 1863.

servateur de voir cette étoile encore pendant quelque temps après que le bord de la Lune serait venu réellement s'interposer entre l'étoile et son œil. Mais ce prolongement de la perception des rayons lumineux venant de l'étoile ne serait pas de même durée pour les rayons de diverses réfrangibilités : il serait d'autant plus long, que l'on considérerait des rayons de plus grande réfrangibilité. Les rayons rouges devraient donc cesser d'arriver à l'œil quelque temps avant que la chose eût lieu pour les rayons violets ; en d'autres termes, le spectre lumineux de l'étoile devrait s'éteindre progressivement, en commençant par l'extrémité rouge et finissant par l'extrémité violette. M. Huggins a constaté que les choses ne se passent pas ainsi ; il a vu le spectre de l'étoile s'éteindre au même instant dans les diverses parties de sa longueur, comme si un écran opaque était venu le recouvrir en s'avançant rapidement dans la direction de sa largeur ; et il n'a pu apercevoir aucun changement d'intensité relative, dans ses diverses parties, au moment de son extinction (1).

Ces résultats négatifs, en ce qui concerne la Lune, sont des preuves de plus à ajouter à celles que nous avons déjà de la non-existence d'une atmosphère sur sa surface.

En 1863, le P. Secchi a étudié avec soin les

---

(1) *Monthly Notices de la Société astronomique de Londres*, vol. XXV.

lumières des planètes Vénus, Mars, Jupiter et Saturne. « De nombreuses observations, dit-il,
» accompagnées de dessins multipliés et corres-
» pondant à des soirées différentes, ont démon-
» tré que, dans la lumière réfléchie par ces
» astres, existent non-seulement les raies pro-
» pres de la lumière solaire directe, mais que
» quelques-unes de ces raies sont énormément
» renforcées et dilatées en bandes par leurs at-
» mosphères, agissant de la même manière que
» le fait sur le spectre solaire l'atmosphère ter-
» restre. En un mot, les spectres de ces planètes
» sont de même espèce que le spectre atmo-
» sphérique terrestre, avec la différence, cepen-
» dant, que certains rayons sont plus absorbés
» que par l'atmosphère terrestre elle-même, de
» sorte que ces bandes sont plus sombres, sur-
» tout pour Saturne....

» On voit facilement de larges bandes près
» de B et C de Fraünhofer, et des deux côtés de
» la raie D, bandes qui ont une complète res-
» semblance avec les spectres atmosphériques
» terrestres. L'observation devient très-con-
» cluante si on choisit un moment où la Lune
» soit à peu près à la hauteur des planètes qu'on
» veut examiner. En dirigeant alors alternative-
» ment la lunette vers la Lune et vers les pla-
» nètes, on voit la différence énorme des spec-
» tres, car celui de la Lune n'a que les raies
» solaires assez fines, et, au contraire, on voit
» sur les planètes de larges bandes dans les
» places indiquées, qui paraissent de véritables

» fils noirs, si l'atmosphère est tranquille. Les
» dessins des spectres planétaires, faits avec
» beaucoup d'attention dans les soirées sombres,
» conduisent à la même conclusion. On déduit
» de là que les planètes ont certainement une
» atmosphère qui, dans sa composition, ne s'é-
» loigne pas beaucoup de la nôtre. »

Le P. Secchi croit pouvoir conclure, à la suite
de nombreuses recherches, que les bandes atmosphériques dont il vient d'être question sont
principalement dues à la vapeur d'eau, et il en
tire la conséquence que « il est très-probable
» que cet élément existe dans les atmosphères
» des planètes (1).

Des observations ultérieures, faites par le
même astronome, et aussi par MM. Huggins et
Miller, n'ont fait que confirmer l'exactitude du
résultat de ce premier examen des spectres planétaires, et ont montré en même temps que les
atmosphères des planètes, tout en ayant une
composition analogue à celle de l'atmosphère de
la Terre, et en contenant comme elle de la vapeur d'eau, doivent renfermer en outre certaines
substances dont la nature n'est pas encore déterminée. Une analogie toute spéciale s'est ma-
nifestée, sous ce raport, entre l'atmosphère de
Jupiter et celle de Saturne (2).

_____

(1) *Comptes rendus de l'Académie des Sciences,*
t. LVII.

(2) *Comptes rendus de l'Académie des Sciences,*

Analyse spectrale des étoiles.

Voici ce que dit Fraünhofer des résultats qu'il a obtenus par l'observation des spectres de quelques étoiles :

« Dans le spectre de la lumière de Sirius, je
» n'ai pu voir aucune raie, ni dans l'orangé, ni
» dans le jaune ; mais dans le vert on aperçoit
» une raie très-forte, et deux autres raies égale-
» ment fortes se voient dans le bleu ; il semble
» qu'aucune de ces raies n'a de conformité avec
» les raies de la lumière solaire ; nous avons
» déterminé leur position avec le micromètre.
» L'étoile Castor donne un spectre qui ressemble
» à celui de Sirius ; pour la raie dans le vert,
» malgré la faiblesse de la lumière, il y avait
» assez d'intensité pour que je pusse observer
» sa position, que j'ai trouvée exactement la
» même que celle de la raie de Sirius ; j'ai pu
» aussi reconnaître les raies dans le bleu, mais
» il n'y avait pas assez de lumière pour que je
» pusse en déterminer le lieu précis. Dans le spec-
» tre de Pollux, j'ai reconnu beaucoup de raies
» très-faibles qui ressemblent à celles de Vénus ;
» la raie D y occupe la même position que dans
» le spectre de la lumière solaire. La Chèvre

t. LX et LXVI. — *Transactions philosophiques de la Société royale de Londres*, année 1864. — *Monthly Notices de la Société astronomique de Londres*, vol. XXVII.

» donne un spectre dans lequel les raies D et *b*
» occupent la même position que dans le spectre
» du Soleil. Le spectre de Béteigeuze (α d'O-
» rion) contient beaucoup de raies, qui, quand
» l'air est bon, sont nettement définies, et parmi
» elles, bien que, à première vue, elles sem-
» blent n'avoir aucune ressemblance avec celles
» du spectre de Vénus; il y en a deux qui ont
» la même position que les raies D et *b* de la
» lumière solaire. Dans le spectre de Procyon,
» on distingue quelques raies, mais avec beau-
» coup de peine, et pas assez distinctement
» pour pouvoir les mesurer avec sécurité : je
» crois avoir vu dans l'orangé une raie à la
» place même de la raie D du Soleil (1). »

En 1860, M. Donati a publié un Mémoire sur
les raies des spectres stellaires (2). Ce Mémoire
a pour objet de fixer par des mesures précises
les positions d'un petit nombre de raies des
spectres de diverses étoiles par rapport aux raies
du spectre solaire. Pour donner une intensité suffisante à l'image spectrale de chaque étoile, M. Donati s'est servi d'une lentille de grandes dimensions
destinée à concentrer sur la fente du spectroscope
une grande quantité de lumière venant de l'astre.
Il a pris pour cela une lentille historique que

---

(1) *Annales de Physique de Gilbert*, t. LXXIV ; Leip-
sick, 1823.

(2) *Annales du Musée royal de Florence*, 2ᵉ série,
t. I.

l'on conserve dans la tribune de Galilée, au Musée royal de Florence. Cette lentille, qui avait déjà servi pour diverses expériences importantes, et notamment pour les recherches de Davy sur la nature chimique du diamant, a 41 centimètres de diamètre et $1^m,58$ de distance focale. Les étoiles dans le spectre desquelles M. Donati a fixé la position exacte de quelques raies, sont au nombre de treize ; ce sont : Sirius (3 raies), Wéga (3 raies), Procyon (3 raies), Régulus (2 raies), Fomalhaut (1 raie), Castor (2 raies), Altaïr (2 raies), la Chèvre (3 raies), Arcturus (2 raies), Pollux (2 raies), Aldébaran (2 raies), Béteigeuze (3 raies) et Antarès (2 raies).

MM. W. Huggins et W.-A Miller sont les premiers qui se soient occupés d'appliquer aux étoiles la méthode d'analyse spectrale des astres, que M. Kirchhoff avait découverte et si brillamment inaugurée par l'étude de la nature chimique du Soleil.

Pour atteindre ce but, M. Huggins a commencé par faire des recherches spéciales sur les spectres d'un certain nombre d'éléments chimiques (1). Voici comment il explique l'objet de ces recherches préparatoires : « Je m'occupe » depuis quelque temps, en commun avec le » professeur W-A. Miller, d'observer les spec- » tres des étoiles fixes. Dans le but de déter-

(1) *Transactions philosophiques de la Société Royale de Londres*, année 1864.

» miner avec soin la position des raies stel-
» laires et leur coïncidence possible avec quel-
» ques-unes des raies brillantes des éléments
» terrestres, j'ai construit un appareil dans le-
» quel le spectre d'une étoile peut être observé
» directement avec tel autre spectre que l'on
» veut. Pour établir cette comparaison, nous ne
» trouvons aucune carte des spectres des élé-
» ments chimiques qui puisse être employée
» convenablement. Les cartes et les tableaux
» très-détaillés et très-exacts de Kirchhoff sont
» restreints à une portion du spectre et à
» quelques-uns seulement des corps élémen-
» taires; et dans les cartes de la première et
» de la seconde parties de ses recherches, les
» éléments qui sont décrits ne sont pas donnés
» avec une égale perfection dans les différentes
» parties du spectre. Mais ce qui contribue sur-
» tout à rendre ces cartes peu convenables pour
» notre objet, c'est que les raies brillantes des
» métaux sont placées en regard des raies obs-
» cures du spectre solaire, ce qui entraîne quel-
» que incertitude dans la détermination de leur
» position pendant la nuit, et aussi dans les cir-
» constances où le spectre solaire ne peut pas
» être convenablement mis en comparaison avec
» elles. En outre, par suite de la différence dans
» le pouvoir dispersif des prismes et aussi de l'in-
» certitude que comporte leur installation sous
» le même angle relativement aux rayons inci-
» dents, les Tables de nombres obtenus avec un
» instrument ne peuvent pas suffire pour déter-

» miner les raies d'après la position qu'on leur
» a trouvée avec un autre instrument.

   » Il me semble que l'on doit trouver dans les
» raies du spectre de l'air atmosphérique une
» échelle type de comparaison qui sera telle
» qu'on peut la désirer, et qui, au contraire du
» spectre solaire, sera toujours sous la main.
» Puisque, dans ce spectre, il y a une centaine
» de raies visibles dans l'intervalle compris
» entre u et H, elles sont suffisamment nom-
» breuses pour devenir les points de repère
» d'une échelle type à laquelle les raies bril-
» lantes des éléments peuvent être rapportées.
» Le spectre de l'air a aussi le grand avan-
» tage d'être visible à la fois avec les spectres
» des corps soumis à l'observation, sans qu'il
» y ait à ajouter aucune complication à l'ap-
» pareil. »

Dans son Mémoire, M. Huggins fait connaître,
à l'aide de tableaux et de cartes, les positions
qu'occupent les unes par rapport aux autres
105 raies du spectre de l'air atmosphérique; il
a soin en outre d'indiquer l'élément de l'air auquel chacune de ces raies correspond. En regard
de ces raies de l'air destinées à servir de points
de repère, M. Huggins donne la position des
raies brillantes observées dans les spectres de
vingt-quatre éléments métalliques.

MM. Huggins et Miller ont soumis à l'analyse
spectrale environ cinquante étoiles; mais ils ont
concentré leurs efforts sur trois ou quatre des
plus brillantes. Ils ont donné pour deux de ces

dernières, Aldébaran et Béteigeuze, des cartes spectrales construites avec une grande perfection. Nous allons extraire de leur Mémoire les principales indications concernant les résultats qu'ils ont obtenus (1).

« *Aldébaran* (α *du Taureau*). — La lumière
» de cette étoile est d'un rouge pâle. Vue dans
» le spectroscope, elle présente tout d'un coup
» un grand nombre de fortes raies, particu-
» lièrement dans l'orangé, le vert et le bleu. Les
» positions d'environ soixante-dix de ces raies
» ont été mesurées, et les résultats obtenus sont
» donnés dans un tableau. Outre ces raies, on
» en voit encore beaucoup d'autres, particuliè-
» rement dans le bleu; mais elles n'ont pas été
» mesurées à cause de la faiblesse de la lumière.
» Nous avons comparé les spectres de seize des
» éléments terrestres, par observation simulta-
» née, avec le spectre d'Aldébaran. Neuf de ces
» spectres montrent des raies coïncidant avec
» certaines raies du spectre de l'etoile; ce sont
» ceux du *sodium*, du *magnésium*, de l'*hydro-*
» *drogène*, du *calcium*, du *fer*, du *bismuth*, du
» *tellure*, de l'*antimoine* et du *mercure* (la coïn-
» cidence a été constatée pour les plus fortes
» raies de chaque spectre seulement). Sept au-

---

(1) *Transactions philosophiques de la Société Royale de Londres*, année 1864. — Les premières communications de MM. Huggins et Miller à la Société Royale datent de février 1863.

» tres éléments ont été comparés avec cette
» étoile, savoir : l'*azote*, le *cobalt*, l'*étain*, le
» *plomb*, le *cadmium*, le *lithium* et le *baryum :*
» aucune coïncidence n'a été observée.

» α *d'Orion* (*Béteigeuze*). — La lumière de
» cette étoile a une teinte orangée prononcée.
» Aucune des étoiles qui ont été examinées ne
» montre un spectre plus complexe ni plus re-
» marquable. On y voit de forts groupes de
» raies, surtout dans le rouge, le vert et le bleu.
» Nous avons mesuré la position d'environ quatre-
» vingts raies dans les plus brillantes parties du
» spectre. Les spectres fournis par seize corps
» élémentaires ont été observés simultanément
» avec le spectre de l'étoile. Dans cinq d'entre
» eux nous avons trouvé des raies correspon-
» dant à certaines raies stellaires ; ce sont ceux
» du *sodium*, du *magnésium*, du *calcium*, du *fer*
» et du *bismuth*. Nous n'avons reconnu aucune
» coïncidence dans les spectres des autres élé-
» ments que nous avons comparés avec celui de
» l'étoile.

» β *de Pégase*. — La couleur de cette étoile
» est un beau jaune. Par la disposition générale
» des groupes, par la gradation de la force des
» raies composant ces groupes et par l'absence des
» raies de l'hydrogène, son spectre a une grande
» analogie avec celui de α d'Orion, tout en étant
» beaucoup plus faible. Cette étoile a été obser-
» vée avec soin dans beaucoup d'occasions diffé-
» rentes ; mais sa faiblesse et l'état défavorable
» de l'atmosphère, dans beaucoup de nuits d'ob-

» servation, n'ont pas permis de mesurer un
» aussi grand nombre de raies, ni d'établir la
» comparaison avec autant d'éléments terres-
» tres. Neuf de ces éléments ont été comparés
» au spectre de β de Pégase. Deux d'entre eux,
» le *sodium* et le *magnésium*, et peut-être un
» troisième, le *baryum*, fournissent des spectres
» dans lesquels on voit des raies coïncidant avec
» certaines raies du spectre de l'étoile. L'état
» de l'atmosphère a empêché toute conclusion
» certaine en ce qui concerne le *fer* et le *man-
» ganèse*. Les raies des spectres de l'*azote*, de
» l'*étain* et du *mercure* ne coïncident avec
» ancune raie définie du spectre de l'étoile.
» L'*hydrogène* ne montre aucune raie corres-
» pondant aux raies C et F.

» L'absence constatée dans le spectre de α
» d'Orion, et aussi dans le spectre de β de Pé-
» gase, qui a tant de ressemblance avec le pre-
» mier, de toute raie correspondant à celles de
» l'hydrogène, est un fait d'un intérêt considé-
» rable. Cela est de la plus grande impor-
» tance en raison de ce que les raies C et F
» sont hautement caractéristiques du spectre
» solaire et des spectres du plus grand nombre
» des étoiles fixes sur lesquelles ont porté nos
» observations. Ces exceptions sont d'autant
» plus intéressantes qu'elles semblent prouver
» que les raies C et F sont dues aux corps lu-
» mineux eux-mêmes : on pourrait en concevoir
» quelque doute et soupçonner que ces raies
» ont leur origine dans notre propre atmosphère,

» si on les voyait dans les spectres de *toutes* les
» étoiles sans exception.

» *Sirius*. — Le spectre de cette brillante
» étoile blanche est très-intense ; mais vu son
» peu de hauteur au-dessus de l'horizon, même
» lorsqu'elle est située le plus favorablement,
» l'observation des plus belles raies est rendue
» très-difficile par les mouvements de l'air atmo-
» sphérique. Trois, sinon quatre, corps élémen-
» taires fournissent des spectres dans lesquels
» nous avons trouvé des raies coïncidant avec
» celles de Sirius : ce sont le *sodium*, le *magné-*
» *sium*, l'*hydrogène* et probablement le *fer*. Il
» est digne de remarque que, dans le cas de
» Sirius et d'un grand nombre des étoiles blan-
» ches, en même temps que les raies de l'hy-
» drogène sont d'une force anormale, comparati-
» vement à ce qui existe dans le spectre solaire,
» toutes les raies métalliques sont remarqua-
» blement faibles.

» α *de la Lyre* (*Wéga*). — Cette étoile
» blanche a un spectre de même classe que Si-
» rius, et aussi rempli de belles raies que le
» spectre solaire. Nous y avons constaté l'exis-
» tence d'une double raie correspondant aux
» raies D du *sodium*, d'une triple raie coïnci-
» dant avec le groupe *b* du *magnésium*, et de
» deux fortes raies coïncidant avec les raies
» C et F de l'*hydrogène*.

» *La Chèvre*. — Cette étoile blanche a un
» spectre ressemblant beaucoup à celui de notre
» Soleil. Les raies y sont très-nombreuses ; nous

» en avons mesuré plus de vingt, et nous y avons
» constaté l'existence de la double raie D du
» *sodium.*

» *Arcturus* (α *du Bouvier*). — C'est une étoile
» rouge dont le spectre ressemble quelque peu
» à celui du Soleil. Nous y avons aussi mesuré
» plus de trente raies, et nous y avons égale-
» ment constaté l'existence d'une double raie du
» *sodium* en D.

» *Pollux.* — Dans le spectre de cette étoile,
» qui est riche en raies, nous en avons mesuré
» douze ou quatorze, et nous avons observé des
» coïncidences avec les raies du *sodium*, du
» *magnésium* et probablement du *fer.*

» α *du Cygne* et *Procyon* sont l'une et l'autre
» pleines de belles raies. Dans chacun de leurs
» spectres nous avons observé une double raie
» coïncidant avec la raie D du *sodium.* »

L'intérêt croissant que de semblables résultats
apportaient à l'étude spectrale des différentes
étoiles a engagé le P. Secchi à entreprendre une
revue générale du ciel étoilé, afin de poser les
bases d'une étude complète de tous ces astres,
en commençant par établir entre eux une classification méthodique destinée à servir de guide
dans les recherches ultérieures. Profitant pour
cela du beau ciel de Rome, et se servant d'un
puissant instrument spécialement adapté à ce
genre d'observations, le P. Secchi a pu soumettre à son examen les spectres d'un nombre
considérable d'étoiles. Dans un important Mé-

moire publié en 1867 (1), il a consigné les résultats de cette observation pour 316 étoiles. Nous allons emprunter à ce Mémoire les indications les plus intéressantes sur les conséquences auxquelles son auteur est parvenu :

« J'ai distingué les étoiles en trois types prin-
» cipaux.

» Le premier type est celui des étoiles dites
» communément *blanches*, mais qui, en réalité,
» sont azurées, comme Sirius, α de la Lyre,
» α de l'Aigle et beaucoup d'autres, qui forment
» environ la moitié des étoiles du firmament,
» avec une composition de lumière notablement
» uniforme. Elles ont généralement deux grosses
» raies : l'une dans le bleu, à la limite du vert,
» qui coïncide avec la raie solaire F ; l'autre
» dans le violet, qui est très-voisine de la raie
» solaire H, mais plus rapprochée qu'elle de
» l'extrémité rouge. Une troisième raie se trouve
» dans l'extrême violet ; mais elle n'est visible
» que dans les étoiles les plus grandes, et man-
» que dans les petites par défaut de lumière dans
» cette partie du spectre. La largeur de ces raies
» est quelquefois si grande, qu'elles forment de
» véritables lacunes et se montrent comme de
» gros fils tendus dans le champ de l'instrument.
» Les bords de ces raies ne sont pas toujours
» nets : ils sont quelquefois nébuleux et ombrés.

---

(1) *Mémoires de l'Académie des Quarante de Mo-
dène*, 3ᵉ série, t. I.

» Le second type (1) est celui des étoiles à
» raies fines, analogues à notre Soleil. Les étoiles
» jaunes, telles que Arcturus, la Chèvre, Pollux
» et la plupart des belles étoiles de seconde
» grandeur font partie de ce type. On y voit
» très-nettement les raies, malgré leur finesse
» et leur faiblesse.

» Le troisième type, qui se différencie du pre-
» mier comme un extrême opposé, est le type à
» zones claires, larges et fortes, au nombre de
» six ou sept, séparées par des raies noires et
» des intervalles semi-obscurs ou nébuleux. Les
» représentants principaux de cette catégorie
» sont α d'Orion, α du Scorpion, α d'Hercule,
» β de Pégase, β de Persée, etc. Ces étoiles ont
» généralement une couleur jaune-foncé ou
» rouge, et quelques-unes, quoique assez petites,
» donnent une lumière très-forte dans le spec-
» tromètre.

» Un des plus singuliers astres de cette fa-
» mille, sur lequel se manifeste nettement le
» type commun, est α d'Hercule. Cette étoile de
» troisième grandeur donne un spectre qui se
» présente comme une série de colonnes éclai-
» rées de côté. On ne peut mieux le représenter

---

(1) Nous changeons ici l'ordre des types établi
par le P. Secchi dans son Mémoire, en mettant le
deuxième à la place du troisième et réciproquement.
Ce changement, qui est très-naturel, a été fait par
le P. Secchi lui-même dans ses publications ultérieures.

» qu'en prenant le dessin d'une colonnade d'ar-
» chitecture : sur la convexité des bandes, l'effet
» stéréoscopique est si surprenant, qu'en le
» voyant pour la première fois on reste surpris,
» et sans deviner d'abord ce que l'on voit (1).

» Ce type n'est pas aussi nombreux que les
» deux autres, et dans beaucoup de cas il s'ap-
» proche et se fond dans le second, dont il
» semble être une limite extrême. Aldébaran se
» trouve à la limite commune. »

Il résulte du tableau, dans lequel le P. Secchi résume la classification des 316 étoiles observées par lui, que :

Le premier type (type de α de la Lyre en renferme..................	164
Le deuxième type (type solaire).......	140
Lo troisième type (type de α d'Hercule).	12
Total.........	316

« La première chose qui frappe, ajoute le
» savant auteur, dans l'analyse spectrale des
» étoiles, c'est leur grande uniformité et le petit
» nombre des types. Quand on pense que les
» diverses substances terrestres donnent des
» spectres différents les uns des autres, et que,

(1) Cet alinéa, qui contient la description du spectre de α Hercule, est emprunté, non au Mémoire indiqué ci-dessus, mais à une Note communiquée par
le P. Secchi à l'Académie des Sciences, *Comptes rendus de l'Académie*, t. LXIII, p. 624.

» à des températures diverses, des substances
» identiques varient dans leurs spectres, on de-
» vrait s'attendre à trouver dans les étoiles exa-
» minées en grand nombre une diversité encore
» plus considérable; mais il en est tout autre-
» ment. Les différences fondamentales déjà re-
» connues par nous sont très-peu nombreuses et
» se réduisent à trois seulement.

» Un autre fait non moins important, c'est
» que les divers types dominent de préférence
» dans certaines régions du ciel. Ainsi, dans les
» constellations de la Lyre, de la Grande Ourse,
» du Taureau, et particulièrement dans le
» groupe des Pléiades et des Iades, domine le
» type de α de la Lyre. Dans la Baleine, Céphée,
» le Dragon, etc., domine le type solaire. La vaste
» constellation d'Orion est singulière en ce qu'elle
» contient une modification spéciale du premier
» type, qui la rend bien différente des autres;
» on y voit les raies de ce type, mais elles y
» sont remarquablement étroites, et il s'y joint
» un grand nombre de raies très-fines répan-
» dues sur tout le spectre; en outre, la couleur
» verte domine dans toutes ces étoiles, tandis
» que le rouge y fait défaut.... Il n'est pas pos-
» sible d'admettre que ces coïncidences soient
» accidentelles; elles doivent tenir à la distri-
» bution première de la matière dans l'espace.

» Les raies fondamentales du premier type
» semblent être celles de l'hydrogène à une
» haute température.... Outre l'hydrogène, beau-
» coup de ces étoiles renferment très-distincte-

» ment d'autres substances, telles que le sodium
» et le magnésium.

» La structure du deuxième type paraît plus
» susceptible de variété, et néanmoins on y
» trouve une constance assez notable.... Avec
» quelques légères différences, les étoiles de ce
» deuxième type présentent une composition
» identique à celle de notre Soleil, au moins
» pour la partie principale.

» Le troisième type est le moins nombreux de
» tous, mais non le moins important. Il se dis-
» tingue des deux autres par les grandes lacunes
» faibles et nébuleuses qui divisent les spectres
» en zones.... Ces spectres ont une caractéris-
» tique spéciale qui semble indiquer la présence
» de corps gazeux à basse température. Ils pré-
» sentent l'aspect de spectres du premier et du
» deuxième type dont la lumière aurait traversé
» l'atmosphère absorbante des planètes.... La
» dilatation des zones correspondant aux raies
» de la vapeur d'eau ferait croire que cette
» substance se trouve dans les étoiles de ce
» type. »

Depuis la publication de cet important Mémoire, le P. Secchi n'a pas cessé d'explorer le
ciel pour accroître le champ de nos connais-
sances sur la nature intime des divers astres.
Parmi les conséquences qu'il a tirées de ses nouvelles recherches, nous signalerons seulement
les suivantes : 1° L'identification des principales
raies de l'hydrogène à une très-haute température avec celles qui caractérisent le premier

type d'étoiles, a été établie d'une manière beaucoup plus complète; 2° l'examen spécial des étoiles colorées en rouge a pu être poussé jusqu'à celles de huitième grandeur, et les spectres obtenus ont généralement classé ces étoiles dans le troisième type; 3° l'existence d'un quatrième type a été reconnue parmi les plus faibles des étoiles dont il vient d'être question; ce nouveau type a quelque analogie avec le troisième : il s'en distingue par le nombre des zones claires, qui est de trois au lieu de six ou sept, et aussi par ce fait, que la lumière des zones commence brusquement du côté du violet et va en s'affaiblissant insensiblement du côté du rouge, tandis que, dans les spectres du troisième type, les mêmes circonstances se présentent dans le sens inverse (1).

En établissant cette classification générale des étoiles en quatre groupes, dont les deux premiers se partagent à peu près également la presque totalité des étoiles les plus brillantes, tandis que les deux derniers sont formés spécialement des étoiles plus ou moins fortement colorées en rouge, le savant Directeur de l'observatoire du Collége romain a rencontré un très-petit nombre d'exceptions, que nous ne devons pas passer sous silence. La principale se trouve dans l'étoile γ de Cassiopée. « Parmi le nombre très-considé-

---

(1) *Comptes rendus de l'Académie des Sciences,* t. LXV, LXVI, LXVII.

» rable des étoiles examinées, dit le P. Secchi (1),
» je trouve une exception bien singulière. L'é-
» toile γ de Cassiopée est parfaitement complé-
» mentaire du premier type, et au lieu d'avoir
» une raie obscure à la place de la raie F du
» Soleil, elle a une bande lumineuse d'une lon-
» gueur sensible. Il est facile de s'en convaincre
» en regardant β de Cassiopée, qui est du premier
» type ordinaire, et en portant ensuite l'instru-
» ment sur γ de Cassiopée : on voit qu'à la place
» de la raie noire de la première, on a une raie
» brillante dans la seconde. Après avoir beau-
» coup cherché si cette exception se présentait
» pour d'autres étoiles, je viens d'en trouver
» une autre, c'est β de la Lyre ; mais sa raie est
» très-fine et très-difficile à voir. Ces exceptions
» si peu nombreuses méritent toute l'attention
» du théoricien. Car, s'il est vrai que les raies
» noires sont dues à une absorption par une
» certaine substance (l'hydrogène dans le cas
» actuel), ici nous trouvons la lumière directe
» émanée de cette substance. » Cette exception,
relative à γ de Cassiopée, a été confirmée et
même plus fortement établie encore par des observations ultérieures de M. Huggins, qui a
trouvé dans le spectre de l'étoile une seconde
raie brillante correspondant également à l'hydrogène.

---

(1) *Comptes rendus de l'Académie des Sciences,*
t. LXIII.

MM. Wolf et Rayet ont découvert, à l'Observatoire de Paris, trois autres étoiles très-petites (de huitième grandeur), dont les spectres présentent des raies brillantes, comme celui de γ de Cassiopée. Ces étoiles sont très-voisines les unes des autres; elles font partie de la constellation du Cygne. Les mesures prises pour fixer la position des raies brillantes dans chaque spectre n'ont pas permis de reconnaître les substances spéciales auxquelles ces raies peuvent être attribuées (1).

Les étoiles doubles présentent souvent cette particularité remarquable que les deux étoiles composantes d'une même étoile double sont diversement colorées ; et même on rencontre fréquemment, parmi ces composantes, des étoiles de couleur bleue on verte. « L'existence d'un si » grand nombre d'étoiles bleues ou vertes dans » les groupes binaires connus sous le nom d'é- » toiles doubles, dit Arago (2), est un fait d'au- » tant plus digne d'attention, que parmi les » soixante ou quatre-vingt mille étoiles isolées » dont les catalogues astronomiques font con- » naitre les positions, il n'en est, je crois, au- » cune qui s'y trouve inscrite avec d'autre indi- » cation, en fait de teintes, que le blanc, le rouge » et le jaune. Les conditions physiques inhé-

---

(1) *Comptes rendus de l'Académie des Sciences,* t. LXV.

(2) *Astronomie populaire,* t. I, p. 469.

» rentes à l'émission d'une lumière bleue ou
» verte semblent donc ne se rencontrer que dans
» les étoiles multiples. » On avait cherché à expliquer cette coloration spéciale par une illusion
d'optique, par un effet de contraste entre les
lumières des deux parties composantes de chaque
étoile double; mais cette explication ne pouvait
pas rendre compte des faits observés dans tous
les cas. MM. Huggins et Miller sont parvenus à
montrer que, dans certains cas au moins, la diversité de couleur tient réellement à une diversité de composition de la lumière émise par les
deux composantes de l'étoile. Ils ont pu observer
l'un après l'autre les spectres des deux parties
de l'étoile double β du Cygne, colorées l'une en
jaune et l'autre en bleu, et ont constaté une différence capitale dans les deux systèmes de raies
obscures que présentent ces deux spectres. Une
observation analogue, faite sur les deux composantes de α d'Hercule, dont l'une est orangée et
l'autre d'un vert bleuâtre, leur a également fourni
des spectres totalement différents l'un de l'autre.
Dans chacun de ces deux cas, ils ont reconnu
que la couleur spéciale de chaque étoile partielle
concorde avec la manière dont la lumière est répartie dans les diverses parties de son spectre (1).

Il existe un certain nombre d'étoiles dont l'é-
clat varie périodiquement, et cela avec un degré

(1) *Transactions philosophiques de la Société Royale
de Londres*, année 1864, p. 431.

de régularité qui n'est pas le même pour toutes. Diverses conjectures ont été faites pour expliquer cette variabilité ; mais elles ne reposaient sur aucune base solide. Dès que l'analyse spectrale a pu être appliquée aux étoiles, on a naturellement cherché dans ce nouveau mode d'examen des indications capables de mettre sur la voie des causes d'un si curieux phénomène. Le P. Secchi s'en est occupé dans diverses circonstances ; voici quelques conséquences auxquelles ses observations l'ont conduit.

« L'étoile variable la plus célèbre est *Algol* où
» β de Persée (période très-régulière de $2^j 20^h 48^m$;
» éclat maximum constant pendant $2^j 14^h$, suivi
» d'un affaiblissement progressif, puis d'un ac-
» croissement également progressif, durant en-
» semble un peu moins de 7^h) ; examinée plu-
» sieurs fois, à l'époque de son minimum d'é-
» clat, elle a toujours montré le même type
» de α de la Lyre. D'où on pourrait conclure
» qu'il n'y a pas de différence dans l'embrase-
» ment de l'étoile, parce que le spectre change-
» rait avec le changement de température ; mais
» qu'il doit exister un corps opaque qui l'é-
» clipse (1). » Cette idée, déjà émise antérieu-
rement, d'attribuer la diminution périodique d'é-
clat d'Algol à une éclipse produite par un corps
opaque circulant autour de l'étoile, s'accorde

---

(1) *Mémoires de l'Academie des Quarante de Mo-
dène,* 3ᵉ série, t. I.

d'ailleurs très-bien avec la régularité du phénomène et avec le peu de durée de la phase de diminution relativement à la durée totale d'une période.

L'étoile *Mira* ou o de la Baleine, la première dont la période ait été signalée, présente beaucoup moins de régularité dans ses variations qu'Algol ; la durée de sa période est beaucoup plus longue (environ 334 jours). Le P. Secchi l'a observée dans différentes phases de sa variabilité. En février 1867, il consignait les remarques suivantes (1) : « Je viens d'examiner l'étoile va
» riable de la Baleine, *Mira* o, qui est mainte
» nant de cinquième ou quatrième grandeur.
» Son spectre est de l'ordre de α d'Hercule
» (troisième type) et montre des cannelures cy
» lindriques parfaitement bien tranchées, avec
» les mêmes raies noires à la place même de
» l'étoile type. Mais, au fur et à mesure que
» l'étoile gagne en éclat, les raies noires du jaune
» et les premières du vert paraissent diminuer
» de netteté et devenir moins noires. Ce fait est
» très-intéressant : il indiquerait ici une source
» de variabilité différente de celle d'Algol. » Au mois de décembre suivant, il disait (2) : « o de
» la Baleine, qui est maintenant de troisième

---

(1) *Comptes rendus de l'Académie des Sciences,* t. LXIV.

(2) *Comptes rendus de l'Académie des Sciences,* t. LXV.

» grandeur, à peu près, présente un magnifique
» spectre du troisième type, comparable en
» beauté à β de Pégase et à α d'Orion, et aussi
» facile à résoudre. Ce spectre ayant l'apparence
» d'une colonnade, je dirai que, en partant de
» la petite colonne près de D, dans le jaune, on
» trouve trois magnifiques colonnes du côté du
» rouge, et cinq du côté du violet, toutes réso-
» lubles en lignes plus fines ; en tout au moins
» neuf colonnes. C'est l'un des spectres les plus
» curieux que présente l'observation du ciel. J'ai
» déjà remarqué ailleurs que les étoiles variables
» (excepté Algol) appartenaient à ce type. » An-
térieurement, en effet, le P. Secchi disait, à la
suite de la revue générale qu'il venait d'effectuer
sur le ciel étoilé (1) : « Il est remarquable que
» les étoiles variables, à période irrégulière (α
» d'Orion, α d'Hercule, etc.), sont des étoiles à
» zones multiples (troisième type). Cette consti-
» tution spectrale, indiquant de vastes atmo-
» sphères absorbantes, conduit à penser que leur
» variabilité vient probablement de crises que
» subit la masse atmosphérique qui les envi-
» ronne. »

Les étoiles temporaires, qui se montrent plus
ou moins brusquement dans le ciel, puis dimi-
nuent d'éclat peu à peu pour disparaître ensuite
tout à fait, sont en réalité des étoiles variables

---

(1) *Comptes rendus de l'Académie des Sciences,*
t. LXIII.

qui, habituellement trop faibles pour être aperçues, prennent momentanément un éclat inaccoutumé. Une étoile de ce genre ayant paru subitement, au mois de mai 1866, dans la constellation de la Couronne boréale, pour disparaître ensuite dans l'espace de quelques jours, on s'est empressé de soumettre sa lumière à l'analyse spectrale. « La lumière de cette étoile » nouvelle, disent MM. Huggins et Miller (1), » forme un spectre qui ne ressemble à aucun de » ceux des corps célestes que nous avons examinés jusqu'à présent. La lumière de l'étoile » est composée et émane de deux sources différentes. Chaque lumière forme son spectre » propre. Dans l'instrument ces spectres se montrent superposés. Le spectre principal est analogue à celui du Soleil (raies obscures en grand » nombre), et est évidemment formé par la lumière d'une photosphère solide ou liquide incandescente, qui a subi une absorption de la » part des vapeurs d'une enveloppe moins chaude » qu'elle-même. Le second spectre se compose » d'un petit nombre de raies brillantes qui indiquent que la lumière dont il est formé est » émise par une matière à l'état de gaz lumineux.... La position de deux des raies brillantes suggère la pensée que ce gaz contient » surtout de l'hydrogène.... Le caractère du

---

(1) *Proccedings de la Société royale de Londres*, n° 84, 1866.

» spectre de cette étoile, rapproché de la sou-
» daine explosion de sa lumière et de la dimi-
» nution rapide de son éclat, nous amène à
» supposer que, par suite de quelque grande
» convulsion intérieure, de grandes quantités
» de gaz s'en sont dégagées, que l'hydrogène
» qui en faisait partie s'est enflammé en se com-
» binant avec quelque autre élément, et a
» fourni la lumière représentée par les raies bril-
» lantes; qu'enfin les flammes ont chauffé la
» matière solide de la photosphère de l'étoile
» jusqu'à une vive incandescence. Lorsque l'hy-
» drogène a été épuisé, tout le phénomène a
» diminué d'intensité, et l'étoile s'est éteinte ra-
» pidement. » Ne trouve-t-on pas là tous les
caractères d'un véritable incendie, qu'il nous a
été donné d'apercevoir dans la profondeur des
espaces célestes? Il ne faut pas oublier que, vu
l'immense éloignement du lieu où s'est produit
ce phénomène, la lumière a dû mettre un temps
considérable à venir nous en avertir, et qu'il y
avait peut-être dix ans, vingt ans, cent ans, et
même plus, qu'il était terminé, lorsque nous
nous en sommes aperçus.

MM. Huggins et Miller terminent la Note d'où
nous avons extrait ce qui précède par la remarque suivante : « Par suite de l'observation de
» cette étoile, la circonstance que nous avons
» déjà signalée dans les spectres de α d'Orion
» et de β de Pégase, savoir qu'ils ne contiennent
» aucune raie d'absorption de l'hydrogène, pa-
» raît présenter un nouvel intérêt. Les spectres

» de ces étoiles s'accordent, dans leurs carac-
» tères généraux, avec le spectre d'absorption
» de l'étoile nouvelle. Toute la classe des étoiles
» blanches se distingue comme possédant les
» raies de l'hydrogène avec une force extraor-
» dinaire. On peut aussi mentionner ici que
» nous avons trouvé que les spectres d'un grand
» nombre des plus remarquables des étoiles va-
» riables, savoir celles qui se distinguent par
» une teinte orangée ou rouge, s'accordent en
» général beaucoup avec ceux de α d'Orion et
» de β de Pégase, ainsi qu'avec le spectre d'ab-
» sorption du remarquable objet dont nous nous
» occupons. L'idée purement spéculative qui se
» présente d'elle-même d'après ces observations,
» c'est que l'hydrogène joue probablement un
» rôle important dans les différences de consti-
» tution physique qui divisent en apparence les
» étoiles en groupes, et peut-être aussi dans
» les changements auxquels ces différences sont
» dues. »

Avant de terminer ce qui se rapporte à l'analyse spectrale des étoiles, nous dirons encore
quelques mots de l'influence que le mouvement
propre d'une étoile peut avoir sur la position
des raies de son spectre et des conséquences
qu'on peut espérer en tirer. Pour bien comprendre ce point un peu délicat, considérons un
corps sonore produisant un son d'une hauteur
déterminée, et supposons que ce corps, tout en
vibrant, se meuve de manière à se rapprocher
assez rapidement de l'observateur. Les vibra-

tions qu'il effectue se transmettent à l'oreille
de l'observateur par l'intermédiaire de l'air et
mettent ainsi un certain temps à y arriver. Mais,
à mesure que le corps vibrant se rapproche de
l'observateur, le retard du moment de la perception d'une vibration sur le moment de sa
production va en diminuant progressivement; et
si l'on considère l'ensemble des vibrations produites par le corps en une seconde de temps, il
s'écoulera moins d'une seconde entre la perception de la première de ces vibrations et celle de
la dernière : les vibrations du corps sembleront
donc à l'observateur s'effectuer plus rapidement
qu'elles ne s'effectuent en réalité, et le son
perçu sera plus aigu que si le corps sonore était
immobile au lieu de se rapprocher de l'oreille.
Un effet pareil, mais inverse, se produira si le
corps sonore s'éloigne de l'observateur pendant
qu'il est en vibration : le son perçu par l'oreille
sera plus grave que si le corps vibrant ne se
déplaçait pas. Des considérations analogues peuvent être appliquées à la lumière, et on en
conclura immédiatement que, si une étoile se
rapproche rapidement de nous, la réfrangibilité de chacun des rayons lumineux qu'elle
nous envoie sera augmentée; et si, au contraire, l'étoile s'éloigne, la réfrangibilité de
chaque rayon sera diminuée : donc, en définitive, ce mouvement de rapprochement ou d'é-
loignement de l'étoile se traduira par un déplacement d'ensemble des raies de son spectre vers
l'extrémité violette ou vers l'extrémité rouge.

Bien entendu que ce déplacement des raies ne peut devenir sensible qu'autant que la vitesse de rapprochement ou d'éloignement de l'étoile n'est pas trop petite relativement à la vitesse avec laquelle la lumière se transmet dans l'espace.

Cette idée d'une modification de la hauteur du son par suite du rapprochement ou de l'éloignement du corps vibrant qui le produit est due à M. Fizeau: elle a été confirmée par l'expérience. C'est également M. Fizeau qui en a fait l'application aux phénomènes lumineux. Récemment le P. Secchi a cherché, par des mesures délicates et précises, si des raies bien connues dans les spectres de certaines étoiles manifestent un déplacement quelconque pouvant indiquer un rapprochement ou un éloignement sensible entre ces astres et la Terre; il n'a rien trouvé de pareil, et il a constaté que, « parmi les » étoiles qu'il a examinées (constellations du » Grand Chien, d'Orion, du Petit Chien, du Lion, » du Triangle, de l'Ours, du Cocher, de Cas- » siopée, etc.), il n'y en a aucune dont le mouve- » ment propre soit cinq ou six fois celui de la » Terre (1). » Il n'est question ici, comme on le pense bien, que du mouvement propre dans le sens de la ligne qui joint l'étoile à la Terre.

Quoi qu'il en soit, il est très-important que cette influence du déplacement d'une étoile dans l'es-

---

(1) *Comptes rendus de l'Académie des Sciences,* t. LXVI, 2 mars 1868.

pace sur la position des raies de son spectre soit signalée, parce que, d'une part, on doit penser à en tenir compte, quand on cherche à identifier les raies du spectre d'une étoile avec celles que donnent les diverses substances terrestres à l'état de gaz incandescent; et que, d'une autre part, s'il arrivait que cette influence fût constatée d'une manière bien nette dans les spectres de certaines étoiles, il en résulterait des données précieuses sur le mouvement de ces étoiles dans l'espace.

Analyse spectrale des nébuleuses.

Les nébuleuses elles-mêmes ont été soumises à l'analyse spectrale. Malgré la faiblesse de ces lueurs blanchâtres qui indiquent la présence d'une matière très-rare disséminée dans des espaces d'une étendue considérable, M. Huggins, et d'autres après lui, ont pu produire avec leur lumière des spectres très-sensibles. Il en est résulté des indications d'une extrême importance sur la nature de ces nébuleuses. En les observant avec les télescopes les plus puissants, on avait reconnu qu'un certain nombre d'entre elles n'étaient autre chose que des amas d'étoiles d'un faible éclat; d'autres, au contraire, vues dans les mêmes instruments, avaient conservé leur aspect de nébuleuses sans aucune apparence sensible de points brillants distincts : d'où la division en *nébuleuses résolubles* en étoiles, et *nébuleuses non résolubles*. Mais cette distinction des nébuleuses en deux espèces était-elle bien fondée sur la véritable nature de ces amas de matière, ou bien tenait-elle seulement à ce qu'on n'avait pas employé des instruments d'une puissance suffisante pour les résoudre toutes en étoiles? L'indécision qui restait sur ce point a disparu complétement par l'emploi de l'analyse spectrale.

M. Huggins, en vue d'arriver à la solution de cette question, dirigea son spectroscope sur quelques nébuleuses, et il choisit d'abord pour cela celles qui se présentent dans les lunettes sous forme de petits disques ronds ou légèrement ovales, et auxquelles W. Herschel a donné le nom de *nébuleuses planétaires*. En août 1864, il fit la première observation de ce genre sur une nébuleuse située dans la constellation du Dragon. « Ma surprise fut très-grande, dit-il, en
» regardant dans la petite lunette de l'appareil
» spectral, de n'y apercevoir aucune apparence
» d'une bande de lumière colorée, telle qu'une
» étoile l'aurait produite, mais, au lieu de cela,
» d'y voir seulement trois *raies brillantes* iso-
» lées. Cette observation suffisait pour résoudre
» la question longtemps débattue, au moins en
» ce qui concerne cet objet, et pour montrer
» que c'était, non un *groupe d'étoiles*, mais une
» *vraie nébuleuse*. Un spectre de ce caractère,
» autant que l'indique l'état actuel de nos con-
» naissances, ne peut être produit que par la
» lumière émanant d'une matière à *l'état de*
» *gaz*. La lumière de cette nébuleuse ne pro-

» vient donc pas d'une matière solide ou liquide
» incandescente, comme celle du Soleil et des
» étoiles, mais d'*un gaz ardent ou lumineux*.

» Il était important de reconnaître, autant
» que possible, d'après la *position* de ces lignes
» brillantes, la nature chimique du gaz ou des
» gaz dont cette nébuleuse se compose.

» Des mesures prises au micromètre de la
» plus brillante des raies lumineuses m'ont fait
» voir que cette raie tombe dans le spectre à
» très-peu près dans la position de la plus bril-
» lante des raies du spectre de l'azote. J'ai fait
» alors l'expérience pour comparer directement
» le spectre de l'azote aux raies brillantes de la
» nébuleuse, et j'ai reconnu que la plus bril-
» lante de ces raies *coïncide* avec la plus forte
» de celles qui sont particulières à l'azote. Il
» peut se faire, toutefois, que la présence de
» cette raie seule indique une forme de matière
» plus élémentaire que l'azote, et que nos
» moyens d'analyse n'ont pas encore pu nous
» faire connaître.

» De la même manière j'ai trouvé que la plus
» faible des raies coïncide avec le vert de l'hy-
» drogène.

» Celle des trois raies du spectre de la nébu-
» leuse qui est placée entre les deux autres ne
» coïncide avec aucune des fortes raies d'envi-
» ron trente éléments terrestres. Elle est peu
» éloignée de la raie du baryum, mais ne coïn-
» cide pas avec elle.

» Outre ces raies brillantes, il y a aussi un

» spectre continu excessivement faible. Ce
» spectre ne paraît pas avoir de largeur, et
» doit être formé par un petit point de lumière.
» Sa position, passant à peu près par le milieu
» des raies brillantes, montre que ce point de
» lumière est situé vers le centre de la nébu-
» leuse. Cette nébuleuse, en effet, possède un
» noyau petit mais brillant. Nous apprenons
» par cette observation que la matière du noyau
» n'est très-probablement pas à l'état de gaz,
» comme la matière de la nébuleuse qui l'envi-
» ronne; il se compose d'une matière opaque
» qui peut être sous la forme d'un brouil-
» lard incandescent de particules solides ou li-
» quides (1). »

Plusieurs autres nébuleuses planétaires observées dans diverses régions du ciel et présentant, comme la précédente, une teinte bleu-
verdâtre, ont donné à M. Huggins des résultats
à peu près pareils. Les spectres de ces nébuleuses se sont généralement réduits aux mêmes
trois raies brillantes, avec des traces plus ou
moins prononcées d'un spectre continu linéaire
correspondant à un noyau central. La nébuleuse
annulaire de la Lyre n'a montré dans le spectroscope que la plus forte des trois raies dont il
vient d'être question; M. Huggins y a cependant
soupçonné l'existence de celle qui la suit en

(1) *Monthly Notices de la Société astronomique de Londres*, vol XXVII, p. 159.

éclat. La belle nébuleuse Dumb-Bell, qui est très-grande, très-brillante, et qui s'étend irrégulièrement dans la constellation du Petit Renard, a montré dans toutes ses parties la plus forte des trois raies ci-dessus, sans aucune apparence des deux autres (1).

M. Huggins a également soumis à cet examen la grande nébuleuse découverte par Huyghens, il y a plus de deux siècles, près de la Garde de l'Épée d'Orion. Dans toutes les parties de cette immense nébulosité de teinte verte, le spectroscope a montré trois raies brillantes, identiques de position à celles que produit la lumière des nébuleuses planétaires ; ces raies sont nettement définies, et les intervalles qui les séparent sont tout à fait noirs. Cette observation a montré que la lumière de la nébuleuse présente partout la même composition, et ne varie d'un point à un autre que sous le rapport de l'intensité. « La couleur verte, dit le P. Secchi, domine » dans toutes les étoiles de la vaste constella- » tion d'Orion (α excepté). Ce groupe tout en- » tier semble participer à la nature de la grande » nébuleuse par cette teinte verte exagérée et » prédominante. »

« Il est digne de remarque, » ajoute M. Huggins, après avoir décrit et discuté les résultats de l'analyse spectrale de la grande nébuleuse d'Orion, « que toutes les nébuleuses qui pré- » sentent un spectre gazeux, montrent les *mêmes*

---

(1) *Transactions philosophiques,* année 1864.

» *trois raies brillantes*; dans un seul cas on en
» en a vu une quatrième. Si nous supposons
» que la substance gazeuse de ces objets repré-
» sente le *fluide nébuleux* avec lequel, suivant
» l'hypothèse de sir W. Herschel, les étoiles se
» forment par voie de condensation, nous de-
» vrions nous attendre à un spectre gazeux dans
» lequel les raies brillantes seraient aussi nom-
» breuses que les raies obscures d'absorption
» que nous trouvons dans les spectres des
» étoiles. En outre, si l'on admet la supposition
» peu probable que les trois raies brillantes
» sont l'indice de la matière dans sa forme la
» plus élémentaire, nous devrions du moins
» nous attendre à trouver dans quelqu'une des
» nébuleuses, ou dans quelques-unes de leurs
» parties, un état plus avancé vers la formation
» d'un certain nombre de corps distincts, tels
» qu'il en existe dans notre Soleil et dans les
» étoiles ; et une pareille avance dans la trans-
» formation de la matière en étoiles nous serait
» indiquée par un spectre plus complexe. Mes
» observations, autant que j'ai pu les étendre
» jusqu'à présent, semblent être en faveur de
» l'opinion que les nébuleuses qui donnent un
» spectre gazeux, sont des systèmes dont la
» structure et le rôle dans l'univers sont totale-
» ment distincts, et d'un autre ordre que le
» grand groupe de corps cosmiques dont notre
» Soleil et les étoiles fixes font partie (1). »

(1) *Proceedings de la Société Royale de Londres,*
janvier 1865.

D'un autre côté, M. Huggins, en dirigeant son spectroscope sur des nébuleuses résolubles en étoiles, ou bien dont la résolubilité était plus ou moins probable, a obtenu des spectres continus, sans bandes brillantes, ce qui établit une différence capitale entre ces nébuleuses et les précédentes.

Le nombre total des nébuleuses que M. Huggins a soumises à l'analyse spectrale est de 60; sur ce nombre, il y en a 19 qui ont donné un spectre gazeux formé de quelques raies brillantes, et 41 qui ont donné un spectre continu sans traces de raies brillantes. En comparant ces résultats de l'analyse spectrale avec les indications que lord Rosse avait tirées de l'observation directe au télescope, on a formé le tableau suivant qui n'a pas besoin de commentaire :

	SPECTRE continu.	SPECTRE gazeux.
Amas d'étoiles....................	10	0
Résolues, ou résolues?.........	5	0
Résolubles, ou résolubles?......	10	6
Bleues ou vertes, sans résolubilité.	0	4
Aucune résolubilité aperçue. ...	6	5
Total des nébuleuses observées.	31	15
Nébuleuses non observées par lord Rosse.	10	4
	41	19

Analyse spectrale des comètes.

La première application de l'analyse spectrale
à l'étude des comètes paraît avoir été faite par
M. Donati sur la comète I de 1864. Il caracté-
rise le résultat de son observation en disant :
» Le spectre de cette comète ressemble aux
» spectres des métaux ; les parties obscures
» sont plus larges que celles qui sont plus lumi-
» neuses, et nous pouvons dire que ce spectre
» est composé de trois lignes brillantes (1). »

Plus tard, M. Huggins et le P. Secchi sont
parvenus, chacun de leur côté, à analyser la
lumière de la comète I de 1866.

« L'apparence de cette comète dans le té-
» lescope, dit M. Huggins, était celle d'une
» masse nébuleuse ovale enveloppant un noyau
» très-petit et de peu d'éclat. La longueur de la
» fente de l'appareil spectral était plus grande
» que le diamètre de l'image télescopique de la
» comète.

» L'apparence présentée dans l'instrument,
» lorsque le centre de la comète eut été amené
» à peu près sur le milieu de la fente, fut celle
» d'un large spectre continu s'évanouissant gra-
» duellement sur les deux bords. Ces parties
» plus faibles du spectre correspondaient aux

---

(1) *Monthly Notices de la Société astronomique de
Londres*, vol. XXV, p. 114.

» portions marginales plus diffuses de la comète.
» Vers le milieu de ce large et faible spectre se
» montrait un point brillant situé entre les raies
» *b* et F du spectre solaire, et à des distances à
» peu près égales de chacune d'elles. L'absence
» de largeur de ce point brillant dans une di-
» rection perpendiculaire à celle de la disper-
» sion montrait que cette lumière monochro-
» matique provenait d'un objet n'ayant aucune
» grandeur sensible dans le télescope.

» Cette observation nous apprend que la lu-
» mière de la chevelure de cette comète est
» différente de celle du petit noyau. Le noyau
» est lumineux par lui-même, et la matière dont
» il se compose est à l'état de gaz en ignition.
» Comme nous ne pouvons supposer que la che-
» velure consiste en une matière solide incan-
» descente, le spectre continu de sa lumière
» indique comme probable que cette chevelure
» est simplement éclairée par la lumière du
» Soleil.

» ..... Plusieurs des nébuleuses que j'ai exa-
» minées donnent un spectre formé d'une raie
» seulement, correspondant en réfrangibilité à
» la raie brillante du noyau de la comète dont
» il est ici question. D'autres nébuleuses don-
» nent encore, outre cette raie brillante, une ou
» deux raies plus faibles. Il m'a été impossible
» de reconnaître dans le spectre de la comète
» la présence d'aucune de ces deux raies.... La
» raie brillante que j'y ai observée seule peut
» être regardée comme indiquant que la matière

» de la comète consiste principalement en azote,
» ou bien en une substance plus élémentaire
» faisant partie de l'azote (1). »

Le P. Secchi, de son côté, dit en parlant du
spectre de la même comète : « J'ai trouvé qu'il
» est composé de trois raies seulement : une qui
» correspond aux $\frac{2}{5}$ de la distance entre b et F
» de Fraünhofer et est assez vive ; sa couleur
» est *verte*, mais elle diffère de celle des nébu-
» leuses de toute sa largeur (2) ; les autres
» deux lignes ou raies sont trop petites et fai-
» bles pour en pouvoir fixer exactement la po-
» sition. L'une est, du côté rouge, assez près
» de la large raie principale ; l'autre assez éloi-
» gnée du côté violet. D'après cela, on doit
» ranger les comètes, pour leur constitution
» physique moléculaire, parmi les nébuleuses ;
» mais leur réfrangibilité de lumière n'est pas
» la même que celle des nébuleuses (3). »

Tout récemment deux autres comètes ont pu
être soumises à l'analyse spectrale ; ces comètes
sont désignées sous les noms de *comète de Brorsen* et *comète de Winnecke.*

---

(1) *Proceedings de la Société Royale de Londres,*
n° 80, 1866.

(2) M. Huggins, au contraire, avait trouvé qu'elle
coïncidait avec cette raie des nébuleuses (*voir* plus
haut).

(3) *Comptes rendus de l'Académie des Sciences,*
t. LXII, p. 210.

« En profitant de quelques soirées assez clai-
» res, dit le P. Secchi (mai 1868), j'ai examiné
» le spectre prismatique de la comète de Bror-
» sen. Ce spectre est discontinu : il est formé
» d'abord d'une faible lumière, remplissant le
» champ de la vision, sur laquelle se détachent
» trois zones assez vives pour paraître même
» plus dilatées que le reste du fond. La zone
» la plus vive est celle du milieu, qui occupe
» la couleur verte et correspond à la région
» comprise entre le magnésium (*b*) et l'hydro-
» gène (F), mais beaucoup plus près du pre-
» mier; la largeur de cette zone est très-limitée,
» elle n'excède pas le cinquième de la distance
» entre les deux raies. Aux instants où l'atmo-
» sphère est particulièrement favorable, elle se
» réduit presque à une simple ligne brillante,
» de la grandeur apparente du noyau de la co-
» mète. Une autre zone brillante, mais beaucoup
» moins intense, se trouve dans le vert-jaune,
» au milieu de la distance comprise entre le so-
» dium (D) et le magnésium (*b*). On distingue
» quelquefois une autre bande dans le rouge,
» mais elle est très-difficile à fixer. La troisième
» zone, d'intensité lumineuse à peu près inter-
» médiaire entre les deux précédentes, se trouve
» du côté du bleu, au tiers environ de la dis-
» tance comprise entre F et *b*, à partir de F.
» Cette bande est assez brillante pour être bien
» mesurée et produire par scintillation l'appa-
» rence linéaire.

» Ces observations nous conduisent déjà à

» des résultats assez intéressants. Il semble d'a-
» bord permis d'en conclure que la lumière n'est
» pas uniquement formée de lumière solaire ré-
» fléchie ; celle qui provient du Soleil ne consti-
» tuerait peut-être que le fond diffus du champ
» de la vision. La comète aurait donc une lu-
» mière propre, dont la teinte est très-voisine
» de celle des nébuleuses, mais dont la position
» diffère beaucoup de celle des raies nébulaires,
» dont l'une coïncide avec F ; l'autre raie de la
» comète est aussi différente de position et du
» côté opposé, plus près du magnésium que la
» raie nébulaire (1). »

Peu de temps après (juin 1868), le P. Secchi
écrivait, au sujet de la comète de Winnecke :
« La nouvelle comète de M. Winnecke est ve-
» nue fort à propos pour répéter les observa-
» tions que j'ai faites sur celle de Brorsen. Cette
» comète est petite, mais très-brillante ; son
» éclat était environ celui d'une étoile de sixième
» grandeur. Son spectre est formé de trois
» bandes assez vives : celle du milieu, la plus
» vive, est verte ; une autre, assez brillante, se
» trouve dans le jaune, et la dernière, la plus
» faible, dans le bleu. Le fond du champ de la
» lunette est plein d'une faible lumière diffuse.
» ..... J'ai trouvé que la ligne plus lumineuse
» du vert correspondait à la ligne (b) du ma-

(1) *Comptes rendus de l'Académie des Sciences,*
t. LXVI, p. 881.

» gnésium, à très-peu près. Cependant, l'aspect
» général du spectre n'est pas celui des métaux,
» et cette raie n'indique pas certainement la
» présence de ce métal. En comparant les me-
» sures des autres raies avec les figures des
» spectres donnés par M. Angström, on trouve
» que le carbure d'hydrogène CH représente
» très-bien ces groupes en position, de sorte
» qu'on serait porté à croire que cette substance
» intervient effectivement dans l'éclat de la co-
» mète. »

» Le spectre, quoique du même ordre que ce-
» lui de la comète de Brorsen, est cependant
» bien différent. Les différences (dans la posi-
» tion des bandes déterminée par des mesures
» micrométriques) sont trop considérables pour
» être attribuées à de simples erreurs d'obser-
» vation. La lumière verte commence ici près
» de la raie du magnésium (b), pendant que
» celle du spectre de la comète de Brorsen en
» était très-éloignée (1). »

D'un autre côté, M. Wolf soumettait la même
comète à l'analyse spectrale et décrivait ainsi le
résultat de son examen :

» Si l'on observe la comète au spectroscope
» en rétrécissant successivement la fente, d'a-
» bord largement ouverte, on voit le spectre se
» partager en trois bandes lumineuses séparées

---

(1) *Comptes rendus de l'Académie des Sciences,*
t. LXVI, p. 1299.

» par des intervalles qui semblent complète-
» ment obscurs. Mais, quelle que soit la largeur de
» la fente, même lorsqu'elle est réduite à une
» petite fraction de millimètre, les bandes ne
» se rétrécissent pas jusqu'à devenir des lignes
» brillantes. Une fois amenées à un certain de-
» gré de largeur, elles ne font que s'affaiblir par
» la diminution d'ouverture, et les bords, les
» plus réfrangibles surtout, restent toujours
» mal définis. L'augmentation d'éclat de la co-
» mète m'a paru produire simplement un léger
» changement de ces bandes. On n'a donc là
» rien de semblable aux lignes brillantes qu'of-
» frent les spectres des nébuleuses ou des étoiles
» que j'ai signalées l'an dernier. L'aspect rap-
» pelle beaucoup mieux celui des spectres can-
» nelés des étoiles du troisième type du P. Sec-
» chi, lorsque les bandes d'absorption sont
» larges et l'étoile assez faible, ou bien encore
» l'apparence des spectres d'absorption de cer-
» tains liquides colorés.

» De ces trois bandes lumineuses, la plus
» brillante est située entre les raies solaires *b*
» et F, presque au contact de *b*. Les deux au-
» tres sont beaucoup plus pâles : l'une est pla-
» cée entre D et E, un peu plus près de E que
» de D; l'autre est au delà de F, mais assez
» voisine de cette ligne.

» Il m'a été impossible de voir aucune trace
» de lumière dans le rouge. Le spectre du
» noyau ne paraît pas différer de celui de la né-
» bulosité.

» Si l'on compare le spectre de la comète de
» Winnecke à celui de la comète de Brorsen,
» tel que l'a décrit le P. Secchi, on trouve entre
» les deux une identité presque absolue, à cette
» différence près que le P. Secchi a vu des
» raies brillantes là où j'ai vu des bandes. En
» réduisant, en effet, les positions des raies don-
» nées par le P. Secchi à ce qu'elles seraient
» dans mon appareil, on trouve des nombres
» qui placent les raies de la comète de Brorsen
» sur les bandes de la comète de Winnecke. Ce
» que j'ai remarqué de l'élargissement des ban-
» des avec l'augmentation d'éclat de la nouvelle
» comète expliquerait comment celle de Bror-
» sen, beaucoup plus faible, n'a donné que des
» bandes très-étroites ou des raies (1). »

Ces résultats, déjà obtenus par l'examen spectral de quelques comètes, ne sont pas complétement d'accord les uns avec les autres. Les
observations que l'on ne manquera pas de faire,
lorsque de nouvelles comètes se montreront
dans le ciel, ne tarderont sans doute pas à faire
disparaître ce qu'il y a encore d'incertain dans
ces premières données. Mais ce qui nous paraît
présenter une grande importance, c'est la remarque faite par M. Wolf, que les parties brillantes du spectre de la comète de Winnecke
sont des *zones* plutôt que des raies, et que l'as-

---

(1) *Comptes rendus de l'Académie des Sciences,*
LXVI, p. 1336.

pect de ce spectre rappelle beaucoup mieux celui des *spectres cannelés* des étoiles de troisième type du P. Secchi, que celui des nébuleuses où des quelques étoiles à raies brillantes qui ont été signalées. Cette remarque, qui tendrait à établir une différence capitale entre les nébuleuses et les comètes, concorde d'ailleurs avec la description et les dessins que le P. Secchi donnait en même temps du spectre dont il s'agit.

Résumé des résultats obtenus dans l'analyse spectrale des astres.

D'après tous les détails dans lesquels nous venons d'entrer sur les diverses recherches relatives à l'analyse spectrale des astres, détails dans lesquels nous avons tenu à reproduire autant que possible le texte même des relations qui ont été faites de ces recherches par leurs auteurs, on voit que la science se trouve déjà en possession de données extrêmement importantes sur la nature et la composition chimique des astres. Résumons ces données pour pouvoir mieux les saisir dans leur ensemble.

L'examen des raies du spectre solaire a permis de constater que l'atmosphère du Soleil contient, à l'état gazeux, du fer, du calcium, du magnésium, du sodium, du chrome, du nickel, du manganèse et de l'hydrogène; elle renferme en outre probablement, mais en petite quantité, du baryum, du cuivre et du zinc.

La lumière de la Lune ne donne aucune trace de la présence d'une atmosphère gazeuse autour de ce satellite de la Terre.

Les lumières des planètes Vénus, Mars, Jupiter et Saturne donnent quelques indications qui confirment l'existence d'atmosphères gazeuses autour de ces corps ; ces atmosphères paraissent avoir une certaine analogie de composition avec celle de la Terre, et contenir comme elle de la vapeur d'eau, mais en différer par la présence d'éléments dont la nature n'est pas encore déterminée. Les atmosphères de Jupiter et de Saturne paraissent avoir entre elles une analologie toute spéciale.

Les étoiles, sauf quelques rares exceptions, produisent des spectres qui ne présentent que des raies obscures ou d'absorption comme le Soleil. Elles peuvent être rapportées à quatre types particuliers. Chacun de ces types domine de préférence dans certaines régions du ciel. Le premier type comprend les étoiles blanches, telles que Sirius, α de la Lyre, α de l'Aigle, etc.; il est caractérisé surtout par la présence du gaz hydrogène à une très-haute température; outre l'hydrogène, beaucoup de ces étoiles renferment très-distinctement d'autres substances telles que le sodium et le magnésium. Un deuxième type comprend les étoiles qui ont une composition analogue à celle de notre Soleil; on y trouve notammment Arcturus, la Chèvre, Pollux, etc. Ces deux premiers types se partagent à peu près également la presque totalité des étoiles les plus brillantes du ciel. Le troisième type a un caractère spécial qui semble indiquer la présence de gaz à basse température; les étoiles qu'il renferme, telles que Bételgeuze ou α d'Orion, Antarès, α d'Hercule, etc., ont généralement une teinte rougeâtre; leur lumière semble être celle des deux types précédents, modifiée par le passage à travers une atmosphère absorbante, telle que celle de nos planètes. Le quatrième type, enfin, est analogue au troisième, et ne s'en distingue que par le nombre plus restreint des zones brillantes qui constituent le spectre, et par le sens dans lequel la lumière de ces zones brillantes va en s'affaiblissant graduellement; il ne renferme que des étoiles d'un faible éclat.

Un bien petit nombre d'étoiles manifestent la présence de gaz à l'état incandescent. Pour l'une d'elles, γ de Cassiopée, ce gaz est de l'hydrogène.

La diversité de couleur des composantes des étoiles doubles tient à la différence de composition de ces étoiles composantes.

Les variations périodiques d'éclat de certaines étoiles paraissent être dues à deux causes distinctes : pour Algol elles semblent provenir du passage périodique d'un corps opaque devant cet astre, tandis que, pour les autres étoiles variables, cela paraît tenir à des crises subies de temps en temps par les masses atmosphériques qui les environnent.

L'étoile de la Couronne boréale, qui a brillé

subitement d'un vif éclat, puis s'est éteinte peu à peu pour revenir à son état ordinaire, a dû cette circonstance au dégagement et à l'inflammation d'une grande masse de gaz contenant de l'hydrogène.

Il existe dans le ciel des nébuleuses non résolubles en étoiles, qui ne sont autre chose que des masses gazeuses à l'état incandescent. Elles se composent d'azote et d'hydrogène, et contiennent en outre une substance qu'on ne connaît pas encore.

Les comètes sont lumineuses par elles-mêmes, du moins dans la partie qui forme leur noyau. La nature de leur lumière les rapproche soit des nébuleuses, soit plutôt des étoiles faisant partie du troisième type.

Parmi ces divers résultats, quelques-uns sont d'une grande précision; d'autres sont plus ou moins vagues et laissent encore beaucoup à désirer. On n'en voit pas moins, par ce qui précède, combien est féconde la voie récemment ouverte à nos investigations par l'examen des spectres lumineux. Nous ne sommes qu'au début des recherches que cet instrument nouveau permet d'entreprendre pour l'étude de la constitution de l'univers; la riche moisson qu'il nous a déjà fournie peut nous faire pressentir l'importance des résultats que la science est appelée à en retirer (1).

---

(1) La suite de cette Notice sera publiée ultérieurement.

Post-scriptum (1). — L'observation de l'éclipse totale de Soleil du 18 août 1868 a donné des résultats de la plus grande importance, en ce qui touche à la constitution du Soleil.

M. Janssen avait reçu du Bureau des Longitudes et de l'Académie des Sciences la mission d'aller dans l'Inde anglaise, sur la ligne de centralité de l'éclipse, pour s'y livrer spécialement à l'étude spectrale de la lumière des régions circumsolaires, et notamment des protubérances, pendant la durée du phénomène. D'un autre côté, des astronomes de l'Observatoire impérial avaient été envoyés dans la presqu'île de Malacca, pour y observer l'éclipse, tant au point de vue astronomique qu'au point de vue physique.

Le temps a été heureusement favorable aux observations. On n'a pas tardé à apprendre, d'abord par le télégraphe, puis par la voie de la poste, que M. Janssen, dans l'Inde, et M. Rayet, l'un des astronomes envoyés dans la presqu'île de Malacca, avaient pu analyser la lumière des protubérances solaires, et y avaient trouvé tous les caractères de la lumière émise par des masses gazeuses incandescentes principalement composées de gaz hydrogène.

Mais le résultat capital de ces observations, c'est la découverte faite par M. Janssen, d'une méthode pour observer ces mêmes protubéran-

---

(1) *Voir* plus haut, p. 528.

ces solaires en tout temps, sans qu'il soit nécessaire d'attendre pour cela le moment où le disque du Soleil est complétement masqué par l'interposition de la Lune entre l'astre et l'observateur. Cette méthode, dont M. Janssen a conçu le principe pendant l'éclipse même, a été appliquée par lui dès le lendemain et a pleinement réussi : pendant 17 jours, du 19 août au 4 septembre, il a pu observer les protubérances solaires, et en dresser des cartes qui lui ont montré que ces immenses masses gazeuses se déforment et se déplacent avec une rapidité extraordinaire. On lira avec un grand intérêt le Rapport adressé par M. Janssen au Bureau des Longitudes, sur la manière dont il s'est acquitté de la mission qui lui avait été confiée (1).

Cette même découverte d'une méthode pour observer les protubérances solaires en tout temps, a été faite à Londres, par M. N. Lockyer, le 20 octobre dernier, quelques jours avant que l'on reçût en France les lettres dans lesquelles M. Janssen annonçait l'avoir faite deux mois plus tôt. M. N. Lockyer avait déjà, le 11 octobre 1866, indiqué à la Société Royale de Londres la possibilité d'observer en tout temps les protubérances solaires à l'aide du spectroscope, dans le cas où ces protubérances seraient de nature gazeuse ; mais il avait vainement cherché à les apercevoir en employant ce procédé,

---

(1) *Voir* plus loin, p. 586.

et il avait même conclu de l'insuccès de ses tentatives, que les protubérances n'étaient pas gazeuses. Ce n'est qu'après avoir eu connaissance des résultats nets et précis donnés par l'analyse spectrale de la lumière des protubérances pendant l'éclipse du 18 août, qu'il reprit l'examen spectral des régions voisines du Soleil ; et cette fois il réussit à y voir les protubérances qu'il n'avait pu y découvrir dans ses observations antérieures. En appliquant ce nouveau mode d'observation, M. N. Lockyer est arrivé à des résultats remarquables. « J'ai pu reconnaî-
» tre, dit-il, que les protubérances sont tout
» simplement des accumulations locales d'une
» enveloppe gazeuse qui entoure complétement
» le Soleil ; car dans toutes les parties du con-
» tour de l'astre, je vois le spectre propre aux
» protubérances. L'épaisseur de cette enveloppe
» est d'à peu près 8 000 kilomètres ; elle est
» merveilleusement régulière dans tout son con-
» tour. Au pôle comme à l'équateur du Soleil,
» le spectroscope révèle son existence à une
» distance sensiblement égale du disque de
» l'astre (1). »

Ch. D.

---

(1) Pour tout ce qui est indiqué dans ce *Post-scriptum*, voir les *Comptes rendus de l'Académie des Sciences*, t. LXVII.

ÉTUDE SPECTRALE

DES

PROTUBÉRANCES SOLAIRES

FAITE A GUNTOOR (INDE ANGLAISE)

PENDANT ET APRÈS L'ÉCLIPSE TOTALE DE SOLEIL DU 18 AOUT 1868,

PAR M. JANSSEN.

L'éclipse totale de Soleil du 18 août 1868 devant présenter des circonstances tout exceptionnelles, par la longue durée de sa phase de totalité, le Bureau des Longitudes a voulu en profiter pour faire étudier d'une manière spéciale la couronne lumineuse et les protubérances roses ou violacées qui se montrent autour du Soleil pendant les éclipses totales de cet astre. L'examen de la lumière de la couronne et des protubérances, à l'aide du spectroscope, paraissait devoir jeter un grand jour sur la constitution du Soleil. Pour assurer le succès d'une pareille entreprise, le Bureau ne pouvait mieux faire que de la confier à M. Janssen qui, depuis bien des années, s'est adonné spécialement à une étude approfondie des raies du spectre solaire.

Déjà le Bureau des Longitudes avait donné à cet habile observateur la mission d'aller à Trani (Italie) pour s'y livrer à l'étude spectrale de la lumière du Soleil, pendant l'éclipse annulaire du 6 mars 1867. Il s'agissait de constater si le spectre formé par la lumière venant des bords du disque de l'astre présente quelque différence avec celui de la lumière qui nous vient des parties centrales de ce disque. L'observation n'a signalé à M. Janssen aucune différence appréciable entre les spectres de ces deux lumières. Mais bien que, dans cette première mission, il n'ait obtenu ainsi que des résultats négatifs, il y avait acquis une expérience qui le mettait en mesure de retirer tout le fruit possible des observations à faire pendant l'éclipse totale du 18 août.

A la demande du Bureau, S. Exc. le Ministre de l'Instruction publique a généreusement accordé à M. Janssen les fonds nécessaires pour cette nouvelle et importante expédition.

L'Académie des Sciences, s'associant pleinement à la pensée du Bureau des Longitudes, a bien voulu augmenter les ressources mises à la disposition de M. Janssen, ce qui a permis d'étendre le programme de la mission scientifique qui lui était confiée, en y joignant certaines observations à faire ultérieurement sur les plateaux élevés de la chaîne de l'Himalaya. Mais les observations spectrales de la région circumsolaire, pendant la durée de l'éclipse totale, constituaient toujours la partie principale et fondamentale de cette mission.

L'attente du Bureau et de l'Académie n'a pas été trompée. Les résultats obtenus par M. Janssen, à l'occasion de l'éclipse, ont dépassé toutes les espérances. Le Rapport qu'il a envoyé au Bureau des Longitudes a été reçu le mercredi 2 décembre 1868 par ce corps savant, qui en a décidé immédiatement l'impression dans l'*Annuaire* de 1869.

CH. D.

RAPPORT DE M. JANSSEN.

PREMIÈRE PARTIE. — Le paquebot des Messageries impériales qui m'amenait de France m'a débarqué à Madras, le 16 juillet, sur la côte de Coromandel.

A Madras, j'ai été reçu par les autorités anglaises avec une grande courtoisie. Lord Napier, gouverneur de la province de Madras, me fit conduire à Masulipatam, sur un vapeur de l'État. M. Grahame, collecteur adjoint, fut attaché à ma mission pour aplanir toutes les difficultés que je pourrais rencontrer dans l'intérieur.

Il me restait à choisir ma station.

Si on jette les yeux sur une carte de l'éclipse, on voit que la ligne de la centralité, après avoir traversé le golfe du Bengale, pénètre sur la côte

Est du continent Indien à la hauteur de Masulipatam ; elle coupe les bouches de la Kistna,
traverse de grandes plaines formées par le delta
de ce fleuve et s'engage ensuite dans un pays
élevé, contenant plusieurs chaînes situées à la
frontière de l'État indépendant du Nizzam.

D'après l'ensemble des informations très-nombreuses recueillies et discutées, je fus conduit à
choisir la ville de Guntoor, placée sur la ligne
centrale à égale distance des montagnes et de
la mer ; j'évitais ainsi les brumes marines très-
fréquentes à Masulipatam, et les nuages qui cou-
ronnent souvent les pics élevés.

Guntoor est une ville indienne assez importante, centre d'un grand commerce de cotons.
Ces cotons viennent en majeure partie des États
du Nizzam, et passent en Europe par les ports
de Cocanada et Masulipatam. Plusieurs familles
de négociants français résident à Guntoor ; elles
descendent, pour la plupart, de ces anciennes
et nombreuses familles qui, au siècle passé,
faisaient fleurir nos belles colonies de l'Inde.

Mon observatoire fut établi chez M. Jules Lefaucheur, qui voulut bien mettre à ma disposition tout le premier étage de sa maison, la plus
élevée et la mieux située de Guntoor. Les pièces
de ce premier étage communiquaient avec une
large terrasse sur laquelle je fis élever une construction provisoire répondant aux exigences de
nos observations.

Mes instruments consistaient en plusieurs
grandes lunettes de 6 pouces d'ouverture et un

télescope Foucault de 21 centimètres de diamètre (1).

Les lunettes étaient montées sur un même plateau qui les rendait solidaires. Le mouvement général était communiqué par un mécanisme construit par MM. Brunner frères, qui permettait de suivre le Soleil par un simple mouvement de rappel. L'appareil était muni de chercheurs de 2 pouces et 2 $\frac{3}{4}$ pouces d'ouverture formant eux-mêmes de bonnes lunettes astronomiques.

En analyse spectrale céleste, les chercheurs ont une importance toute particulière ; c'est par leur intermédiaire qu'on sait sur quel point précis de l'objet étudié se trouve la fente du spectroscope de la lunette principale. Il importe donc que les fils réticulaires, ou en général les points de repère placés dans le champ du chercheur, soient réglés très-rigoureusement sur la fente de l'appareil spectral. Tous mes soins avaient été apportés pour atteindre ce but capital. Des micromètres spéciaux devaient permettre, en outre, de mesurer rapidement la hauteur et l'angle de position des protubérances. Quant aux spectroscopes adaptés aux grandes lunettes, je les avais choisis de pouvoirs optiques différents, afin de pouvoir répondre aux diverses exigences des phénomènes de l'éclipse.

(1) Le miroir de ce télescope avait été parabolisé par M. Martin, qui a voulu donner un concours désintéressé à notre expédition.

Enfin, tout l'appareil (1) portait, du côté des oculaires, des écrans en toile noire formant chambre obscure, et destinés à conserver à la vue toute sa sensibilité.

Indépendamment de ces instruments, consacrés à l'observation principale; j'avais apporté une riche collection de thermomètres d'une grande sensibilité, construits avec talent par M. Baudin (2), des lunettes portatives, des hygromètres, baromètres, etc. Aussi ai-je pu utiliser le bon vouloir de MM. Jules, Arthur et Guillaume Lefaucheur, qui se mirent à ma disposition pour les observations secondaires. M. Jules Lefaucheur, exercé au maniement du crayon, se chargea du dessin de l'éclipse. Une excellente lunette de 3 pouces, munie de réticules, fut mise à sa disposition; il s'en servit d'avance et s'exerça, sur des représentations artificielles d'éclipses, à reproduire d'une manière rapide et sûre les phénomènes qu'il aurait à représenter.

---

(1) MM. Bardou et Secretan m'avaient obligeamment prêté deux des quatre objectifs de 6 pouces que j'avais avec moi. M. Bardou m'avait fourni la majeure partie des instruments de cet appareil. Je citerai aussi M. Wentzel pour le talent qu'il montre chaque jour dans le travail de mes prismes.

(2) Parmi ces thermomètres s'en trouvait un construit sur mes indications par M. Baudin, sur le plan des thermomètres différentiels de M. Walferdin, mais dont le réservoir n'avait pas plus de 1 millimètre de diamètre.

La mesure des températures fut confiée à M. Arthur Lefaucheur, qui devait aussi au moment de la totalité, par une expérience très-simple de photométrie, nous faire connaître le pouvoir lumineux des protubérances et de l'auréole.

J'étais assisté dans mes observations propres par M. Rédier, jeune aspirant au grade d'officier, que M. le commandant du paquebot *l'Impératrice* avait bien voulu mettre à ma disposition. Le concours de M. Rédier, doué d'ailleurs de dispositions heureuses pour les sciences d'observation, m'a été fort utile.

Le temps qui nous resta avant l'éclipse fut employé à des études et des répétitions préliminaires; elles eurent l'avantage de familiariser tout le monde avec le maniement des instruments et me fournirent l'occasion de nombreux perfectionnements de détail.

L'éclipse approchait et le temps ne semblait pas devoir nous favoriser. Il pleuvait depuis longtemps sur toute la côte. On considérait ces pluies comme exceptionnelles. Bien heureusement le temps se remit peu à peu avant le 18. Le jour de l'éclipse, le Soleil brilla dès son lever, bien qu'il fût encore dans une couche de vapeurs; il s'en dégagea bientôt, et au moment où nos lunettes nous signalaient le commencement de l'éclipse, il brillait de tout son éclat.

Chacun était à son poste. Les observations commencèrent immédiatement.

Pendant les premières phases, quelques légères vapeurs vinrent passer sur le Soleil; elles

nuisirent à la netteté des mesures thermomé-
triques; mais quand le moment de la totalité
approcha, le ciel reprit une pureté suffisante.

Cependant la lumière baissait visiblement; les
objets semblaient éclairés par un clair de Lune.
L'instant décisif approchait, et on l'attendait avec
une certaine anxiété : cette anxiété n'ôtait rien
à nos facultés, elle les surexcitait plutôt; et
d'ailleurs elle se trouvait bien justifiée, et par
la grandeur du phénomène que la nature nous
préparait, et par le sentiment que les fruits de
longs préparatifs et d'un grand voyage allaient
dépendre d'une observation de quelques instants.

Bientôt le disque solaire se trouve réduit à
une mince faucille lumineuse. On redouble d'attention. Les fentes spectrales de l'appareil des
6 pouces sont rigoureusement tenues en contact
avec la portion du limbe lunaire, qui va éteindre les derniers rayons solaires de manière que
ces fentes soient amenées par la Lune elle-
même dans les plus basses régions de l'atmosphère solaire quand les deux disques seront tan-
gents.

L'obscurité a lieu tout à coup et les phénomènes spectraux changent aussitôt d'une manière bien remarquable.

Deux spectres formés de cinq ou six lignes
très-brillantes, rouge, jaune, verte, bleue, violette, occupent le champ spectral et remplacent
l'image prismatique solaire qui vient de disparaître. Ces spectres, hauts d'environ 1 minute,

se correspondent raie pour raie; ils sont séparés par un espace obscur où je ne distingue aucune raie brillante sensible.

Le chercheur montre que ces deux spectres sont dus à deux magnifiques protubérances qui brillent maintenant à droite et à gauche de la ligne des contacts où vient d'avoir lieu l'extinction. L'une d'elles surtout, celle de gauche, est d'une hauteur de plus de 3 minutes; elle rappelle la flamme d'un feu de forge sortant avec force des ouvertures du combustible, poussée par la violence du vent. La protubérance de droite (bord occidental) présente l'apparence d'un massif de montagnes neigeuses dont la base reposerait sur le limbe de la Lune et qui seraient éclairées par un Soleil couchant. Ces apparences ont été décrites avec soin par M. Jules Lefaucheur; je ferai seulement remarquer, avant de quitter le sujet des protubérances sur lequel j'aurai à revenir d'une manière spéciale, que l'observation précédente montre immédiatement :

1° La nature gazeuse des protubérances (raies spectrales brillantes);

2° La similitude générale de leur composition chimique (spectres se correspondant raie pour raie);

3° Leur espèce chimique (les raies rouge et bleue de leur spectre n'étaient autres que les raies C et F du spectre solaire caractérisant, comme on sait, le gaz hydrogène).

Je reviens maintenant à l'espace obscur qui séparait les deux spectres protubérantiels. On se rappelle qu'au moment de l'obscurité totale les fentes spectrales étaient tangentes aux deux disques solaire et lunaire ; elles traversaient donc les régions circumsolaires immédiatement en contact avec la photosphère, régions où la théorie de M. Kirchhoff place l'atmosphère de vapeurs qui produisent par absorption élective les raies obscures du spectre solaire. Cette atmosphère de vapeurs, quand elle brille de sa lumière propre, doit, suivant la même théorie, donner le spectre solaire renversé, c'est-à-dire uniquement formé de raies brillantes. C'est le phénomène que nous attendions, ou du moins que nous cherchions à vérifier, et c'est pour rendre cette vérification décisive que j'avais accumulé tant de précautions. Mais on vient de voir que les protubérances seules donnèrent des spectres positifs ou à raies brillantes. Or, il est bien constant que si une atmosphère formée de vapeurs de tous les corps qu'on a reconnus dans le Soleil existait réellement autour de la photosphère, elle eût donné un spectre au moins aussi brillant que celui des protubérances, formées de gaz beaucoup plus subtils et dès lors moins lumineux. Il faut donc admettre, ou que cette atmosphère n'existe pas, ou que sa hauteur est si faible qu'elle a échappé aux observations.

Je dois dire, au reste, que ce résultat m'a peu surpris. Mes études sur le spectre solaire m'avaient amené à douter de la réalité d'une importante atmosphère autour du Soleil, et je suis

de plus en plus porté à admettre que les phénomènes d'absorption élective rejetés par le grand
physicien d'Heidelberg dans une atmosphère
extérieure au Soleil ont lieu au sein même de la
photosphère, dans les vapeurs où nagent les
particules solides et liquides des nuages photo-
sphériques. Cette manière de voir serait non-
seulement en harmonie avec la belle théorie que
nous devons à M. Faye sur la constitution de la
photosphère, mais il semble même qu'elle en
découle d'une manière nécessaire.

En résumé, l'éclipse du 18 août a montré,
suivant moi, que la constitution du spectre solaire est insuffisamment expliquée par la théorie
admise jusqu'ici, et c'est dans le sens indiqué ci-
dessus que je propose de la réviser.

Deuxième partie. — Je reviens maintenant
aux protubérances. Pendant l'obscurité totale,
je fus frappé du vif éclat des raies protubérantielles : la pensée me vint aussitôt qu'il serait
possible de les voir en dehors des éclipses ; mal-
heureusement le temps qui se couvrit après le
dernier contact ne me permit de rien tenter
pour ce jour-là. Pendant la nuit, la méthode et
ses moyens d'exécution se formulèrent nettement dans mon esprit. Le lendemain 19, levé à
3 heures du matin, je fis tout disposer pour les
nouvelles observations.

Le Soleil se leva très-beau ; aussitôt qu'il fut
dégagé des plus basses vapeurs de l'horizon, je
commençai à l'explorer. Voici comment je pro-
cédai. Par le moyen du chercheur de ma grande

lunette, je plaçai la fente du spectroscope sur le bord du disque solaire dans les régions mêmes où la veille j'avais observé les protubérances lumineuses. Cette fente placée en partie sur le disque solaire et en partie en dehors donnait, par conséquent, deux spectres, celui du Soleil et celui de la région protubérantielle. L'éclat du spectre solaire était une grande difficulté; je la tournai en masquant dans le spectre solaire le jaune, le vert et le bleu, les portions les plus brillantes. Toute mon attention était dirigée sur la ligne C, obscure pour le Soleil, brillante pour la protubérance, et qui, répondant à une partie moins lumineuse du spectre, devait être beaucoup plus facilement perceptible.

J'étais depuis peu de temps à étudier la région protubérantielle du bord occidental, quand j'aperçus tout à coup une petite raie rouge, brillante, de 1 à 2 minutes de hauteur, formant le prolongement rigoureux de la raie obscure C du spectre solaire. En faisant mouvoir la fente du spectroscope de manière à balayer méthodiquement la région que j'explorais, cette ligne persistait, mais elle se modifiait dans sa longueur et dans l'éclat de ses diverses parties, accusant ainsi une grande variabilité dans la hauteur et dans le pouvoir lumineux des diverses régions de la protubérance.

Cette exploration fut reprise à trois reprises différentes et toujours la ligne brillante apparut dans les mêmes circonstances. M. Rédier, qui m'assistait avec beaucoup de zèle dans cette recherche, la vit comme moi, et bientôt nous pûmes même en prédire l'apparition par la seule connaissance des régions explorées. Peu après je constatai que la raie brillante F se montrait en même temps que C.

Dans l'après-midi, je revins encore à la région étudiée le matin ; les lignes brillantes s'y montrèrent de nouveau, mais elles accusaient de grands changements dans la distribution de la matière protubérantielle ; les lignes se fractionnaient quelquefois en tronçons isolés qui ne se réunissaient pas à la ligne principale, malgré les déplacements de la fente d'exploration. Ce fait indiquait l'existence de nuages isolés qui s'étaient formés depuis le matin. Dans la région de la grande protubérance je trouvai quelques lignes brillantes, mais leur longueur et leur distribution accusaient, là aussi, de grands changements.

Ainsi se trouvait démontrée la possibilité d'observer les raies des protubérances en dehors des éclipses et d'y trouver une méthode pour l'étude de ces corps.

Ces premières observations montraient déjà que les coïncidences des raies C et F étaient bien réelles, et dès lors que l'hydrogène formait en effet la base de ces matières circumsolaires. Elles établissaient en outre la rapidité des changements que ces corps éprouvent, changements qui ne pouvaient être que pressentis pendant les si courtes observations des éclipses.

Les jours suivants, je mis à profit toutes les occasions que pouvait m'offrir l'état du ciel pour appliquer la nouvelle méthode et la perfectionner, autant du moins que le permettaient les instruments, qui n'avaient pas été construits à ce point de vue tout nouveau.

En suivant avec beaucoup d'attention les lignes protubérantielles, j'ai quelquefois observé qu'elles pénètrent dans les lignes obscures du spectre solaire, accusant ainsi un prolongement de la protubérance sur le globe solaire lui-même. Ce résultat était facile à prévoir, mais l'interposition de la Lune en eût toujours rendu la constatation impossible pendant les éclipses.

Je rapporterai encore ici une observation faite le 4 septembre par un temps favorable, et qui montra avec quelle rapidité les protubérances se déforment et se déplacent.

A 9ʰ 50ᵐ l'exploration du Soleil indiquait un amas de matière protubérantielle dans la partie inférieure du disque. Pour en déterminer la figure, je me servis d'une méthode qu'on pourrait appeler chronométrique, parce que le temps y intervient comme élément de mesure.

Dans cette méthode on place la lunette dans une position fixe, choisie de manière que, par l'effet du mouvement diurne, toutes les parties de la région à explorer viennent successivement se placer devant la fente du spectroscope. On note alors pour chaque instant déterminé la longueur et la situation des lignes protubérantielles qui se produisent successivement. Le temps que le disque solaire met à traverser la fente donne la valeur de la seconde en minute d'arc. Cette donnée, combinée avec la longueur des lignes protubérantielles estimées suivant la même unité (1), fournit les éléments d'une représentation graphique de la protubérance.

L'application de cette méthode à l'étude de la région solaire dont je viens de parler indiquait une protubérance s'étendant sur une longueur d'environ 30 degrés, dont 10 degrés à l'orient du diamètre vertical, et 20 degrés à l'occident. Vers l'extrémité de la portion occidentale, un nuage considérable s'élevait à $1\frac{1}{2}$ minute du globe solaire. Ce nuage long de plus de 2 minutes, large de 1 minute, s'étendait parallèlement au limbe. Une heure après ($10^h 50^m$), un nouveau tracé montra que le nuage s'était élevé rapidement, prenant la forme globulaire. Mais les mouvements devinrent bientôt plus rapides encore, car dix minutes après, c'est-à-dire à 11 heures, le globe s'était énormément allongé dans le sens normal au limbe solaire ou perpendiculaire à la première direction. Un petit amas de matière s'en était détaché à la partie inférieure et se trouvait suspendu entre le Soleil et

---

(1) Cette estimation s'obtient d'une manière facile en plaçant sur la fente du spectroscope deux fils dont l'écartement, réglé sur le foyer de la lunette collectrice, représente un nombre déterminé de minutes d'arc.

le nuage principal. Le temps, qui se couvrit, ne me permit pas de poursuivre davantage.

Résumons ces observations.

Considérée d'abord dans son principe, la nouvelle méthode repose sur la différence des propriétés spectrales de la lumière des protubérances et de la photosphère. La lumière photosphérique, émanée de particules solides ou liquides incandescentes, est incomparablement plus puissante que celle des protubérances due à un rayonnement gazeux. Aussi a-t-il été jusqu'ici à peu près impossible d'apercevoir les protubérances en dehors des éclipses. Mais on peut renverser les termes de la question en s'adressant à l'analyse spectrale. En effet, la lumière solaire se distribue par l'analyse dans toute l'étendue du spectre et, par là, s'affaiblit beaucoup. Les protubérances, au contraire, ne fournissent qu'un petit nombre de faisceaux dont l'intensité reste très-comparable aux rayons solaires correspondants. C'est ainsi que les raies protubérantielles sont perçues très-facilement dans un champ spectral, sous le spectre solaire, tandis que les images directes des protubérances sont comme écrasées par la lumière éblouissante de la photosphère.

Une circonstance fort heureuse pour la nouvelle méthode vient s'ajouter à ces données favorables. En effet, les raies lumineuses des protubérances correspondent à des raies obscures du spectre solaire. Il en résulte que non-seulement on les aperçoit plus facilement dans le champ spectral sur les bords du spectre solaire, mais qu'il est même possible de les voir dans l'intérieur de ce spectre et, par conséquent, de suivre la trace des protubérances sur le globe solaire même.

- Au point de vue de la détermination de l'espèce chimique, les procédés suivis pendant les éclipses totales comportaient toujours quelque incertitude : en l'absence de la lumière solaire, on était obligé de recourir à l'intermédiaire des échelles pour fixer la position des raies des protubérances. La nouvelle méthode permet de comparer directement les raies protubérantielles aux raies solaires. Les identifications sont alors absolument certaines.

- Au point de vue des résultats obtenus pendant la courte période où elle a été appliquée, la méthode spectro-protubérantielle a permis de constater :

- 1° Que les protubérances lumineuses observées pendant les éclipses totales appartiennent incontestablement aux régions circumsolaires ;

2° Que ces corps sont formés d'hydrogène incandescent, et que ce gaz y prédomine s'il n'en forme la composition exclusive ;

3° Que ces corps circumsolaires sont le siége de mouvements dont aucun phénomène terrestre ne peut donner une idée ; des amas de matière dont le volume est plusieurs centaines de fois plus grand que celui de la Terre, se déplaçant et changeant complétement de forme dans l'espace de quelques minutes.

Tels sont les principaux résultats obtenus.
J'espère que malgré l'état de ma vue, fatiguée
par mes longues études sur la lumière, je pour-
rai continuer ces travaux. J'aurai l'honneur de
soumettre les résultats au Bureau des Longitudes.

J'ajouterai en terminant que j'ai eu l'occasion
de continuer aussi mes études sur le spectre de
la vapeur d'eau. Le climat de l'Inde, très-hu-
mide en ce moment, est très-favorable à ces recherches. Je suis conduit à attribuer au spectre
de cette vapeur une importance tous les jours
plus grande, l'ensemble de mes études à Paris
et ici me conduit à reconnaître une action
élective sur l'ensemble des radiations solaires,
depuis les rayons obscurs jusqu'aux rayons ul-
tra-violets, bien que dans le violet l'action élective soit beaucoup plus difficile à constater. Ces
études formeront l'objet d'une communication
séparée.

LISTE

Des Membres qui composent le Bureau des Longitudes.

MEMBRES TITULAIRES.

Membres appartenant à l'Académie des Sciences.

LIOUVILLE (O. ✻), rue de Condé, n° 13.

LE VERRIER (G. O. ✻), à l'Observatoire impérial.

DELAUNAY (O. ✻), rue Notre-Dame-des-Champs, n° 76.

Astronomes.

MATHIEU (Louis) (C. ✻), rue Notre-Dame-des-Champs, n° 76.

LAUGIER (O. ✻), rue Notre-Dame-des-Champs, n° 76.

YVON VILLARCEAU (✻), à l'Observatoire impérial.

FAYE (O. ✻), rue de la Tour, n° 61 bis, Passy.

PUISEUX (✻), rue d'Assas, n° 90.

Membres appartenant au Département de la Marine.

MATHIEU (Aimé), Contre-Amiral (G. O. ✻), rue d'Isly, n° 6.

PARIS, Vice-Amiral (C. ✻), rue des Saussaies, n° 14.

DARONDEAU (O. ✻), avenue de la Grande-Armée, n° 86.

Membre appartenant au Département de la Guerre.

VAILLANT (le Maréchal) (G. C. ✻), au Ministère de la Maison de l'Empereur et des Beaux-Arts.

Géographe.

LAMÉ (O. ✻), rue Madame, n° 48.

ARTISTES.

Artiste ayant rang de titulaire.

BREGUET (✻), quai de l'Horloge, n° 39.

Artistes.

LEREBOURS, boulevard Maillot, n° 30, à Neuilly.

TABLE DES MATIÈRES.

Poids et mesures métriques de France.

Mesures de pays étrangers.

Monnaies.

Statistique.

Tableaux.

Tables diverses.

NOTICES SCIENTIFIQUES.

ERRATUM.

Page 76, lignes 2 et 23, *au lieu de* 1868, *lisez* 1869.

PARIS. — IMPRIMERIE GAUTHIER-VILLARS,
rue de Seine-Saint-Germain, 10, près l'Institut.